水利投资经济学：理论与方法

杜建明　张路锁　编著

黄河水利出版社

内容提要

本书在系统总结我国水利经济实践与探索,系统剖析西方公共生产经济理论的基础上,初步构建了我国水利投资经济学的大体理论框架体系。其主要内容包括水利公共性理论,水利公共决策、公共筹款和公共生产理论,以及水利投资的经济评价理论等。可为水利投资规划、决策以及水利工程经营管理部门提供理论指导,同时也适合作为高等院校水利类专业的水利经济学教材,又可供从事公共生产经济学研究的专家和学者阅读参考。

图书在版编目(CIP)数据

水利投资经济学:理论与方法/杜建明,张路锁编著.郑州:黄河水利出版社,2007.9

ISBN 978-7-80734-252-6

Ⅰ.水… Ⅱ.①杜…②张… Ⅲ.水利建设-投资经济学 Ⅳ.F407.9

中国版本图书馆 CIP 数据核字(2007)第126468号

出 版 社:黄河水利出版社

地址:河南省郑州市金水路11号　　邮政编码:450003

发行单位:黄河水利出版社

发行部电话:0371-66026940　　传真:0371-66022620

E-mail:hhslcbs@126.com

承印单位:黄河水利委员会印刷厂

开本:890 mm×1 240 mm　1/32

印张:13.375

字数:360 千字　　印数:1—1 000

版次:2007年9月第1版　　印次:2007年9月第1次印刷

书号:ISBN 978-7-80734-252-6/F·81　　定价:30.00元

前 言

本书是在南水北调中线工程筹融资方案和管理体制方案等一系列课题研究基础上,经过完善和系统之后的理论性总结。

南水北调中线工程的前期可行性研究工作,是在社会主义市场经济体制的框架下展开的。它与我国传统的计划商品经济体制下构建的水利投资经济理论相比,可以说,已经或正在实现全方位的突破。主要表现在以下三个方面:

首先是筹融资方案研究。随着我国市场经济体制的不断完善,水利项目的筹融资已经越来越多地表现为多元化的特征,而且筹融资在水利规划中肯定会占有越来越重要的地位。来源于税收的财政支出在南水北调中线工程中的融资比例只有约20%,这不得不使我们用更多的精力来关注公共基金集资和长期借贷款。本书中我们主要研究了以下内容:①公共集资的原则、力度以及对社会经济发展造成的各种效应,这部分内容集中在第七章分析。②集中统计、财政和发改委等部门的科研力量,开展投入产出研究,这也是南水北调中线工程前期研究工作的首创,投入产出原理在第十二章研究。③由于工程前的公共集资与工程后的使用性收费属于相辅相成、此消彼长的互补关系,所以本书中我们首创考虑了公共集资与使用性收费的联合定价模型,具体内容见第九章第三节。④由于水利工程的见效时间很长,所以长期借贷款(包括长期公债和项目长期债务)主要关注的是当代人和下一代人的负担与受益的匹配问题,具体内容见第八章。

其次是管理体制问题。在市场经济或者说是市场经济过渡期条件下的南水北调中线工程,对传统的计划商品经济管理体制同样提出了多方面的挑战:①南水北调中线工程的建设管理体制与建后管理体制，同样属于其前期可行性研究工作的重要组成部分，由于杜建明已就“水利工程企业化管理”课题做了专著，故这里只讨论属于经济学部分的生产定价理论(第九章)。需要指出的是，本书既是“水利工程企业化管理”课题的深化和继续，又是“水利工程企业化管理”课题的经济学补充，这是因为“经济学是现代管理科学的理论基础”❶。因此，有一本相应的“水利投资经济学”作为市场经济条件下“水利工程企业化和规范化经营管理”的基础理论，它必将对推动我国水利行业管理创新、改革完善水利经济管理体制、提高我国水利事业决策的科学化水平起到积极的推动作用。②南水北调中线工程的决策，首次采用了开放式的协商决策机制和公共产品决策理论，这方面的理论性总结包括决策机制(第四章)和决策理论(第五章)两部分。③在全新的市场经济条件下需要构建全新的管理模式，因此对水利工程的公益性(公共性)就需要做出区分和判断(第二章与第三章讨论的就是水利公共性理论)，反映在水利项目的规划中，就需要做出经济的和财务的不同评价。所以在科研中，我们将“经济评价”赋予了决定项目是否上马的判断任务，而将“财务评价”赋予了决定管理模式的重任，具体内容见第十一章。

最后，作为一门完整而独立的“水利投资经济学”，本书同样试图对我国水利投资经济实践中提出的一系列经济评价问题给予理论性解析。比如，对南水北调工程效益的重新思考，受冀朝鼎对“水利事业的宏观经济效益分析”启发而引发的对福利经济学应用于水利投资决策的成本效益分析技术的系统研究，以及对水利投资社会效益评价的理论性总结，构成了本书第十章和第十一章的主要内容框架，这与文献[20]的研究思路不谋而合。

显而易见，将上述研究内容略做系统化整理，就可以大体上构建出我国水利投资经济学的基本理论框架体系，为水利投资经济管理体制的改革与决策提供理论依据。但是，不得不坦率承认的是，限于

---

❶ 见文献[6]前言。

作者的理论素养以及目前公共生产经济分析理论的进展，本书不尽如人意的地方还甚多。这正如经济学本身所揭示的那样：不完善的地方越多，则进一步发展的潜力也就越大。因此，作为作者，也作为普通的科技人员和探索者，一方面真心期盼着读者的评判，另一方面也希望水利界以及公共生产领域的同行们能够从中得到些许启发，并进而将该领域的研究推向更新的高度。

作者 20 世纪 80 年代均从事相应的企业管理工作，90 年代先后转入经济管理领域并取得经济管理学硕士学位，曾作为专家组成员参与多项南水北调前期可研性课题论证，目前正进行相关领域博士课题研究。

本书在编著过程中，得到了河北省发展和改革委员会、河北省水利厅、河北省统计局、河北省财政厅以及河北省发展和改革委员会宏观经济研究所的大力支持和帮助；初稿完成后，得到了许多老师、专家、领导以及同志的大量斧正及指导，高日新、谢占海、李岚、李永强、李智勇、高智、位铁强、张铁龙等提出了许多很好的修改意见和建议；同时，本书也得到了石家庄市水利局领导的支持，在此一并表示感谢。

尤其需要指出的是，中国工程院院士王浩、河海大学博士生导师余文学以及中国水利水电科学研究院硕士章少辉等，在本书的专业与理论问题等方面，提出了许多指导性意见，黄河水利出版社的领导及编辑同样给予了很大的关注，对此，一并表示深深的谢意。

作　者

2006 年 12 月

目　录

第二篇　水利筹融资理论

第三篇 水利投资经济评价理论

第一章　导　论

第一节　水利投资经济学研究对象和范围

一、关于“水利投资经济学”的说明

关于“水利投资经济学”，起初我们本想简单一些，直接称其为“水利经济学”。但是，有学者认为，当前我国水利经济理论研究的主流是水资源经济，因为水资源在我国已经成为了一种非常稀缺的社会经济资源，所以水资源经济应当是水利经济学的独特研究对象。

至此，我们就要思考一个非常重要的问题，那就是既然水资源经济是水利经济学的独特研究对象，那水利投资经济还有没有存在的必要？很显然，这是一个需要认真对待的问题。经过认真检索与思考，我们认为，建设社会主义市场经济，水利投资经济不仅有存在的必要，而且还有进一步加强的客观需求。其主要理由有二：

第一，随着我国市场经济体制的不断完善，水利项目的筹融资已经越来越多地表现为多元化的特征。水利的公益(共)性表现为政府公共性、社会组织公共性以及民间公共性的多种和多层次的复杂公共性组合，所以筹融资途径就相应表现为政府投资、社会组织投资、市场融资、受益者集资的复杂多元化特征。可以毫不夸张地说，这种独特的水利筹融资研究在水利规划中不仅会占有越来越重要的地位，而且还有可能带来理论经济学的突破。

第二，从学科建设角度看，西方经济学界把“投资”仅仅限定在证券等虚拟资本的运作范围内，而把增加资产等实物性投资归属到了公司理财、投资项目评估或工程技术经济学之中，至于政府投资，则

把其归属到宏观经济政策范畴。这种情况反映了西方经济学界对市场经济投资规律研究得不系统，在微观投资与宏观投资方面缺少内在的联系，这正如西方宏观经济学与微观经济学缺乏内在联系一样。水利投资经济学不仅要考虑水利投资项目的直接微观效益，而且要考虑它的宏观社会效益，同时还要弥补微观经济与宏观经济的脱节问题。

二、水利投资经济学的概念

顾名思义，水利投资经济学就是研究水利投资领域经济问题并揭示其规律的学问。这个笼统的定义至少应包含下面两层意思：

第一，水利投资经济学属于经济学的范畴，应归属社会科学领域。因此，水利投资经济学与一般的自然科学不同，自然科学没有阶级性和社会性，而社会科学则具有强烈的阶级性与社会性。所以，水利投资经济学的许多基本原理要受到不同经济体制、不同社会政治制度以及不同伦理价值观的影响。建立社会主义市场经济体制的伟大实践，客观上需要我们构建具有中国特色的水利投资经济学理论体系。

显然，确切地说明水利投资经济学在更加广泛的经济学领域中所处的位置应当是必要的。自 1776 年亚当·斯密首创了经济学以来，经过 200 多年的蓬勃发展，经济学已经成为了一个庞大的学科体系。在广泛的经济学领域中，宏观经济学和微观经济学通常被认为是经济学的基础或核心理论，它们为经济学其他分支学科的研究提供基本的理论框架和方法学体系。其中，宏观经济学是以经济总量分析为宗旨，研究社会体系中有关经济总量的变化规律和决策。比如，社会经济的总收入和自然经济资源总量及其分配决定；经济增长规律及政府调节的手段与原则；社会的经济稳定及就业政策等。它为政府制定宏观经济政策提供理论依据。微观经济学是以单个的经济组织（包括家庭甚至个人）为研究对象，以揭示它们的经济行为和规律。比如，各种生产者的经济目标及其生产供给；各种消费者的效用目标及其消费;市场的生产要素及其商品均衡等。从表面上看,微观经济学和宏观经济学在解决问题及分析方法上都不相同,但是,它们之间又有着非常密切的关系。经济学的主题是"研究社会稀缺资源的合理配置和科学利用",围绕这一主题,微观经济学从如何实现资源的最优配置角度展开分析,而宏观经济学则是从如何实现资源充分利用的角度开展研究。因此,宏观经济学和微观经济学应相互补充,共同构成经济学的最基本原理。

水利投资经济学的主题是,研究水利这种具体稀缺资源❶的合理配置和科学利用问题,它是经济学的一个特殊应用领域,属于部门经济学和应用性经济学的范畴。所以"经济理论直接为决策和管理提供指导与服务的宗旨"更应该明显地体现在这类学科之中。经济学,特别是决策经济学的基本研究内容、研究方法与手段等都应当为水利投资经济学所承袭,经济学的基本理论和原理也都可以直接为水利投资经济学所引用。

第二,水利投资经济学研究的领域是水利。水利作为一个部门,有两个基本的特征,一个是它的工程及其生产性,另一个是它的公共性。

首先,由于水利事业的基本手段是建设各类水利工程与设施,所以工程项目的经济评价理论(工程经济学)自然应当成为水利投资经济学的重要组成部分。实际上,我国目前的各种文献和教科书都是将水利投资经济学定名为水利工程经济,也有叫水利工程经济学的,至于该学科的理论体系安排,也都是参照工程经济学的体系来布局的。当然,普通的工程经济学通常是以营利为目标展开分析的,而水利工程经济学除考虑其营利以外,还要分析它的公益性或国民经济性。

其次,从水利事业的经济定性方面考察,近些年,国际性权威组织普遍将水利事业归入国民经济基础领域和基础设施的范围,国内

❶ 水利资源包括投入到水利中的资本资源和人力资源,其中资本资源包括货币资源、土地资源和自然水资源;人力资源包括劳动力资源、技术资源和知识资源。

则更倾向于将水利事业作为一种公益性事业对待。近年来的研究成果表明，水利是一种含有公益性质的事业，它既具有私人产品属性，也具有公共产品属性，是介于公共部门和私人部门之间的一种混合性事业。从实证角度出发，水利作为国民经济的基础性设施或领域，无论是在发达的市场经济国家，还是在发展中的转型期国家，都表现出了非常典型的公共性特征。其中，由政府直接投资或补贴并由政府直接或间接管理(管制)，是最为重要的政府公共特征的表现；由政府扶持或引导，受益者自主从事建设与管理的水利事业，同样表现出带有民间公共性质的特征。所以，从水利的经济性质理解，水利投资经济学又应当是公共经济学的范畴，属于公共经济学的一个分支学科或一部分。

最后，我们把水利的工程性和公共性联系起来考虑，可以定义为，水利投资经济学是研究水利公共决策、公共筹资、公共生产及其评价的一门应用性的公共生产经济学科。

以上从两个方面分析了水利投资经济学应有的内涵。可见，水利投资经济学是一门综合性、跨学科、交叉性很强的边缘性新兴科学，其研究对象和领域十分广泛。它既要研究水利工程项目的经济评价、社会评价问题，又要研究水利事业的决策问题，还要研究水利公共生产问题；它既需要运用微观经济学的原理和方法手段，又需要运用宏观经济学的分析原则；既涉及到规范经济学研究工具，又涉及到实证经济学研究工具[1]。

三、水利投资经济学的独特研究范围

西方传统经济学把社会经济活动划分为公共部门和私人部门两大类。由于政府是公共部门中最大的和最主要的代表者，所以研究公共部门活动的经济学分支，大都侧重于从政府收入和支出的经济学角度来解释、分析和规范政府的职能作用。因此在西方，这一学科

[1] 关于实证经济分析与规范经济分析的概念请参阅本章第三节。

分支常常被称为政府经济学、财政(收支)学、公共经济学等。即使有些著作以公共部门经济学(Public Sector Economics)来命名,也仍然是以政府的财政收支作为主要研究对象。一方面,公共经济学为政府参与社会经济活动提供理论依据;另一方面,公共经济学又从政府财政收支对国民经济的影响方面设计最优化的收支方案。

公共生产经济分析理论产生于20世纪60年代。第二次世界大战以后,随着凯恩斯主义影响的扩大和政府规模的不断扩张,政府财政的作用已经不只局限于维持政府自身的存在和继续,而且已成为调节国民经济的重要手段。第二次世界大战后,西方各国从调节经济和提高社会福利的需要出发,由政府出资建设了大量的基础设施工程项目,兴办了一大批基础设施领域的公共企事业生产单位。所以,分析公共生产领域经济问题的公共生产经济理论便由此而产生。由于西方国家普遍地不设专业主管部门,再加上公共投资确实属于财政支出的重要组成部分,所以公共生产领域的经济分析研究任务,最初是由财政学家兼经济学家来承担和完成的。因而,公共生产经济学理论最初是作为财政学理论的一部分出现的。这就解释了为什么许多西方国家的公共生产企业是由财政部门担当主管的现实。

这里需要强调的是,并不是所有西方国家基础设施领域的公共生产企业主管部门都由财政部门挂帅。所以,对于这一类的国家,财政部门并不承担政府投资生产性领域的决策与管理职能,因而西方经济学界也就提出将公共经济学与财政学分别建立学科的主张。这种情况下,把公共经济学定名为政府经济学(宗旨是为政府的经济活动提供理论依据)也就在情理之中了。

面对西方经济学理论"百花齐放"的局面,我国学术界也出现不同的观点实属正常。考虑到学科设置与部门职能划分的相关性,作者认为有必要建立我国特有的水利投资经济学,以便为我国水利投资经济管理体制的改革、决策以及生产的经营管理等提供理论指导和依据。其主要理由有三:第一,因为我国财政部门没有管理水利等基础设施领域公共生产的传统,再加上财政学的研究范围大体上只限于财政收支本身，因此在我国不大可能将公共生产领域的经济分析理论，特别是公共生产定价理论纳入到财政学的范畴。第二，由于政府经济学着眼于对政府及其政策性金融机构经济活动的研究，主要为政府及政府部门的管理活动提供理论依据和寻求社会问题的解决方案，属于宏观经济学的范畴更多一些，所以，通常它都不会将属于微观经济学范畴的公共生产作为其研究重点。第三，基于以上两方面的考虑，我们可以想象，无论是政府经济学或者是财政学，都很难把基础设施公共生产领域的经济分析理论全部包容在自己的学科之中。所以，建立我国的水利投资经济学理论应该说势在必行。

水利投资经济学显然具有自己独特的研究范围。首先，虽然它也要为政府的稳定经济职能服务，也属于政府财政支出的重要组成部分，但是，水利事业的筹融资并不完全来自于国家财政，而国内外近 10 年的实践表明，市场性融资、公共集资也已成为水利事业的重要资金来源。其次，尽管水利投资经济学也研究公共资源配置、公共需求、公共利益分配等，但是，水利的工程和生产性等并不为政府及其财政所重点关注，相反，生产性使水利投资经济学在总体上归属到了产业经济学的范畴。最后，政府经济学和财政学的研究对象基本上是以纯公共经济为重点，政府经济学研究的侧重点在于社会公共管理，财政学的研究重点在于公共理财，而水利投资经济学的研究对象则基本上限于混合经济领域，属于公共生产范畴。所以，它们的主要研究领域是不同的。

以上我们在比较过程中分析了水利投资经济学的研究对象与范围。此外，还需要了解水利投资经济学与福利经济学的关系。

福利经济学是关于资源最优配置、社会福利及个人分配最大化的经济学分支学科，它超脱社会的具体问题，专门从事人类社会基本资源(资本、劳动、土地)的分配，以尽其所用，使其最大限度地满足人们的需要。福利经济学认为，要增加社会福利，首先就要使资源配置达到最优化，从而实现社会财富的最大化增加；其次，要使社会财富的分配达到每个人效用的最大化。所以，福利经济学的根本任务就是要评估各种资源的配置和分配方式。这为我们评判水利事业活动行为提供了理论依据和标准。福利经济学中的帕累托最优原则已成为公共经济学理论的最基本组成部分,因此帕累托最优原则也应成为水利投资经济学的最基本组成部分。

水利投资经济学与其他相关经济学的交叉和分工见图1-1。

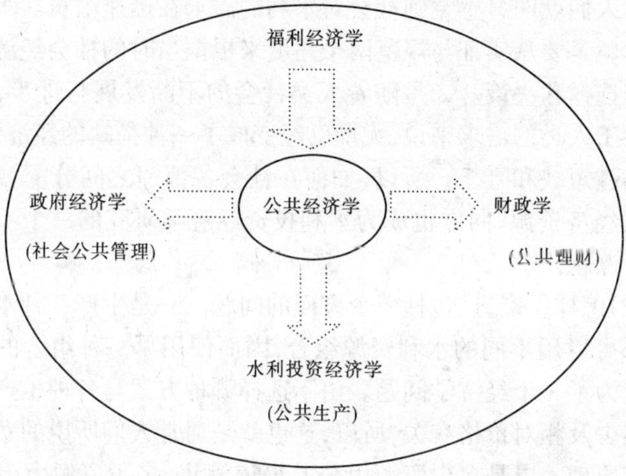

图1-1 水利投资经济学与其他相关经济学的交叉和分工

四、水利投资经济学研究对象

如同经济学一定要回答稀缺资源的配置与利用一样[1],水利投资经济学面临着同样的问题。水利事业所面临的基本经济问题,可具体表述为如下几个方面,这些方面构成水利投资经济学的研究对象与基本任务。

(1)生产什么,这包括两个方面的问题。一是由于国民经济生产总量(GDP)是有限的,所以,应将多少资源用于水利事业,多少资源用于其他事业,就构成了一个最基本的决策和选择问题。由于任何

[1] 也可表述为生产什么、怎样生产和为谁生产等"三个W"。

社会生产某种产品越多,就意味着其他产品的生产越少,因此如何准确地确定整个社会的产品结构,以便最大限度地满足人类的各方面需要,就成为水利投资经济学研究的一个重要课题。我国在20世纪80年代中期以后,国家以及整个社会用于水利事业的投入急剧减少,水利事业一度陷入了困境,影响了整个经济的快速发展,到90年代以后人们就明显感觉到社会对水利的需求在迅速增长。水利投资经济学就是要从实证与规范两个角度来根据当时的社会经济发展形势做出选择和决策。二是随着人类社会的不断发展与进步,自然水资源对于人类的需求来说,无疑已经变成了一种稀缺的经济资源,而且越来越短缺和匮乏。所以,如何在社会各部门之间分配"水"这种稀缺的经济资源,同样也成为水利投资经济学研究的一个不可或缺的重要课题。

(2)怎样生产,这包括三个方面的问题。一是生产一种水利产品通常都可以用不同的水利资源组合,因而使用哪一种组合的替代方案就成为了一个经济学问题。由于选择哪种方案与各种生产资源的供给多少及相对价格有关,所以,这也就是通常人们所说的费用和效益比较原理。二是多少资源由公共渠道筹集、多少资源由市场渠道筹集,当然还有其他方面的筹资渠道和方式。这实际上是一个公共生产与私人生产相互替补的抉择问题。一般而言,作为准私人或准公共的水利产品,其生产可以由政府提供,也可以由私人提供,还可以由政府和私人共同提供。政府提供可以按边际成本定价,从而提高资源配置效率,而私人提供则可以提高生产效率和服务水平,双方各有优势。第二次世界大战以后,西方国家由政府主导的公共生产迅速扩大,而20世纪70年代以后又在大规模地推行私有化经营,就是一个典型的公共生产与私人生产的选择和配合案例。三是如何充分发挥现有水利资产(基础工程和设施)以及水资源的作用,同样也是水利投资经济学要解决的基本课题之一。一方面资源是稀缺的,另一方面稀缺的资源还得不到充分的利用。这种情况就是产量还没有达到生产的可能性,稀缺的资源被浪费了。进一步分析,人类社会为了追求发展,也不能仅仅满足于达到生产可能性,而且还要使既定的资源生产出更多的产品,使已存在的水利资源发挥出更大的效益。实际上这也是一个帕累托最优问题。

(3)为谁生产,这包括三个方面的问题。一是如何使现有的水利资源受益者的覆盖面更大一些。二是如何使现有水利资源发挥的作用更大一些,增加的社会福利更多一些。这就需要运用一系列规范分析原则,利用现代福利经济学的分析工具来做出判断和分析。三是关于负担与分配方面的问题,即多少费用由公共补偿、多少费用由受益者收费来补偿等。不同的政策影响着不同利益集团的收入与支出,如世界上各个国家都有针对不同行业用水制定不同水费标准的惯例,这里面既有针对负担承受能力的考虑,也有平抑社会分配不公的措施。说到底,这是一个水价格的制定政策问题,也是一个水利投资经济体制的管理问题。

第二节　水利投资经济学理论框架体系

从剖析西方公共生产经济理论开始,到系统总结我国水利投资经济实践,本书将水利投资经济学理论分为三部分,即水利公共性理论、水利筹融资理论和水利投资的经济评价理论。

一、水利公共性理论

关于水利事业经济性质定位问题的讨论,在我国已有 20 余年。应该说,到目前为止,这个问题已大体有了定论。本书第一篇试图就水利事业的公益性做一个理论上的概括与总结。

第二章首先用数学工具简明而详细地描述资源最优配置的状态,即帕累托最优。接着在第二节用福利经济学的三个古典定理证明了实现资源最优配置的途径——"竞争市场即效率"这一经济学中的经典理论:第一定理证明的是竞争市场产生高效率,第二定理说明了通过"一次总赋税"的补充可以修正帕累托最优对分配公平问题的忽视，第三定理则更进一步证明了通过完全计划或完全民主的公共选择机制都不能保证满足帕累托最优的条件，从而逆证了只有竞争市场才有效率。第三节将竞争市场产生效率的理论扩展到考虑了时间因素的多时段和代际间的动态竞争市场效率问题。第四节介绍一些重要的方法论概念，强调使用消费者剩余、生产者剩余以及市场价格的概念，作为衡量资源配置损益的特定工具。读者将看到，应用这些工具及其供求曲线，能够很方便地建立起公共项目有效配置资源的标准，并用它们来指导水利公共项目的决策和经营管理。

从表面上看，将研究起点放在一个不存在任何公共性的纯粹竞争市场经济运行分析之上，似乎与这一篇的主题相距太远。之所以这样做，一部分理由在于总结和复习竞争市场产生高效率的最重要的经济学理论，另一部分理由在于证明社会稀缺资源是如何通过一个分散化的市场机制得到有效率的配置。然而，更主要的原因是，本书将以“高效率”作为评判水利事业标准的一个基本依据，来评价水利资源配置的优劣及指导政策的制定。

在第三章中，将对照第二章提出的竞争市场即效率的标准，讨论并列举现实水利市场条件与理想竞争市场条件相比的“不完善”问题，也就是所谓的“水利市场失灵”，从而反向证明了水利的公共性。在此基础上，我们将在第五章进一步分析非市场框架下市场效率的实现途径。通过分析将看到，政府直接提供这些设施和服务，是弥补水利市场失效的重要途径，但也并不是所有的水利市场失灵现象都要求政府直接提供产品或服务。关于这一点，我们将在第四章中指出政府的经济职能及其“失灵”问题，并进一步在第二篇讨论水利的多元化筹资原则及多元化生产问题。

第四章和第五章讨论公共生产的决策理论。第四章属于实证分析，包括水利公共经济目标的社会福利函数表达、在帕累托大效用边界上对某一点的选择(归结为在效率和公平之间的抉择)以及多目标分解；政府的公共经济职能；公共经济决策中的投票机制、偏好显示激励机制以及对公共决策效率的评价理论等。第五章属于规范分析,讨论水利公共产品在最优化配置中的一般规律,包括最优提供条件、一般模型、供给机制的典型模型、混合产品最优模型以及地方公共产品理论等。

二、水利筹融资理论

在本书的第二篇中,将用 4 章的篇幅讨论水利筹融资的不同方式及经济分析原理。这一篇的内容基本都是在对南水北调前期研究的课题中提炼而成的。在第六章中,我们首先将给出关于水利筹融资的总体性分析,包括水利投资经济主体的多元化分析、水利的筹融资特征分析、主要筹融资方式概括,以及对构建并优化筹融资方案的理论性思考等。关于水利的筹融资方式,既有政府主导的投资(而这部分直接来源于税收),也有基金方式的公共集资筹款;既有债务性质的政府筹资,又有营利性质的民间或国外投资等。本篇后面几章是对水利最主要的三种筹融资方式展开的专门经济分析。

第七章分析公共筹资。关于这一章,有三点需要说明:①公共融资在水利筹融资方式中既是最稳定也是最主要的融资方式,其中税收和水利基金公共集资方式最具代表性。②公共融资中的税收理论,不仅在西方公共经济学中处于无与伦比的基础性地位,而且该理论还可以对其他筹融资方式提供理论依据和指导。比如使用性收费中的拉姆齐定价理论,就直接来源于对商品税的拉姆齐法则分析,而且公共融资理论中的一般原则,同样适用于对其他任何水利融资方式的指导、借鉴和参考。③本章的定位主要是比较系统地介绍西方税收理论,以及对我国水利基金的设计与运作提供理论指导。本章内容主要包括公共融资的公平分析、效率分析、承受能力分析、最优规模分析、社会效应分析以及超额负担分析等。

第八章分析公债性筹资。有偿性债务融资是又一个非常重要的水利筹融资渠道。这一类筹资方式主要包括公共债务和国内外借款。其中,公共债务主要由政府财政负担还款,而国内外借款则主要由项目本身还贷。由于水利项目的效益通常都是在很长时期以后才得以发挥，所以本章将重点关注长期性债务在代际之间的公平分担问题，而并不注重区分是公共债务还是国内外借款，因此第八章定名为“公债性筹资”。

这一篇的最后一章即第九章，是关于公共生产的定价理论问题讨论。由于公共生产定价问题既是关于水利收入的一个重要来源，又是涉及面非常广泛的一个复杂的社会学问题，因此这一章将详细研究定价的各个方面：早先关于对边际生产成本定价本质的一些认识；在公营企业价格也作为再分配措施时，基于拉姆齐线性定价规则，讨论非线性、次优以及再分配定价理论；针对高峰与拥挤问题的混合产品定价、针对外部性问题的修正与定价、针对产品不同用途的多重定价以及针对分摊固定成本的联合定价等；本章的最后一节是对公共资源的定价理论总结。

三、水利投资的经济评价理论

水利作为基础产业，它对国民经济的发展具有基础性的重大意义。从宏观经济的角度考察，它不仅会影响资源分配，而且还会影响收入分配。从对社会的影响分析，它不仅具有直接效应，而且还具有深远的间接效应；不仅会产生社会效益、经济效益，而且还会产生环境效益，当然，也有可能是负效益。从作用上分析，水利不仅是人们生产和生活的必需品，而且还可以对社会的发展与进步起到强大的推动或制约作用。诸如，像埃及的阿斯旺大坝，引出了无数的功过与是非评价❶；像冀朝鼎著述的那样，中国水利事业与中国的基本经济区具有非常密切的关系，甚至与中国朝代的更迭都有着密不可分的关联；像美国的田纳西河流域那样，经过几十年系统性开发，把一个经济比较落后的地区带进了经济发展先进地区的行列；像我国的南水北调那样，没有多少直接的经济效益，而具有非常重大的地区间资源配置的功能。

---

❶ 具体内容见文献[15]。

因此，本书对于水利事业所产生的各方面的经济效应进行了具体考察和评估，希望能够提供一套理论化的评价体系，或者至少为人们提供思考问题的思路，使水利决策变得尽可能的有效率和无争议。客观地说，现实中人们已经做出了很大的努力。比如，在合理投资结构与规模的框架之下，汝格彼德等提出了基础产业投资将对国民经济的拉动起到乘数效应❶，并可以在某种置信度下计算出该乘数的数值；在水利的投资效益方面，人们一直试图对水利公共项目所形成的社会效益与成本费用进行尽可能详尽的比较，使水利公共决策过程尽可能制度化。随着研究的深入，水利投资与国民经济的关联分析已成为学者们研究的重点。堆魁于 1979 年发表了《Optimality Input－Output System》一文，开创了将投入产出优化模型应用于水利投资经济分析的先河。顾强生于 1999 年建立了水利与社会经济联动互动关系模型❷。另外，国家财政与统计部门也都分别从财政和国债的角度分析过水利投资对经济产生的影响。更有甚者，河海大学的张新玉博士对“水利投资效益评价理论”的建立还做出过专门的研究❸。

但是应当指出，水利投资的经济评价理论无论从宏观上看还是从微观上看，它所涉及到的问题都经常是寓意深刻且相当复杂的。必须承认，到目前为止，我们对这一领域问题的认识还远远不够，因此本书对水利投资经济评价理论的总结还只是粗浅的和概括性的。但是，也正因为如此，水利投资经济评价理论的发展还有不可估量的潜力，等待水利界的同仁们去共同开拓。

第三篇共分 3 章。第十章把视角放在市场经济条件下的整个国民经济层面上，考察水利对经济的宏观效应及其相互影响。这一章共分 5 节，第一节是对水利投资的一般性概述；第二节是对水利投资实践的理论化解释；第三节分析影响水利投资的因素；第四节综合考

❶ 见《Water Resource Research》，1993 年 29 卷第 7 期。
❷ 见《河海大学学报》，1999 年第 1 期。
❸ 见《水利投资效益评价理论与方法》，中国水利水电出版社，2005 年。

察水利投资与经济增长的关系;本章的最后一节是对水利投资的效应分析,侧重于对效益和收入分配的公平性、对私人行为的影响以及对资源配置效率的影响分析。

第十一章主要从微观角度研究水利投资项目的直接费用和效益,从宏观方面分析水利投资项目的间接费用与效益。这一章还就实践中所引发的一些具有挑战性的问题进行探讨。比如,我们在第十章所讨论的水利项目的间接宏观效益,如何理论化和定量化地纳入到对项目的效益分析之中。再比如,水利灌溉和防洪工程是一种风险较大的项目,因此我们必须研究如何将这些风险归入到项目的评估之中,一并加以讨论。

第十二章是本书的最后一章,它可以说是对第三篇水利投资经济评价理论的系统概括,也可以说是对全书的总结。本章应用一般均衡原理开展对投入和产出表的数学模型分析。投入产出分析的应用十分广泛,它除了能够对水利项目进行效应分析和效益评价以外,而且可以对项目进行再分配价格研究,也可以对经济结构、经济比例、经济规模展开分析,还可以利用投入产出表进行计划、规划和优化分析。本章共分五节,前两节是对投入产出模型的系统介绍;第三节分析投入产出技术在水利上的两个主要应用;第四节则是将模型扩展到了考虑多时段多次投入的更接近于实际的情形;最后一节给出了模型的另一种扩展,即用代数方式表达的非线性模型。

第三节　水利投资经济学研究方法

每门学科都有自己相对固定的研究方法和工具,水利投资经济学也不应例外。对水利投资经济学研究方法的探讨,可以使我们更好地把握水利投资经济学的内容实质,有助于我们自觉地应用水利投资经济学的理论和方法,去理解、解释并预测水利投资经济现象。实际上,水利投资经济学作为经济学的一门应用性分支学科,它的研究方法和工具都可以包括在其母学科——经济学之内。

经济学研究方法最常用的区分是实证经济分析和规范经济分析。所谓实证经济分析,就是从经济现象本身的实际情况出发,提炼或抽象出事物的经济变量,以及经济变量之间的函数关系,从而回答了“是什么”的问题;规范经济分析则是以一定的价值判断标准为基础,以此标准来树立经济理论的前提,作为制定经济政策的依据,并研究如何才能符合这些标准,从而回答了“应该是什么”的问题。

一、规范经济分析

规范经济分析是主观的,与人们的偏好相关。偏好直接构成人们对经济目标和政策的确定与选择。公共经济学理论的一个重要任务就是要解决消费者的偏好显示问题。偏好显示本身与人们的价值判断相关,而整个社会偏好的确定和显示依赖于社会成员与社会集团对应的选择及判断。对此问题的研究需要采用规范研究方法。还有,对水利事业的目标应该是什么以及如何达到这些目标的讨论,是不能单纯依靠描述和刻画经济变量之间的关系得出的。水利公共基础部门的目标实际上是整个社会价值观的一部分和体现。规范分析的使命在于如何建立价值观的表达和实现的一般规律,诸如对社会福利函数的研究、对帕累托最优标准的研究,都需要采用规范的经济分析方法。

规范经济分析不仅表现在目标的确立、社会价值观的表达方面,实际上,还体现在对水利公共经济政策的研究和制定上。一般来说,相同的目标可以由不同的方案与措施来实现,但不同的措施和方案所造成的社会损益是不同的。如何确定水利事业的经济政策目标,如何权衡不同方案与措施的社会损益,这些都涉及到价值标准的判断和评估问题,需要规范研究方法加以解决。

另外,规范研究还体现在具体的水利投资经济问题上,一些具体的水利项目的问题研究同样离不开规范分析。比如,水利项目是好还是坏,有时候是不能单纯地用成本效益分析原理来确定的,这时候就需要采用规范分析方法来判断。再如,在水利工程的建后管理方面是牺牲效率还是牺牲公平等问题，也是需要规范研究来解决的。

规范分析实际上属于价值研究。一种社会制度和经济运行机制实质上反映了不同的生产消费与分配法则，反映了一种利益格局，这种利益格局本身就构成了水利公共经济价值的前提。水利公共经济是在既定的社会秩序之下进行，还是为了某种价值选择一种新的社会秩序，这就是一个价值选择问题。比如在政府与市场之间，到底是利用更多的市场还是利用更多的政府，这一直是一个争论不休的话题，这一话题就涉及到社会基本格局所反映的价值选择。再如，应不应该放权给社会，是否让更多的非政府组织与国际组织提供水利的公共性产品，这除了与技术水平和经济能力相关外，还涉及历史文化的积淀对于国家、政府、权威、自由以及秩序的偏好和价值选择。

水利决策经济学中诸多问题的争论，更多的不在于具体实证经济变量之间的关系是否正确上，而往往发生在公共经济格局、公共经济运行规则以及公共经济评价的价值争议上。比如如何看待水利投资经济（投资）主体的多元化问题，在政府和市场之外还有没有其他的经济主体，这些经济主体的经济活动是否能够反映水利的公共（益）性和民主价值。再如水利投资经济中的公平与效率之争，到底在什么程度上的公平能够促进效率，什么程度上的效率对公平才是合适的，等等，这些都是规范研究才能够解决的。又如水利投资经济的权威与自治之争、民主与统一之争，这些都需要一种价值判断进行利益综合，形成水利公共经济运行的价值基础和制度基础。

二、实证经济分析

实证经济分析首先回答“是什么”的问题。实证经济理论与物理学等硬科学一样，通过对经济现象的观察，感知经济现象之间的联系与变化，通过反复的归纳和求同存异得出经济变量。诸如成本、价格、产量等都是变量。在找到变量以后，还需要挖掘变量之间的关系。变量之间的关系有偶然也有必然，这称为相关性问题。变量之间是否相关往往需要采用统计学方法进行验证和测量。

确定了相关关系以后，还需要研究变量之间是否具有因果关系以及何种因果关系。变量 A 的变化，引起了变量 B 的变化，而且这种变化是固定的，那么我们就可以说 A 是 B 的原因，或者称 A 是自变量、B 是因变量，也可以说 A 的变化必然导致 B 的变化。

从理论层次上说，对“是什么”的回答首先需要形成变量，然后找到变量之间的关系，这种被反复证明的关系就能够形成定理，由定理可以推出复杂的经济理论。从实证层次上说，实验是重要的经济理论形成和验证方法。实验的方法最早来源于自然科学，经济学作为一门社会科学，也借鉴自然科学的研究方法，进行社会和经济实验。但社会和经济实验不同于自然科学实验，因为自然科学实验的条件可控，可尽量排除掉不相关因素，而社会、经济实验的条件控制难度大，容易受到不相关因素的干扰，有时甚至难以确定究竟哪些属于相关因素。尽管如此，社会和经济实验仍然具有相当重要的价值。比如，模拟一定的环境条件，观察经济变量对人们行为的影响，从而得出经济领域的行为规律。特别是对于大规模的调查，利用控制实验手段非常有助于对经济理论和经济行为的理解。

随着数学及其他社会科学、自然科学的发展，公共经济学吸收了大量其他学科的研究方法，使得公共生产经济学研究出现了模型化和数量化的趋势，对经济现象的描述、解释和预测起到了重要的作用。经济模型通常用来描述与所研究的经济现象有关的经济变量之间依存关系的理论结构。它既可以用文字来表述，也可以用数学公式来表达，还可以用几何图形来说明。用数学公式表达的经济数学模型通常把经济行为表示为一组方程式，每一个方程式代表经济变量之间的一种关系。经济数学模型包括理论模型和经验模型。所谓理论模型是指依据经济理论建立起来的模型，是我们企图了解和解释现实生活事件的必要工具，而经验模型是依据经验事实建立的模型。实际中，两种模型往往并不是孤立使用，而是交替或混合使用。科学研究的重要目的之一就是对未来经济现象的预测，利用模型来预测是最常见的方式。另外，关于预测还有一套专门的方法，比如时间序列分析、马尔可夫模型等。预测的准确性是衡量水利公共经济模型的重要指标。

三、动态分析方法

动态分析与静态分析相对应。所谓静态分析，就是指分析经济现象的均衡状态以及有关的经济变量处于均衡状态时必须具备的条件，但并不论及达到均衡状态时的过程，换句话说，静态分析考察某一时刻的各种经济变量之间的相互关系，而完全忽略时间因素。相反，动态分析是考察各种经济变量在不同时期的变动情况，引入了时间的概念，考虑了经济变量随时间的变化。动态分析要求经济变量所涉及到的时间必须被明确地表示出来，并且认为某些经济变量在某一时点上的数值受到前一时点有关变量数值的影响。这就要求把经济现象的运动过程划分为连续的分析期间，以便考虑有关变量在相继各个时期的变动情况。

能够联系不同时段经济变量的参数，通常用利率(r)和贴现率($1/(1+r)^n$)表示。比如对于投资者来说的资本(c_0)，如果将其作为投资等到 n 年以后再消费，那么 n 年时的资本 c_n 将变成 $c_n = c_0(1+r)^n$；而对于融资者来说的借贷款，它是将未来(n 年时)的资本变现到现在来消费，那么 n 年时的资本 c_n 变现到现在就相当于

$$c_0 = c_n \cdot \frac{1}{(1+r)^n} \tag{1-1}$$

当然，除了资本或资本金外，劳动工资率、自然资源价值等都可以用利率和贴现率建立起不同时期的等量价值化表述。

四、边际分析方法

边际分析方法是西方经济学中常用的一种分析方法。“边际”在经济学中是增量或增值的意思，是总量(或总值)曲线上的斜率，或称为导数。边际分析就是利用微积分原理分析具有函数关系经济变量之间的变化率，从而找出经济变量之间的变动规律。

从数学形式上看，假定某一经济函数为 $Y=f(X)$。当自变量 X 变化为 $X+\Delta X$ 时，因变量 Y 就随之变化为 $Y+\Delta Y$，这里的 ΔX 和 ΔY 作为经济变量 X、Y 的增量，即为边际量。边际分析可以用两个增量的比率 $(\Delta Y/\Delta X)$ 来表示，它实际上就是经济函数 $Y=f(X)$ 的导数 $\mathrm{d}Y/\mathrm{d}X$ 的离散化表达。比如，当水利工程管理的产品生产者考虑要不要增加某一单位产量时，他就需要用边际分析方法来决策，即将增加这一单位产量所增加的成本（边际成本）与所增加产量带来的收益增加（边际收益）进行比较，以决定是否增加这最后一单位产品的生产。显然，只要边际收益大于边际成本，增加这一单位的产量总是有利可图的。以后我们就会证明，这一法则是实现水利资源帕累托最优配置的充分和必要条件。

在经济学分析中，我们通常把经济函数 $Y-f(X)$ 称为总量(Total)函数，把 $M=\Delta Y/\Delta X$ 称为边际(Marginal)函数，把 $A=TY/TX$ 称为平均(Average)函数。经济学中的总量函数都是单值函数，都存在平均函数和边际函数，并且三个函数之间有以下几种关系（见图 1-2）：

(1)平均函数上任一点的值等于从原点到总函数相应点连接线的斜率，见 b 点。

(2)边际函数上任一点的值等于总函数上相应点的切线斜率，见 b 点和 c 点。

(3)边际函数的最大点是总函数曲线的拐点，见 a 点；边际函数的零值为总函数的最大值，见 c 点。

(4)边际函数与平均函数的交点，一定是平均函数的最高点，见 b' 点。

五、均衡分析方法

均衡即平衡，是物理学中的概念。当作用于支点上所有外力的合力（矢量和）为零时，就是均衡或平衡状态。19 世纪末英国经济学家马歇尔把这一名词引入到经济学分析中，用来说明独立的经济决

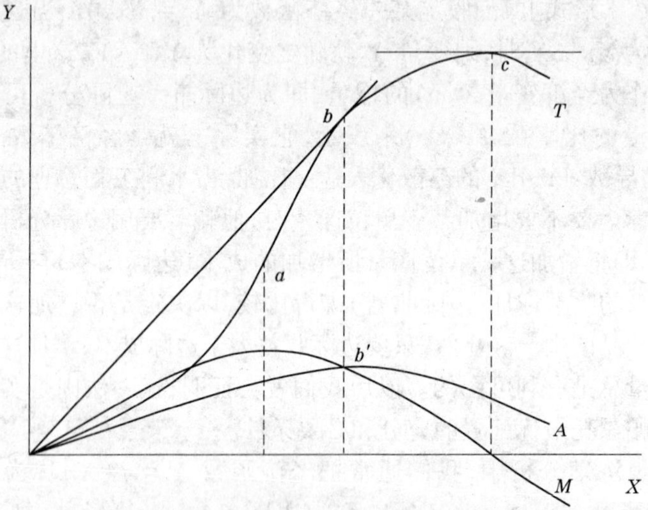

图 1-2　总量函数、平均函数与边际函数的关系

策者在意识到若重新调整资源配置方式或购买方式已不能获得更多利益时,从而不再改变其经济行为时的状态。均衡分析包括一般均衡分析和局部均衡分析。局部均衡分析考虑经济体系中单独一对变量,如一个消费者和一个生产者,共同面对一种商品和一种要素市场时两种力量共同作用而达到的均衡状态分析,它总是假设其他因素不变,从而大大地简化了对经济现象的分析。一般均衡分析,是指一个经济体系中所有变量都参与决策和选择时共同作用而达到均衡时的状态。根据一般均衡原理,某种商品的价格不仅取决于它本身的供给与需求,而且还受到其他可替代商品的价格和供求关系的影响。因此,一种商品的价格和供求平衡,只有在所有商品的价格和供求都同时达到均衡时才能实现。

均衡分析偏重于数量分析,它总是和等于、交点、切点等概念相联系的。

(1)等于通常是两个及以上变量的相等关系,比如在社会产出品和消费之间建立均衡关系就是产出量等于消费量。

(2)交点通常是两个变量变化过程中达到一致的点,比如考察主要以价格(P)为自变量的经济变量需求(D)和供给(S)的变化规律。这里将需求 D 和供给 S 分别随价格 P 变化的曲线表示在图 1-3 中。两个变量变化曲线的交点 E 就表示了需求、供给以及价格的均衡(P_0 是均衡价格,Q_0 是均衡产出和均衡消费),在非交点处产出商品和消费量不一致,这既表示它们的不稳定,也表示市场中的供给有浪费或不足。

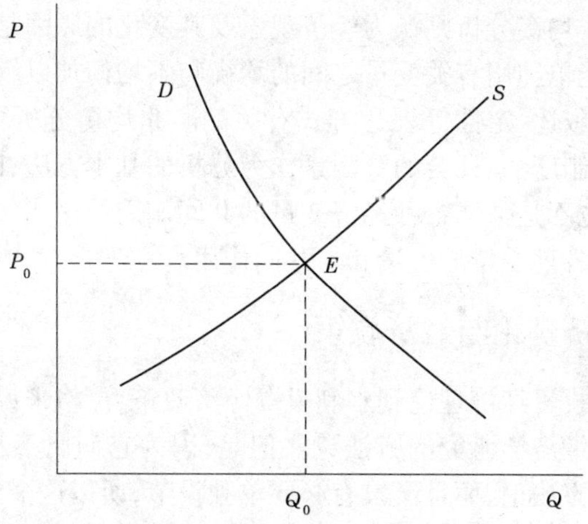

图 1-3 消费与供给的均衡表达

(3)切点通常是在有条件约束的情况下,利用数学概念中的极大极小值原理,来推求效益的最大化或支出的最小化。比如在一定资源约束下推求产出的最大化,在一定产出约束下推求消费者效益(也称社会福利)的最大化等。这类问题通常可以归纳为

$$\max(\min) z = f(x, y) \tag{1-2.1}$$

$$\text{s.t.} \quad \varphi(x, y) = 0 \tag{1-2.2}$$

这时,我们通常可以构建一个拉格朗日函数

$$\Gamma = f(x, y) + \lambda\varphi(x, y) \tag{1-3}$$

对式(1-3)求每个自变量的偏导数,并使之为零,满足对极值问

题的求解，然后与式(1-2.2)联立，求解其方程组，得出自变量 x、y 及常数 λ 的值，即

$$\begin{cases}\dfrac{\partial f(x,y)}{\partial x}+\lambda\dfrac{\partial \varphi(x,y)}{\partial x}=0 & (1\text{-}4.1)\\ \dfrac{\partial f(x,y)}{\partial y}+\lambda\dfrac{\partial \varphi(x,y)}{\partial y}=0 & (1\text{-}4.2)\\ \varphi(x,y)=0 & (1\text{-}4.3)\end{cases}$$

相反，非均衡分析则认为经济现象及其变化的原因是多方面的、复杂的，不能单纯用有关变量之间的均衡与不均衡加以解释，非均衡分析总是与叙述、定性等表达方式有关的。非均衡分析主张以历史的、比较的、制度的、社会的等因素作为分析的基本方法，即使是对于量的分析，也不是强调各种经济变量的共同作用均衡或矢量和为零，而只是强调各种变量的矢量和与共同作用。

六、经济理论与经济政策

从水利投资经济理论到水利投资经济政策，严格来说，这并不属于水利投资经济学研究的方法论。但是，因为它们属于水利投资经济学的应用方法论，而且又没有必要单独设节，所以这个论题放在方法论一节中一并叙述。

水利投资经济学是为现实水利投资经济决策服务的，具有强烈的实用性，尽管大多情况下，经济学只是提供了人们对问题思考的“洞察力”，而不是精确的具体政策建议，有学者将其称为“隔靴挠痒”。水利投资经济学既包括决策理论，也包括决策政策，是二者的结合。

水利投资经济理论是对各种水利投资经济问题的分析，并力图寻找出水利投资经济现象本身的客观规律，而水利投资经济政策是根据水利投资经济规律所制定的，因此水利投资经济理论是水利投资经济政策的基础。没有正确的经济理论，就难以制定出正确的经济政策。因此反过来，经济政策是经济理论的应用。

但是,从现实的发展看,并不一定先有理论而后有政策与实践。常见的情况是先有了解决某个实际问题的经济政策和实践,而后才有对之服务并对之做出解释的经济理论。例如,20 世纪 30 年代西方国家出现的经济危机,就是先有了国家干预经济的具体决策政策,而后才有对这种政策进行解释的凯恩斯宏观经济理论。然而,这并不意味着否认经济理论的重要意义。尽管实践与政策可能先于理论,并要求理论对之做出解释,但缺乏正确理论基础的政策则很可能是盲目的和不完善的,所以只有以正确的经济理论为指导,决策政策才可能由自发阶段上升到自觉阶段。因此,整个或整体性决策政策的制定、发展与验证都离不开理论。同样,理论也只有为政策服务,并通过实施的结果来验证才能证明其正确性。也正因为如此,在水利投资经济管理体制改革不断深化的今天,我们来研究水利投资经济学理论,才具有巨大的理论意义和重要的现实意义。

第四节　水利投资经济理论的产生与发展

水利事业作为人类的一种实践活动,大约产生于公元前 3000 年。然而,水利投资经济理论却是在大规模的水利事业实践的基础上才开始萌芽的。比如,距今 3000 年左右,我国修建了世界闻名的都江堰水利灌溉工程,那时就考虑了所费(稻米若干石)和所得(灌溉农田若干亩),进行了现在看来还比较粗略的水利投资经济计算。1934 年冀朝鼎编著的《中国历史上的基本经济区与水利事业发展》,从宏观经济方面分析和论证了水利事业的经济效益。

现代化工业起源于西方,现代化的水利投资经济思想同样也起源于西方。早在 19 世纪初,美国就把效益超过费用作为衡量工程项目经济评价的基本准则,这可以看做现代水利工程经济思想的开端。1808 年,时任美国财政部长的加勒廷提出:“当某一条航运线路的运输年收入超过改善交通所花费的利息和工程的年运行费之和时,其差额即为国家的年收入。”随后,美国国会逐步强调判断工程项目的基本准则要有一个有利的效益与费用的比值。1844 年,法国工程师迪皮在《公共工程效用评价》中提出了“消费者剩余”的思想,该思想后来发展成为社会经济效益的概念,成了费用效益分析的基础。

最早把工程项目和经济结合起来作为一门学科来研究的著作,可以追溯到 1887 年美国惠灵顿出版的《铁路布局的经济理论》。作为一名土木工程师,惠灵顿认为在铁路最佳长度或路线曲率的选择中应采用投资费用的分析方法,从而开创了工程领域经济评价理论研究的先河。1915 年,美国斯坦福大学教授菲什出版了第一部直接取名为《工程经济学》的专著,他将投资模型与证券市场联系了起来,分析内容包括投资、利率、初始费用与运营费用、商业组织与统计、估价与预测、工程报告等。1930 年格兰特编著的《工程经济学原理》被认为是第一本系统论述工程经济问题的经典之作,同时,他本人也被誉为“工程经济学之父”。该书采用福利计算方法,研究判别因子和短期投资评估,首次系统地阐述了关于动态经济的评价理论和原则。1936 年,美国国会通过的《洪水控制法案》规定:“兴建防洪工程与河道整治工程,其所得收益应超过所花费用。”自此以后,美国大型公益性工程项目的规划文件都必须有效益费用分析报告,才能送请国会批准。第二次世界大战期间,美国又将费用效益方法用于指导有限资源的合理应用及军事工程建造,第二次世界大战后,又进一步将其应用到交通运输、文教卫生、城市建设等其他公益性投资项目评价之中。

第二次世界大战以后,工程经济学受凯恩斯主义经济理论的影响,研究内容从单纯的工程项目费用分析扩大到市场供求和投资分析方面。1951 年乔尔·迪安出版了《管理经济学》(又称决策经济学),该书研究公司的资产投资,把计算现金流量的现值方法应用到资本支出的分析上。后来他于 1961 年又出版了《资本预算》一书,不仅发展了现金流量的贴现方法,而且开创了资本限额分配的现代分析方法。20 世纪 60 年代以后,工程经济学的研究主要集中在风险投资、决策敏感性和不确定性因素的分析方面。其中,德加莫偏重于研究工程企业的经济决策分析，他的《工程经济》(1968 年)一书，以投资形态和决策方案的比较研究，开辟了工程经济学对经济计划和公共事业的应用研究途径；卡纳答的理论重视外在经济因素和风险性投资分析；塔奎因等的理论则强调投资方案的选择与比较。这一时期，水利投资经济理论和著作主要有：联邦河流流域委员会效益费用分会于 1950 年提出的《河流流域工程经济分析的建议方法》，该报告为水利工程项目经济研究奠定了理论基础，提出了一系列后来被水利工程经济学理论视为核心内容的新观念，如净效益最大法、效益费用比法、可分费用—剩余效益分摊法等。由于这个报告的封面是绿色的，所以被水利投资经济分析人员视为"绿皮书"。绿皮书是美国乃至世界水利投资经济发展史上的一个重要文献。这以后，水利投资经济学理论得到了长足发展。如赫斯克雷菲于 1960 年发表了《水的供给：经济学技术和政策》；理查德于 1964 年出版了《价格系统和资源配置》一书；1971 年埃克斯坦出版了《水资源开发：计划评价的经济学》等。1973 年，美国颁布了《水和土地资源规划原则和标准》，该标准把水利投资经济的重点放在了国民经济发展、环境质量、区域发展和社会福利四个方面的正负效应之上。这之后，美国政府不断地丰富和完善这个标准。近年来，作为水利投资经济学领域核心理论的费用效益分析已在美国政府的各个部门，特别是公益性项目评价中得到了广泛应用，在英国、加拿大、日本以及我国等的应用也非常普遍。

苏联也早在 20 世纪 50 年代开展了水利投资经济研究。如祖济科编著的《水利经济学》经过多次修订再版，其中 1982 年再版的《水利经济学》一书，全面评述了水资源综合利用、水利的地位和作用，系统介绍了水利事业的组织机构、固定资产、流动资金、成本和生产费用等，阐述了水利部门推行经济核算、拨款、经济分析和经济论证的原理与方法。

我国于新中国成立初期引进了苏联的水利技术经济论证方法，开始应用于水利工程项目的投资效益分析。改革开放以后，引进西方的工程经济理论，并结合我国水利工程的建设实际，开展了水利工程经济方面的研究工作。1980年成立了中国水利经济研究会，1985年发布了《水利经济计算规范》。目前我国对水利投资经济研究的深度和广度都已经远远超出了“工程经济”的传统范围，除研究水利工程的投资、效益分析计算方法以外，还研究许多非工程技术经济方面的问题❶。例如对南水北调工程进行的前期可行性研究工作，朱镕基和温家宝两任总理就曾经多次指示：对南水北调工程的经济评价分析工作，要连同筹资及其建管体制问题一同考虑。研究过程中，河北省为此还进行了南水北调工程的投入产出研究，以分析水利基金的不同筹集方案与定价对区域经济的影响。由此可见，从我国建设社会主义市场经济实践的需要出发，水利投资经济研究的内容也不应仅仅局限于针对工程项目的经济评价和费用效益分析，它还应该包括对水利投资经济政策、决策机制与理论、水利筹融资方案、价格政策以及水利投资经济管理体制等方面的研究。

水利投资经济学理论的又一个理论来源是对公共生产的经济分析理论。探讨其源泉，公共生产经济分析理论是在20世纪60年代末的财政学基础上，由于研究领域扩展到公共生产而逐步形成的。

作为一门学科，财政学发端于亚当·斯密的《国富论》。在书中，亚当·斯密专辟独立的一篇来阐述他对于“公共财政”的系统思想。这一思想后经李嘉图、马歇尔、皮古等逐步完善，形成了以赋税为主要研究对象的财政学理论体系，被称为古典学派。当然，当时的非主流学派，如李斯特、维尔塞尔、林达尔等，他们独辟其径，不仅研究赋税，而且还研究公共支出的决策，被称为大陆学派。随着政府公共部门规模的不断扩大、公共生产部门的比例不断提高，以及基础经济理论的不断突破，仅仅侧重于对赋税原理进行的研究，已经远远不能解释和分析公共部门，特别是公共生产的活动规律了。由此，又经过一系列经济学家的努力，如鲍文、马斯格雷夫、萨缪尔逊、布坎南等，使

❶ 见文献[8]第12页。

公共生产经济学终于在20世纪60年代末发生了由传统财政学向公共经济学的转变。

当代公共经济学的一个显著特点是给予公共支出充分的重视，包括对于公共支出必要性的基础理论分析、公共生产部门的决策过程及其效率的规范和实证两方面分析，以及对各类具体公共支出项目的微观生产分析等。但需要指出的是，当代公共经济学对于公共支出理论的高度重视并不意味着没有歧见，其中最为本质的分歧在于，有些学者偏好福利最大化的分析理论，而另一些学者则偏好从“公共选择”的理论视角分析问题。双方对于政府发挥作用的期望显著不同，所得出的政策结论也各有侧重。前者相信经济学家与政治家相互对话与互补，能够制定出最优的经济政策并付诸于实施，而后者则强调通过先政对于政治过程中可能出现的偏差加以遏止。

当前，西方公共生产经济分析理论以其扎实的理论基础、广阔的视角和深入细致的分析，为我们研究水利领域的经济学问题提供了丰富的理论成果、研究工具以及研究方法，这是我们应该大力借鉴的。

第一篇　水利公共性理论

第二章　资源的有效配置

从这一章开始，本书就要围绕着水利事业的决策（包括项目决策、生产决策）和经济评价这个主题，展开对水利的经济学研究。作为本篇第一章，这里首先使用数学工具对水利决策与经济评价的资源最优配置，即帕累托效率标准，做一个简明而详细的介绍。

通常，人们把有效率、高效率理解为没有任何浪费，经济学家则乐于称之为资源实现了有效配置。达到这一境界可能表现为很多方面的表象，比如从价值量形态衡量，可能是总产出的最大化、总收益的最大化以及理想的收入分配；从福利方面考虑，也可能是环境质量、公共卫生、快乐、幸福等总效用（或总效益）的最大化；从整体考虑，还可能是各种市场的一般均衡、经济的稳定、地区之间的协调发展等。

但是，目前被广为接受的“效率”概念，一般都采用福利经济学中的“帕累托最优”作为判断基准。关于帕累托最优的实现，则是由福利经济学的古典定理证明的，完全的竞争性市场是可以而且唯一实现帕累托最优的途径。

第一节　资源有效配置的状态：帕累托最优

一、帕累托最优的概念

理解现代公共经济学的中心环节是帕累托最优的概念，这一名称得自于意大利经济学家帕累托的发现。帕累托提出了关于资源配置最适度的问题，他认为，生产资源在各部门之间的分配和使用达到这样一种状态，即任何变革都不可能使任何人的福利（总效应满足度)有所增加,而同时保持其他人至少与其原来的状况一样良好,这就是帕累托最优或帕累托效率。换言之,如果一种可行的资源配置尚可在不损害其他人福利状况的同时,至少使一人的福利得到提高,那么原来的资源配置就不是帕累托最优的。从原来的资源配置向新方案的改变可定义为“帕累托改善”。由这一定义,还可以重新阐释帕累托最优的含义:如果对一种资源配置已不可能再进行任何帕累托改善,那么该配置就可称为帕累托最优或帕累托有效的。

帕累托最优作为评价资源配置是否合理的判断标准,之所以被普遍接受,主要是由于它与过去的“效率”概念相比有两点突破:一是它用序数效用论❶ 为基础讨论整个社会的福利增进问题,从而避免了有关效用的定量化衡量等理论难题;二是它运用更为严谨的数学推理,综合考虑生产领域和消费领域的资源配置,不仅提出了更为准确的规范标准,而且清晰地给出了达到这些标准所需满足的条件,使得对效率问题的讨论大大深化。

这一命题同样为水利经济学提出了一个非常有用的价值判断标准,即投入一定量生产资源用于水利事业,该项目的评判标准是没有浪费,并且使人们的效用满足程度达到不可能再改善和提高的程度,这就是水利的帕累托最优效率状态。

下面考虑一个简单模型,用来定量化描述帕累托最优效率的状态。设厂家投入两种生产要素 L、K(通常是指劳动和资本。在没有特殊要求的情况下,我们通常将技术包含在劳动中,将包括水资源在内的土地投入要素包含在资本中),生产两种产品 X、Y,在两个消费者 A、B 之间分配,并达到帕累托最优,即没有任何其他的生产要素配置和产出分配能够使 A 和 B 的福利变得更好,而同时又不使另一方的福利变坏。现在让我们讨论该经济系统帕累托最优条件下的消费高效率、生产高效率以及市场交换的高效率状态。

---

❶ 福利经济学以是否主张效用可量化衡量为标志分为新旧两个学派。旧福利经济学以可量化衡量效用的基数效用论为基础;新福利经济学则建立在效用排序的序数效用论基础之上。

二、消费高效率

消费高效率是指消费者从既定数量产品的消费中获得的效用最大化。假定两种产品可实现无障碍消费替换，那么，在A和B之间就可以达到有效的分配，称为消费的帕累托最优。在更一般的情况下，不论有多少物品产出，它们都可以在众多的消费者之间被有效率或不浪费地消费。

图2-1构建了一个埃奇沃思盒状图❶，用来说明消费高效率最优条件的导出。此图显示了在个人A和B之间对产品X和Y消费的所有可能配置。沿水平轴和垂直轴的距离 O_AX' 与 O_AY' 分别代表经济中可获得X和Y数量的产品。$O_AY'O_BX'$ 盒中的任一点都代表了在个人A和B之间对X和Y的潜在分配方案。这里沿原点 O_A 向右上方表示了对A的分配，沿另一原点 O_B 向左下方表示对B的分配。比如 e 点，使用原点 O_A，e 代表了个体A对产品X和Y的消费分配组合，即 X_A 和 Y_A；同样地，如果从原点 O_B 起算，则B获得的消费组合是 X_B 和 Y_B。并且 $X_A + X_B = X'$，$Y_A + Y_B = Y'$，表示了产品X和Y全部被个体A和B消费掉。依次类推，盒中的任一点都代表了产品X和Y在个体A和B之间特定的分配方案。

现在，我们要找到能满足消费组合效率条件的那一点。要显示消费的效率，需要判断个体对产品X和Y消费的效用大小。通常，在不考虑边际效用递减情况下，消费的数量越多说明效用越大，否则消费的效用就越低。假定每个人都能够清楚地判断出自身对产品X和Y消费的偏好，而且这些偏好可通过一组无差异曲线❷ 来表示。比如个体A的无差异曲线 U_2，代表个体A对X和Y消费满足程度相同的一个无差异组合；个体B的无差异曲线 V_2，代表个体B对X

❶ 此图由英国经济学家埃奇沃思最先提出。它主要用图示法说明两种资源在两个实体之间完全契约分配的各种组合。

❷ 同一条无差异曲线代表全体给予消费者同等满足程度的消费组合，不同的无差异曲线表示消费者的满足度（或称福利水平）不同，无差异曲线凸向原点表明了边际效用的递减规律。

和 Y 消费满足程度相同的一个无差异曲线组合。

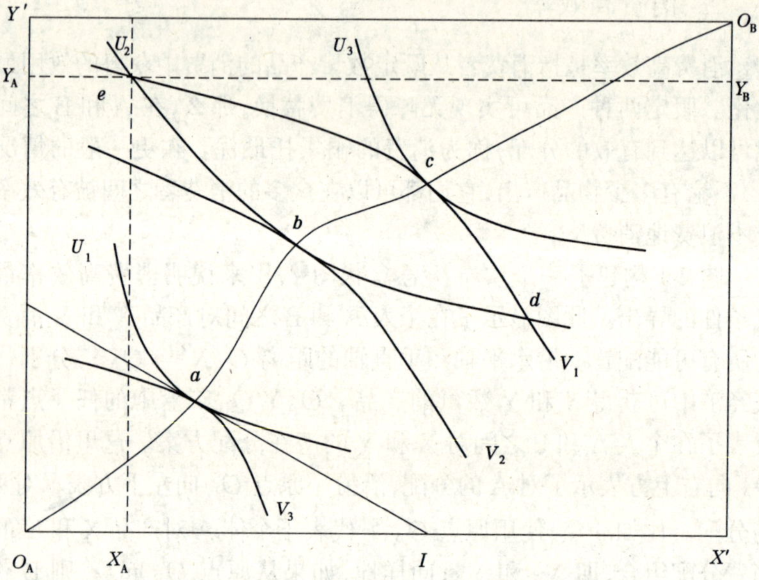

图 2-1　生产约束下的消费高效率契约曲线

图 2-1 中,对个体 A 来说,e、b 和 d 点的消费组合满足程度都是相同或相等的,即 A 对这三种消费组合的效用都相同,用 U_2 表示。对于 A 来说,越接近 O_B 的无差异曲线,就越使得 A 的效用变大。图中 U_3 的效用最大,其次是 U_2,U_1 的效用最差。以原点 O_B 表示的 B 对 X 和 Y 消费组合的无差异曲线 V_1、V_2、V_3 具有同样的特征。

无差异曲线上任一点的斜率 dY/dX,用边际式表示为 $\Delta Y/\Delta X$,表示为补偿对 X 消费减少而对 Y 消费的增量,这使其保持变动前后效用不变,从而不离开曲线。此斜率称为 Y 对 X 的边际(消费)替代率,用 MRS_{XY}❶ 表示。假设 MU_X❷ 为 X 对个人的边际效用,它表

❶ MRS 是边际(消费)替代率 Marginal Rate of Substitute 的缩写。
❷ MU 是边际效用 Marginal Utility 的缩写。

示 X 的每单位消费变动带来的效用变化。X 的少量变动 ΔX 所带来的总效用变化为 $MU_X \cdot \Delta X$。同样地，MU_Y 是 Y 的边际效用，Y 的少量变动 ΔY 所带来的总效用变化为 $MU_Y \cdot \Delta Y$。由于个人的效用水平在变动前后应保持不变，因此由 ΔX 和 ΔY 各自带来的效用变动应能互相抵消

$$MU_X \cdot \Delta X = MU_Y \cdot \Delta Y \tag{2-1}$$

由于已经定义了 $\Delta Y / \Delta X = MRS_{XY}$，所以有

$$\frac{MU_X}{MU_Y} = MRS_{XY} \tag{2-2}$$

从图 2-1 中可以看出，e 点并不满足消费效率的条件，因为如果我们从 e 点沿 V_1 无差异曲线移动到 c 点，这时 B 的效用水平没有变动，仍为 V_1，而 A 的效用水平由 U_2 上升到了 U_3；再如，我们从 e 点沿 U_2 无差异曲线移动到 b 点，这时 A 的效用水平没有变动，仍为 U_2，而 B 的效用水平由 V_1 上升到了 V_2。可见，无论 e 点怎样移动，都还有帕累托改善的潜力。看来，盒中的消费效率点并不是无差异曲线的交点，而应该是 A 和 B 无差异曲线相切的点，即 a、b、c 点都是消费转换有效率的点，因为在这些点上无法再找到使 X 和 Y 另外配置的点，能够使帕累托状态得到改善，也就是使某一消费者境况变好，又不使另一消费者的境况变差。消费转换效率点有一个共同的特点，就是相切处的两条无差异曲线的斜率相等，即

$$MRS_{XY}^{A} = MRS_{XY}^{B} \tag{2-3}$$

推而广之，在多物品和多个体的一般情况中，消费效率条件要求对于所有个体而言，在所有物品间的 MRS 都相等，即

$$MRS_{ij}^{h} = MRS_{ij}^{k} \tag{2-4}$$

其中，h、k 为所有个体；i、j 指所有物品。

还以图 2-1 为分析对象，将对 A 和 B 消费的无差异曲线之间的所有切点，从 O_A 到 O_B 连成一条曲线，称为埃齐沃思盒状图的契约曲线。因为消费契约曲线上的任一点都满足消费转换效率条件，所以只要产品 X 和 Y 可无限分割，理论上就有众多或无限的有效配置

点。只是,对于不同的点,要么A的境况变好而B的境况变差;要么B的境况变好而A的境况变差,但总效用是达到最大化的。按此思路,我们还可以把A、B两个体效用变动的互补性变换成图2-2的形式。图中横轴表示个体B对消费X和Y所获得的总效用水平,纵轴表示个体A对消费X和Y所获得的总效用水平。该曲线的特征是向右下方倾斜,图中也显示了消费契约曲线中的 a、b、c 点,以及 e 和 d 点。

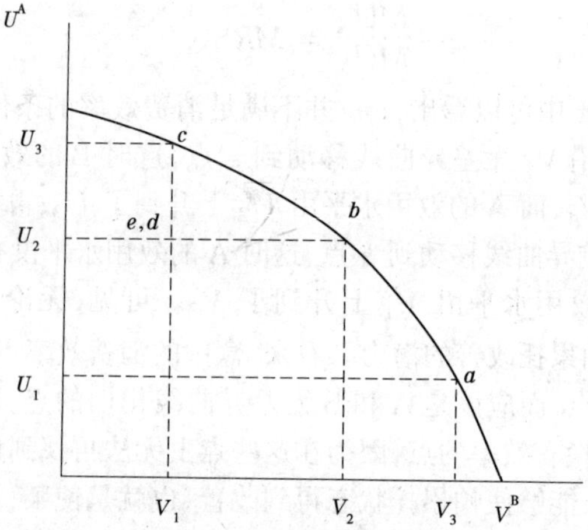

图2-2 效用可能性曲线

图2-1和图2-2清楚地表明,从 e 向消费契约曲线上的 b 和 c 点,或者向 b 和 c 点中的某一点移动,都可显示出一个帕累托状态的改进。在这种情形下,至少A或B中一个的效用可得到改善,而其他人的效用没有降低。

三、生产高效率

生产高效率指的是,重新在两种产品的生产之间配置投入要素,已经不可能在提高一种物品产出的同时不减少另一种物品的产出量。假设劳动L和资本K两种生产要素及两种产品的生产资源都可以实现无障碍转换，那么，它们就都是彼消此长的。这样，我们仍可以用埃奇沃思盒状图表示出两种投入要素及两种产品的这种相互配置和无障碍转换关系，图 2-3 中水平轴表示劳动提供数量，垂直轴表示资本的提供数量，并分别以 O_X 和 O_Y 为原点来衡量产品 X 和 Y 对 L 和 K 的使用量。假定劳动和资本被充分利用，则该图的轴长分别为 L' 和 K'。盒中任意一点都表示了生产 X 和 Y 的投入要素的特定配置，并且 $L_X+L_Y=L'$，$K_X+K_Y=K'$。

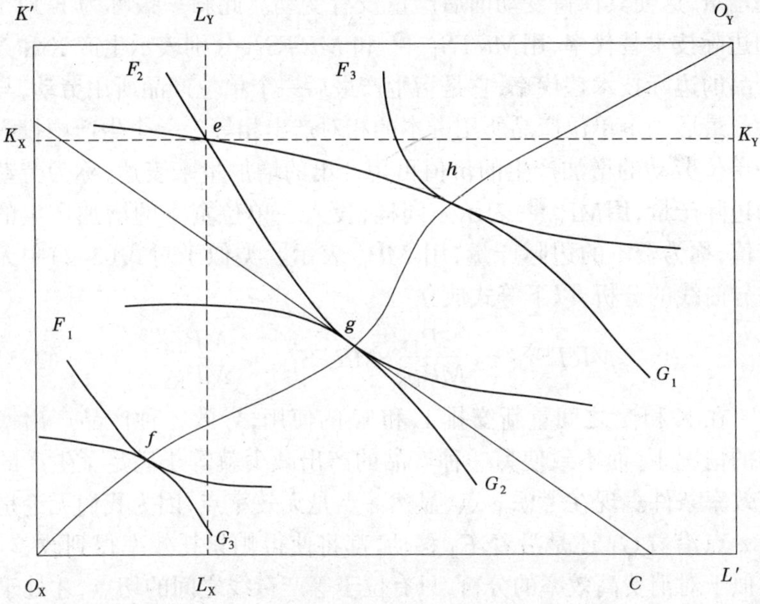

图 2-3　资源约束下的生产高效率

利用特定数量的劳动和资本，每种产品都将能获得最大数量的产出，这种产出的数量是由投入和产出之间的技术条件所决定的，我们用相应的等产量线来表示。F_2 代表以 O_X 为原点画出的产出 X 的等产量线。每条等产量线 F_1、F_2、F_3 代表了获得给定产出水平 X 所需要使用的 L_X 和 K_X 的全部组合。沿原点向右上方，从 F_1 到

F_2，再到 F_3，等产量线每移动一次，则 X 的产出水平提高一次，到 O_Y，生产要素全部用到了对产品 X 的生产，对 Y 的产出水平等于零。类似道理，从 G_1 到 G_2，再到 G_3，表示 Y 的产出水平越来越高。当然，每条等产量线所代表的产出水平是可衡量的，它不同于无差异曲线所代表的效用水平。

假设等产量线是凸向原点的[1]。等产量线上任一点的斜率 dK/dL，用边际式表达为 $\Delta K/\Delta L$，它表示为补偿对 L 使用减少而对 K 使用的增量，这使其保持变动前后产量没有变动。此斜率被称为 K 对 L 的边际技术替代率，用 $MRTS_{LK}^{X}$[2] 和 $MRTS_{LK}^{Y}$ 分别表示生产 X 和 Y 产品的边际技术替代率，它是指生产最后一个单位产品所用劳动，与生产最后一个单位产品所用资本的相对产出相等。一个生产中投入一单位劳动的增加产生的价值可用产出的增加量来表达，称为劳动的边际产量，用 MP_L[3] 表示。同样，投入一单位资本的增加产生的价值，称为资本的边际产量，用 MP_K 表示。类似于对式(2-2)中无差异曲线的分析，以下等式成立

$$MRTS_{LK}^{X}=\frac{MP_{LX}}{MP_{KX}},MRTS_{LK}^{Y}=\frac{MP_{LY}}{MP_{KY}} \qquad (2\text{-}5)$$

在 X 和 Y 之间重新安排 L 和 K 的使用，导致一种产品产出增加的情况下，而不致使另一种产品的产出减少就等于满足了生产的高效率条件。现在考虑 e 点，显然 e 点是无效率点，因为我们无论是将 e 点沿着 G_1 还是沿着 F_2 移动，都将使得帕累托效率得到改善。类似于对消费高效率的分析，只有位于等产量线之间的切点，才处于不减少其他产品产出就不能提高一产品产出的状态。由此，点 f、g、h 关于使用 L 和 K 的配置属于生产有效率。生产契约曲线 $O_X fgh O_Y$，是给定 L' 和 K' 的供给及生产技术条件下，所有生产有效率点的轨迹。生产高效率用以下公式表达

---

[1] 投入要素的边际产出递减规律决定了等产量线是凸向原点的。
[2] MRTS 是边际技术替代率 Marginal Rate of Technology Substitute 的缩写。
[3] MP 是边际产量 Marginal Product 的缩写。

$$MRTS_{LK}^{X} = MRTS_{LK}^{Y} \tag{2-6}$$

更一般的情形中,生产效率要求在所有产品的产出中,任意两种生产要素的边际技术转换率都相等。

另一种描述生产高效率轨迹的方法是运用生产可能性曲线,它表示经济中X和Y产出的各种组合。取得生产契约曲线上每一点的X和Y的产出数量,并按图2-4描绘下来,即可形成生产可能性曲线,其中点f、g、h及e也相应地转绘在图2-4中。生产可能性曲线的斜率称为Y对X的边际(生产)转换率,记为MRT_{XY}❶,表示减少ΔX数量的X产出,可以获得ΔY数量的Y产出的增加。进一步分析,从生产可能性曲线上的一给定点开始,若将微小数量的劳动投入要素从X转给Y,则X的产出减小而Y的产出增加。这种转移导致X的产出减少量为

$$\Delta X = MP_{LX} \cdot \Delta L \tag{2-7}$$

相应地,Y的产出增加量为

$$\Delta Y = MP_{LY} \cdot \Delta L \tag{2-8}$$

将式(2-7)、式(2-8)代入边际生产转换率MRT_{XY}的表达式,得

$$MRT_{XY} = \frac{\Delta Y}{\Delta X} = \frac{MP_{LY}}{MP_{LX}} \tag{2-9}$$

使用同样的方法,假设K从X转移到Y,很容易得出边际生产转换率也等于两产品生产中资本的边际产量之比,即

$$MRT_{XY} = \frac{MP_{KY}}{MP_{KX}} \tag{2-10}$$

四、市场交换高效率

生产效率条件决定了,在给定L和K的条件下,经济中可有效率地产出无穷多种X和Y的组合(见图2-3中的生产契约曲线);消费效率条件则给出了在每种(X, Y)产出组合中,在A和B之间的分

❶ MRT是边际(生产)转换率Marginal Rate of Transform的缩写。

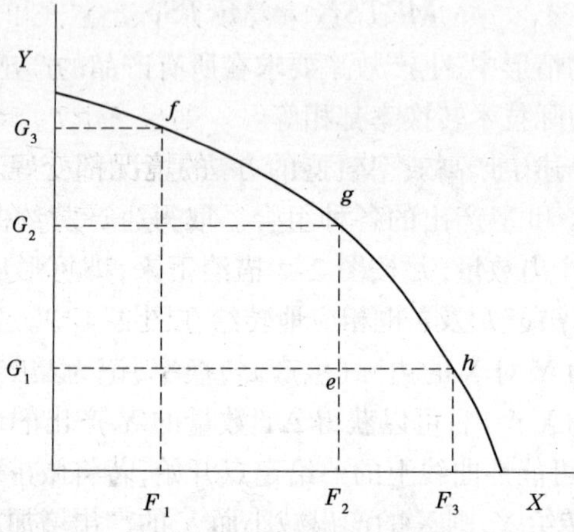

图 2-4　生产可能性曲线

配同样有无穷多的方案(见图 2-1 中的消费契约曲线)。因此,满足生产和消费效率条件的配置方案有“双倍的”无穷多。但是,既满足生产又满足消费的市场交换的效率条件引入,可相对限制那些符合帕累托最优配置的数量。

一方面,满足生产效率条件,意味着有效率地使用劳动和资本投入要素,且沿生产可能性曲线上的点行事。此曲线上的每一点都有一个边际转换率,决定了此点 X 边际转换 Y 的比率,或 $MRT_{XY}=(\Delta Y/\Delta X)_{生产}$。另一方面,满足消费效率条件,意味着生产出 X 和 Y 以后,在消费者 A 和 B 之间分配的边际替代率 MRS_{XY} 相等。MRS_{XY} 表明了消费者在效用不变的情况下,愿意用 X 边际替代 Y 的比率,或 $MRS_{XY}=(\Delta Y/\Delta X)$消费。然而,市场交换效率条件要求不浪费,即这两者也相等

$$MRT_{XY} = MRS_{XY} \tag{2-11}$$

式(2-11)表明,在生产中 Y 边际转换 X 的比率必须等于消费中 Y 边际替代 X 的比率。如果不相等,意味着帕累托最优效率还有改善的潜力,A 和 B 的效用或境况还有可能至少使一个人变得更好。

例如，假设 $MRT_{XY} > MRS_{XY}$，意味着放弃少量 X 产出所带来 Y 的增量，大于消费中补偿 X 减少 Y 的增量。所以，双方应以 X 为代价，增加 Y 的产出而使双方的境况都变好。如果 $MRT_{XY} < MRS_{XY}$，则应以 Y 为代价，增加 X 的产出而使双方的境况都变好。因此，只有式(2-11)成立时，资源配置才算是达到了帕累托最优效率的条件。

图 2-5 是对同时满足生产效率和消费效率的表达。图中曲线 PP 就是图 2-4 中的生产可能性曲线，g 点是关于产出的一种组合 (X_g, Y_g)，边际转换率是 PP 曲线在 g 点的斜率 $MRT_{XY}(g)$。现在用这个特定产出 (X_g, Y_g) 组合来构建一新的埃齐沃思盒，图 2-5 中的 Og 就是相应于图 2-1 中消费契约曲线 O_AO_B 的效用可能性曲线，且 a、b、c 点在图 2-1 和图 2-5 中代表了同样的位置。由于有了 (X_g, Y_g) 这种特定的生产组合，所以能够使 $MRS_{XY} = MRT_{XY}(g)$ 时的消费效率组合只能在 Og 契约曲线上的一个或几个点存在。从直观来看，因为 Og 契约曲线上 a 点的斜率与 g 点的斜率不相等，而 b 点的斜率与 g 点的斜率相等，所以 b 点为满足 $MRS_{XY} = MRT_{XY}(g)$ 时的消费效率组合。一般来说，对于沿 PP 上的 X 和 Y 的所有产出组合，都会有一个或很少几个帕累托最优点与之相对应，这就决定了满足 $MRS_{XY} = MRT_{XY}$ 时的消费效率组合数量仍为无穷多个，而每一个点都在 A 和 B 之间分配的效用水平各自不同，但总效用水平都是最好的。

比照图 2-2 效用可能性曲线的构建方法，我们把图 2-5 中的契约曲线 Og 上每一点，重新绘在图 2-6 中，见曲线 $h'h'$，且点 a、b 和 c 在图 2-5 和图 2-6 中都代表了相同的意义。同样的道理，我们在图 2-5 中 PP 曲线上的任何一种产出组合，比如 f 点和 h 点等，都可以做出一条相应的消费契约曲线，按照同样的方法重新描绘在图 2-6 中，就形成了一系列的效用可能性曲线。在图 2-6 的效用空间，我们可以找到这些效用可能性曲线的一条最外边的界限，称为包络线，如图中的 GG，该曲线通常被称为“大效用边界线”或“总效用边界线”。

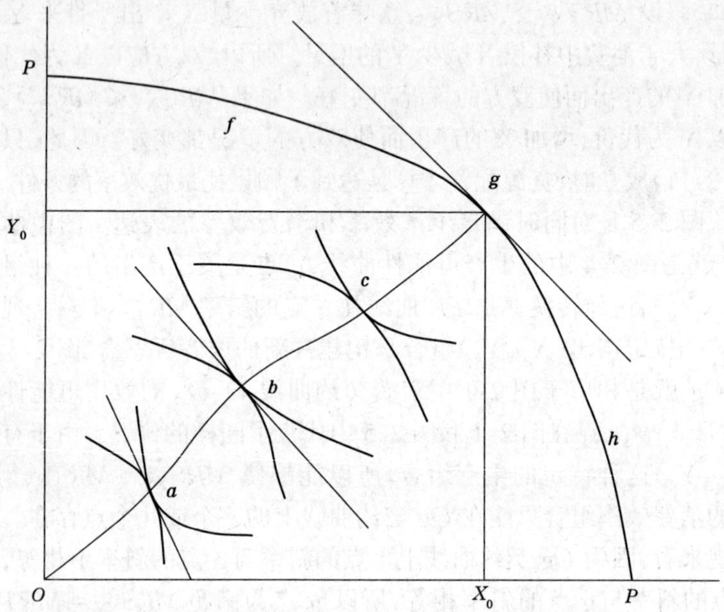

图 2-5　生产约束下的消费高效率

大效用边界线上的点，就是在既满足生产效率条件又满足消费效率条件的情况下导出的，比如图 2-5 和图 2-6 中的 *b* 点。所以很显然，大效用边界线之外的点是不可能达到的，而大效用边界线之内的点则仍是低效的，是可以改进的。比如 *c* 点，就并不满足总体最优效率条件，因为其上的 MRS_{XY}小于产出组合点 *g* 上的 MRT_{XY}(表现在图 2-5 中就是二者的斜率不同)。这样就肯定有另一种产出组合，以生产更多的 Y 和更少的 X，使 A 和 B 的境况比 *c* 点变得更好。总之，只有在大效用边界线上的点才真正达到了帕累托最优效率的条件，即整个经济从生产、交换和消费的全部过程中，已不可能让一个人得益，而同时又不使其他任何人受损。

曲线 *GG* 表现了在给定资源、偏好和技术的经济体系中，U^A 和 U^B 的最优配置效率条件，而且这种效率条件仍然具有无穷多个组

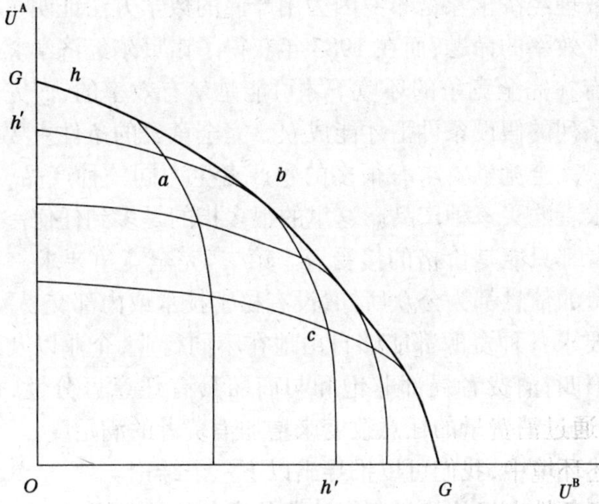

图 2-6　效用函数包络线

合。从图 2-6 可明显看出，在 *GG* 表示的大效用边界线上的任何移动(改变)，实际上，必然会在提高一方效用水平的同时降低另一方的效用水平。可见，仅仅使用效率条件作为评判资源配置的标准是不完全的。对此，福利经济学第二基本定理试图弥补帕累托最优效率标准忽视公平标准的缺憾，同时，我们在第四章第一节也将进一步讨论关于公平和效率关系以及水利的其他非经济目标的问题。

第二节　资源有效配置的实现：福利经济学定理

一、福利经济学第一定理

上一节用帕累托最优原则详细描述了关于效率的概念，这一节用福利经济学的基本定理来证明完全竞争市场是实现有效率状态的唯一途径。

美国数理经济学家德布罗因为用严谨的数学方法证明了完全竞争市场产生效率的命题,而在 1983 年获得了诺贝尔经济学奖。他证明市场只有在完全竞争的环境下才可能是最有效率的,而完全竞争只有在一系列的假设条件下才能成立。完全竞争的条件主要有以下几个:第一,完全竞争要求有很多的生产者生产同一种产品,而同时有很多需求者购买该种产品。这里的很多指的是多到任何一个生产者或需求者都只能是价格的接受者。第二,完全竞争要求一切有关生产和消费的信息都为公众所知,没有秘密技术或内部交易。第三,完全竞争要求各种资源都能够自由地在不同行业、企业以及地区之间转移。第四,消费者局部非饱和与商品具有任意可分性,也就是说,总能够通过消费量的任意改变来增加消费者的满足度。

在上述环境中,我们可以推导出以下三个结论。

(一)竞争性市场价格机制对消费效率条件的实现

在本章第一节,我们用无差异曲线的形态证明了最优消费的效率条件。实际上,在上面假设的竞争性经济环境中,因为有价格作参考,所以 A 和 B 可通过各自的行为来显示产品之间的边际替代率。面对竞争的经济和线性的预算线,在图 2-1 中,设直线 I 代表 A 的预算线,其斜率就是 A 面对的价格比率(因为价格越高,A 对它的需求越低,这由需求规律所致),它与 O_A 点之间距离代表了 A 在经济系统中的收入份额,也可以说,其收入份额来自于其对劳动和资本的拥有份额。A 将选择在 a 点消费,在此处 $MRS_{XY}^{A}=P_Y/P_X$,因为 a 点位于 A 可得到的最高无差异曲线上。同样,个体 B 面对的价格比率一样,其也要选择其预算线上 $MRS_{XY}^{B}=P_Y/P_X$ 的点。由于 A、B 都将自己的 MRS 调整为一个共同比率,于是满足了消费的效率条件

$$MRS_{XY}^{A} = P_Y/P_X = MRS_{XY}^{B} \qquad (2\text{-}12)$$

在这种简单的两人经济中,A 和 B 的收入之和也就是社会中所有的收入,且所有的 X 和 Y 都是由两个人消费,因此直线 I 也代表以 O_B 作为原点的 B 的预算线。B 将选择以 O_B 为原点的配置 a 点,

这与 A 的选择点相同。如果两个个体的预算线导致他们在埃齐沃思盒中选择了不同的点，则这种经济就不是竞争性市场均衡状态，因为在此状态中 X 和 Y 的需求量将不等于可供给的数量，相对价格因此而改变，直到两人在埃齐沃思盒中选择到一个共同的相切点。因为所有的切点都在契约曲线上，竞争性价格机制因此达到了消费和交换的有效性。究竟达到契约曲线上的哪一个消费交换点，这取决于生产 X 和 Y 取得的收入在 A 和 B 之间的分配。收入分配的变化会引起消费交换效率沿着效用可能性曲线移动。从这个随后仍会用到的讨论中可得出一个推论：在一个满足了消费效率条件的竞争性经济中，相对价格反映了所有消费个体对其消费物品的相对边际评价。因此，可以使用商品价格作为其边际效益的货币计量，并且以商品价格来测定其边际社会的价值。根据式(2-2)对边际替代率的定义，可得出

$$\frac{P_X}{P_Y}=\frac{MU_X}{MU_Y}\text{或}\frac{MU_X}{P_X}=\frac{MU_Y}{P_Y} \tag{2-13}$$

这样，可以写出价格与边际效用的变换式，即 $P_X=\lambda MU_X$ 和 $P_Y=\lambda MU_Y$。此处的比例系数 λ 将效用转换为由货币价格的定量化表示，且通常被称为收入的边际效用系数。

(二)竞争性市场价格机制对生产效率条件的实现

为理解市场价格机制确保满足生产效率条件，现假设支付劳动和资本的价格分别是 ω(工资率)、r(租金或利率)。例如假设按图 2-3中等产量线 F_2 的产出水平生产一定量 X，当支付要素价格分别为 ω 和 γ 时，L 和 K 的最小成本组合位于等成本线[1] 和等产量线 F_2 的相切处，此处的等成本线斜率为 ω/r。F_2 上的其他点都处于更高的等成本线上，因此这些点不在考虑之列。在图 2-3 中，C 直线即是最小成本的等成本线。它和 F_2 在 g 点相切。在此点，等成

---

[1] 等成本线由下式定义：$C'=\omega L+rK$，C'表示任意成本；L、K 是可以按工资率 ω 和租金 r 购买的劳动和资本组合。

本线的斜率 ω/r 等于等产量线的斜率 MRT_{LK}^{X}。产品 Y 面对同样的要素价格 ω 和 r,并以同样方式选择一个等产量线与等成本线相切,以最小化自己的成本。由于 Y 的等成本线斜率与 X 的等成本线斜率相等,因此双方成本的最小化满足下式

$$MRS_{LK}^{X} = \omega/r = MRTS_{LK}^{Y} \tag{2-14}$$

这样就满足了生产的效率条件。在图 2-3 中的两产品模型中,工资与租金比率将调整到两产品在盒状图中同样的切点。这个由竞争决定的切点位于契约曲线上,并和生产可能性曲线上的某点相对应。

正如可将产品的价格理解为消费者边际效益一样,要素价格也可理解为代表着厂商生产要素的边际产品价值。我们从厂商理论中得知,竞争性生产厂商会增加生产要素直到要素价格等于要素的边际产品价值[1] 为止,或者

$$\omega = P \cdot MP_{L} \tag{2-15.1}$$

$$r = P \cdot MP_{K} \tag{2-15.2}$$

所以,不仅要素价格比率(ω/r)反映了要素的相对边际价值,并且对厂商来说,要素价格本身就是对生产要素边际价值的衡量。

(三)竞争性市场价格机制对交换效率条件的实现

在竞争性市场条件下 X 和 Y 生产中,追求利润最大化的厂商都要增加劳动和资本,直到要素成本等于它们的边际产品价值,即满足式(2-15)。因为 X 和 Y 都要为劳动付出同样的价格 ω,X 和 Y 的 MP_{L} 是相等的,即

$$P_{X} \cdot MP_{LX} = P_{Y} \cdot MP_{LY} \tag{2-16}$$

式(2-16)可改写为

$$\frac{P_{X}}{P_{Y}} = \frac{MP_{LY}}{MP_{LX}} = MRT_{XY} \tag{2-17}$$

---

[1] 要素价格是雇用一附加单位的要素的边际成本;边际产品价值是厂商多雇用一单位要素带来的边际收益。

即 MRT_{XY} 等于商品价格比率。因为对于消费者双方来说，其 MRS_{XY} 也等于商品价格比率，因此满足了整体的交换效率条件。还可以从另一个角度来审视相对价格与 MRT_{XY} 之间的一致性，即追求利润最大化的竞争性厂商，会使产品产出点上的价格等于边际成本，用 MC[1] 表示。边际成本是指产出的少量变动引起相应的总的资源成本的变动，即 $MC_X = \Delta C_X / \Delta X$，且 $MC_Y = \Delta C_Y / \Delta Y$。假设在生产可能性曲线上一些点上，价值 ΔC 的少量资源从 X 转移到 Y 生产，事实上 X 的资源成本变动（ΔC_X）和 Y 的资源成本变动（ΔC_Y）都等于 ΔC，因此我们可由边际成本的比率推导出以下等式

$$\frac{MC_X}{MC_Y} = \frac{\Delta C_X / \Delta X}{\Delta C_Y / \Delta Y} = \frac{\Delta Y}{\Delta X} = MRT_{XY} \qquad (2\text{-}18)$$

MRT_{XY} 就变成了 X 和 Y 的边际成本比率，所以也是 X 和 Y 的价格比率。

在帕累托最优经济中，价格 P_X 和 P_Y 可解释为社会的或者是效率的价格货币。我们已看到当满足消费效率条件时，这些价格是如何作为所有消费者边际效益的衡量手段的。同样的道理，当满足总体交换效率条件时，这些同样的价格可用于度量生产商品投入资源的边际机会成本。市场价格对边际收益和边际成本的阐释是经济有效运作的基本特征。当由于种种原因，一经济体系运作并不能有效率时，我们不得不重新评价价格在反映社会收益或成本方面所起的作用。第十一章成本效益分析中，这一点将十分有用。

这样，本章第一节讨论的实现帕累托效率的全部条件都得到了满足，竞争均衡的帕累托有效性得到了证明。不仅如此，我们还得到了由市场价格表达消费者效用水平，以及生产者投入要素成本的简便方法。

二、福利经济学第二定理

图 2-6 给出的大效用边界线上的任何一点都符合帕累托效率条

[1] MC 是 Marginal Cost 的缩写。

件，这意味着帕累托效率有无穷多解，并且分别与无穷多种分配方式相对应，也就是说，帕累托效率这一概念并不关心合理的收入分配如何实现的问题。比如在 h 和 b 点，它们都在大效用边界线上，都满足帕累托效率条件，然而 b 点的效用在个人 A 和 B 之间的分配与在 h 点的分配就相差甚多。如果我们在 h 点沿着大效用边界线向纵轴方向移动，则在满足帕累托效率条件的基础上，效用在个人 A 和 B 之间的分配差距就越来越大，达到纵轴时，全部效用都分配给了个人 B，而 A 已经没有了任何效用。对此，福利经济学第二定理试图弥补帕累托最优对分配公平的忽视。

第二定理的主要思想是，在采取适当措施，如一次总赋税收和转移支付之后，任何帕累托有效的资源配置仍然可以通过竞争市场机制实现。这意味着分配问题和效率问题可以分别处理、相互融合，不必为解决收入分配问题而彻底转向非市场的资源分配机制，也不应人为干预市场以试图改正收入分配的不公平。理想的处理方法是，一方面小心翼翼地设计由国家采取的转移部分财富的措施，令这一措施既能实现购买力在消费者之间的合理转移，同时又不致扭曲消费者的选择行为；另一方面完全可以指望对应于考虑了合理的收入分配下的帕累托有效的资源配置，肯定存在一个均衡的价格向量，使得消费者的效用和生产者的利润都实现最大化。

这一定理不用证明读者就能够明白。我们拿图 2-2 中的 e 点向 a 点转移为例说明。如果将某一项目实施后 B 所得效用的一部分，用一次性税赋或转移支付方式转移给 A，那么若 A 在福利至少不降低而 B 福利又有所提高的情况之下，帕累托状态就是得到了改善，也可以说该项目的实施是利大于弊，值得决策。

当然，达到第二定理所描述的境界并不是无条件的，最重要的是，它要求每个生产者的生产可能性集合具备凸性，同时每个消费者的偏好也呈凸性。如果生产集是非凸的，则意味着存在规模收益递增，即垄断，这时生产可能性曲线与等利润曲线相切并不能保证实现利润最大化，这种情况下企业将生产更多产品，直到获得使其利润最大化的边角解，但这无法与消费者效用最大化时对产品的需求相一致。相反，如果消费者的偏好是非凸的，则双方不存在斜率相等的相切点，不愿交易，这是由于双方非凸条件下离原点越近，满足程度越高，无差异曲线切点轨迹为效用最小化点的轨迹，或者即使双方有相切点，也无法达成相互间的契约，这是因为在 $MRS_{xy}^{B}=MRS_{xy}^{A}$ 时，双方理想的交易量不一致，从而竞争市场无法实现均衡。

水利作为公共产品，由于市场失灵，不但不能保证生产条件的凸性，同时也不能保证消费偏好的凸性，因此水利不仅在弥补市场失灵方面而且在考虑公平的收入再分配方面，都必须做大量的分析与选择工作。

三、福利经济学第三定理

对福利经济学两个基本定理的介绍，使我们加深了对竞争市场产生效率的认识。但是，从理论上讲，实现帕累托效率的途径不仅有竞争市场一种方式，比如完全的计划安排和完全的公共选择也都有可能满足效率条件，达到帕累托最优。然而，阿罗在 1951 年出版的《社会选择与个人价值》一书中，提出并严格证明了一个完全政治民主的社会需满足以下五个条件：①完全理性个人对个人偏好显示具有完备性和传递性；②成员选择与集体选择具有一致性；③不能限制个人的选择自由，也不能剥夺个人的选择权；④对没有关系的备选方案应保持它们的独立性；⑤不应有任何人控制集体选择的每一过程，也就是没有任何策略行为。在此基础上，阿罗进一步指出，任何集体决策的过程都无法保证能够同时满足上面这五个条件❶，从而得出：尽管公共决策有时候可以得到最好的结果，但无法保证百分之百达到帕累托最优。关于公共决策的缺憾，本书在第四章公共决策理论中有更详细的阐述。

---

❶ 对阿罗不可能定理这里不作证明。有兴趣的读者可参见阿罗的《社会选择与个人价值》(四川人民出版社，1987)和《福利经济学》(中国友谊出版公司，1991)和《福祉经济学》(东北财经大学出版社，2005)。

关于完全的计划安排,也称完全歧视垄断或贪婪机制,许多学者都进行过相关探讨,比如庇古、哈韦茨、哈耶克、斯蒂格里茨等。一般认为,在具有不可分割性和报酬递增条件下,也能实现最优,但它需要比竞争机制更多的信息,而且与经济人假设相矛盾,从而被认为是不切合实际的。

第三节　资源有效配置的动态模型

到目前为止,我们讨论竞争市场的效率问题还只是静态的,也就是说,经济行为的发生没有考虑到时间因素的作用。实际上,任何经济行为的产生都是随着时间的变化而变动的,而竞争市场的效率问题是可以直接延伸到动态经济上去的。这一节我们将把竞争市场的效率问题放在时间坐标内考虑,也就是说,我们要考虑多阶段和代际之间的竞争市场效率问题。

一、两时段模型的效率条件

首先考虑经济中只有两个时段,即现在消费(C_p)和未来消费(C_f)。现假定现在时刻的消费者对两种消费的效用函数表示为

$$U = f(C_p, C_f) \tag{2-19}$$

这可以理解为消费者对消费组合(C_p, C_f)从现在直到他生命结束的现时的效用评估,可称之为消费者的终身效用。如图 2-7 所示,也可用无差异曲线来表示消费者的偏好,该曲线与静态时的情形有同样的性质。在无差异曲线上任何一点的斜率,即现在消费对未来消费的边际替代率 MRS_{fp},如同前述,可认为是消费的边际效用的比率 MU_f/MU_p。由于消费边际效用递减的假定,当一个人获得更多的 C_f 和更少的 C_p 时,MRS_{fp}呈下降趋势。沿图 2-7 中 45°线 C_p 和 C_f 是相等的。这时,($1/MRS_{fp} - 1$)通常被称为纯粹时间偏好率,因为它表示了为补偿现在消费的减少而未来消费增加的一个转折点。它显示了仅仅因为时间的因素,一个消费者用未来消费代替现在消费

所应获得的补偿。

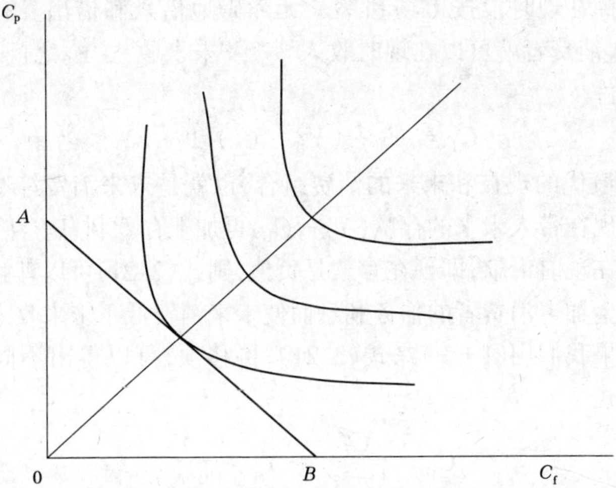

图 2-7　现在消费与未来消费的无差异曲线

在生产方面，也可以用在 C_p 和 C_f 之间画一条生产可能性曲线来表示放弃现在消费与未来消费生产资源物品的生产之间的比率。原本可用于生产消费的资源转而投资，在未来时间里生产消费物品，此生产可能性曲线与图 2-3 中的 $O_Y O_X$ 线有相同的形状。其上任一点的斜率是边际转换率 MRT_{fp}，即在此点 C_f 可依据边际比率 $(\Delta C_p/\Delta C_f)$ 转换为 C_p。

帕累托最优条件也同样等同于从两种商品 X 和 Y 推导出的结论。总体效率条件是

$$MRS_{fp} = MRT_{fp} \tag{2-20}$$

这里的 MRS_{fp} 是社会中所有个体的边际替代率，而且生产效率条件也必须保持在帕累托最优。这样，生产要素可以合理地在生产现在消费商品的那些产业和投资生产未来消费商品的那些产业之间配置。

完全发挥竞争功能的市场可以保证在一代际间经济中达到资源

的帕累托最优配置。这特别需要有一个完整的资本市场，准许消费者和厂商在现时段按市场利率 r 无障碍地借入和借出。有了这样的市场，消费者就可以在现时收入 Y_p 及未来收入 Y_f 之间，在满足约束条件

$$C_f = Y_f + (Y_p - C_p)(1 + r) \tag{2-21}$$

下选择最优的现在和未来的消费组合，也就是未来消费等于未来收入加上现在带入未来的存款$(Y_p - C_p)$再加上存款利息。注意，如果消费者在现时借款，即现在存款是负值，则式(2-21)可以理解为由于借入本金加上消费者的债务利息而使未来消费低于未来收入。

如果我们用$(1+r)$除式(2-21)，再移项，可以得出不同的预算约束形式

$$C_p + \frac{C_f}{1+r} = Y_p + \frac{Y_f}{1+r} \tag{2-22}$$

式(2-22)表明在以利率 r 折现后，两阶段消费现值一定等于两阶段收入的现值。图 2-7 的预算线 AB 表现了式(2-22)。AB 斜率是$(1+r)^{-1}$，消费者通过选择其无差异曲线和预算线的切点来使自己在两阶段达到效用最大化，或

$$MRS_{fp} = \frac{1}{1+r} \tag{2-23}$$

即同一时间内，在生产方面竞争性市场机制将保证投资回收率等于利率 r。换句话说，即 $MRT_{fp} = (1+r)^{-1}$，将保证等式(2-20)的最优条件满足。

市场利率 r 正如其他任何价格一样，反映了资本的边际价值和边际成本，特别是$(1+r)^{-1}$反映了相对于现在消费对未来消费的边际价值(也称贴现)，也就是说，多生产一个单位的未来消费要牺牲$(1+r)^{-1}$个单位的现在消费。

二、多时段模型的效率条件

我们现在将两时段扩展为 T 个时段的一般形式来分析，这样做

有助于加深对此模型的认识，特别是对其涉及的消费者行为可以做更准确的直观评价。

考虑一个生活 T 时段消费者的选择问题，其偏好可用其整个一生的消费流 $C_1, C_2, \cdots, C_T$ 来定义，并由一个效用函数来表示

$$U = f(C_1, C_2, \cdots, C_T) \tag{2-24}$$

该消费者在 $t(1 < t < T)$时段有一无利息收入 Y_t，且在 t 时段可以固定利率随意借出和借入，在 $t+1$ 时段获得或者支付利息 r_{t+1}。S_t 为 t 时段带入 $t+1$ 时段的存款数值，如果消费者在 t 时段借债，则 S_t 为负值，相应下一阶段应还贷。在 T 时段要求消费者能够支付所有贷款，这样可阻止消费者在一生中无限制地借入大量贷款用于过高水平消费，或者可假设消费者并不关心他一生以后的事情。总之，任何带入 T 时段的正或负的存款将肯定在那时支出或消费。这样有

$$C_T = Y_T + (1 + r_T) \cdot S_{T-1} \tag{2-25}$$

或

$$\frac{C_T}{1 + r_T} = \frac{Y_T}{1 + r_T} + S_{T-1} \tag{2-26}$$

为看出 S_{T-1}如何定义，可回溯到 $T-1$ 时段，消费者拥有工资收入 Y_{T-1}，从 $T-2$ 时段带入的存款 S_{T-2}以及利息收入 $r_{T-1}S_{T-2}$，即

$$S_{T-1} = Y_{T-1} + (1 + r_{T-1}) \cdot S_{T-2} - C_{T-1} \tag{2-27}$$

将式(2-27)代入式(2-25)，除以$(1 + r_{T-1})$，并移项得到

$$\frac{C_{T-1}}{1+r_{T-1}} + \frac{C_T}{(1+r_{T-1})(1+r_T)} = \frac{Y_{T-1}}{1+r_{T-1}} + \frac{Y_T}{(1+r_{T-1})(1+r_T)} + S_{T-2} \tag{2-28}$$

可以同样利用式(2-25)的关系导出 S_{T-2}，并代入式(2-26)。用$1 + r_{T-2}$去除该式，并继续进行这些步骤直至时段 1，得到预算约束的一般数学式

$$C_1 + \frac{C_2}{1 + r_2} + \cdots + \frac{C_T}{\prod_{t=2}^{T}(1 + r_t)} =$$

$$Y_1 + \frac{Y_2}{1+r_2} + \cdots + \frac{Y_T}{\prod_{t=2}^{T}(1+r_t)} \tag{2-29}$$

要注意在每个阶段,对消费有影响的折现因子决定了相对于第一阶段消费的未来消费价格。当然,如果无法准确地预计到将来每一年的贴现因子,那么通常的做法是把每一年的贴现因子都设成一样的值,即 $1/(1+r)$,这样式(2-29)可简化为

$$C_1 + \frac{C_2}{1+r} + \cdots + \frac{C_T}{(1+r)^T} = Y_1 + \frac{Y_2}{1+r} + \cdots + \frac{Y_T}{(1+r)^T} \tag{2-30}$$

用式(2-29)或式(2-30)与式(2-22)对比,可看到在两种情形下预算约束有同样的解释:左边是一生消费的现值,它一定等于右边的一生工资收入或称之为终身财富的现值。

三、多世代经济模型

以上分析了单一消费者一生多阶段的最优消费组合问题。实际上,对于世代间资源配置的效率问题,完全可以依照上面的思路进行扩充性分析。多世代模型与单代模型的不同之处在于,当代消费者有子女养活他们,而且假设每一代消费者都可以从他们后代的一生消费中得到一部分效用,同时每一代消费者都有对后一代留有部分财富的愿望。在这样的假设下,我们就可以把式(2-29)或式(2-30)的方程两边各加上一项代际间的收入效用转移项。这种代际间的市场均衡满足了跨世代的消费替代和生产转换之间一系列的边际条件。

第四节　消费者剩余和福利变动的度量

帕累托最优描述了任何经济系统有效资源配置的状态,而政策制定的目的是改善资源配置的效率,提高社会福利。某些条件下,社会福利的变动情况可以定量衡量,例如可以进行成本效益分析。但

在另一些条件下，精确衡量则相当困难。因此，在判断政策实行的效果或预测政策的效益时，往往会采用定性的福利分析方法。为提高定性分析的科学性，公共部门经济学常采用最基本的分析工具，即需求曲线和供给曲线。需求曲线作为评价需求方福利变动的概念是消费者剩余和总收益；供给曲线作为评价生产方福利变动的概念是生产者剩余和总成本。本节的目的就是通过消费者剩余和生产者剩余概念，去评价资源配置中由各种政策或项目引发的经济变动所产生的社会福利变化，从而用理论去指导我们的行为和决策。

一、消费者剩余

首先考虑需求方。图 2-8(a)描述了商品 X 的市场需求曲线，并假定其他商品的价格与收入固定不变。开始时 X 的价格是 P_X^1，且消费数量是 X_1。设想价格下降到 P_X^2，且消费提高到 X_2：当价格为 P_X^1 时，消费者消费最后一个单位时付出的价格是 $X_1a = P_X^1$；当价格下降时，消费者所额外增加的对 X 的消费，其“价值”却在变小，也就是说，消费者对 X 增加消费所愿意付出的价格越来越低。当价格降到 P_X^2 时，消费最后一个单位的价格是 $X_2b = P_X^2$。如果我们设想价格是连续下降的，则每增加一单位消费的边际价格就是需求曲线到横轴的垂直距离。从 X_1 到 X_2，在市场上这些商品的消费增加，所导致的总价值增长为 X_1abX_2。这大约等于消费者愿意为($X_2 - X_1$)单位产出所付出的最大货币值❶。事实上，消费者为这些额外的产出仅需付出 X_1cbX_2 就可以，因此增加的消费使消费者获得了 abc 的净剩余。此外，对原来 X_1 单位的消费也减少支出 $P_X^1acP_X^2$(假设消费者对 X_2 的全部消费都按价格 P_X^2 支付)。这样，两者相加，消费者因降价而实际减少的支付额是 $P_X^1abP_X^2$。

---

❶ 这仅仅是一种近似值，因为如果我们真的从消费者那里取走其剩余，就好像他们的收入发生了变化，则需求曲线将会移动，其移动的幅度取决于需求的弹性大小。从理论上讲，使用补偿需求曲线做这类分析更精确。但通常认为，只有在要求较高的分析精度时，才需要用到补偿需求曲线。这种带有误差的分析，同样在生产者剩余的分析中存在。

$P_X^1abP_X^2$的面积即是价格降低带来的消费者剩余，通常将它当做价格下降导致全体消费者福利变动的货币衡量值。有一点在这里应该特别强调，就是图 2-8 中的需求曲线是代表所有消费者的需求曲线的加总，而并没有考虑各自收入水平的高低，实际上，每一元所带来的剩余，对高收入者和低收入者来说是不同的。所以，在使用消费者剩余衡量社会福利变动时，要特别注意到这里并没有考虑分配和公平因素。

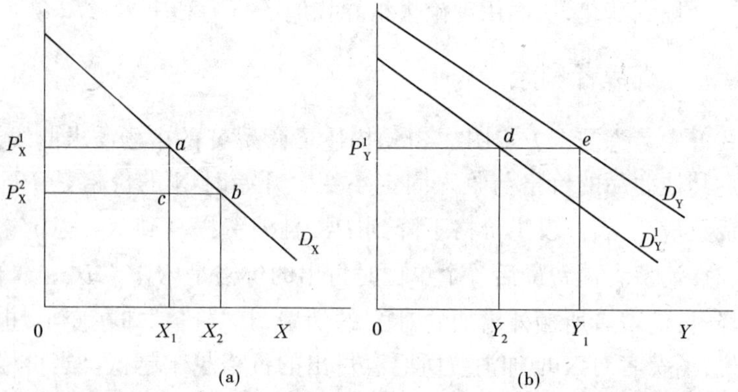

图 2-8　消费者剩余和总收益

二、总收益法

消费者剩余是衡量社会福利变动的一种基本工具。还有一种可替代的但非等价的几何方式同样可以用来表示社会福利变动，我们将其称为总收益法。在某些场合，用总收益法分析十分方便，比如成本效益分析。如图 2-8 所示，考虑一个由两种商品 X 和 Y 所组成的经济系统，假设 X 的价格由 P_X^1 降到 P_X^2，而 Y 的价格与收入保持不变，再假设商品 Y 是由除 X 以外的所有商品组合而成。最初的需求为 X_1 和 Y_1，当商品 X 的价格下降时，商品 Y 的需求曲线由 D_Y 下移到 D_Y^1，新的需求演变为 X_2 和 Y_2。正如我们在前面已经分析的那样，消费者剩余变动引起的社会福利变动增加是 $P_X^1abP_X^2$。在这里我们按以下方式等价地衡量福利变动:因为消费者收入保持不变,X 消费的增加即 $X_1cbX_2-P_X^1acP_X^2$,等于 Y 的消费减少,即 Y_2deY_1。将此代入福利变动的衡量值 $P_X^1abP_X^2$ 得

$$\begin{aligned} P_X^1abP_X^2 &= P_X^1acP_X^2+abc \\ &= X_1cbX_2-Y_2deY_1+abc \\ &= X_1abX_2-Y_2deY_1 \end{aligned} \tag{2-31}$$

我们知道,X_1abX_2 即是消费者为额外增加(X_2-X_1)单位商品愿意支付的数额,此处称为需求增加引起的总收益。Y_2deY_1 是 Y 的消费减少,可将它称为 Y 的总收益损失。由于 P_Y 价格不变,Y 的每单位价值损失就是 P_Y。同样的原则也适用于有许多类似于 Y 商品的情形,它们的需求相应于 X 价格的变动而变动。于是,X 价格变化带来的消费福利变动可用下式表示

$$X_1abX_2-\sum P_{Yi}\Delta Y_i \tag{2-32}$$

此处 Y_i 是所有其他商品,P_{Yi}是 Y_i 的价格。当一种商品价格变动而收入和其他商品价格保持不变时,即可用上述分析方法。

下面对收入和其他商品价格变动引起的福利变动做简单讨论。当其他条件保持不变时,收入变动将使消费者预算线平移,引起的福利变动等于收入变动量。我们再来考察有两种商品 X 和 Y 经济系统中的需求曲线。当收入变动时,X 和 Y 的需求曲线都将移动。收入增加对于正常商品来说需求曲线要向右移动。以下例子表明福利变动就是消费的增长。

现假设消费者收入和一种商品的价格 P_X 改变。为估算福利变动的方便,应假设两种变化是相继发生的,单独考虑每一种变化,最后将其各自的福利变动加总。首先考虑收入的增加引起福利增加,接着再考虑价格下降所引起的福利增加,相当于在较高收入上价格下降所带来的消费者剩余。

图 2-9 利用市场需求曲线来对此进行分析。最初在价格 P_X 和 P_Y 处,需求量为 X_1 和 Y_1。当收入增加时,需求曲线向上移动到

D'_X和D'_Y处(假设X和Y都是正常商品)。此阶段的福利变动为总消费的增加,即$X_1abX_2 + Y_1deY_2$。接着在收入的更高水平上,X价格降到P'_X,对X的需求进一步增加到X_3,并假设对X的需求是有弹性的,Y的需求曲线向下移动到D''_Y。价格下降引起的福利变动等于消费者剩余$P_XbcP'_X$,或等同于总收益$X_2bcX_3 - Y_3feY_2$。将两次福利变动结合起来,即可得到收入和价格联合变动带来的福利变化。

概括起来说,只要价格和(或)消费者收入发生变动,则消费者效用就会发生变动。如果认为一元实际收入的效用对所有人都一样,那么福利变动大致等于消费者剩余变动和收入变动之和,此处可设想价格变动和收入变动按人为设定的顺序变化,从而可对消费者剩余做出估算

$$X_1abcX_3 - Y_1dfY_3 \quad (2\text{-}33)$$

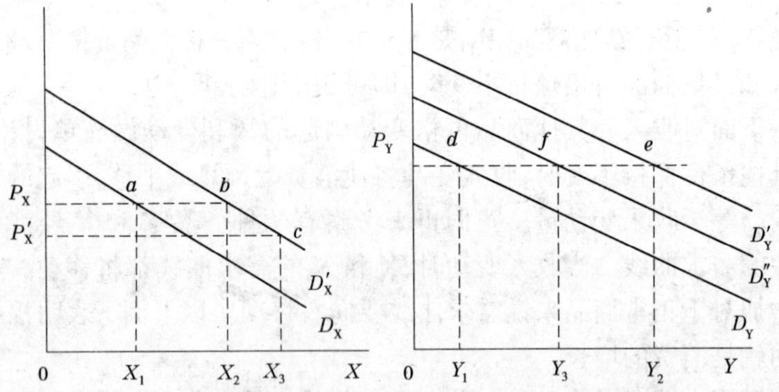

图 2-9 收入和价格变化引起消费者剩余变动

三、生产者剩余和总成本

同样,可定义生产者剩余,以表示价格变动对生产者带来的福利变化。供给者可以是生产商品的厂商,也可以是提供生产要素的家庭或劳动力。可使用图 2-10 表示这一概念,此图描绘了在各种工资

率 ω 下劳动 L 的总供给曲线。如果工资率从 ω_1 上升到 ω_2，则劳动供给由 L_1 上升到 L_2，工资增加的额外剩余就是面积 $\omega_2 ba\omega_1$。它是初始工人增加的额外支付（$\omega_2 ca\omega_1$），然后加上新增加工人的工资支付（$L_1 cbL_2$）与他们愿意工作的最少工资之差。$L_1 abL_2$ 是额外增加的劳动供给的总成本。

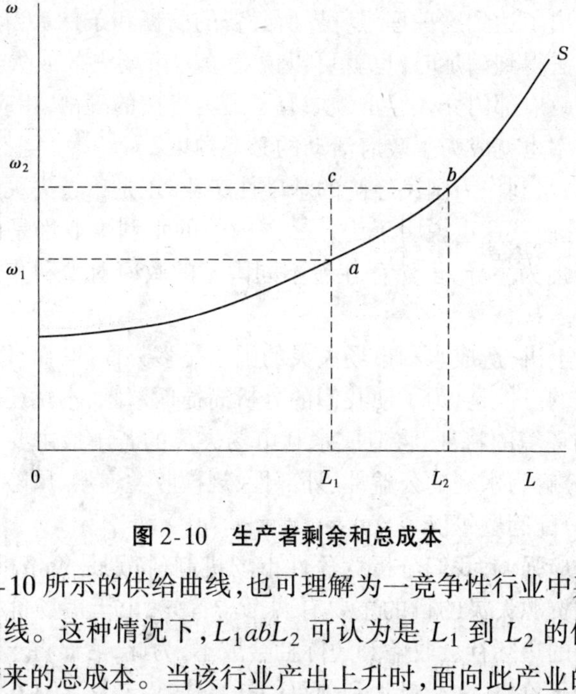

图 2-10　生产者剩余和总成本

图 2-10 所示的供给曲线，也可理解为一竞争性行业中某商品的总供给曲线。这种情况下，$L_1 abL_2$ 可认为是 L_1 到 L_2 的供给增长给经济带来的总成本。当该行业产出上升时，面向此产业的要素使用会增加，因而成本会提高，或当产业扩张时规模收益递减，则该产业供给曲线将上升。在这两种情形中，供给曲线是供给增加带来产出额外增加的真实机会成本，$\omega_2 ba\omega_1$ 是生产者剩余。如果供给曲线上升是因为要素价格上升，则要素拥有者将得到此剩余。如果当产业扩张时存在规模收益递减，则厂商将获得这种剩余作为增加的租金。

第三章　水利市场的失效

前一章讨论了竞争性市场机制满足有效率资源配置的原理，但同时也指出了达到这种理想境界所必备的前提和条件。当这些前提和条件无法得到满足时，也就可以说竞争的市场失效或失灵了。市场失灵使政府部门介入经济领域有了最为直接的理由，相应地，竞争市场的效率也就成为了政府活动的必要约束。

然而，水利作为国民经济的基础性产业，正是市场失灵的典型行业或"重灾区"，这也说明了为什么国内外的水利事业都是以政府的投资和管理为主导，虽然存在着不同国家的政府对水利介入程度不同的现实。

客观上讲，造成水利市场失灵的因素是多方面的，而且有时是交织在一起的。但是，为了使我们的分析简捷而清晰，本章还是要针对水利市场环境的特征，将造成水利市场失灵的若干最主要方面的表现，依次分解为水利的公益性、外部性、规模收益递增、风险和不确定性、收入分配问题等。

这里应强调，我们分析竞争性市场机制(特别是价格机制)有效配置水利资源失灵的目的主要有两个。首先，由于市场价格不能够反映水利的边际社会收益和边际社会成本，为此，后面将求助于设计虚拟或影子价格，来衡量水利项目的社会成本与社会价值。其次，也是最基本的，竞争性市场有效配置水利资源的失灵，为考虑其他直接配置水利资源的辅助机制，以及通过各种纠正手段干预价格机制(如税收、补贴、政府控制定价等)，以改善或修正市场更有效运作，提供了重要的依据。由于造成市场失灵的原因多种多样，所以纠正市场失灵的方式方法也应多种多样。本章的目的是阐明市场可能产生无效率的各种表现方式，以及政府采取措施纠正其无效率的各种模式，为决策部门判断和决策提供坚实的理论基础。

第一节　水利的公益性

一、公益性产品对市场效率的破坏

我们通常所说的水利事业的公益性,在西方公共部门经济学中一般被称为公共产品。马斯格雷夫(1969)首先定义了纯公共产品的概念,他认为,同时具有公共消费特征和非排他性特征的产品就是纯公共产品。所谓公共消费,也称无竞争消费,是指一个人对此产品的消费并不会减损其他人同时从同样产品中所获得的好处;非排他性是指将特定的消费个体排除在公共产品的消费之外是不大可能的,或至少将花费很大的代价。同时具备这两个特征的水利产品或服务的典型例子是防洪工程。我们可以设想,一定受益地区之内的防洪工程一旦建成,则它实际上就已经同时具备了公共消费和非排他性的特征。

这些特征暗示了市场价格机制面临的困惑。市场价格机制通过将那些不愿意按价格缴费的个人排除在产品消费之外而得以运作,用这种方式保证了市场上现有产品分配给那些估价较高的人。然而,对于公共产品的定价就必须是强制的,比如公共集资、税收等。由于非排他性导致的自发价格机制的失灵,西方经济学界通常称之为"搭便车"问题。

对于水利领域而言,上面是一个极端的例子,后面我们还要分析各种具有不同经济特征的案例。实际上,即使水利公共产品的使用是可以排他的,市场机制仍面临着许多难题。比如,虽然所有个人可以同时消费同一个产品,但他们从同等产出中获得的总收益和边际收益通常都不相同,因此强加到每个人身上的价格应是因人而异的。进一步分析,即使一些个人可以被排除在水利公共产品的享用之外,从效率的角度出发,共同消费的特征使多一个消费该公共产品的边际成本为零,任何排除某些个人的消费方案都是无效率的。

公共产品也许为公共部门干预经济提供了最强有力的佐证。但遗憾的是,正是由于公共消费和非排他性,理性个人将不会在使用公共产品时自动按价格付费,而是变成搭便车者:如果要强制性收费,如征税、集资等,他们将不情愿自动披露各自的边际偏好;相反,如果政府决定免费提供其公共产品的话,则会极大地鼓励他们夸大其偏好。公众不情愿或无法定量表示其真实偏好,给决策者带来了信息难题,因为为了知道要生产多少公共产品,决策者必须了解不同数量的公共产品所产生的“效益”总量。为此,本书提供了多种方案,以解决公共产品导致的市场失灵。比如,第十一章用影子价格寻找(或创造)现实中的实际价值,从而可以用成本效益分析法评价水利项目的可行性。又如,第五章从规范角度分析了公共产品最优供给的一般规律。还如,第四章从实证角度讨论了公共部门对这些规律的实施和应用,不仅讨论公共部门配置资源的机制,还讨论决策的评判标准。

其他一些情形对于水利领域而言实际上更具有普遍意义,它们同样使市场机制效率面临着同样的困惑,这就是所谓的中间型产品或混合性产品。混合型资产大体上占水利总资产的70%~80%(当然,由于各地区的自然条件不同,中间型产品所占的比例也会大不一样)。虽然许多学者认为这些问题并不像在公共产品的情形中那样不可克服,但评价混合性产品产生的效益也是普遍存在信息难题的。另外,如果一些消费者被排除在外,则从效率的角度考虑同样是不合理的。更进一步分析,由于一部分水利事业是人们生活和生产不可或缺的必要条件,所以有时任何消费者都不能够被排除在外。

一部分混合性产品可能是部分竞争性的,例如给定公共产品的数量或规模,如果增加一个人使用这种产品,并不会妨碍先前使用者对此产品的使用,但会减少先前使用者的效益。这样,在准许更多使用者使用时就会存在机会成本。这种部分竞争的现象在经济学文献中通常被称为拥挤,相应地,更多使用者的机会成本或者已经使用者效益减少的部分，被称为拥挤成本。进一步分析，增加公共产品的使用者数量、使用数量或使用次数，会造成各种类型的拥挤现象。一种是对使用者数量有较严格的要求，或者客观造成了使用者数量是一定的，这被布坎南称为“俱乐部产品”，这种水利工程的运作管理，通常适合于采取非营利组织形式。还有一种拥挤型水利公共产品，对其服务的使用数量可以是变化的，称为“可变使用公共设施”，或者将其称为公共资源型产品，比如可供使用的公共水资源。因为使用者数量的可变性，这些产品本质上不同于所有人“消费”固定数量的公共产品。既然使用者数量可变，则使用者使用的次数也可变，那么个人就会增加其使用强度直到他们的边际收益等于额外增加使用的边际成本为止。假定排他是可能的，则可变使用的水利公共设施可由私人提供；当排他是不可能的或代价高昂时，则由市场提供就是不可能的，因此经常由公共部门提供；当出于规模经济的原因，私人部门不愿意竞争性地提供该设施，或者私人没有能力时，也可由公共部门提供。事实上，规模经济与本章第三节讨论的规模收益递增具有同样的特征。

二、对公共产品概念的准确界定

由于水利的公益性和外部性是造成水利市场失灵的最重要因素，也是水利经济学研究的重要课题，因此本节和下一节分别对公共产品与外部性做出更加深入和整体性的分析。

（一）公共产品概念的演变

公共产品是一个完全出自于西方学者之手的独特概念，也是西方文明发展的产物，有其深刻的历史渊源。从历史上考察，它与西方社会强烈的个人主义特征有密切关联。与东方人的集体观念、社会本位相比，西方社会更强调个人本位，甚至个人主义高于集体主义，私人利益高于公共利益。正是出于强烈保护个人利益的需要，才逐渐形成了西方社会公、私观念特别分明的特征。这种传统自古希腊就已形成。柏拉图在其《理想国》中就已将公有和私有分得很清楚了，古罗马人则更为彻底，连法律也分为公法和私法。到了近代，西方经济学对私人事务和公共事务更是区分得泾渭分明。亚当·斯密在《国富论》中为了论述国家收支，广泛使用了 Public 一词。现代西方经济学对私人产品和公共产品的最早区分，大约源于 19 世纪。1838 年当法国学者古诺为私人产品做出一条需求曲线，以便建立关于垄断剥削的理论之时，密尔·迪皮特也做出了一条关于公共产品的需求曲线，以便选择社会的最佳供给量，并为公共工程筹措资金。其后，欧洲大陆学者对公共产品理论做出了开拓性贡献。直到 20 世纪 60 年代，随着公共经济学的崛起，公共产品的概念及其理论才广泛被英美等世界各地的公共经济学者所接受与使用。

(二)公共产品的定义

尽管公共产品的概念已经在经济学领域得到了广泛的使用，但是要对其下一个精确的定义还确实比较困难。这主要是因为公共产品所包含的范围太广，不同公共产品在供给和需求特征上的差异很大，而政府经济学、财政经济学、公共经济学以及公共生产经济学等，从不同角度对公共产品有不同的理解，众说纷纭。

考察公共产品理论的发展历史，大体有三种定义最具代表性：一是萨缪尔森的观点，他认为公共产品是这样一些产品，无论每个人是否愿意购买，但它们所带来的好处不可分割地散布在整个社区里[1]；二是奥尔森在《集体行动的逻辑》一书中提出的定义，他认为"任何物品，如果一个集团中的任何个人都能够消费它，它就不能适当地排斥其他人对该产品的消费"，则该产品就是公共产品；三是布坎南在《民主财政论》一书中指出的"任何集团或社团为任何原因通过集体组织提供的产品或服务，都将被定义为公共产品"。

但是，为现代公共经济学所广泛接受的定义，通常是从分析公共产品所具有的两大特征来界定的，就是指那些在消费上同时具有非排他性和非竞争性的产品。

---

[1] 保罗·萨缪尔森，威廉·D·诺德豪斯，《经济学》(第 14 版)，1995 年。

进一步分析,该定义有几个值得注意的地方。首先,即使每个人消费该产品的数量都一样,也不必要求所有人对这种产品的评价都相同。例如,政府提供防洪设施,其受益区域内的每个人都别无选择,只能消费这项服务,但是,受益区内的每个人的财产各不相同,所以他们对提供防洪设施的评价都不会一样。其次,对公共产品的划分不是绝对的,这要取决于市场和技术条件。比如,增加计量和收费设备(或工作)所增加的成本是否能够为受益者在经济承受能力方面所接受。如果一项水利工程提供的服务可以实现低成本收费,那么它自然可归入私人产品的范围;否则,如果收费成本太高的话,最好还是作为公共产品免费为大众提供。再次,上述定义并不意味着公共产品必须由公共部门来提供,私人产品也并不一定由私人部门来提供。进一步,对于公共产品的提供和服务来说,区分提供还是生产某项公共产品是非常必要的,有些公共产品可以由私人部门生产而由公共部门提供,也有一些公共产品可以由公共部门生产而由私人部门提供。

(三)对公共产品特征的进一步阐述

从上述对公共产品的定义中可以看出公共产品具有两个最基本的特征,那就是在消费上的非竞争性和非排他性。进一步,从这两个最基本的特征中,我们还可以总结出一些其他的非基本特征。比如:

(1)公共产品在生产上具有不可分割性,即指它要么向集体内所有的人提供,要么不向任何人提供。

(2)初始投资特别大、规模效益特别大且生产具有自然垄断性,通常被称为社会经济的基础性产业。

(3)对消费者收费不宜,或者收费本身所需的成本过高。

(4)正(或负)外部效应特别明显。

当然,两个基本特征与四个其他特征之间并不是完全相互独立的,它们之间也可能存在着交叉和因果关系。但是,为了对公共产品有一个全面的了解,我们还是把它们一一列举了出来,希望读者加深对水利公共产品概念的理解。

(四)公共产品的分类

对于公共产品的分类,通常有三种:一是关于纯公共产品和准公共产品的分类;二是关于混合产品与公共中间品的分类;三是关于整个社会共同消费的公共产品和地方性公共产品的分类。下面分别介绍。

1.纯公共产品与准公共产品

通常,根据产品是否具有非竞争性和非排他性,可以做出如表3-1中的分类。该表中除了第一类产品同时具有竞争性和排他性,属于私人产品外,其他三类产品都是公共产品。其中,第四类属于纯公共产品,既无竞争性也无排他性;第二类和第三类属于准公共产品,有排他性而无竞争性的属于俱乐部产品,有竞争性而无排他性的属于公共资源型产品,或可变使用公共设施。

表3-1 公共产品分类

特征		排他性	
		有	无
竞争性	有	第一类,私人产品	第二类,公共资源型产品
	无	第三类,俱乐部产品	第四类,纯公共产品

2.混合产品和公共中间品

关于混合产品,同样是众说纷纭。通常人们认为,混合产品就是同时具有公共产品和私人产品性质的产品,或者说具有较大范围外部效应的私人产品,也可以说是具有不完全竞争性和(或)不完全排他性的产品。所谓公共中间品,是指未被用做最终消费,而是被用做一种原材料的投入,进入生产过程的公共产品。从本质上说,厂商对公共品的消费与一般消费者对于公共产品的消费在特点上是极为相似的。但是,就公共产品的性质而言,如果公共产品直接进入最终消费环节,则它属于公共产品消费,而如果公共产品作为原材料最终转化成为私人产品,那么它在消费性质上就演变成了私人产品,而不仅仅是公共产品消费了。这一特性我们将在公共定价一章中继续讨论。

3. 整个社会共同消费的公共产品与地方性公共产品

对于一些公共产品来说,受益范围和远近对其具有很重要的影响,换句话说,水利公共产品的地域性同样是水利事业一个很有普遍性的特征。这种公共产品的特征可以由表示地域性的词语来进行划分。例如,按提供服务的受益范围可划分为地方公共产品、区域公共产品或国家公共产品等。这种特征为国家、省、县等多级政府提供公共产品找到了理论依据。地方公共产品的存在提供了通过区域间劳动力或定居流动披露公共产品偏好的潜在机制,人们将根据他们的偏好向提供了最有利于自身公共产品和税收组合(收益成本组合)的地方迁移,从而揭示他们对地方公共产品(基础设施)的偏好。这种信息可以帮助地方公共决策者决定提供公共产品的规模和水平。

第二节　外部性特征

一、概述

除公益性之外,另一个与公共产品有密切关系并源自共同使用特征的现象是外部性。当一个人或生产者的行为所产生的利益不仅使行为人得到好处,而且可使其他人或厂商得到好处时,就产生了外部经济。对外产生的利益是典型非排他性的,因此是没有价格可言的,也就是脱离定价机制之外的。由于行为人没有因产生的外部利益而得到补偿,所以在决定生产数量的多少时,就没有将外部利益考虑进去的动机。个人或厂商选择一定行动的考虑是,能够获得的边际收益刚好等于采取行动所需付出的边际成本,这样就忽视了同时外溢给其他人的边际收益,其直接结果就是资源配置的失当或帕累托最优的失效。应该说,水利事业具有相当普遍的外部性效应,这也说明了为什么水利项目的社会效益普遍见好,而本身收益率却普遍见差。

通常认为，外部经济与公共产品在本质上没有多少区别，它们只是程度不同而已。一方面，正如米桑强调的那样，它们的区别仅仅在于外部性是个人或厂商行为的无意识的副产品，相比外部利益，私人利益应该是相当大的，大到足以促使个人或厂商首先采取行动。另一方面，对于公共产品，相比提供的产品或服务所花费成本，任何个人所得到的利益是相当小的，以致个人不会主动去提供它。这种差异解释了为什么典型的公共产品必须由公共部门来提供，而外部性纠正的途径却是多种多样，甚至可以由私人部门生产而公共部门提供激励或优惠。

因为外部性和公共产品特征的相同，因此纠正外部性和提供公共产品一样存在着信息难题。外部经济的得益者同样没有动力提供他们真实的偏好：如果他们的偏好由所征税收或公共集资来解决，则他们将极力低报所获利益；如果由公共部门免费弥补外部性产生的一方，而对利益接受者不征收任何费用，则接受者通常会夸大所获利益。披露公共产品偏好的机制同样适用于外部性。

正如文献[15]中论述的那样，外部性既可是有益的也可是有害的。个人或厂商的行为可以损害他人或给他人带来不利，而行为人无须考虑招致损害的机会成本，这种损害称为外部不经济。将使用过的污水排放到公共水源中导致了公共水源的污染就是典型的外部不经济例子，地下公共水资源的过度开采也属外部不经济。在这些情形中，行为人都将使自己从该行为中得到的边际收益等于其边际成本，而忽视了施加给其他人的成本。其直接结果就是使资源配置失当。

二、外部性成因及内部化的初步分析

外部不经济的最终原因可追溯至产权缺乏界定，即产权没有明确分配，或产权无法得到分配（科斯，1960）。比如，团体 A 和团体 B 都有权使用公共水资源，然而，当团体 A 污染了水资源时，团体 B 在使用这些受污染的水资源时却无法对污染水资源的行为提出赔偿要求。当使用水资源的所有权可以明确地分派到各使用团体时，或者在一方使用水资源的同时可以排斥另一方对其的使用，则不会出现外部不经济问题，水资源将被有效使用。例如，若B方拥有使用水资源权力，B方就可以对A方污染水资源或超用水资源进行收费，这样就不会存在外部性。这种情况下，A方在超额使用水资源或者对水资源污染时，就要进行成本效益分析，以决定是否行动。假设有足够多的类似于A、B的团体存在，竞争态势就会出现，从而使得水资源得到优化配置。相反，如果B方试图净化或提高水资源质量，他就有权力而且也必须通过市场交易方式，从原先将这水资源污染了的A方处获得开展这一行动的利益，这样外部性问题也可以内部化。

外部性问题的内部化，有两个难点需要进一步分析。第一个问题是由于那些受到诸如污染等外部不经济损害的人，没有能力将损害者排除在污染水源之外，或通常由于产权执行的不力，这时，政府会决定干预市场机制，以解决外部不经济问题。这可以由各种途径去实现：按适当税率对产生外部不经济的行为征税；对损害方提供补贴以限制不经济行为；制定数量控制法规等。

第二个问题是，决定外部性的价值并分析外部性生产或消费行为的优化问题。其思路类似于前述对公共产品的分析。由于公共产品的本质是同时存在多位消费者消费同一件商品，因此在计算因商品供给增加而产生的边际收益时，我们必须综合估算所有受益者的边际收益之和。为了获得此类行为的最优解，我们需要对比这一行为的两种变化：一是发出方的边际成本，二是包括发出方和所有受益方在内的边际收益总和。最优解条件下，上述成本与收益应相等，也就是萨缪尔森条件等式成立

$$MC = MB_{\mathrm{A}} + \sum_{j=1}^{h} MB_j \tag{3-1}$$

其中，MC 指项目的边际成本；MB_A[1] 指发出方 A 所获得的边际收益；MB_j 指 h 个受益方第 j 的边际外部收益。如果不存在外部性，则团体 A 仅仅会将边际私人收益与边际私人成本进行对比，并根据以下等式决定其行为

$$MC = MB_A \tag{3-2}$$

一般而言，式(3-2)的右边被称为边际私人收益，而式(3-1)的右边则被称为边际社会收益。两者间的差别在于是否计算了由外部性而产生的边际外部收益的总和。如果无法确定外部收益总和，则将会导致人们在行为选择上的错位。这样，按式(3-2)衡量就夸大了它的边际成本，所以活动水平要低于理想水平。对此，图 3-1(a)给出了演示，实际生产量 Q_A 低于最优生产量 Q_*。

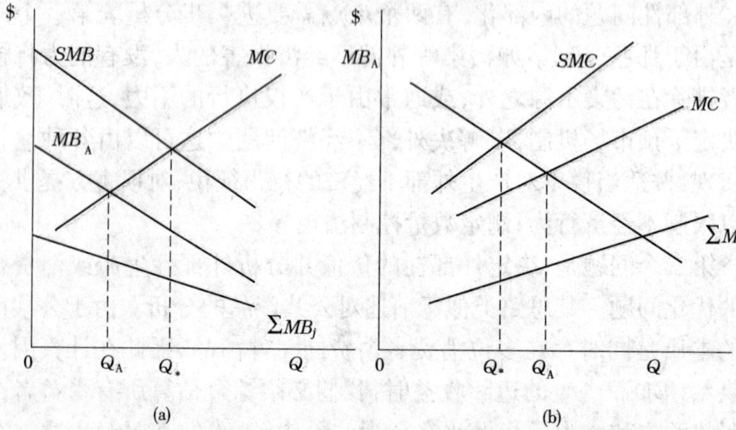

图 3-1 外部效应导致市场低效率

外部不经济问题与外部经济问题的差别仅仅在于承受方是受损还是受益。对其最优化条件等式的推导是，只要将式(3-1)中的 MB_j 改为负数即可，因为这样可以反映出外部性对承受方造成的损

[1] MB 是边际收益 Marginal Benefit 的缩写。

害。通常,这一条件等式可表述如下

$$MC + \sum_{j=1}^{h} MD_j = MB_A \tag{3-3}$$

其中,$MD_j = -MB_j$,指第 j 个承受方因外部性而遭受的边际外在损害。式(3-3)的左边通常被称为A方行为的边际社会成本。类似于上文,发出方A若按照式(3-2)进行行为选择,则又会导致资源的无效配置。此时,A的实际活动水平要高于理想水平。对此,图3-1(b)同样给出了演示,实际生产量 Q_A 高于理想生产量 Q_*。

关于双向外部性讨论的基本思路与前述相同。这种情况下,式(3-1)对于作为外部性发出方的每一团体都成立。由于发出方都根据式(3-2)而不是式(3-1)进行行为选择,因此资源的无效配置又将再次发生。

三、外部性的进一步分类分析

从上面的分析看,对外部性进行分类的方法多种多样。其一,分类标准在于考察外部性产生的后果对于承受者而言是有益还是有害,有益则称为外部经济,否则称为外部不经济。其二,以外部性问题是单向还是双向为标准分类,单向外部性问题是指外部性的产生仅仅由一个团体向另一个团体单方向传递,而双向外部性则是指双方互相对另一方产生外部性,双方既是外部性的发出方,又是外部性的承受方。双向外部性的典型例子是公共资源免费使用而产生的产业内外部不经济问题。其三,按照消费者或生产者分类,大体可划分为由生产者产生的外部性(又可细分为生产者对生产者外部性、生产者对消费者外部性)和由消费者产生的外部性(也可细分为消费者对消费者外部性、消费者对生产者外部性)。下面分类分析。

(一)生产者对生产者外部性

生产厂商对另一个(或一批)生产厂商产生的经济或不经济影响,会造成承受方生产可能性曲线的变动。这样的事例很多,比如,位于河流上游的一家生产厂商增加或减少了用水量,或者是污染了水资源，势必要对下游生产厂商的生产可能性曲线产生影响，这样的例子对地下水使用者同样适用。再如，一家企业培训了一批技术人员，而其中的一部分后来到另一家企业工作。上述例子中，那些实施了一种特定行为而对其余厂商产生外部经济或不经济影响的厂商，并没有通过价格机制从该行为中获得利益补偿或承担责任，这样无疑会导致资源配置的无效率。相对于社会需求来说，产生外部经济的行为不足，而生产外部不经济的活动又太多。

产生外部性的数量或价值可以取决于产品的总水平，也可以取决于生产中所使用的特定数量的投入要素。现假设产生外部性的厂商生产 X 产品，承受外部性的厂商生产 $Y_1, Y_2, \cdots, Y_n$ 产品，它们的生产投入是劳动 L 和资本 K，则 X 的生产函数是

$$X = f(L_X, K_X) \tag{3-4}$$

如果厂商 X 在竞争性行业中追求利润最大化，则其将根据各种投入要素的边际产出水平决定要素报酬。若以 ω 和 r 分别表示劳动力与资本价格，P_X 表示产品 X 的价格，则利润最大化条件可表示为

$$\omega = P_X \cdot MP_{LX}^{X} \tag{3-5}$$

$$r = P_X \cdot MP_{KX}^{X} \tag{3-6}$$

其中，MP_{LX}^{X}和 MP_{KX}^{X}分别表示每增加一劳动单位或一资本单位所产生的边际价值。

现假设生产 $Y_1, Y_2, \cdots, Y_n$ 产品的厂商受到外部性影响，且其程度受制于生产 X 产品对资本要素的使用水平，则 Y 的生产函数为

$$Y_i = g(L_{Yi}, K_{Yi}, K_X), \quad (i = 1, 2, \cdots, n) \tag{3-7}$$

这里假设 Y 厂商也追求利润最大化。很显然，如果按优化的观点分析，X 厂商在使用要素资本 K_X 时，其边际成本应考虑它对 X 和 Y_i 的边际贡献之和，则式(3-6)重新表述为

$$r = P_X \cdot MP_{KX}^{X} + \sum_{i=1}^{n} P_i \cdot MP_{KX}^{i} \tag{3-8}$$

其中，P_i 是产品 Y_i 的价格；MP_{KX}^{i}是 K_X 对 Y_i 产品生产过程中的边

际贡献。

有两种方法弥补X厂商在外部性问题中的非优化行为：一是承认X厂商在利润最大化目标下的产出水平满足

$$P_X = MC_X \tag{3-9}$$

但把$\sum_i P_i \cdot MP^i_{KX}$看做社会效率的净损失。二是可以把X生产过程中对所使用的劳动力和资本等要素的边际社会价值表达为

$$\omega = (P_X + \sum_{i=1}^{n} P_i \cdot MP^i_X) MP^X_{LX} \tag{3-10}$$

$$r = (P_X + \sum_{i=1}^{n} P_i \cdot MP^i_X) MP^X_{KX} \tag{3-11}$$

这里假设X厂商产生外部经济，那么其使用的要素就偏少，产出也偏低。为纠正其行为，可给予适当的激励以使其提高产出，激励对象可针对其总产出，也可针对其造成外部性的生产要素。

如果外部性问题是双向的，则在矫正X厂商行为的同时，也要对Y厂商的行为进行矫正。

（二）生产者对消费者外部性

一定条件下，厂商行为会对那些并不包括在价格系统中的个人效用产生外部影响。典型的例子是工厂排放污水对附近居民生活用水产生污染。还有，为农牧业提供的灌溉工程，不仅使耕种的农牧民因提高产量而受益，而且还使整个社会中的广大城镇居民和以此为原材料的企业受益。对这类外部性的分析，与第一类分析思路十分相似，不同之处在于，对消费者个人产生外部性价值的估算更难以把握，也更容易受到厂商和社会的忽视。在直接利益驱动下，厂商往往会选择其产品价格恰好等于自身边际成本时的产出水平与要素投入数量。若假定生产X的厂商对n个消费者产生的外部性大小取决于厂商的产出总量，则其中第i个消费者的效用方程式表达如下

$$U^i_X = U(X^i, Y^i, Z^i, \cdots) \tag{3-12}$$

其中，X^i、Y^i、Z^i分别代表消费者i消费X、Y、Z商品的数量；U^i_X代

表生产 X 的产出总量时对消费者 i 产生的外部性价值。对于 X 厂商而言，在确定使得资源配置最优的产出水平时，必然要求将产出 X 对所有消费者的外部效应 $\sum_{i=1}^{n} U_{X}^{i}$ 与其总产出销售所得价值一同计算在内。于是，满足这一条件下的等式可表达为

$$P_{X} + \sum_{i=1}^{n} MB_{X}^{i} = MC_{X} \tag{3-13}$$

其中，MB_{X}^{i} 是指第 i 个消费者由厂商生产 X 中所获得的外部边际收益。

式(3-13)表明，要使得资源配置最优，与边际成本相等的应该是边际社会收益，而不是边际私人收益。如果外部性属于不经济，则式(3-13)可改写为

$$P_{X} = MC_{X} + \sum_{i=1}^{n} MD_{X}^{i} \tag{3-14}$$

其中，MD_{X}^{i} 代表对个人 i 的边际损害，它与边际收益互为相反数。

式(3-14)表明，商品 X 的定价必须要等于生产过程中的边际社会成本。同理，在 X 生产过程中，所使用的劳动力和资本要素的边际社会价值可表达为

$$\omega = (P_{X} + \sum_{i=1}^{n} MB_{X}^{i}) MP_{LX}^{X} \tag{3-15}$$

$$r = (P_{X} + \sum_{i=1}^{n} MB_{X}^{i}) MP_{KX}^{X} \tag{3-16}$$

一般来说，与生产者对生产者产生的外部性不同，式(3-15)、式(3-16)情形下的厂商往往会忽视其所产生的外部边际效应。如果外部边际效应为正，则 X 厂商的实际产出将会低于最优产出状态；相反，如果边际效应为负，X 厂商的实际产出要高于其最优水平。

需要再次指出，厂商对个人消费者产生的外部性有时并不取决于它的总产量，而是取决于其中一种特定的投入要素，所以这时要素将作为自变量出现在效用函数中。另外，如果以上讨论的各类问题是双向的，这时资源最优配置要求双方都要采取纠正行为。

(三)消费者对生产者外部性

生产者对消费者外部性的逆命题可称为消费者对生产者外部性。如果消费者行为影响了厂商,则优化条件要求实施这一行为的边际成本(即消费该商品的市场价格)与其所产生的所有社会边际效益相等。在这里,所有社会边际效益是指,消费者消费商品所获得的私人边际效用,再加上消费者行为对厂商产生的边际效应之和。

(四)消费者对消费者外部性

通常,消费者对消费者的外部性,在人数较少的情况下,可以通过自愿方式达成协议解决。但是当人数众多,以至于不能够达成自愿原则时,就需要一些集体转移机制,这就为公共部门介入提供了理论依据。比如,大家都在砍伐树木而导致了地区性的水土流失,这时,由公共部门介入或成立公营企业就成为必要。但遗憾的是,与任何其他公共产品问题一样,这里会产生严重的信息问题,公共部门无法准确确认这类问题是否严重到需要在经济范围内调整再分配机制。

关于外部性问题内部化的各类公共或私人纠正及其定价机制,我们将在第九章第六节中进一步探讨。

第三节　规模收益递增

对竞争性市场效率的分析,要求生产者的技术条件表现为规模报酬不变或递减。如果产业存在规模收益递增并达到相当高的产出水平,则对市场行为的竞争性效率必然会构成破坏或失灵。对于水利等基础设施产业来说,规模收益递增是一种很普遍的特征。下面,我们证明规模收益递增导致的低效率。

一、规模收益递增导致低效率的证明

首先,由于收益递增或规模经济,最终必然要形成垄断。水利事业虽然不用经过残酷的淘汰过程,但通常也被认为是一种自然垄断行业。垄断生产与完全竞争生产不同,垄断厂商已不再是价格的接

受者，而是价格制定者。另外，垄断生产所面临的需求曲线也不再是单个生产厂商的水平线，而是与完全竞争条件下该行业的总市场需求曲线相同。这样，如果该厂商想增加产量，就必须以降低价格为代价，导致平均收益曲线（$AB=D$，垄断条件下平均收益曲线就是需求曲线）与边际收益曲线（MB）相分离，见图 3-2。这里再引入一条边际成本曲线（MC），可见，完全垄断条件下厂商利润最大化的均衡产量（Q_m）与均衡价格（P_m）分别要小于和大于完全竞争条件下的均衡产量（Q_c）与均衡价格（P_c）。这时，价格不再等于边际成本，帕累托效率条件被破坏，同时导致消费者剩余损失 ACD 和生产者剩余损失 ABD。实际上 ABC 对整个社会而言是无谓的损失❶。换句话说，如果在产量 Q_m 和 Q_c 范围内增加生产，则会给整个社会带来帕累托改善。

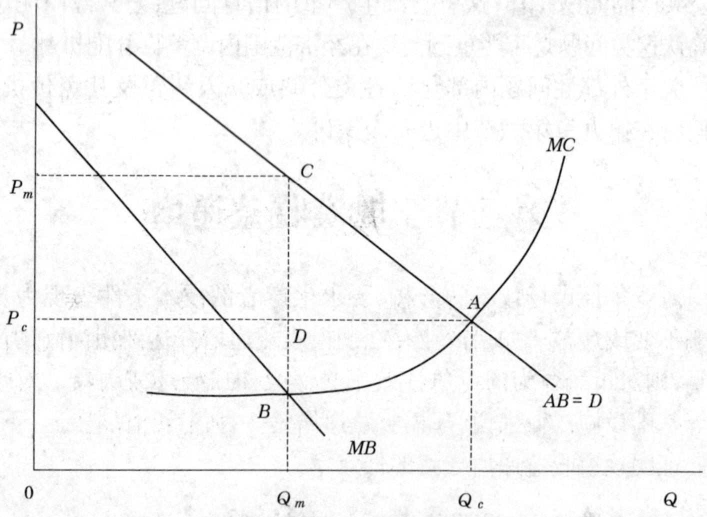

图 3-2　垄断条件下的低效率

---

❶　垄断导致消费者剩余的变动为（$-ACD-CDP_cP_m$），生产者剩余变动为（CDP_cP_m-ABD），可见，消费者剩余的损失 CDP_cP_m 与生产者剩余的增加 CDP_cP_m 正好相互抵消，社会净损失为（$ACD+ABD$），即 ABC。

另外,规模收益递增存在时,即使具备竞争性市场结构,私人部门维持边际成本定价也不能长久。在不存在其他厂商进入威胁情况下,由于生产厂商的平均成本曲线在产出的所有相关水平上都超过边际成本,这时如果厂商仍按完全竞争条件下的原则行事,令价格等于边际成本,那么就总是弥补不了平均成本。从长期看,这一厂商将被市场淘汰,因此厂商必然按其利润最大化原则行事,减少产量,令价格高于边际成本(即 $P>MC$),从而破坏帕累托效率的条件。

二、矫正规模收益递增的策略

通常,垄断可以分为人为垄断和自然垄断。一般认为,政府在遵循竞争原则矫正规模收益递增方面的市场失灵时,可以采取以下三种政策措施。

(一)对私人行为干预

首先,政府可以不做任何修改,从而容许社会承担垄断引起的经济福利损失。另外,由于大范围的垄断,社会也可以获得垄断带来的创新好处。当然,政府的放纵是有限度的,政府会通过考察厂商的市场份额及其市场行为和经营表现来决定是否实施干预,就像采取反托拉斯那样。

政府对垄断的干预,还可以通过规定垄断的价格或收益率等行为。由于垄断厂商的定价行为都偏离了竞争条件下的边际成本等于价格的原则(第九章第一节),因此政府可以直接干预,要求厂商按边际成本定价。但是这样做的困难在于,政府很难确切知道企业的实际成本曲线。此外,对于企业而言,由于存在平均成本始终高于边际成本的实际,这时按照边际成本定价肯定会遭受亏损,这就需要由政府按照亏损份额给予补贴,以保证垄断企业的行为不会偏离社会最优水平。然而,新的问题又会出现,因为政府提供的补贴归根到底是要由税收支付,这就有可能给正常的经济运行带来其他的扭曲。那么,能不能通过授权企业在严格执行边际成本定价原则之外,利用向消费者收取一次性总付费用来弥补其平均成本和边际成本的差额呢。如果这一办法可行，那就可避免因政府税收而造成的扭曲。遗憾的是，除非企业事先就能够确认消费者事后不会采取策略行为，否则，事后当企业试图采取一次性总付费用时就会发现，所有潜在的消费者都在等待搭乘第一批顾客的便车，也就是说，都在打算避免一次性总付费用的支付，而自愿支付等于边际成本的使用价格。这样一来，短期内企业尚可支撑，从长期看，由于注定弥补不了亏损，现有企业将不得不破产。由此，政府的介入仍然是不可缺少的。我们在第四章第四节讨论另外一种纠正机制。

(二)对私人行为激励

除传统的直接干预外，较新的建议是创造可竞争市场，促使垄断像竞争市场条件下一样行事。“可竞争市场”理论由鲍莫尔、潘萨和维利格所首创，它的基本思想是如果某一行业可以自由地进入和退出，那么，潜在进入者的存在将使现有企业的行为像是受到这些潜在进入者的控制一样，现有厂商将只能获得正常利润而不可能获得垄断超额利润，无论企业的数目是多还是少，结果都一样。

这里的问题是，水利行业作为国民经济的基础设施，它的“沉淀资本”往往非常可观，而这种成本的存在又使得该市场的竞争性受到了破坏。因此，政府往往需要考虑通过提供这种“沉淀资本”来创造可竞争市场。比如政府可以投资水利基础设施，之后按照“资本使用者成本”[1] 的办法制定价格，提供使用，从而创造出某种可竞争市场。当然，如果在没有“沉淀资本”的领域采取这种方式，一些厂商想来就来，说走就走，那么将无法避免他们的短期行为，恶果之一就是产品质量下降，出现以次充好的欺骗行为，这时，存在“沉淀资本”反倒是一件好事。

政府激励垄断企业按竞争原则行事还可采取特许权投标的办法。德姆塞茨设想，在厂商和市场之间设立一个特许权拍卖机构，将自然垄断产品的特许经营权授予那个能以最低单位价格向市场提供

[1] 资本使用者成本是指放弃其他投资的机会成本，诸如折旧和税收这样的成本。

服务的厂商。这种机制的优点在于既可以通过竞争性投标将价格控制在边际成本附近,又可以只将特许权授予某企业而将问题简单化。但是,由于“沉淀资本”和不完全契约方面的信息问题,所以自然垄断的政府管制或直接管理在某些情况下还是必要的。

(三)对私人行为替代

最后一种选择是,公共部门可采取将垄断企业作为公营企业来经营,并从福利和效率的角度而不是从营利的角度来设定其产品价格。这种做法同样也存在着问题。如果公营企业按边际成本定价,其生产损失必须由其他方面获得的政府收入(如税收)以某种方式加以补偿,而后者的获得本身也是无效率的,而且有时也有争论认为相比法规规范下的私人企业,公营企业缺乏成本最小化生产的动力,所以运作效率低下。但是,并不是所有的水利事业或水利工程管理都适合于运用法规来规范,所以区别对待应该是一种比较实际的选择。一些单位可以用法规来规制,而另一些单位就必须采用公营的方式来运作。对于两者都可采纳的情况,也许一些国家传统上习惯于用法规来管理,另一些国家则习惯于采用公营的方式去经营。

第四节　风险和不确定性

关于竞争性价格机制效率的结论都是建立在确定性的模式之上的,消费者和生产者都被假定确切地知道所有产品及要素现在和未来的价格。然而现实中,风险和不确定性事件是大量存在的。比如,我们经常得不到关于水利事业效用的定量化数据,得不到关于水利产品及服务的价值和价格参数,而常常使用影子价格;还有,水利事业的效益很容易受到变化莫测的天气、人口、技术、产业结构和各种突发事件的影响等。这些都构成了对竞争性市场有效性的破坏。在风险和不确定的世界里,实质上也是一种信息不完备,或者说无法得到未来“或有状态”(也称或有市场)的完整集,也或者说属于甄别能力不够的表现。由于风险和不确定性在竞争性领域里也普遍存在,所以它并不构成公共部门介入的充分和必要理由，但是它确属造成市场失灵的一种重要理由，而且在公共经济学理论中占有重要地位。因此，我们在第十章工程项目经济评价分析中，也将探讨把风险和不确定性考虑进去的方式，这里对风险与不确定性造成市场失灵的机制要做出简要分析。

一、风险和不确定性导致市场失灵

风险和不确定性造成市场失灵的机制，概括起来大体上有逆向选择、道德风险和甄别功能等三种。

（一）逆向选择

逆向选择指的是交易市场中的一方无法观察到另一方的重要外生特征时所发生的劣质品驱逐优质品的情形。典型的例子是保险市场。在保险市场上，承包人一般无法分辨出一个具体受保人的风险状况，比如保险公司对于某位健康保险的购买者患病的可能性或对于某位汽车保险的购买者驾车的技术水平和细心程度等都不可能准确地了解，起码要比投保者本人了解的少得多。这样一来，逆向选择就发生了，即总是那些估计自己发生不幸事件可能性比较大的人更多地购买风险，从而将对保险公司来说"好的风险"驱逐出保险市场。最终，逆向选择会导致保险市场无法有效地分担风险，即市场失灵。信息不完善下逆向选择的低效率不仅存在于保险市场，同样也会在其他市场上发生，比如，医疗市场上的高专业水平医生被驱逐出市场，一个好的提案被否决等。又如，我国三门峡水利工程的决策，就是淘汰了一个较好方案，而选取了一个较糟糕的方案。

（二）道德风险

道德风险也称败德行为，指的是市场交易的一方无法观察到另一方所控制和采取行动时所发生的知情方故意不采取谨慎行为的情形。由于知情方故意不采取提防行动会招致交易中另一方的损害，造成效率损失。典型的例子比如劳动力市场和经理市场，劳动者和经理人员都可能通过其"隐蔽行为"而牺牲企业所有者的利益，这一领域中的问题又被称为委托—代理问题。实际上,代理一方不仅可以包括劳动者和经理人员,前述受保人也属代理人,公费医疗制度的参加者也属代理人;委托一方也不仅指企业所有者,前述保险公司即承包人也属委托人。由此,道德风险也可解释为,代理方利用所拥有的信息优势在追求自身利益最大化的同时,采取的不利于委托方利益的行动。这种行动的破坏性是不难想象的,它类似于一种代理方给委托方造成的外部效应,因而代理方的道德风险总是导致低效率。

(三)甄别功能

和逆向选择与道德风险相关的问题是市场参与者的信息缺乏,或称为"甄别功能"。竞争性市场帕累托最优的推断是假定个人和生产厂商对所有商品与要素都具有完美的知识。然而事实并不总是这样,消费者可能既不知道各种产品对其安全和健康的潜在功能,也不具备对各种竞争性消费品相应功能的完全信息;厂商或管理者并不总是清楚他们所雇用劳动力的质量,用人不当造成巨大损失的例子比比皆是。信息的提供具有公共产品尤其是共同消费财产的属性。这样,有关产品对安全和健康带来风险的信息经常是公共提供的;同样地,教育机制除了其本身的培训功能以外,还提供了一种"甄别功能"的信息,即各种质量信息,如级别、文凭、成绩等,从而把信息提供给需要知道个人潜在生产力的预期雇用者。可以推断,各种职业和行业执照的施行扮演了同样的信息甄别功能,即使它并不是很完美。在这方面,政府通常扮演重要的角色。

二、风险和不确定性低效率的矫正策略

为便于分析,可以把这一问题划分为两个层次分别加以处理:首先针对信息不完备条件下交易者的策略行为,政府可以做什么;其次针对信息这种经济产品的提供本身,政府的作用何在。

(一)矫正交易者的策略行为

信息不完备条件下的市场机制也有可能创造出有效的解决办法。比如,在卖者比买者对商品知情更多的情形之下,对所售商品最

有信心的卖者,或者说商品质量最好的卖者,将会乐于与买者签署“或有契约”,许诺对商品的质量问题承担责任,或者同意只有在商品满足了既定标准时才进行付款。

有人尝试将这一办法一般化,为每一种产品建立“或有市场”。由于平常意义上的同一种商品事实上在不同的时间、地点及环境下具有不同的效用,所以首先还需要将“商品”的概念一般化。可借用萨维奇的术语“世界状态”来定义充分考虑了各种时间、地点和环境的状态集 S 中的一种状态 s。一种商品 X_i 在不同的“世界状态”下就相当于是不同的商品,可用 X_{is} 表示。假设这里已被一般化了的每种商品都存在相应的“或有市场”,也就是相当于对应未来每种可能的状态 s,个人都可以用价格 P_{is} 购买一种“或有索取权”,指明当状态 s 实际发生时要求兑现合同约定的利益,而若状态 s 不发生则不提出要求。可以证明,若“或有市场”是完全竞争的,则可以实现资源的帕累托最优配置。

然而,现实中并非各种世界状态下的每一种商品都存在着完备的未来“或有要求权市场”。由于机会主义、逆向选择、甄别功能等个人策略行为的存在,不可避免地导致“或有市场”无法达到足够多的水平。对此,与外部效应的许多矫正方法都给当事人留有较大的活动余地不同,政府在矫正信息不完备条件下的策略行为问题上,最为现实和有效的办法就是“强制”。当然政府的各种强制措施也不是尽善尽美的,也要付出成本,并且有些强制措施根本就不需要,有时又没有多少效果。但无论如何,政府的强制措施一定程度上有助于约束人们的策略行为,能够促使更多的市场交易达成。

(二)信息作为公共产品的政府提供

正如前述,在信息不完备条件下,最有信心的卖者会尽力向市场发送信号,以便将自己与其他卖者区别开来。“或有签约”是一种机制,提供资格认证也是一种传递信息的机制。

私人同样会乐于提供这种“资格证明”,特别是打算在市场中长期经营的卖者会更加注重自己的声誉。然而私人的解决办法一般不会穷尽全部的改进可能性,很可能只要进一步提供关于卖者的信息就可以做到这一点,也就是说,在私人提供资格认证方面,市场的机制远远不够,这与“资格认证”这种信息所固有的公共产品性质有关。当一种信息被人们所需要,而又由于各种原因而不宜获得的时候,它就成为一种经济物品,这时,信息的获得总是可以被看做收益的增加。问题在于这种信息一旦提供出来,多提供给一个人并不增加成本,同时某人拥有这种信息也并不排斥其他人与之分享。因此,它应当是公共产品的一种,具有公共产品市场提供的通病。在信息私人提供的例子中,若生产出来的信息完全免费,那么竞争市场上将会投资不足,因为开发信息也要付出成本;若生产出来的信息完全收费,那么竞争市场又会投资过度,因为每个企业各自为战,会造成社会的无谓浪费。所以,人们希望政府在这方面有所作为,以提供“资格认证”产品。

当然,不可否认私人有时也会做得不错。但是政府做得会更好,同样也具有以下两个理由:一是政府来做可能成本更低,这与规模经济有关;二是政府可以杜绝或减少私人可能出现的各种不正当行为。

第五节　收入分配问题

在帕累托最优的进一步讨论中,水利领域除了存在公共部门和私人行为如何组合才能满足有效率的问题之外,还有关于帕累托最优的社会目标问题。最典型的社会目标就是公平受益问题,又可称为再分配问题。在分配问题方面,原则上存在着无数的帕累托最优可能,而每一种帕累托最优可能都与社会成员间的不同的效用函数水平有关,这些不同的效用分配对应于社会总体效用可能性曲线上的各个点,见图 2-6。

可见,竞争性市场与帕累托效率之间虽然遵循了效率原则行事,但并没有顾及或并不关心社会对于何种收入分配格局(或者说效用分配格局)更为偏好。福利经济学第二定理虽涉及收入分配问题,但也只不过表明在考虑了一次性收入再分配(税收)之后,帕累托效率仍然可以通过竞争性市场实现。这意味着竞争性市场的帕累托效率是否符合社会目标,与初始的收入分配状况密切相关,如果所有个人的初始禀赋(最初进入竞争市场时的各种条件)是相同的,比如体力、智力、财产、机会等自然环境与社会环境方面均无差别,那么结果将是合理的。换言之,竞争市场只可以保证对所有人而言有一个公平的过程,却不能矫正初始禀赋的不平等分配。

一、收入分配问题的具体表现

收入分配问题通常表现为人们收入的差别,造成收入差距的原因是多方面的。

(1)初始禀赋不同使个人在第一次就业时找不到工作,或者天灾人祸使个人失去了工作的能力。应该承认,对社会来说这是一种个别的偶然现象,而且社会的慈善与救济事业比水利项目在这方面的作用要有效得多。

(2)由从事行业、教育机会、风险承受能力、继承遗产以及动机不同造成的财富与收入的贫富差距,也许是更为常见的收入分配问题。但由于水利项目占有国民收入的比例很小,而且公共生产的经营性又会限制它在这方面的作用,所以水利在这方面的作为同样不会太大。可以做到的应该是制定针对不同行业和不同用途的歧视性收费政策。

(3)经济的周期性波动是国民经济的固有特征,而随着经济周期波动的就业水平的周期性波动同样是市场经济的一种典型表现。经济理论表明,改进经济的稳定性或者称烫平经济周期可以减少周期性失业,从而改善或降低收入的差别。人力资源就业不足是没有充分利用社会中的一部分资源,一个具有较高技术的人员在经济萧条时,可能得到一个只需要很少技术的工作,或者一个身体健康的强壮劳力得不到出力的工作。就业不足可能是由经济结构造成的,也可能是区域性的。水利项目为农业、工业和居民生活方面提供基础性设施,所以在调整经济结构、减少地区收入在年际上的变化应该有不错的作用。水利提供稳定的农业生产环境,以防止单一作物收成上的波动;防洪减少周期性的灾害以减少年际收益上的差距;另外,水利投资在烫平经济周期方面应具有相当的作用,其详细分析请参见本书第十章。

(4)地区性收入差别是收入分配问题的又一个重要表象。一个区域在经济增长上的差别直接构成了人们在收入上的不同,而经济增长上的差距是由历史形成的地形、气候、交通、自然资源、土壤肥力以及经济社会等各方面因素所促成的。水利基础设施和项目开发可以缓和过度的移民压力,并刺激落后地区经济有效发展或改善能源结构,已经被越来越多的决策者所接受。这方面的详细分析请参见本书第十章。

二、收入分配问题对帕累托最优效率的破坏

收入分配问题对帕累托最优效率的影响是明显的,可以从以下几个方面加以说明。

首先,可以将收入分配的公平看做公共产品的一种特殊类型,或者说具有公共产品的特性。从以下两个方面分析:①一般而言,人们都具有对“分配公平”的需求,只需将人们置于“原始状态”之下,那么,产生对于“分配公平”的强烈愿望就是最合乎理性的事情。②社会一旦实现了收入分配的公平,那么人人都可以等量地消费或者说分享这一成果,并且没有任何人能够被排除在外。可以想象一下作为公共产品的“分配公平”一旦通过私人提供会是怎样的情形:当社会处于初始禀赋分配不平等而出现贫富不均之后,私人的解决办法无非是富人把一些财富拿出来分给穷人,即进行慈善捐助。即使考虑富人在纯粹帮助穷人的动机之外尚有其他的动机,如避税,从而使捐赠的数量有所增加,也仍然无法保证满足社会对“分配不公”的需求,因为在私人提供这一“公共产品”时,不可避免地会遇到“免费搭车”问题,这与“国防”等公共产品的例子没有什么两样。换个角度,

我们还可以把“分配公平”看做具有强烈正外部效应的活动。

其次，福利经济学的奠基者——庇古解释得更为直截了当。他认为，检验社会福利的标准有两个：一是经济收入的总量，包括国民经济的总收入以及具体项目的总收入，经济收入的总量越大福利水平越高，这无疑是效率问题；二是关于收入的分配，收入分配越均匀则福利水平就越高。由于任何社会成员的实际收入的边际效用是递减的，收入越多边际效用越小，收入越少则边际效用越大。当 1 元财富由富人的手中转入到穷人手中时，穷人之所得肯定大于富人之所失。因此他主张，在生产有效率和总产出一定的前提下，应尽可能使福利的分配均等化。

最后，由于前面列举的水利市场失灵，比如公共产品使得帕累托效率的不可能实现，以及价格机制不能为公共产品融资。所以，政府必须选择一组公共融资方式（如税收）为公共产品筹集资金。市场机制通过规范每个人的消费数量，执行了配置和分配功能，而用于对公共产品融资的税收则不具备这样的特性。一旦公共产品的数量被确定下来，这一数量就要被所有人消费，而不管其是如何融资的。实际上，公共融资方法的决策更多地是建立在分配性和公平性基础之上的，而不是建立在已经实现分配基础之上。政府不可避免地要对公共融资如何对社会中不同成员的相应效用水平造成冲击做出决策。实践中，政府主要是通过对某些人征税并把收益转让给另一些人来实现为公共产品融资的，也就是说，政府通过提供公共产品而从事了再分配活动。

第四章　公共决策理论:实证方面

如前所述,市场失效为公共部门(包括公共决策、公共筹资和公共生产)的介入提供了重要理由,因此本章和下一章研究公共决策的机制与理论依据。这一章是公共决策的实证分析,包括水利公共经济目标的经济学解析、政府公共经济职能、政府(和民间)公共经济决策机制和理论等。下一章探讨公共经济决策的规范分析,主要讨论水利公共生产和公共消费最优配置的一般规律。

第一节　水利公共经济目标分析

水利事业同其他事业一起,在满足人类需要方面共同做出努力,而帕累托最优被认为是当然的规范标准,只不过,它还有进一步讨论的必要。这里从两个方面对帕累托最优做出更深入的分析:首先,对社会福利给出定量化或数学函数化的表达;其次,利用补偿原则提出大效用边界上的最佳收入分配点(至富点)选择原理。

一、社会福利函数

社会福利的函数化表达,首先由英国经济学家柏格森于 1938 年在《福利经济学一些方面的重新表述》一文中提出。此后出现了对于社会福利函数的各种解释,试图确定影响社会福利函数的诸种因素,并在此基础上寻求社会福利函数的最大化。

社会福利函数的一般形式主要有两种。第一种表达式是柏格森提出的,即社会福利函数(W)取决于被 n 个社会成员消费 m 种产品、劳务量 q_m^n、n 个社会成员的工作努力 a^n 以及其他变量 r,函数表达式如下

$$W = W(q_m^n, a^n, r) \quad (4\text{-}1)$$

这一表达式是一般化的，只有在按政策制定者确定的经济目标赋予它明确的函数关系式，并且占有大量相关资料时才有实际意义。比如根据柏格森函数，我们可以表达出水利项目的函数式

$$W = a_0 + a_1 G_1 + a_2 G_2 + \cdots + a_n G_n \quad (4\text{-}2)$$

其中，W 表示水利项目对社会福利水平的增加；$G_i(i=1,2,\cdots,n)$ 表示水利项目的第 i 种目标或社会效益，比如它可以表示对国民收入的贡献、对收入分配格局的优化、对环境质量的定量化改善、对公共卫生的改进、对地区开发的效益等，当然，次一级效益还可以表述为产品的最优分配、投入和产出的最优关系、对优化产业结构方面的效益、个人时间的节省或最优分配、资金在代际或时间上的最优分配等；$a_i(i=1,2,\cdots,n)$是对第 i 种效益的加权因子。

关于社会福利函数的第二种表达式，是格拉夫针对第一种表达式未能够对个人福利给予充分的尊重而提出的，他以个人福利为基础导出了另一种表达社会福利函数式

$$W = W(U_1, U_2, \cdots, U_3) \quad (4\text{-}3)$$

看起来，这一函数更难付诸实施，主要问题在于福利加总的困难，但是它确实有效地使福利经济学与微观经济学中的分析方法统一了起来，使我们可以借用所熟悉的微观经济学分析原理进一步求得福利最大化的问题。我们在后面有两种关于格拉夫福利函数式的应用，一是对社会福利"至富点"的推导；二是在关于最优商品税及公共生产定价原理中的应用。

二、补偿原则

补偿原则的基本思想是，若一些人的福利状况的改善足以补偿另一些人福利状况的损失并仍有剩余，则可断言，社会整体的福利状况仍然得到了增进。一般认为，这一思想是由卡尔多最早提出的，随后由希克思、希托夫斯基和李特尔等加以改进与完善，形成了以下的

主要福利判断标准。

卡尔多注重变革后可进行的补偿,在他看来,若变革后可通过潜在的或虚拟的再分配,使受损者从受益者那里得到充分的补偿,而受益者仍能够得到福利增进,那么这一变革就是可取的。相反,希克思则关注对变革前进行的补偿,在他看来,若变革后的受损者在变革前无法通过贿赂以补偿变革后的受益者从而使变革不发生,那么变革就是可取的。很显然,上述两种观点都是在帕累托最优基础上的修缮与补充。

在以上基础上,李特尔另辟蹊径,在帕累托标准之外又引入了收入分配标准,并且主张进行实际的收入分配而不是其他学者主张的虚拟补偿。李特尔针对上述看法指出:①回避价值判断是不可能的;②不进行实际补偿是没有意义的。他进而提出了三项标准:一是受益者能否补偿受损者而仍有剩余,即卡尔多标准;二是受损者是否无法贿赂使受益者放弃变革,即希克思标准或称为希托夫斯基反向检验;三是收入分配是否合理。李特尔名副其实地将福利标准划分为两个层次,即帕累托效率标准和收入再分配标准。李特尔标准表明,单单追求帕累托最优是不充分的,同时还必须把理想的收入再分配当做目标。这与上一章最后提到的庇古原理不谋而合。

下面具体分析效率与公平目标的结合。

(一)从个人偏好到社会偏好

在微观经济学中,以两商品为例,个人通过消费商品而获得效用,由个人效用函数可得出个人消费两种商品的无差异曲线。若两商品之间相互独立且均为正常商品,则离原点越远,无差异曲线代表的满足程度就越高。类似地,在福利经济学中,以两人社会为例,社会通过其成员效用而推知整体社会福利,由社会福利函数可得出社会无差异曲线(或称等福利线)。若不同社会成员之间的效用相互独立且对任何成员都无偏爱或歧视,则离原点越远,社会无差异曲线代表的福利水平就越高,社会福利的无差异曲线如图 4-1 所示。应该强调,我们在这里讨论的个人效用主要是针对物质、环境以及精神消费方面,因此上面提到的个人效用相互独立的假设是成立的。

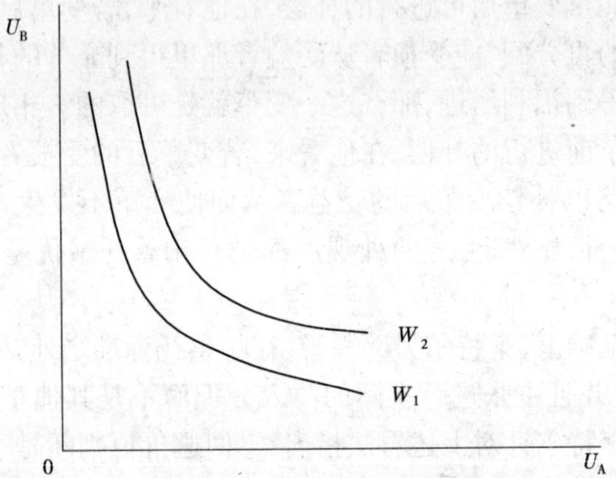

图 4-1　社会福利的无差异曲线

(二)至富点:公平与效率目标的协调

我们当然希望达到尽可能高的福利水平,但在某一时刻,在既定的经济制度和技术水平等条件的约束之下,所能达到的福利水平总是受到约束的。这一约束就是满足各项帕累托条件的大效用边界。

将第二章图 2-6 中的大效用边界与图 4-1 中的无差异曲线置于同一空间,总可以找到一条无差异曲线与大效用边界相切。切点所在的无差异曲线所代表的福利水平即为最大化的社会福利,所以此切点又被称为"至富点",见图 4-2。由图 4-2 可直观地看出,社会福利最大化这一理想境界要求同时满足帕累托效率和收入公平的双重标准:

(1)由大效用边界的含义可知,若一种可行的配置不是帕累托有效的,图 4-2 中的 A 点则必然存在另一种可行的配置,可保证至少一人的效用得以增进而另一人的效用保持不变,从而使社会福利水平得以提高。这意味着,非帕累托效率的配置不能保证社会福利最大化。

(2)由社会无差异曲线的含义可知,一般而言,社会所认可的两成员效用水平的边际替代率是递减的,即为使成员效用水平增加相同的程度,社会所赞同牺牲的另一成员的效用水平随着前者满足程度的提高而不断减少,也就是社会不偏好拉大两人的效用水平距离。假定个人的效用函数取决于其他所能消费的商品数量或其收入的多少,那么图 4-2 中的社会无差异曲线就意味着社会赞同的是一种公平的收入状况。

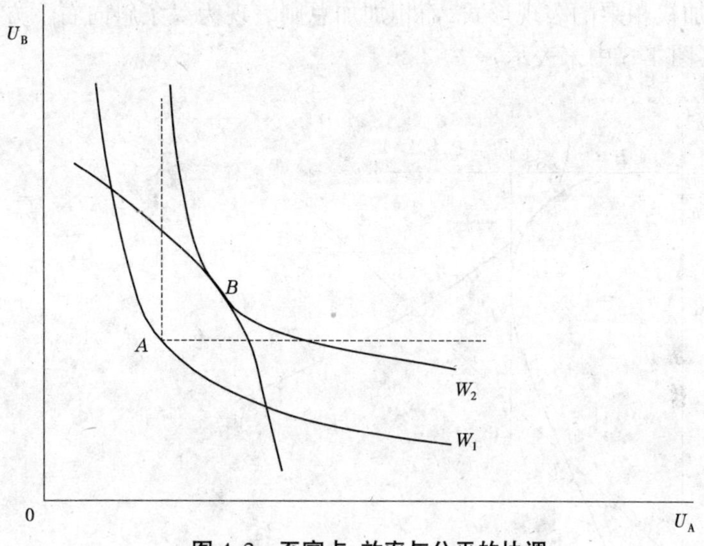

图 4-2　至富点:效率与公平的协调

三、不同价值观决定不同的至富点

不同的价值观会形成不同的社会福利函数,从而决定不同的至富点。总结对价值观的各类认识,可将其划分为三种观点,分别是效用功利主义、罗尔斯主义和平均主义标准。这三个价值观标准反映了不同伦理条件下的社会福利函数的社会无差异曲线 W_1、W_2、…的形状。如前所述,大效用边界上的一点到另一点的移动意味着收入再分配格局的变动。可行的社会最优目标应由不同伦理标准下的社会无差异曲线与可行的效用边界的切点决定。图 4-3 表示了不同价值观下的至富点。

可行的效用边界为 FF'，W_N 就是效用功利主义的社会无差异曲线。一般认为，该标准起源于边沁的学说，其核心思想是追求个人效用加总的最大化，同时，随着一个成员效用的提高，社会对他的"偏心"应有所减小。进一步分析，效用功利主义对于加总的方式又有几种，即相乘、加权相乘、相加、加权加总等。如图 4-3 中的 W_N 曲线就是加权相乘的表现形式，而相加加总则表现为一条斜向右下方的直线（图 4-3 中未表示）。

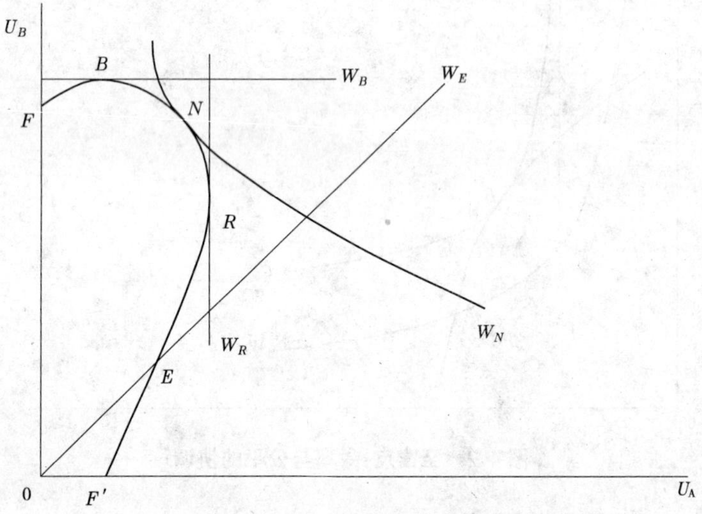

图 4-3　不同价值观下的至富点

现在考虑两人经济的情形，如果两个相加的加权因子相等，则表现为斜率等于 -1 的一条直线。如果两个相加的加权因子逐渐偏向于个人 B，直至加权系数 $a_B = 1$，则表现为一条竖直的直线，见图 4-3中的 W_R；相反，则会演变成一条横直的直线，如图 4-3 中的 W_B。W_R、W_B 分别是效用功利主义社会无差异曲线的两个变例，即罗尔斯主义社会无差异曲线。罗尔斯主义社会无差异曲线也可以做这样的解释，即社会福利应仅仅取决于境况最差的个人，只有这样的人的福利状况得到改进时，社会福利才算是最大化得到增进。很显然，它属于"最小最大原则"，即项目决策的最高原则就是只有在境况最差的人的福利得到最好改善时，才属于最优。

平均主义也是一种重要的伦理准则，它主张在分配问题上平等地对待每一个人，做到结果的平等。特别值得指出的是，并非将所有利益平均分配给每个人就算实现了平均主义原则，因为有人可能并不想消费所分到的所有物品，或者只想消费较少的数量。最好的办法是令分配完成后每个人的效用水平相等，这样平均主义的社会无差异曲线就如图 4-3 中的 W_E 直线。

通过以上分析，自然要提出一个问题，就是既然存在如此多的公平标准，而人们又各持己见，那么如何加总个人偏好，才能求得社会普遍接受的偏好次序，以便最后更好地确定公共经济目标。对此，西方经济学家普遍认为，通过公众投票或者社会选择可以较好地反映社会对于公平问题的总看法。然而，这一命题却由福利经济学第三定理做了一个不能肯定的结论。我们将在本章第三节讨论这个问题。

四、公平与效率的关系

上面分析了水利公共经济目标必须包括效率和公平两方面的结论。但是，通常认为在公平和效率之间存在着冲突，即要想实现收入分配的公平，就必然要以降低效率为代价。图 4-4(a)中的曲线 TT 表示公平与效率存在着替代关系，即若打算使公平程度从 a 增加到 b，则需以效率水平由 c 降低到 d 为代价。

图 4-4(b)中，设 D 点为税前的收入分配格局，B 的收入 Y_B 大于 A 的收入 Y_A。现考虑由 D 点通过税收或转移支付等手段移动到 E 点，实现收入分配的完全平等。由于存在效率成本，实际上再分配不一定能够实现从 D 到 E 的直线移动，很可能的移动路径是

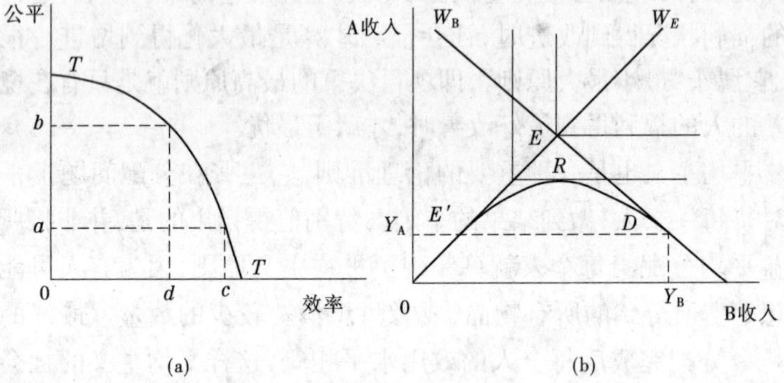

图 4-4　公平与效率的冲突

DRE'。虽然在 E' 点也实现了收入分配的平等化，但是可供分配的收入总额却减少了许多。这一结果我们还可以从图 4-3 中的 E 点得到验证，即平均主义目标有可能使总效益损失得最多。

但是，在另外一些条件下公平与效率同样存在着协调或互补关系。这里分别用两种情况说明二者兼得的可能性。

首先，当经济原本处于非帕累托效率状态时，如图 4-5 中的点 3，通过 1234 区域中向右上方移动可以兼得公平与效率。

其次，当经济处于迅速增长阶段，有可能从较低生产可能性的帕累托效率状态到达较高生产可能性的帕累托效率状态，如图 4-5 中由大效用边界 G_1G_1 外延至 G_2G_2，亦可同时增进公平与效率。即使不考虑技术进步的因素，单单是公平程度的增加，在经济迅速成长的初期也会因为工作努力的提高而使生产可能性超出此前。

以上两种兼得公平与效率的情形启示我们，不能简单化地只理解效率与公平之间的冲突或替代的一面，而无视两者之间相互协调和相互促进的一面。这一思想也与本书讨论的公共经济目标应相互统一是一致的，也就是说，从政策目标的设计来说，效率与公平兼顾不仅是必要的，而且也是可能的。

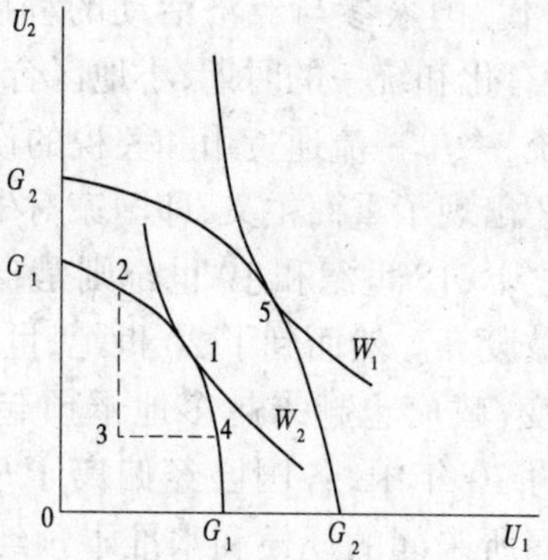

图 4-5 效率与公平的协调

第二节 政府公共经济职能

一、概述

到目前为止,我们对竞争市场的有效分析以及水利基础领域市场的无效分析,从理论上论证了水利事业公共性的经济定性或定位,并最终导入了需要政府干预的结论。然而,政府介入是否就能够解决所有的市场失灵问题呢,答案显然是不能肯定的。这一节就要讨论政府的公共经济职能,本章第五节还要讨论政府的局限性。

传统的西方经济学家由于过分相信竞争市场自身的效力,所以不承认政府具有重要的经济职能,并把政府的作用限制在很小的范围内。但是,现代经济学家由于正确认识到了市场失灵问题,所以不仅承认而且高度重视政府的经济职能。我国自改革开放以来,同样经历了由过分强调水利公益性到过分强调水利经营性,再到公益性与经营性相结合的一个反复认识和不断提高的过程。这里,我们引入两段精彩总结。

(1)布朗和杰克逊从历史和实证角度对政府公共经济职能做出

了如下描述:不同时代,国家参与经济活动的程度也有所不同。16世纪到18世纪是国有化和统一的时期,小地区合并成大国。合并就意味着契约规则的统一、单一流通货币和关税的设立,以及协调的基础设施。这段时期还出现了重商主义,即国家对生产、商业和贸易等都做出规定。相比之下,18世纪和19世纪则是自由主义时期,许多重商主义的信条都被废弃。然而到了20世纪,世界性经济大萧条为国际关系带来了巨变,政府也越来越多地干预起国内的经济关系。20世纪40年代后的30年中,各国已经偏离了早期的自由经济政策,政府以空前的、闻所未闻的规模和水准干预经济事务,提供社会服务。

(2)同样从历史的角度考察,东方世界特别是我国却走过了一条与西方世界迥然不同的道路。冀朝鼎对此作了如下的描述:由于我国特殊的地理环境,像水利这样大规模的工程,一开始就起到了国家的公共职能作用。始于春秋时期的古代大型水利事业,几乎无一例外地都属于政府公共工程。不但如此,工程建成后的管理之职也都由政府负责。比如《管子·度地》记载"请为置水官,令习水者为吏",政府专门设置了管理治水工程的官员。宋代官吏范仲淹指出"畎浍之事,职在郡县;不时开导,刺吏县令之职也"。清代治水权威康基田在他的记事中也谈到"至蔬内地之渠,使同沾溉,费重而难善其后,官既不能无累于民,使民自为之,非一人一家之事,易起争端,力常苦于不继"。看来,我国古代的水利工作者一直都在为水利的经济定位问题苦恼,水利既不能离开民众又不能离开政府。关于我国古代水利的国家职能论,卡尔·马克思同样有一段精辟的论述:"节约用水和共同用水是基本的要求,这种要求在西方,例如在法兰西和意大利,曾使私人企业家结成自愿的联合;但是在东方,由于工程艰巨而浩大,远远超出了农民和个体商人的能力,不能产生自愿的联合,所以就迫切需要中央集权的政府来干预。因此,亚洲的一切政府都不能不执行一种经济职能,即举办公共工程的职能。"

对政府公共经济职能最具权威的总结与概括要属马斯格雷夫,

他把政府的经济职能区分为资源配置、收入再分配和宏观经济稳定。资源配置职能是指政府通过财政经济手段(包括税收、预算支出、补贴、财政政策、金融措施)和行政法律手段(行政法令、法律法规)合理确定社会总资源中私人物品、公共物品以及混合物品的构成,使之有效纠正市场失灵,以实现全社会资源的最优配置。收入再分配职能是指政府通过各种手段调节收入与财富的分配不公,实现再分配,使之符合社会道德公认的"公平"与"公正"的分配状态。宏观经济稳定职能是指政府通过各种手段(财政和货币政策、价格、工资及外贸管制等),有意识地影响和调控经济,以消除经济波动,实现宏观经济的稳定目标。

进一步分析,在几乎所有的国家,公共经济职能是由多级政府共同完成的,且每一级政府都有一套不同的支出责任与征税权力,即各级政府都执行一系列特定的公共部门职能。比如中央政府负责国防、外交、大江大河综合治理与利用;省一级政府负责协调水利资源配置、防洪、航运、高速公路、教育、福利保障、水土保持等;市县一级政府负责较具体的供水、灌溉、水电等。此外,各级政府还负责执行一些特定的转移支付,这既包括对特定社会群体以及个人的转移支付,也包括由高一级政府向低一级政府的转移支付。本节讨论的就是多级政府条件下的政府的资源配置和收入再分配职能问题,关于政府的宏观经济稳定职能将分散到第二篇以及第三篇的各章中分析。

二、资源配置职能及分解

通常,水利公共产品的受益者主要是由某一特定区域人口组成的,所以在决定这一公共产品的提供时,只有这一部分人的偏好才是必须考虑的,而代表这部分人口的某一地方政府的决策最能准确地反映他们的偏好。相反,一个由中央政府对其所属各个地区提供地方公共产品的社会中,一般都存在向所有地区提供统一公共产品的倾向。如果将这些决策分散化,则通常可以保证不同地区根据本地区的集体偏好提供不同数量的地方公共产品。因此,必须考虑将地方性公共产品尽可能地由包含特定受益群体的一级政府提供。

这里用两个地区 A 和 B 的例子来说明地方性公共产品提供分散化可以带来的好处,见图 4-6。对一特定的公共产品 G,A 地区内居民从中获得的效益为 G^A,其总效用曲线为 $\sum MRS^A$,而提供 G^A 的边际成本为 MRT。为分析方便,先假设这一成本恒定不变而且对于两个地区来说都是一致的。显然,G^A 提供的最优数量点为 G_0^A,在该点上 $\sum MRS^A = MRT$[1]。同理,B 地区提供地方性公共产品 G^B 的最优数量点为 G_0^B,在图 4-6 中我们令 $G_0^B > G_0^A$。现假设中央政府决定对两个地区提供统一的地方性公共产品,所实行的原则是对两个地区提供一个较为适宜的平均水平。在图 4-6 中,这一平均边际收益水平用曲线 $\sum MRS^P$ 表示。因此,由中央政府提供的统一地方性公共产品的最优数量点为 G_0^P,在该点上 $\sum MRS^P = MRT$。显然,这一中央提供公共产品下的最优水平在数量上大于 A 地区自己提供时的最优水平,但小于 B 地区自己提供时的最优水平。就总体经济而言,这一结果不如原来分散化提供地方性公共产品模式有效率。也就是说,如果实现中央统一提供模式,将给地区 B 带来三角形 xyz 表示的福利损失,给地区 A 带来三角形 uzv 表示的福利损失。

进一步分析,在许多情况下,同时享用一个地区性公共产品的消费者数量是变动的。虽然共同使用同一地方性公共产品的消费者越多,可以使人均提供成本越低,但必须使这种所谓的"规模经济"优势与由此带来的不利因素相权衡,因为随着消费者数量的增加,人均从公共产品中所得到的效益将有一个限度,超过了这个限度,其边际效益将会下降,这就是所谓的拥挤成本。当然,除拥挤成本外,还包

---

[1] 关于公共产品成本费用与效益的迭加理论,除本章第一节介绍的原理之外,下一章还有详细分析。

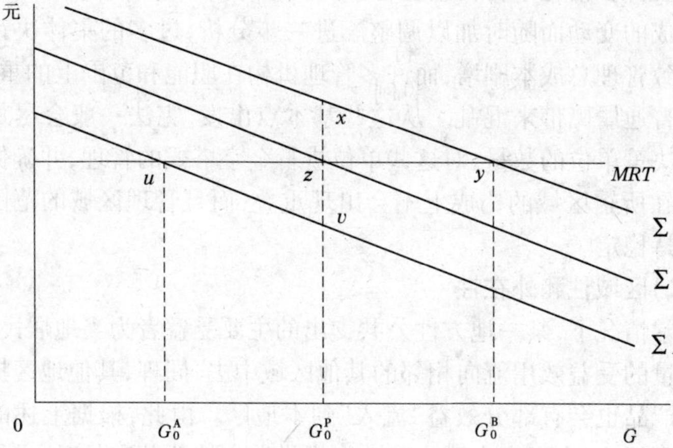

图 4-6　分散化提供地方性公共产品

括由于公共产品服务涵盖面积的扩大，更多的消费者将远离公共产品的提供地。因此，从原则上看，对任一地方性公共产品而言都对应存在一个最优的消费者数量，而这一数量就从集体决策的角度限定了提供地方性公共产品的最优范围。

既然所有地方性公共产品都应涵盖一个最优的地理区域，就存在一个"最优区域设置理论"，布雷顿称之为"职能最优配置论"，即必须由能准确地代表享受某一公共产品的特定群体的政府来承担提供该公共产品的职能。据此理论，地方性公共产品应由地方政府提供，全国性公共产品应由中央政府提供，而同时具有地方性和全国性的公共产品应由地方政府和中央政府按比例提供。当然，现实中这种完备的职能配置条件并不会出现，正如前面已经指出的，本书的目的不在于穷尽所有的公共产品到底应由哪一级政府和哪一些政府组合来提供，而是要给出若干判定的准则或考虑因素，具体决策要留给需要决策的政府部门。

（一）决策成本与地方政府的稳定性

如果以所有的地方性公共产品为决策依据，则地区的划分将会偏多而且许多情况下将会重叠,另外,决策部门本身的规模也会随着人口构成的变动而随时加以调整。进一步分析,过多的集体决策单位将导致管理总成本剧增,而许多管理机构在职能和范围上的重叠,将会给普通居民带来混乱。从这些基本点出发,宪法一般会尽量减少集体决策单位的数量,对这些单位进行金字塔式的管理,并确保一级政府在所辖区域的构成上不会出现重叠,而且管理区域的范围一般都保持稳定。

(二)区域性和外在性

通常情况下,某一地方性公共支出的主要受益者为当地居民,但仍有少量的受益效用流向相邻的其他区域中去,同理,其他地区提供的公共产品也会有部分效益"流入"到本地区。由此,根据上述的职能最优配置论,在考虑由哪一级政府提供地方性公共产品时,必须就居民偏好的差异性与效益流出量大小这两个因素进行必要的权衡。居民偏好差异性愈大,受益流出量愈小,则这一公共产品的提供愈应该分散化;否则,公共产品的提供愈应该集中化(即由更上一级政府提供)。

此外,还有两个因素不能忽视。首先,地方政府许多公共支出都极易对周边地区产生受益的溢出效应,在中央政府缺乏提供必要的刺激条件下,地方政府对这些公共产品的提供往往会低于其有效水平,有时甚至会过少,因为地方政府并没有将对非本地居民产生的外在经济性考虑在内。其次,也有一种相反的现象,即税收增加也可能使地方性公共产品的提供过度。税收增加是指地方政府的税收收入一部分是由非本地居民提供,比如外地居民在本地使用资源、购买房产、商品等,都将缴纳本地资源税、契税、商品税等,这些都将使本地政府可能过分地扩展其公共支出。我们将在下一章最后一节讨论中央政府怎样来纠正这些外在性,以及如何对下一级政府提供适当的支付转移。

(三)劳动力和资本的流动

在市场经济条件下,劳动力和资本都是可以流动的,它们必然会对地方政府所做出的集体决策产生影响。正如泰博特模型[1]所揭示的那样，在要素可以流动的情况下，人们将趋向迁居于那些公共产品的提供与税制组合最能够反映其偏好的地区。与此同时，资本也将根据各地税制与公共产品对其报酬率的不同影响而决定流向。从某种意义上说，要素的流动要求地方政府对其公共产品的提供与税制组合必须尽可能地符合帕累托最优，必须尽可能地将偏好相似的居民集中于某一政府的管辖之下，必须有助于提高整个区域经济的效率水平。

三、收入再分配职能及分解

上面主要讨论了水利公共资源(公共支出)在不同级政府间的配置职能问题，进一步分析，政府还有通过税收—转移支付机制来实现收入的再分配职能，并且还应解决再分配职能在不同级政府之间的合理分配问题。一些学者强调收入再分配的最终职能应由中央政府来承担，支持这一观点的主要论据是个人可以跨地区迁居。这种条件下如果某一地区力图执行较有利的再分配政策，则会刺激穷人蜂拥而至，而富人则不断外迁。这一事实将最终使该分配政策无法推行下去。因此，任一地方政府将不愿意执行必要的再分配政策。其结果不但是再分配水平的下降，而且将引发人员在地区间配置不当的损失。因此，从经济效率的角度看，将再分配职能置于中央政府是较为合理的。

但是，波利却提出了相反的观点，他认为假定收入再分配已经属于帕累托最优，之所以还要执行从富人到穷人的收入转移，是因为富人从穷人因转移执行后收入水平的提高中也获取了效用的提高。换言之，收入再分配可以视为具有纯公共产品的性质，因此必须由公共部门集体提供。进而假定从收入再分配中得到的效益具有地方性公共产品的性质，即富人从本地区穷人收入增加中得到的效用远大于

---

[1] 下一章最后一节介绍泰博特模型。

从其他地区穷人收入增加而得到的效用。这种效益将因空间距离的延长而减少,如电磁场理论,效用随距离的增加呈指数规律递减,这或许是因为对遥远地区穷人的情况反映不那么敏感,也或许是因为对遥远地区穷人所带来的问题的危害感受较轻。因此,如果再分配被视为地方性公共产品,而不论区域间是否有外溢效用的存在,那么,存在于不同地区之间的效用与收入上的差异,就必然要求各地区的再分配力度应有所不同。显而易见,应考虑将收入再分配职能分散化。

看起来,无论是将再分配职能分权化还是中央集权化,都不是最有效率的。但一般来说,如果人员的流动性小,而人们的偏好差异性大,如果我们期待再分配格局更具有帕累托优化特征,如果我们更关注当地的居民偏好,则再分配职能的分权化模式将较为可取;否则,执行全国整齐划一的再分配政策更可取。我们将在下一章最后一节进一步讨论这些问题。

第三节　公共决策的投票机制

一、公共选择理论概述

水利的公共性决定了水利事业的许多决策都需要由集体来做出决定,这就是所谓的与私人选择相对应的公共选择,即通过集体过程甚至政治过程来决定资源在公共产品与私人产品之间如何分配。具体来说就是指,人们在科学和民主体制下,通过专家论证、集体讨论或投票来决定公共产品的需求、供给和产量,从而把私人选择转化为集体选择的一种过程或机制。

对公共经济决策研究最为成熟的理论,当属公共选择理论和公共决策的效率评价理论。其中,对投票决定公共经济政策的分析又构成了公共选择理论的主干。这一节讨论投票机制,下一节研究对偏好显示的激励机制,最后一节则介绍公共经济决策的效率评价。

公共选择理论产生于20世纪60年代初期的美国。所谓公共选择理论，就是专门研究集体决策的经济学说，它是以现代经济学的基本假设(即所有个体或独立单位都追求自身利益的最大化)为前提，依据自由的市场交换规则使双方都获利的经济学原理，来分析以政府为主体的集体决策行为、民众的公共选择行为以及两者关系的一种理论流派。公共选择理论的突出特点是，将集体决策和政治过程看做某种特殊的“经济活动”，其中，集体或政府相当于“生产者”，选民相当于“消费者”，选票相当于“货币”，而选举制度类似于“市场规则”。当然，经济过程中的个体市场决策与集体决策过程中的非市场决策还是存在着很大的不同，这些不同也为我们研究公共决策机制提出了挑战。下面分析个体市场决策与集体非市场决策的不同点。

首先，决策的场所和方式都不相同。个体市场决策是在市场过程中进行的，其中的私人选择是消费者根据自己的偏好、收入状况等，按市场自由规则与程序，用货币选票来决定自己所需的私人物品的一个资源重新配置过程。对于集体决策来说，它更大程度上是一个政治过程。在这个政治决策过程中，消费者即选民往往是根据一定的政治规则和程序来决定公共产品数量，进而决定资源在公共产品之间的配置。在决策方式上，根据民主制度和习惯的不同，可以由选民直接做出决定，或是选民代表代为决定。

其次，决策所遵从的原则不同。建立在自由交换基础上的市场经济，消费者在其中所做出的私人选择基本上也遵从自愿交换原则，而建立在政治市场上的公共决策与之不同。这是因为投票人在投票表达自己意见时，大多数情况下不得不遵从少数服从多数的原则，由此，他们所接受的公共产品和所支付的税收，并不一定是他们所乐意接受的。在这个过程中，公共决策不仅带有一定的强制性，而且还伴随一定的策略性。

再次，选择结果的不同指向性。在私人选择中，各类产品(或服务)的消费及其支出存在着一一对应关系，个人选择与结果也有着直接的联系。具体来说，消费者通过支出一定的价格来获取所需商品，并以此来弥补商品生产者的生产费用，而生产者则是靠提供商品赢得补偿。正是由于某一商品消费者的消费行为，使得私人选择直接影响个人效用而不是他人的效用。在公共选择中，由于集体选择的特殊性质，公共产品的产量和消费，与投票人纳税所弥补的生产费用之间并不存在直接的一一对应关系，个人选择与结果也没有直接的联系。

最后，市场竞争性质的不同。在经济市场中，需方是居民户或消费者，供方则是厂商。虽然各经济单位很分散，但由于竞争和市场机制的作用，厂商会不断地扩大生产、改善管理，以此去满足消费者，并最终实现自身利益和社会利益。在公共选择中，虽然竞争也是难免的，但由于市场性质和制度规则的不同，其竞争性质的区别是很大的。厂商不能强迫需求一方去消费他的产品，但通过政治过程确定了的决策（产品），政府却有强制权力使整个经济资源都听从他的命令。

二、投票模型

在西方国家，公共问题的决定通常都通过投票机制来完成，因此用投票方式制定政策是公共经济学领域中一个丰富多彩的课题，而其中大部分论述都被归纳到公共选择理论之中。在这里我们要对投票机制的重要成果做一介绍。

（一）投票规则安排

有关决定项目规模及其筹融资方案的任何投票过程，都必须对投票规则做出假定。布坎南和塔洛克最早研究了事先的投票规则问题。如果一项公共行为所要求的支持者比例越大，投票过程就越能通过投票发掘出越多的利益，但是，这一规则所消耗的决策时间和成本也就越昂贵。因此，确定最优投票规则中，我们必须在获得收益与决策成本之间进行平衡。

为此，我们定义外部成本函数和决策成本函数。所谓的与投票规则相联系的外部成本，指的是在将来投票决策形成之后可预期的效用损失,它包括没有得到福利改善的外部不经济、公共产品以及不利的收入再分配造成的预期损失。图 4-7 中曲线 C 描述了外部成本随着通过决策所需的投票比例上升而逐步减少的特征。当要求一致通过时,外部成本将减少为零,这是因为当所有的成员都支持该方案时,代表所有人的福利都得到了改善,而外部不经济、公共产品以及不利的收入再分配都得到了解决。通过决策所需的投票比例越小,其外部成本就越高。决策成本 D 包括为了取得一致意见所消耗的时间与努力成本,随着通过决策所需的投票比例的增加,决策成本也逐步增加,所以决策成本与外部成本呈反向变化,图中曲线 D 描述了决策成本函数的特征。由图 4-7 容易得到,最优投票规则所要求的投票比例,应该是使得集体决策过程中预期总成本($C+D$)最小,即图中由点 n_0 所给出的比例。

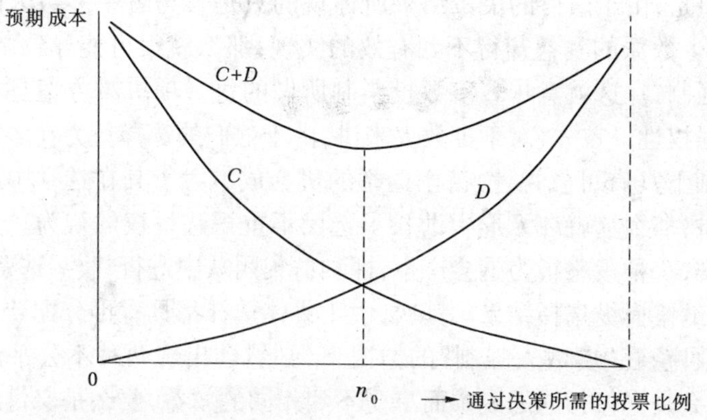

图 4-7　最优投票比例示意图

由于最优投票规则是建立在对决策成本、外部成本与公共产品内部化基础上而获得的一种效益比较上的权衡,因此没有任何特殊的投票规则占有优势或优先地位,包括多数通过原则或一致通过原则。

一致通过规则是一种帕累托最优状态。因为一致通过,所以不可能使该方案有任何的再优化潜力,即不会出现该方案的任何变动,使一部分人受益的同时不损害其他参与者的利益。但是,同样由于一致同意规则赋予了每个人都具有否决权,所以最后一个投票者的否决权给予了他过大的讨价还价的能力。这就意味着为满足少数人的利益,有可能牺牲多数人的利益,有人把这种状况称为少数人对多数人的暴政。

由于上面的原因和一致性规则的成本太高,所以大多数的制度安排都采取多数通过规则。比如简单多数规则、1/2 以上通过规则、2/3 多数通过规则、计点打分多数通过规则、两两表决多轮次投票规则等。很明显,多数投票规则具有节约集体成本的优点,因为顾及大多数人的偏好总比照顾全体参与者的偏好容易得多。此外,多数规则也符合人们一般的公共观念,在实践中也是一种最常用的投票规则。但是,由于最终的决策结果所体现的只是参与者中多数人的利益,而少数派的利益却得不到有效的实现,那么就很可能导致"多数人的强制"。这就意味着多数投票制所做的每一项决策方案具有内在的强权性。首先,对于少数人来讲,由于他们的选择行为在多数投票规则下具有可忽视性,甚至选举的机会成本大于其在选举中所获的利益,那么这就在无形中助长了选民不重视选举权的行为。如果是这样,一种策略行为就会产生,即利益集团从中进行"收买选票"行为,并最终操纵选择结果。其次,由于集体选择都具有再分配社会资源的效应,在"多数人强制"的情况下,必然会出现两种不公平的效应:要么是支付相同的成本而享受不到相同的效益,要么是支付的成本不同而可以享受到相同的效益,即出现"搭便车"现象。

(二)中间投票人定理

由于在投票规制中最优多数规则的应用比较普遍,所以西方学者对多数投票规则进行了大量细致而深入的研究。其中"中间投票人定理"就是非常著名的成果之一。

以不同的水利公共支出规模作为投票的备选对象,如果相对于第 i 个人来说,偏好项目更大规模的人数与偏好项目更小规模的人数恰好相等,那么第 i 个人就称为中间投票人。

可用图 4-8 说明中间投票人与多数表决原则最终结果的关系。该图展示了 3 个公共成员 1、2、3 对具有备选方案的投票过程,其中横轴表示由 3 个人各自提出自己偏好的项目规模方案组成的备选方案,用 O_1、O_2、O_3 表示;纵轴表示 3 个人对这三个方案进行赞同或否决统计,即偏好排序。

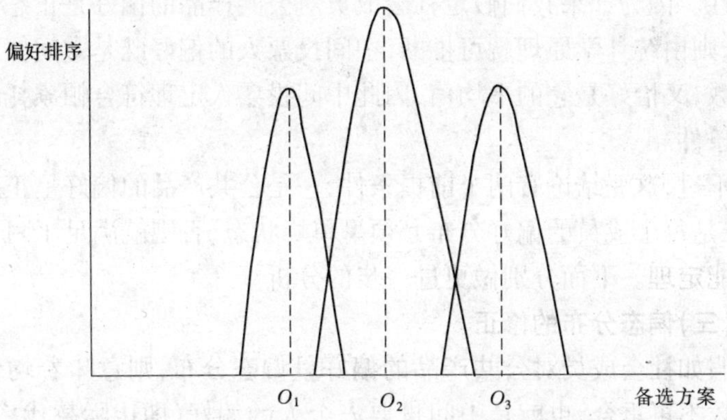

图 4-8 中间投票人与多数表决原则最终结果

假定个人投票遵循的原则是,如果不能选择使其效用最大化的备选方案,那么可以退而求其次,他将选择满足程度离效用最大化最近或者效用下降最小的方案。再假设投票规则是在两两方案中举行。比如,提出在 O_1 和 O_2 方案之间投票表决,无疑,按简单多数原则,中间投票人所偏好的方案会确定为社会偏好方案。再比如,提出在 O_2 和 O_3 方案之间投票表决,同样按简单多数原则,中间投票人所偏好的方案又一次确定为社会偏好方案。还比如,提出在 O_1 和 O_3 方案之间投票表决,同样按简单多数原则,中间投票人所偏好的方案会再一次确定为社会偏好方案。最后,假如我们放宽条件,在 O_1、O_2 和 O_3 方案之间一次性投票表决,虽然按简单多数原则,不能够确定哪一个方案为社会所偏好,但是按照公共伦理原则,通常多数会把中间投票人所偏好的方案确定为社会偏好方案。

总之,不论如何规定投票方式,只要按多数规则,中间投票人所偏好的方案总是对最终结果起决定性作用。也就是说,由于中间投票人所持偏好中庸,使他在多数投票规则中总立于不败之地。这就是中间投票人定理。

几乎不用证明就可以判断出中间投票人定理达到帕累托最优的必然性。因为如果我们假定社会成员对公共产品的偏好是正态分布的话,则由统计学原理就可推断,中间投票人的偏好既是中间值或称中位数,又恰好是它的平均值,因此中间投票人定理符合帕累托最优效率条件。

不过,这一结论有两个前提条件,一是公共产品的偏好呈正态分布;二是每个成员的偏好分布必须呈单峰状态,否则就满足了阿罗的不可能定理。下面分别做更进一步的分析。

(三)偏态分布的修正

假如社会成员对公共产品的偏好呈偏态分布,则意味着均值和中位数不再重合,也就是中间投票人个人的偏好(即边际替代率)不再等于社会的平均偏好($\sum MRS_i /N$)。这时,虽然中间投票人的偏好仍然是社会最终选择的结果,但它不再能满足效率条件。对此我们再做如下说明。假定:①收入是唯一影响个人对公共产品需求的因素,且收入越少对公共产品的需求越小(需求收入弹性大于1);②中位数投票人的收入低于平均收入;③实行单一税率。由以上假设我们可以得出如下结论:由上述第二条假设可知,由于中间投票人的收入低于平均值,故他对公共产品的需求偏低,因此由他的偏好所决定的社会需求低于最优水平,即$\sum MRS_i < MRT$。但是由上述第一条假设可推知,富人比穷人的边际替代率要高,因而对公共产品的需求更强烈。所以,如果我们把单一税率改为累进税率,使富人承担更高的成本,中间投票人承担较低的成本,那么中间投票人的需求会有所提高,从而由他决定的对公共产品的社会需求也会增加,这将

使帕累托条件得到改善。

(四)单峰问题

下面讨论单峰问题,布莱克对此有经典分析。他证明了如果每个人的偏好顺序在几何图形上呈单峰❶,则简单多数票就一定存在最终明确结果;否则,就有可能出现投票悖论,也称为投票结果的相互循环,导致最终无法确定结果。

假如有三个投票人(A、B、C),就三个方案(X、Y、Z)进行投票。他们各自的投票方案或偏好排序如表 4-1 所示。如果按照简单多数原则从 X、Y、Z 三个方案中选出一个最优方案,那么就会出现一个奇怪的现象,即认为 X 优于 Y 的人数有 2/3;认为 Y 优于 Z 的人数有 2/3;认为 Z 优于 X 的人数也有 2/3。这时就无法确定哪一个方案更值得推荐。

表 4-1　多方案投票偏好排序导致投票悖论

偏好顺序	各投票人投票方案		
	A	B	C
高	X	Z	Y
中	Y	X	Z
低	Z	Y	X

布莱克认为,这是由于投票人 B 在偏好排序上出现了双峰,可用图 4-9 所示。图中 A 对三个备选方案的排序呈斜线,只有一个峰值在 X;C 对三个备选方案的排序呈折线,但只有一个峰值在 Y;唯有 B,他对三个备选方案的排序呈倒折线,有两个峰值(极高点)在 X 和 Z。

布莱克对投票悖论的说明,使我们对多数投票机制的认识更加深入了,而单峰偏好提供了摆脱投票悖论的充分条件。进一步,许多

❶ 这里把证明过程略去,有兴趣的读者可参考有关公共选择理论。

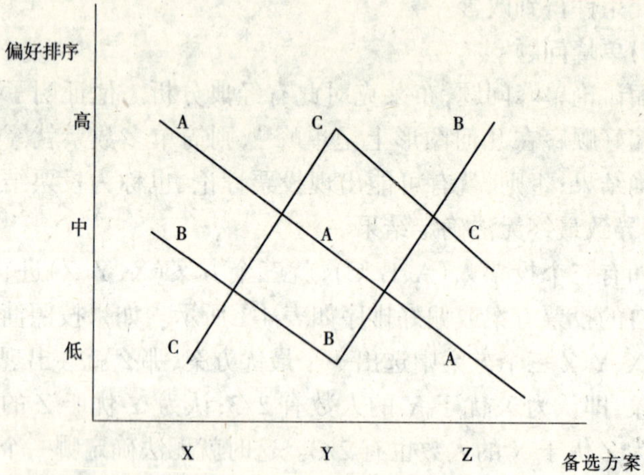

图 4-9　多峰偏好与投票悖论

学者通过研究认为个人偏好曲线呈单峰分布,这在对单一公共产品产出方案的多数投票机制中可以很自然且合理地达到。比如,图 4-10 中,个人的最优选择为其预算线和效用无差异曲线的切点 G_*,在这一公共产品产出水平下,其效用可达到最大化,即对应于图 4-10(b)中偏好曲线的最高点 P。在同样的预算约束下,其他公共产品产出水平带给个人的效用水平都要低于 G_* 点的效用。所以,对于理性的个人来说,所有人的偏好曲线都呈单峰应该是可取的。

但是,也有学者提出,如果对于多种公共产品和多种产出方案投票,则仍然不可避免地出现投票悖论问题,即阿罗不可能定理。对此,下一节将从另一个角度直接讨论偏好显示的激励机制。

三、其他一些新的决策方法

由于公共产品的效用难以定量化衡量,所以理性经济人经常在有利于自己的议案中故意夸大其偏好,而在不利于自己议案的通过表决时,则又故意隐瞒其偏好的强度。很明显,偏好显示难题是公共决策理论研究的焦点之一。为了克服偏好显示难题所带来的低效率

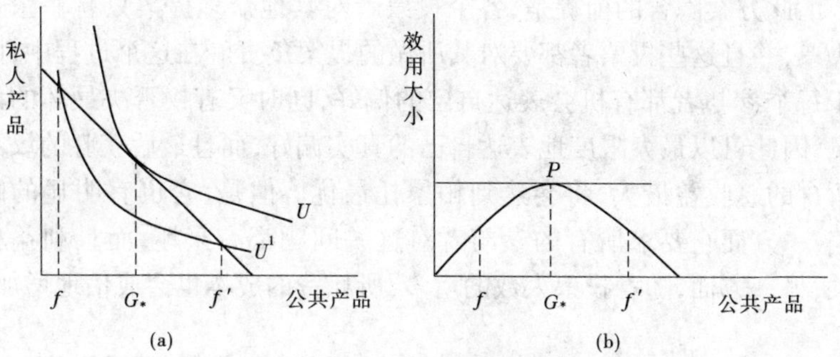

图 4-10　个人偏好应呈单峰分布

问题，公共决策理论又在全体一致和多数规则基础上提出了一些新的方法。

(一)加权投票行为

加权投票规则是对一人一票的投票分配方法做适当修改，以满足各参与者之间的偏好强度、专业知识和利益差别等，而提出的一种投票规则。其基本特点是，根据参与者的偏好强度、专业知识以及利益差别等，将参与者成员进行"重要性"程度的分类，然后按照这种分类分配选票，相对重要者拥有的票数较多，反之，则较少。在此基础上所做的多数规则选择方案，其选票是实际造成票数的多少，而不是实际参与人数的多少。当然，这种修正还可以进一步演化成"利益者代表"或"专家"多次反复协商机制，我国著名的南水北调工程和三峡工程实际上就是分别采取了"利益者代表"和"专家"多次反复协商模式来做出决策的。

(二)否决投票行为

否决投票的方法最早是由穆勒提出的。此方法分两步进行：首先，让参与投票的每一个人都提出一个对自己最有利的可供选择方案，并加以汇总；其次，每个成员再从汇总后的方案中否决掉一个对自己最不利的方案。这样，经过每个成员的逐一多次否决，最后剩下的没有被否决掉的方案就是全体成员最终所做出的集体选择结果。

此方案隐含的前提是,各个投票者对其他众多提案只有一张否决票,并且这些投票者都要对其所做的提案负责。在这个过程中,由于每个参与者都有机会表达自己的偏好,同时又有权否决最坏的议案,因此可以最大限度地表达自己的真实偏好,而且最后获胜的议案所含的总收益最大,将会达到帕累托最优。但是,它也有明显的缺陷,一方面它要求所有的参与者对这一问题都有兴趣,而且利益相关;另一方面,随着投票人数的增多,所耗费的成本也会成倍地增加。

第四节 公共决策的偏好显示激励机制

这一节从激励偏好显示的角度来探讨水利公共经济的决策机制。它的基本思路是基于对理性行为人的假说:对理性行为人来说,如果要求他们付出等于边际效用的成本费用,则他们会低估自己的真实偏好;反过来,如果政府免费提供公共产品,则他们又会高估自己对该公共产品的偏好。激励偏好显示的思路是如果假设个人事先已经知道要承担公共产品费用的一部分,那么这一问题将有所缓解❶。既然肯定要承担部分费用,所以他们会希望承担的个人边际成本等于其边际效用。这一点可以结合适当的投票机制和事先征部分税的方式,来达到自愿显示其真实偏好的目的。

事先征部分税不是全体成员都缴,而是由对公共产品需求的关键人物来做,关键人物可以是一个也可以是多个;部分税的数额也不是根据关键人物所显示的需求曲线确定,而是由公共产品提供的边际成本(MC)与不包括关键人物在内的所有其他使用者所获收益的总和($\sum MB_i$)之差确定,即关键人物预缴的税额 A_i 等于

$$A_i = MC - \sum_{j \neq i} MB_j \tag{4-4}$$

这一设计思想直接来源于萨缪尔森的最优条件❷。如果不存在关键

❶ 这一机制最早由威克利提出,后经克拉克、格鲁夫、劳伯等完善。
❷ 萨缪尔森最优条件可表述为($MC - \sum MB_i$),在第五章第一节有详述。

人物,则式(4-4)满足萨缪尔森的最优条件。关键人物根据式(4-4)预缴税额从而避免了要求其真实显示偏好的难题,而模型也不再关注每个人提供(显示)偏好的真实性。

下面分析这一模型的机制。第一步,必须让公共产品(G)的消费者提出他们自己的需求曲线,从而得到一条总需求曲线,以便能够确定公共产品的提供方案。第二步,确定关键人物及其预缴税额。第三步,制定政策调整,当关键人物的实际需求与显示消费不符时应补充缴费。下面首先以一个简单实例开始,而后给出一般性图示证明。

如表 4-2 所示,设有两备选方案 X、Y,有三人 A、B、C 投票决定最优方案。他们首先给出的需求曲线如表 4-2 中数据。比如个人 A,在 X 方案中可得相当于 35 元的效用,而在 Y 方案中可得相当于 4 元的效用。由前述规则,在我们将每个方案的总效用加总后,得到方案 X 必将作为社会的最优方案而选择。这里的关键人物应当是 A 和 C,因为从他们所显示的偏好中都在强烈表明自己对方案 X 的需求。首先考虑对 A 第一次预征税,根据式(4-4),无他时(选方案 Y)其他人的收益总净值为 $(40+2)-(4+20)=18$,而有他时其他人的净损失为 $-(40+2)+(20+4)=-18$,所以应对 A 预征 18 元税额。同样的道理,应对 C 征 5 元的税额。

表 4-2　设计税制以显示偏好

投票者	方案 X	方案 Y	预缴税额
A	35	4	18
B	4	40	0
C	20	2	5
加总	59	46	23

对关键人物而言,他们之所以要真实地显示其偏好,是因为如果他们过低地显示对 X 的偏好,则会失去选择 X 的机会,从而遭受更

为严重的损失;如果他们过高地显示自己的偏好,则又会降低对其他人的预征税额。对非关键人物而言,如果他们过高地显示其偏好,则会使他变成关键人物而预缴税,并且税额通常会高于实际效益;如果他们过低地显示其偏好,则又会使其他关键人物少缴预缴的税额。

为不失一般性,下面给出几何证明,并说明如何对偏好显示差异进行调整。如图 4-11 所示,AD 代表对公共产品显示的总需求 $\sum MB_i$,也就是所有使用者的边际收益总和。MC 为公共产品的边际成本,为简化分析假设它是一个常数。根据萨缪尔森最优条件 $MC=\sum MB_i$,选择横轴 G 上的 G_0 为公共产品的产出水平。D_i 是消费者 i 所显示的需求曲线,$AD-D_i$ 则是除 i 以外的所有个人的显示需求曲线。

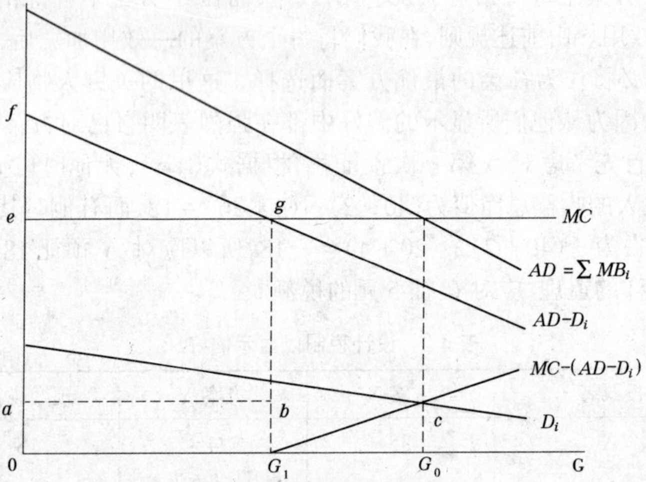

图 4-11　偏好显示激励机制

现假设消费者 i 过低地显示其对公共产品 G 的偏好,这里假设一极端显示,即消费者 i 对 G 显示的边际效用为零。这种情况下,G 的水平就可确定下来,用 G_1 表示,这时 $MC=AD-D_i$,见图 4-11。现在计算对 i 的征税额,它包括两部分:一是预征税 A_i,按照式(4-4)原则，它与个人 i 的偏好无关，前面的实例说明了 A_i 的具体计算方法。当然，我们也可以按照与 i 显示偏好有关的计算方法，也就是说，按照 i 显示的偏好征税。可将其视为消费者 i 投入公共产品 G 的“股份”，这使 i 既可以参与公共产品生产的管理，又可以对其股份进行市场化交易，如果该市场较完善，这一股份在交易中还可增值。另外，关于对消费者 i 的估算，还可以考虑对公平因素的平衡等。

对消费者 i 征税的第二部分，也就是对他显示偏好与真实偏好的调整。依据上述假设，消费者 i 对 G 的显示偏好过低，因此在实际消费过程中，消费者 i 肯定可以促使扩大对 G 的消费而超过 G_1 的水平，实际消费水平大体在 G_0 处终止。这时，由于超额消费，所以再次对消费者 i 征税，可以按照 $MC-(AD-D_i)$ 曲线下方的面积作标准，用 B_i 表示这一税额。这时消费者 i 会希望 G 的产出达到在追加的部分上其边际成本等于其边际效用的那一点。实际上，只要他所显示的需求偏好 D_i 是真实的需求曲线，这一点是不难达到的。

以上分析说明，二次征税会促使个人 i 显示其真实偏好。尤其是，如果制定有对二次征税的歧视性价格，他会更偏好于显示自己的真实需求。当然，过高的偏好显示也会由于其一次性预征税使他慎重做出抉择。由于所有个人都会面对同样的征费机制，所以个人都会显示他的真实偏好。因此，AD 反映了对 G 的需求总和，而 G_0 则代表了最优公共产品的提供量。

第五节　公共决策的效率评价

在传统的政府干预经济理论中存在着一种观点，认为市场不能做或做不好的，政府就应介入，并且政府的介入就一定能够解决问题。之所以会得出这样的断定，原因在于持这种观点的人已事先做了如下假设:政府代表大多数人的公共利益,政府所做出的决策更周全、更明智,政府运作是高效率和低成本的。但是,国内外的大量事实证明,市场失灵并不是政府替代的充分理由,政府同样存在着缺陷。当政府决策和集体行动所采取的手段不能改善经济效率或道德上可接受的收入的再分配时,政府失灵便产生了。自布坎南把经济学研究的重点由生产转移到交换以来,政府官僚机构的运行效率也被纳入了经济分析的范畴之中。其中,塔洛克和尼斯坎南在 20 世纪 60 年代的研究成果,开辟了官僚经济理论的先河。

一、机构缺陷

首先,与市场中的经济主体不同,政府官僚机构的产出具有非市场性,即政府提供的某些公共产品难以用市场价格衡量。从目的来看,允许一个机构对特定服务的提供进行垄断,通常是为了避免浪费性重复生产或者弥补社会需求的短缺现象。但是,在多大程度上达到了目标却没有完善的定量测量方法,而且从政府支出的资金来源看(主要包括税收),也缺乏完善的监督渠道。

其次,按照社会契约论的观点,政府和公民是一种委托—代理关系。但实际上,政府与公民之间的契约是不对等的,政府具有双边垄断性质:一方面,政府处于卖方垄断地位,即政府是提供公共产品的唯一单位;另一方面,政府还处于买方垄断的地位,即作为生产者的官僚机构总可以从政府那里获得预算拨款。总之,政府所具有的双边垄断地位,使得这些官僚机构在提供公共产品时缺乏同类供应者之间激烈的竞争,而这种外在压力的不足,无疑会导致资源浪费等现象的发生。

最后,缺乏激励机制也是官僚机构的弊端之一。一般而言,政府机构人员的劳动补偿与其劳动成果和效率的联系不大,具体可以从两个方面来分析:一是政府官员的劳动成果和绩效缺乏明确的衡量标准;二是报酬也并非根据其工作绩效,更大程度上依据的是职位的高低和制度上的硬性规定,而且一旦做出规定往往很难改变。在这两方面的共同作用下，激励机制难以建立，人们只有争取职位和权力的动力而没有提高效率、改善工作质量的压力。公共机构的内部压力不大，也是造成政府运作效率低下的原因。

二、官僚机构的经济人特性

从上述激励机制缺乏当中，我们看到政府人员的薪金和提高效率之间只存在着间接的关系，甚至毫无关系。那么，他们的目标到底应该是什么呢，对此尼斯坎南指出“可以进入官僚工作效用函数的因素有如下几个：薪水、职务、津贴、公共声誉、权力、任免权、官僚的产出、易于更迭和管理的机构等。我坚决主张，除最后两个因素以外的所有变量，都是官僚在任职期间总预算的一个单调正相关函数”。可见，政府官员尽管缺乏金钱上的动力来追求高效率，但是作为理性经济人，他们却拥有其他目标，其中追求预算最大化是最主要目标。这是因为，预算最大化不仅可以提高他们金钱上的报酬，更重要的是，可以表明这些官员拥有更大的权力和所属机构规模上的增长。

另外，在政治市场中，无论是选民、政治家还是利益集团，在处理公共产品上都有短视的倾向。首先是选民，他们在进行集体决策或选举时，往往会考虑与自身至关密切的眼前需求，所以在公共产品为他们带来的利益难以估计或微乎其微时，他们就缺乏为其所受损失进行监督的激励。其次是政治家，他们也往往会从自身利益出发，或者被利益集团收买，对远期的与社会有利的东西兴趣不大。此外，当选的压力所造成的短浅和近视的眼光，也会使他们为避免风险和措施而不顾及公众的长远利益。

与市场经济中决策主体对供求信息的关注程度绝对不同，在官僚机构中，由于公共产品的提供不是通过市场价格来表现的，这决定了决策者往往缺乏对信息的敏感度。因而在个人影响力较大时，他个人的好恶会不同程度地影响公共产品的供给水平。现实生活中，某些公共产品的供给过多或过少，无疑是各方面相互作用的结果。

三、制度缺陷

阿罗不可能性定理已说明，在民主制度下几乎不存在一种完全公正和有效率的选举制度❶，而且，根据中间投票人定理，多数规则下的选举结果往往只反映中间人的立场和利益。另外，寻租既是经济学、政治学、公共决策理论都十分关注的社会现象，也是政府低效率的重要原因。一般来说，寻租是与腐败紧密联系在一起的。公共决策理论同时从政治学和经济学的角度论述了寻租行为。布坎南认为，寻租活动，包括利益集团进行的游说、行贿等行为，其目的乃是追求高额垄断利润，即租金。该租金具体是指支付给要素所有者的报酬中，超过要素所有者在任何可替代用途上所能得到的报酬的那一部分。

一般认为，寻租赖以存在的前提是政府权力对市场交易活动的介入。前面几章的论述让我们知道，水利行业市场是一个需要政府介入的公共基础领域，因此政治活动中的权力因素会不可避免地直接介入到水利经济活动当中，从而干预经济人之间的正常交易。这种情况下，必然会有一些人为了在交易过程中获得额外收益，而进行争取政府特许并垄断地享有某些紧缺资源或政府庇护等寻求租金的行为。可见，寻租的基本方式是政治权力与经济资源之间的交换，其实就是权钱交易。它明显地涉及到两方面的行为主体：一是寻求政府特别优惠的市场经济主体；二是掌握分配政治资源和经济资源的政府官员。两方面的共同作用使得社会资源向有钱和有权的人聚集，从而一起分享了经济租金。当然，主动寻租者也并非都是市场中的经济主体，"政治创租"就是不可忽视的寻租行为。"政治创租"是指政府官员为了谋求经济利益，主动利用手中的行政权力来创造租金。

寻租是一种创造垄断的活动，而垄断则会导致低效率和资源的

---

❶ 阿罗对投票选择制度缺陷的洞察，可谓公共选择理论发展的里程碑。

浪费，使得消费者剩余减少，即价格升高、产量降低。然而，布坎南认为寻租所造成的社会负面影响与经济损失远不止这些。第一，为获得垄断权，寻租者所进行的努力和支出，对整个社会来说，是财富的净损失、完全的资源浪费。第二，寻租结果所造成的垄断和资源配置的扭曲，也是社会福利的净损失。对消费者来说，寻租企业会把寻租成本转嫁到产品成本之中，而且寻租行为还会发生连锁反应、乘数效应。第三，寻租总是与政府的行政权力紧密联系在一起，它在扭曲资源正常配置的同时，对政治生活也有着严重的负面影响，是产生腐败的温床，是社会癌症的开始。总之，寻租现象表明，政府对经济的干预并不是无代价的，而是要产生社会成本的。

第五章　公共决策理论:规范方面

正如上一章开头所安排的那样,本章用规范分析方法探讨公共决策的理论依据,主要内容包括水利公共产品的最优提供条件、典型的供给机制模型、混合产品理论、地方性公共产品和政府间转移理论等。

第一节　纯公共产品最优供给条件

一、纯公共产品最优供给条件推导

考虑到公共产品的生产与私人产品生产一样,都要利用稀缺的生产资源,都是根据一定的生产函数,因此在生产方面,公共产品与私人产品不应该存在什么差别。当两种物品的生产过程要同时实现高效率转换时,就如同在一个私人产品经济中,与第二章所述的生产两种私人产品一样。我们可参照图 2-3,形成图 5-1 的埃齐沃思盒状图,用来推导其最优的生产条件,也就是在生产私人产品 X 和公共产品 G 中的任何两种要素 L 和 K 的边际技术替代率必须相等。

在给定生产要素与技术供给的条件下,现在假定 X 和 G 能够以最优效率在图 5-1(a)中的生产可能性曲线 P 上被生产出来。A 和 B 都需要消费这两种产品,在图 5-1(a)中,从原点 O_A 出发描绘出 A 的无差异曲线,比如 I;相应地,在图 5-1(b)中,从原点 O_B 出发描绘出 B 的无差异曲线,比如 J。

为推导出帕累托最优条件,可以首先任意给出 A 的效用水平,然后再找到能够使 B 达到最大效用水平的资源配置方式。假设 A 具有无差异曲线 I 决定的一定的效用水平,在 I 上 A 消费任意的 G

和 X_A 组合。先考虑生产可能性曲线 P 上任意一点，比如 C，由于 G 是公共产品，所以在该点的产出（O_AE）能够被 A 和 B 同时同等消费（但效用可能不同），而对于 X 的产出 EC 就必须在 A 和 B 之间分配。为保证 I 决定的效用水平，A 需要消费 ED，而 B 消费剩余的 CD（即无差异曲线 I 与生产可能性曲线 P 的垂直距离），现在把 CD 同样绘到图 5-1(b)中，这时令 $O_BD=O_AE$。以同样的方法，对于 P 上的任何一点，我们都可以通过无差异曲线 I 和 P 的垂直距离，来得到 B 的消费组合，于是在图 5-1(b)中得到一条 B 所有的消费组合，即曲线 T。B 能够达到的最大效用水平由无差异曲线 J 决定。在这点上生产了 $O_AG_0(=O_BG_0)$ 的公共产品和 O_AX_0 的私人产品，其中 A 消费 O_AZ，B 消费剩余的 $ZX_0(=O_BY)$。

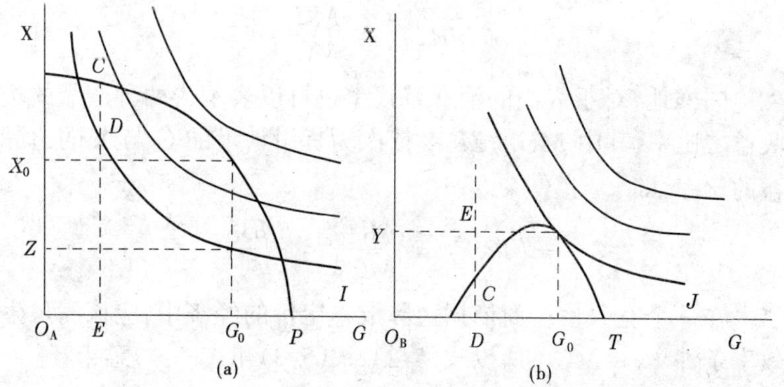

图 5-1　纯公共产品最优供给一般模型

现在的目标是推导出满足帕累托的资源配置。在曲线 J 与 T 的切点上，B 的无差异曲线的斜率等于 T 的斜率。B 的消费无差异曲线的斜率为私人产品的消费对公共产品的边际替代率（MRS^{B}_{GX}）。因为 T 是由 P（其斜率是 MRT_{GX}）垂直地减去 I 对私人产品 X 的消费量（其斜率为 MRS^{A}_{GX}）而得出的，所以 T 的斜率根据初等几何可知为 P 与 I 的斜率差，即 $MRT_{GX}-MRS^{A}_{GX}$。因此，最优资源配置需

满足以下条件

$$MRS_{GX}^{B} = MRT_{GX} - MRS_{GX}^{A} \tag{5-1}$$

或者

$$\sum_{i=A,B} MRS_{GX}^{i} = MRT_{GX} \tag{5-2}$$

这就是纯公共产品最优提供条件，它与纯私人产品最优提供条件(式(2-11))一样重要和著名。由于它最早由萨缪尔森提出，所以又被称为“萨缪尔森条件”，也称为纯公共产品最优供给的一般模型。

二、一般模型的价值化表述

在以货币作为记账单位的经济中，我们可以用货币边际收益和边际成本来表示上述这个最优条件。边际转换率可以表示为生产 G 的边际成本与生产 X 的边际成本之比率

$$MRT_{GX} = \frac{MC_G}{MC_X} \tag{5-3}$$

同样地，对于人们的消费替代率也可以表示为两种产品的边际收益之比率，其中 MU_G^A、MU_X^A 依次为货币计量的 G 与 X 的边际收益的比率，即

$$MRS_{GX}^{A} = \frac{MU_G^A}{MU_X^A} = \frac{MB_G^A}{P_X} \tag{5-4}$$

在一个竞争性厂商依据边际成本定价的经济中，应该满足生产效率条件 $P_X = MC_X$，所以式(5-2)、式(5-3)和式(5-4)意味着

$$\sum_{i=A,B} MB_G^i = MC_G \tag{5-5}$$

这说明 G 产品对所有人的边际收益之和应该等于其产出的边际成本。该方程即为用边际收益和边际成本表示的关于公共产品最优效率条件的改进版本，它同样称为萨缪尔森条件。我们可以通过构造需求与供给曲线并以图形的方式来解释。

在图 5-2 中，供给曲线 S 表明了对生产可能性曲线上 G 的所有可能点的边际成本。曲线 D^A 和 D^B 为两人对 G 的“需求”曲线，表明了他们对 G 的边际利益，或者他们愿意为每一单位 G 所付出的代

价。为说明最优供给点 G_0 是如何确定的,这里将需求曲线垂直叠加,从而得出"总需求曲线" $D^A + D^B$。G 的最优产出点是供给曲线和总需求曲线的交点。这点同样满足式(5-2)和式(5-5)。

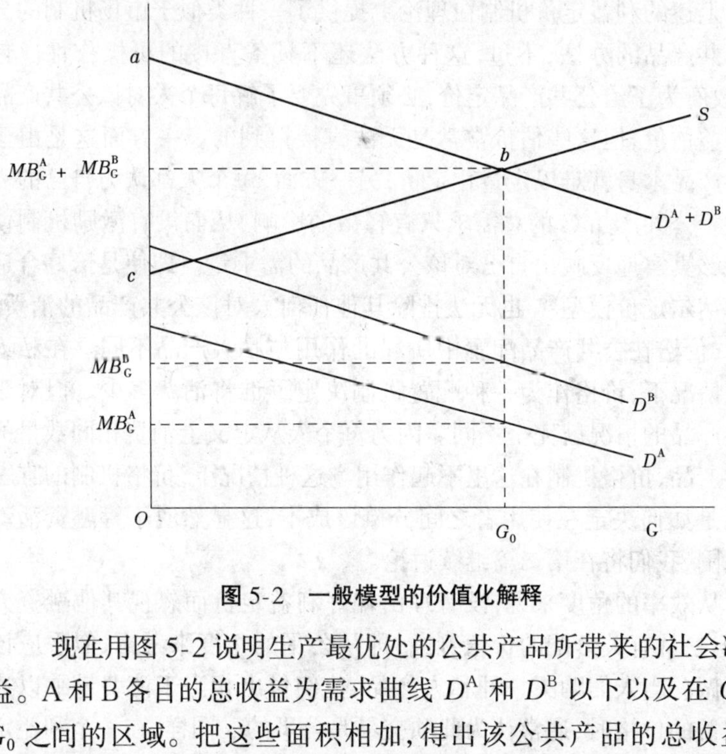

图 5-2　一般模型的价值化解释

现在用图 5-2 说明生产最优处的公共产品所带来的社会净收益。A 和 B 各自的总收益为需求曲线 D^A 和 D^B 以下以及在 O 与 G_0 之间的区域。把这些面积相加,得出该公共产品的总收益是 $OabG_0$。总成本则位于供给曲线下面部分,即 $OcbG_0$,所以公共生产的社会净收益是 abc。这些收益如何在不同的人们之间分配,取决于其定价的方法和融资方式。

因为不同人的偏好与收入水平不同,所以每个人对于任何给定的 G,都会有不同的利益定价。在 G 的最优供给点 G_0 上,人们的利益价格之和($MB_G^A + MB_G^B$)将刚好等于边际成本。所以在图 5-2 中,A 愿意为每单位 G 支付 MB_G^A,而 B 愿意支付 MB_G^B。这一点与私人产品定价机制不同。

三、一般模型的应用分析

上述的利益定价机制在理论上提供了一种类似于市场机制的分配公共产品的办法，不过，这种方法还不具备直接的可操作性。首先，政府为了给公共产品定价，必须事先要了解每个人对该公共产品的利益估价，但这些估价常常是无法直接得到的。一方面这是由于公共产品本身就难以定量化定价；另一方面，每个人都认为自己的需求对于公共产品 G 的总需求只有轻微的影响，从而没有激励机制使他能够真实地反映出自己对该公共产品的需求量。即使是恰好合适的林达尔定价模型❶ 也无法排除其他任何人对该公共产品的消费。其次，价格在公共产品配置中所起的作用与私人产品不同。在私人产品情况下，价格作为一种配置机制决定了谁将消费多少。但对于公共产品的情况就完全不同。因为每个人从定义上消费相同数量的公共产品，价格机制在这里不起作用。这种情况下，价格机制的唯一功能是如何决定在使用者之间分摊该成本，这显然属于筹融资活动的范围，我们将在第二篇继续讨论。

从效率的角度来说，没有理由偏好利益定价而忽视其他融资方式，但是从有关分配的价值判断，即从公平的角度来考虑，似乎应该这么做。当人们购买一种私人产品，他们付出相当于消费量乘以边际收益的价格时，通常认为此项交易是公平的。同样，在一个利益定价机制下，每个人总的应付额等于公共产品的边际利益乘以其消费量，这种交易行为也应该认为是公平地分担了公共产品的成本。我们知道，在私人产品市场中有无限多种帕累托最优的资源配置方式，在公共部门也是如此。公共产品的运营方式、资源及初始禀赋、A 和 B 对 G 的需求弹性不同等，都决定帕累托最优配置资源的分配方式。在不同的效率分配之间，一些人会因此受益，而对另一些人来说可能

❶ 关于林达尔定价模型的详细介绍见本章第三节。

会遭受损失。

尽管本节提出的纯公共产品最优供给一般模型是一种理论性概括，但是，它为我们决策公共产品的最优供给提供了最基本的思路，也为我们评判公共产品的提供是否最优提出了评价标准。本书的第二篇将把公共产品最优供给理论作为设计公共产品筹融资方案的重要依据之一。

四、一般模型的动态分析

上述模型具有比较静态性质，这对于把公共产品概念应用于下面就要讨论的封闭型理论具有重要意义。但是，水利投入通常都具有比较长的周期，所以进行公共产品最优供给理论的动态分析是十分必要的。假设在上述两人经济模型中加上第三者 C，而上述的经济资源不变，仍为 A 和 B 所拥有。C 在加入该经济时，假设已经具有了由其自身生产要素所带来的一定收入水平。依据上述假设，首先我们忽略 A 和 B 的收入将发生变化，而只考虑图 5-3 所示的需求方面。在 C 加入之前，A 与 B 如前所述，其需求曲线导致了最优的公共产品产出水平 G_0。C 加入后形成了对 G 的消费，但无需消耗更多的资源成本。C 从消费 G 中获得了一些利益，所以边际收益之和（$\sum MB_G^i$）将超过边际成本，这时最优效率产出 G_0 上的效率条件被破坏。如图 5-3 所示，新的需求曲线 $D^A + D^B + D^C$ 与供给曲线相交于更高的产出水平 G_1。

在这种新的情况下我们很容易发现，每个人的利益都将得到改善。在利益定价的模式下，如果 A 与 B 的价格不变，并且对于一个给定的收入，他们将达到一个更高的无差异曲线。由第三者 C 的加入而带来的净收益增加是图中 *abdf* 的面积。A 与 B 的利益之所以得到改善，是因为新的个体加入带来了新的价格（税收），而没有降低以往该公共产品消费者的利益。这种现象通常被称为规模消费利益，其含义是随着人口的增加人均效用将增加。

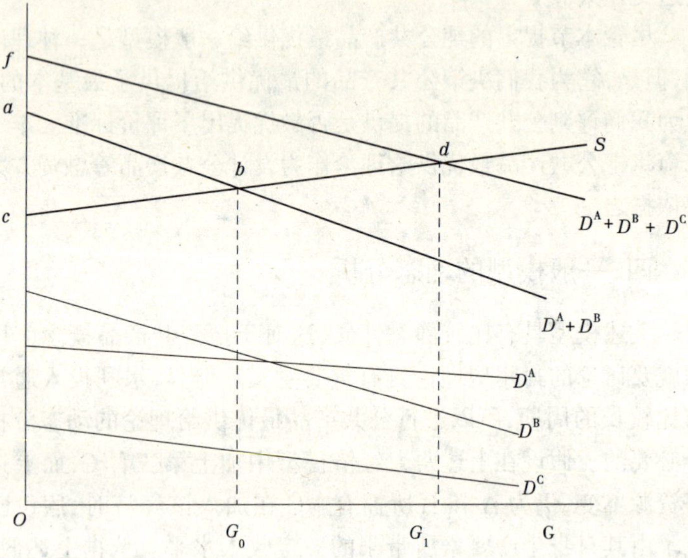

图 5-3　一般模型的动态分析

在对 G 的规模消费利益分析中，我们假定了 C 加入该经济时带来了自己的收入或者生产要素，以及 A 与 B 的收入水平不受影响。但在现实经济中，会在生产方面抵消一些规模消费利益。考虑一个简单的例子，假设该经济的生产要素包括一个固定要素（土地）和一个可变要素（劳动），当 C 加入时也增加了劳动要素的比例。根据第二章中讨论的凸性特征，当劳动增加超过一定的限度后，其人均产出和收入对消费利益会产生越来越大的抵消作用，这种抵消作用自然会提出最佳人口规模问题，在本章最后一节地方性公共产品中继续讨论。但另一种对规模消费利益的抵消作用——拥挤问题，则在本章第三节中分析。

第二节　纯公共产品供给机制的典型模型

上一节讨论了纯公共产品的最优供给条件，这一节通过两个典型模型，介绍纯公共产品的提供机制。其中，前者是公共产品的私人提供模型，后者是公共产品的公共提供模型。最后总结纯公共产品的主要提供方式。

一、布坎南模型

布坎南认为，只要扩大公共产品的数量还能够增进双方的利益，那么双方就会自愿进行交易，直到可能得到的利益被穷尽。我们用图 5-4 解释布坎南自愿解的达成。

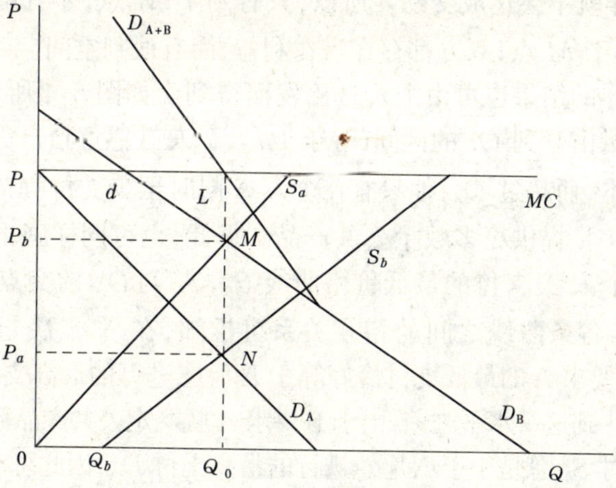

图 5-4　公共产品的私人提供模型：布坎南自愿解

设 D_A 和 D_B 为 A、B 两人对公共产品的需求曲线，为简化分析，设公共产品生产的边际成本 MC 为水平线，且刚好位于 D_A 线之上❶。如图 5-4 所示，D_A 线下的垂直距离是个人 A 愿为既定数量公共产品生产做出的最大贡献，它不足以单独弥补公共产品的 MC，显然只有在个人 B 同时支付（$MC-D_A$）时，个人 A 的支付才有意义。

❶　这并非必要条件，只是为分析方便。实际上，无论如何假设对分析结果都没有影响。

据此,可画出一条个人A要求个人B支付的最低价格 S_a,由 MC 与 D_A 的垂直距离相减而得。S_a 与 D_B 相交于 M 点,这一点决定的产量水平下,A所要求的最低支付恰好等于B所愿进行的最高支付,均衡自愿达成。不过,在达到这一水平之前($< Q_0$),由于A要求B就既定公共产品数量进行的最低支付 S_a 总是小于B愿意进行的最高支付 D_B,因此总是存在使双方都能收益的谈判空间。而在超过 M 点以后,A要求B的最低支付 S_a 总是大于B愿意进行的最高支付 D_B,这样就不会达成交易。所以,只有到了 M 点,才有可能达成交易,而小于 M 点,双方都存在潜在利益,尚有谈判空间。

同样的结果也可由个人B出发而得到。如图5-4所示,在公共产品数量由0到 Q_b 的区间(等于 Pd),个人B愿意独自负担公共产品的成本,而超过 Q_b,他只有在个人A同时至少支付($MC - D_B$)时才会进一步提供更多数量公共产品。据此,也可同样画出一条个人B要求个人A支付的最低价格曲线 S_b,S_b 与 D_A 的交点是 N。由图5-4上各条曲线之间的相互关系可推知,在 N 点决定的产量水平,B所要求A的最低支付恰好等于A所愿进行的最高支付,均衡达成。在达到这一水平之前,由于B要求A就既定公共产品数量进行的最低支付 S_b 总是小于A愿意进行的最高支付 D_A,因此总有存在双方都能收益的谈判空间,只有到了 N 点,才不可能再有潜在的利益存在。并且,这一产量水平也恰好对应于 D_{A+B} 与 MC 的交点 L。

布坎南这一模型假定了双方在未穷尽的利益条件下发生的自愿谈判,但是它的应用是要受到许多条件限制的。比如,谈判是有成本的,同时,谈判双方的地位要相仿,要势均力敌,保证不会发生以强凌弱。还有,有关各方能真实地显示自己的偏好,并且不会发生像"囚犯困境"那样的策略行为[1]。特别是随着人数的增多,满足这些前提

[1] "囚犯困境"理论表明,当博弈双方都理性地从概率角度考虑各自的得与失时,结果就是个人理性基础上的集体非理性。关于"囚犯困境"的详细分析,可参见后面对林达尔定价模型的评论,也可参见有关的对策论。

条件就更加困难。

二、林达尔均衡分析

瑞典经济学家林达尔最早对公共产品给以实证的理论解释，对此，约翰森后来提出了一个重要的现代表述：通过个人对公共产品的供给水平以及他们之间的成本分配进行讨价还价，若该均衡能满足边际成本等于价格的效率条件，则就是帕累托最优。如果令$(\pi_k)^i$为消费者i支付公共产品K的价格，P_{K}为生产者价格或边际成本，则林达尔均衡就可表示为

$$\sum(\pi_k)^i = P_{\mathrm{K}} \tag{5-6}$$

这里需要加以说明的是，虽然林达尔模型也属自愿解，但它与布坎南的不同之处在于，林达尔模型除了两个当事者之外，还有政府在内，这就使两个模型有了区分：前者属于公共产品的私人提供，而后者属于公共产品的公共提供。

林达尔将政府的作用看做一个拍卖过程，他首先将不同的税收份额提供给当事人A和B，由A和B申报在该议题下各自对公共产品支出的偏好，如果二人偏好不一致，则政府重新设置税收份额：提高需求高者的份额以使其降低需求，压低需求低者的份额以使其增加需求。循环这一过程，直到双方的偏好与公共产品支出水平相抵，在全体一致同意原则下，实现公共产品自愿交换均衡。

可用图5-5解释林达尔均衡的原理。图中横轴表示公共产品数量，纵轴自下向上表示个人A为公共产品所愿意担负的份额h，自上向下表示个人B为公共产品所愿意担负的份额$1-h$；D_{A}和D_{B}分别为A和B在各自不同份额下对公共产品的需求曲线。现假设初始状态在E点左，公共产品水平为G_a，这时A所愿贡献的份额为$h=G_ab$，而B所愿贡献的份额$1-h=cd$，显然$G_ab+cd>100\%$，即二人贡献过多，还可以提供更多的公共产品。现又假设将公共产品水平提高到G_b，这时处在E点右，A所愿贡献的份额为G_bn，B所愿

贡献的份额为 qr，这时 $G_b n + qr < 100\%$，二人所贡献的份额过少，无法生产出 G_b，所以必须要减少公共产品数量。由图中 5-5 可知，直到 E 点，才会达到二人自愿的贡献刚好分摊公共产品的成本的理想境界。E 即为林达尔均衡点。

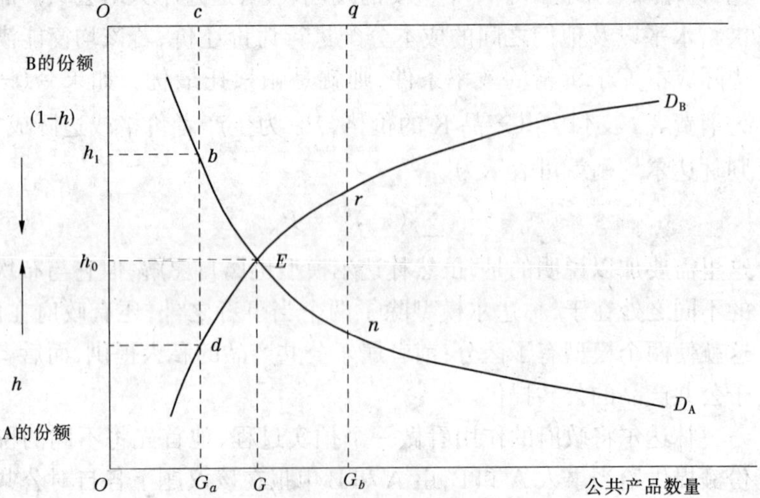

图 5-5　林达尔均衡模型

总之，在林达尔均衡点，当事者不仅是自愿的，而且还是有效的。下面我们要对林达尔均衡做出进一步阐释。

首先，在图 5-5 空间引入个人的关于对公共产品 G 成本与效用的无差异曲线。由微观经济学可知，位于单一商品的价格—数量空间的个人需求曲线，可以由数量—数量空间中的个人无差异曲线和预算线切点的轨迹线来确定。因此，个人需求曲线上的点都是个人效用最大化点。在图 5-5 中的空间引入无差异曲线，不是在两商品之间进行选择的无差异曲线，而是个人在公共产品贡献与享用公共产品数量之间的无差异曲线。对于理性个人而言，在公共产品消费数量达到一定水平时，如果能够多得到一些对公共产品的消费，个人将宁愿多做一些贡献，这时如果多做贡献的负效应刚好等于多消费公共产品的正效应，则此时均衡点的移动就是在个人的无差异曲线上移动。反过来，如果减少贡献与减少消费的效应相等，则均衡点的移动也属于在同一条无差异曲线上的移动。由这样一系列点组成的轨迹线就是我们要在图 5-6 中建立的无差异曲线。

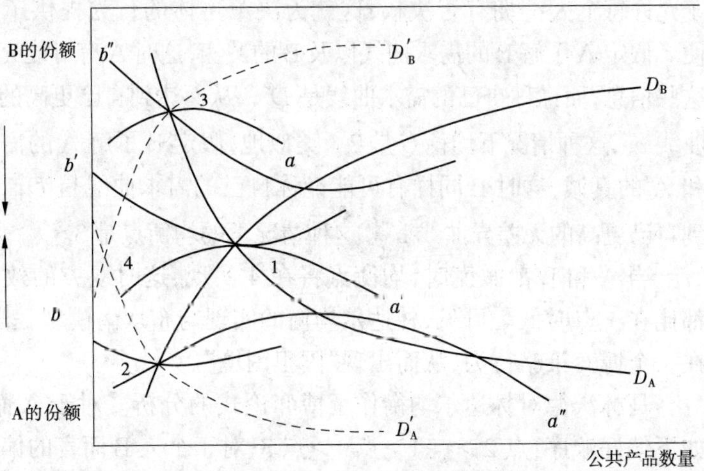

图 5-6　林达尔均衡的进一步阐释

以个人 B 为例，b、b'、b''为他在贡献份额与消费公共产品数量之间的无差异曲线组。其中 b、b'、b''的满足程度依次递增，可引水平线表示贡献份额一定，这时每一水平线与一条 b 的无差异曲线相切于一点，此点即为既定贡献份额下效用最大化的点，这点一定位于 B 的需求曲线上，将这些点连接起来，就得到了 B 的需求曲线 D_B。类似地，设 a、a'、a''为个人 A 的无差异曲线。其中 a、a'、a''的满足程度依次递增，在三条无差异曲线上同样可找到既定贡献份额下效用最大化的点，将这些点连接起来，即可得到个人 A 的需求曲线 D_A。

与前面相同的是，D_A 和 D_B 的交点 1 即为林达尔均衡，它是全体一致同意的结果。所不同的是，引入无差异曲线后，由它的含义可知，必有 A 和 B 的各一条无差异曲线恰好相切于 1 点，即图中的 a'

和b'线。因此,1 点刚好实现了帕累托最优效率,不存在其他的组合可使双方的状况更好。

然而,由图 5-6 也可以发现林达尔模型的缺陷(这里同样包括对布坎南模型缺陷的分析)。由于想实现全体一致通过原则,实际上等于允许每个人都拥有否决权,这就为决策主体的行为提供了某些方便。假定 A 了解 B 的需求曲线以及 B 的诚实,这时 A 有可能充分利用这些信息,而谎称自己的需求曲线是 D'_A,从而达到自己更高的无差异曲线 a'',这种情况下均衡点是 2。类似地,假定 B 了解 A 的需求曲线和 A 的真诚,这时 B 同样有可能谎称自己的需求曲线是 D'_B,从而达到自己更高的无差异曲线 b''。这种情况下的均衡点是 3。

当 A 和 B 都撒谎时,均衡点将在 4 实现,这时双方的效用水平都比在 1 点时低。可见,林达尔均衡的实现与布坎南模型一样,都存在一个博弈策略行为,从而出现"囚犯困境"。

马林沃德对林达尔均衡作了博弈论式的分析。对于 A 而言,有如下偏好顺序:点 2>点 1>点 4>点 3;对于个人 B 而言的偏好顺序则是:点 3>点 1>点 4>点 2。用这些均衡点表示的个人合作与不合作的支付矩阵,如表 5-1 所示。可见,当个人 A 合作时,个人 B 的选择点 3 优于点 1,他更愿意采取不合作态度;当个人 A 不合作时,个人 B 选择点 4 优于点 2,他还是更愿意选择不合作。类似地,不论 B 选择合作还是不合作策略,个人 A 的选择策略都是不合作,因此不合作将成为两人的优先选择策略。

表 5-1 林达尔均衡的博弈论分析

项目		个人 B	
		合作	不合作
个人 A	合作	点 1	点 3
	不合作	点 2	点 4

三、对强制和自愿的选择

综上所述,林达尔均衡提供了一个比布坎南模型更为精致的全体一致同意模型,可以证明它与帕累托最优及萨缪尔森条件的高度一致。但遗憾的是,建立在自愿基础上的林达尔模型和布坎南模型,都没能提供一种有效的激励相容机制,使所有当事人都能不采取策略行为,从而难免发生理性个体导致集体非理性的结果。虽然林达尔模型改进了由政府组织提供的机制,但并没有摆脱自愿达成协议的思维。看来,通过强制解决成本的分配问题也许是另一条可行途径。所谓强制,是通过惩罚以改变当事人面临的支付矩阵,从而迫使其服从的做法。强制总是通过实施实质性的惩罚以推行方案。在涉及人口众多的社区或社会,政府通常被看做当然的强制机构,但是在小集团内部的有效威胁有时也属于一种有效的强制。

为此,许多学者提出了强制机制,并且从成本和收益的角度对自愿接受强制的可能性和条件进行了定量化分析❶。现在我们把话题拉到上一章关于投票表决的规则上来。实际上,投票需要赞同的比例越高,则自愿的成分也就越多;反之,如果投票需要赞同的比例越低,则强制的成分也就越多。另外,进一步分析自愿解模型,实际上在成员人数较少的情况下,通过自愿捐献和成本分担的合作方式,使公共产品的供给达到最佳水平也许比强制更可取。因为在人数较少的情况下,人们往往生活在同一个小区或村庄里,而且经常聚在一起协商诸如维修、安全、物业或者共同取水等方面的事宜,所以这个群体之间彼此都相互熟悉,任何人都对邻居的嗜好、收入状况有充分的了解,甚至能够准确地说出任何公共产品可给彼此带来的边际收益是多少。这种情况下,即使处于讨价还价式的决策中,人们通常也不会有隐瞒其偏好的念头。所以,依据人们所获得的边际效益的大小来确定各自应分担费用的份额,将不是一件十分困难的事情。

❶ 参见斯蒂文斯,The Economics of Collective Choice,1993. p134~139.

但是,如果公共产品的受益成员由成千上万的人员组成,那么上述的假设就很难具备了。在一个人口众多的社会中,没有任何人能做到对其他所有成员的情况无所不知。这样一来,经济学称之为“搭便车”的现象以及博弈论策略便会产生,这时,强制就会成为一种不可避免的手段。事实上,政府正是一方面以强制征税手段取得资金,另一方面又部分强制地将该资金用于公共产品的供给上。

第三节　混合产品的最优提供与最优使用

从理论上说,我们可以按照消费产品的性质将其划分为公共产品和私人产品,并根据两种性质截然不同的产品来采用不同的消费和提供方式。但是,现实经济生活中,特别是对于水利这个特殊的基础性产业而言,更为常见的产品是位于上述两个极点之间的所谓过渡性产品,有人称其为光谱效应。按照第三章第一节对这种过渡性产品的分类,我们把具有外溢性质产品的修正和定价策略一并放在第九章第六节中讨论,这里分析拥挤型产品(包括俱乐部产品和公共资源型产品)的最优使用与最优供给。

一、俱乐部产品

一项俱乐部产品是可以做到排除他人消费但竞争性很弱的拥挤型公共产品。俱乐部理论不仅包括分析其最优供给水平,而且还包括分析最优的使用者数量。

在给定一公共产品使用者数量情况下,对俱乐部产品的最优提供条件分析与前面讨论的纯公共产品的分析方法完全相同,即最优的供给量是,当最后供给单位产生的边际收益之和等于其边际成本时所对应的生产水平,也就是萨缪尔森条件,即式(5-5)。所不同的是,分析俱乐部产品时如新加入消费成员所产生效用下降的比较静态效应不同。用图5-7中的需求曲线来说明,即当C加入时,A和B的需求曲线将会下移,这种因新成员加入而导致的消费利益下降,将会抵消上述由分担成本而引起的规模消费利益。这意味着肯定存在一个最佳的使用者数量。

图 5-7 描述了一给定公共产品数量 G，当使用者数量 N 增加时给原有使用者的消费利益所带来的影响。曲线 TB 表示当使用者人数增加时总消费利益的变化情况，这条曲线初始上升然后开始下降，表明随着消费者人数的增加，一开始总效用上升，消费者增加到一定数量后总效用开始下降。TB 曲线的斜率反映了每增加一位消费者所产生的边际利益，也可表示为 $MB = \Delta TB / \Delta N$。这种边际利益在达到最优点以后变为负值，我们将其定义为对每一位消费成员的边际拥挤成本。进一步，总消费利益的损失可表示为 $N \cdot MB$。

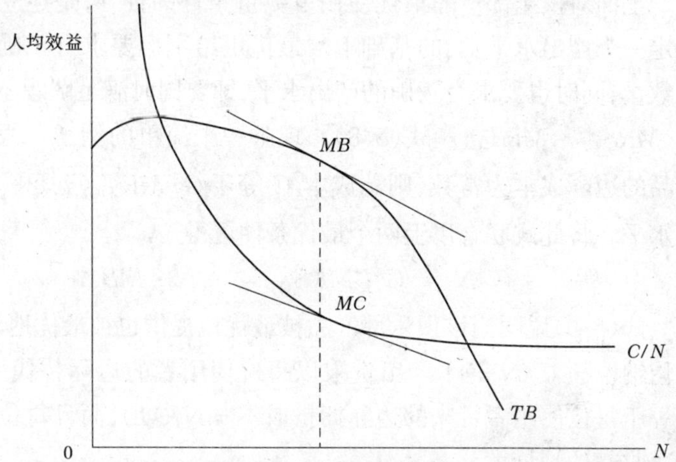

图 5-7　封闭性产品的最优提供

现假设供给一定水平公共产品的成本 C 在所有消费者之间平摊，所以每位消费者应承担的成本为 C/N；再假设对于任何给定的公共产品产出量 G，其成本 C 为常数，所以 C/N 是一条直角双曲线，见图 5-7。C/N 的斜率表示每增加一名消费者所引起的平均成本变化，或称为边际成本 MC。MC 同样应为负值，因为新加入使用者都要分担部分成本，从而降低其他成员的成本。由于每增加一名

成员须支付的成本为 C/N，所以先前的 N 位消费者应支付的总成本要减小一个量，因此 C/N 的斜率为

$$\frac{\mathrm{d}}{\mathrm{d}N}(C/N) = -C/N^2 \tag{5-7}$$

人均净利益将在 $TB - C/N$ 达到最大时实现，或表示为

$$\frac{\mathrm{d}}{\mathrm{d}N}(TB - C/N) = 0$$

即

$$MB = -C/N^2 \text{ 或 } -N \cdot MB = C/N \tag{5-8}$$

式(5-8)表明，当人均纳税额刚好弥补了它为原消费利益带来的总损失 $N \cdot MB$ 时，即达到了最优的使用者数量。

上面对俱乐部产品最优使用者数量条件的推导，是建立在事先选定一个产出水平 G' 的基础上。最优供给不但要求有正确的使用者数量，同时也要求有正确的产出水平，即要同时满足萨缪尔森条件 $N \cdot MRS_{GX} = MRT_{GX}$ 和式(5-8)。现举一个简单的例子。假如公共产品的边际成本为常数，则总成本 C 等于 $G \cdot MRT_{GX}$，其中 G 为产出水平。将此式联合以上两个最优条件可得

$$C/N = G \cdot MRS_{GX} = -N \cdot MB \tag{5-9}$$

式(5-9)说明当该俱乐部产品被最优地提供也被最优地消费时，人均纳税额 C/N 等于产出量乘以每位使用者的边际替代率，同时还等于每位使用者带来的边际拥挤成本 $-N \cdot MB$，而且每位使用者的净收益达到最大。

从以上分析可得到，俱乐部产品存在着依靠市场机制来优化提供的潜在可能性。如果排除非成员消费是可能的，并且 C/N 成本可接受，供给这些产品的成本不变，则依靠竞争市场机制提供该公共品完全可以达到最优的产出与使用者数量，而且以零利润的方式运营。但如果排除非成员消费不可能，而且相对使用人口而言最优设施规模过大且缺乏相应的竞争环境，或者该项目的供给成本是递减的，就会导致该种产品的市场失效。

二、可变使用公共设施的最优提供与最优使用

许多学者将那些可以有不同使用程度的公共产品与上述俱乐部产品区别开来，即这些公共设施可以被共同使用，不容易排他，但使用程度因人而异。图 5-8 表示了一个以一定规模 X 提供服务设施时的需求曲线。其相关的唯一成本就是提供该设施本身的费用。对这种可变使用公共设施的理论研究，涉及到两个方面：一是在给定公共设施规模条件下寻求其最优使用；二是求出其本身的最优规模。

现在考虑最优使用问题。既然属于公共使用，所以追加使用的边际成本为零，该设施提供服务的使用应该扩展到消费的边际收益等于零，这种最优使用量通过免征费用达到。

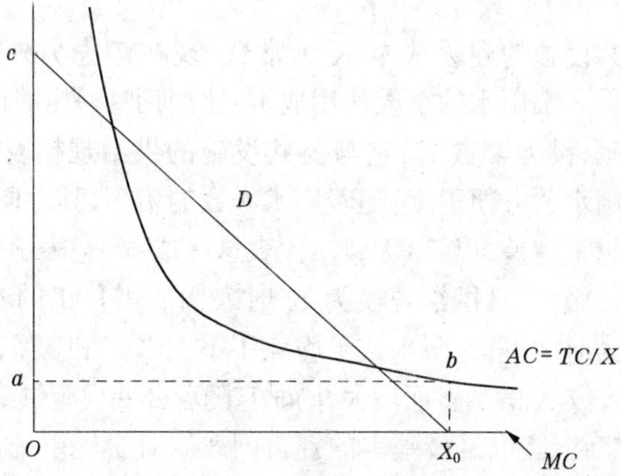

图 5-8　公共设施最优规模

现在考虑设施的最优规模。接着上面的分析，该设施在其最优使用水平 X_0 上，其总效益大约位于需求曲线下面的面积 OcX_0 部分。总成本没有表示在图 5-8 中，但平均成本曲线既然为直角双曲线 AC，根据平均成本与总成本关系（$AC = TC/X$），所以总成本应为面积区域 $OabX_0$。若面积 OcX_0 大于面积 $OabX_0$，则该公共设施向社会提供了正的净收益。那么，提高多少正效益为最优规模呢？

有两条原则可用来判断该设施的最优规模，我们从该设施规模变化对净收益的影响角度考察。一是公共设施的规模大到不影响人们消费效应的情况下，该公共设施的规模就不应再扩大了。二是反过来描述，当公共设施规模降到其所节约的成本刚好等于因拥挤导致的消费效益下降额水平上，该公共设施规模就不应再降低了。但是，如果从动态的角度考虑，现在不拥挤并不意味着将来不拥挤，所以公共设施的最优供给与使用比俱乐部产品要复杂。

现在我们来研究一个农牧业用水的灌溉工程。首先假设已经建好了一个规模为 K 的输供水系统，我们来研究最优使用，然后再转向研究规模 K 的选择，即最佳投入水平。对于城镇供水系统，此例同样适用。为满足“公共”使用的条件，我们还是从假设免费使用开始。

设公共设施的建设成本 K 为常数，现在考虑另外两项可变成本。一是每一次用水的个人使用成本，比如牺牲一定时间、精力和工具等去灌溉，设为常数 C，它与公共设施的供给规模及使用程度无关。二是用水的方便程度，随着用水人数的增多，其方便程度在一定限度后会越来越差，以 $T(X,K)$代表这一成本，它表示当 X 人使用这一公共设施，并且供给规模为 K 时人们所需付出的不方便程度，主要表现为时间等待、限水或干脆就用不上水。很显然，$T(X,K)$将随着用水人数 X 的增多而增大，同时它随着公共设施供给规模的增大而减小，实际上这也是最基本的拥挤问题。对于提供规模为 K 的供水系统，当使用者人数为 X 时，总可变成本是 $X\cdot[C+T(X,K)]$，每个使用者的平均成本是 $C+T(X,K)$。图 5-9 表达了这个平均成本曲线，其中，假设当使用者超过了 X_0 时将产生拥挤。

现在我们来研究每位使用者的社会边际成本变化。如果新增一名使用者，那么该使用者带入货币和时间成本为 $C+T(X,K)$。此外，该使用者还将轻微地增加已有使用者的 $T(X,K)$成本，表示为 $\Delta T(X,K)/\Delta X$，T 的改变是由新增一单位的消费者所引起的。因此，新增使用者所带来的成本增加额为 $C+T(X,K)+$

$X \cdot \Delta T(X,K)/\Delta X = SMC(x)$，其中 SMC 为可变边际成本。如图 5-9所示，这显然超过了平均成本，其差额为 $X \cdot \Delta T(X,K)/\Delta X$，也就是在每一使用水平上由新增使用者带来的边际拥挤成本。

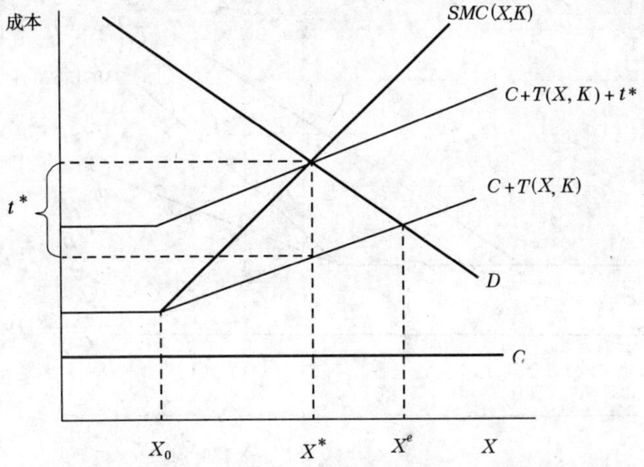

图 5-9　公共设施的最优使用

以 D 来表示需求曲线，它表示在给定价格时对水的需求规律。X^* 为最优使用水平。但在没有征收使用费或其他纠正机制情况下，将会有 X^e 的使用者数量，这是因为每位使用者忽视了他们对他人带来的拥挤成本，而仍以平均成本 $C+T(X,K)$ 为标准判断自己的行为，结果导致了过高的均衡使用水平。假如人们在最优使用水平 X^* 上计入边际拥挤成本 $X^* \cdot \Delta T(X^*,K)/\Delta X$，并且还需支付 t^* 的使用费，那么人们的使用成本就上升为 $C+T(X,K)+t^*$，而且如图 5-9 所示，它将减少使用者数量至 X^*。

投资供水系统的效益对人们来说是显而易见的，但是扩建供水系统的确切效益则取决于扩建之前和扩建之后的使用状况。图5-10说明了当供水系统由 K 增至K'时其平均成本线和边际成本线向右移动的情况。如果无论在扩建之前或之后都没有征收使用费，那么每位使用者的平均成本由 P^e 降到了 $P^{e'}$，而且使用水平从 X^e 增到了

$X^{e'}$，则总效益的增加是 $P^e bdP^{e'}$。但如果扩建前后都征收使用费，则利益区域为 $P^* acP^{*'}$。总之，不论是否征收使用费，只有当扩建所带来的总效益恰好能够弥补其扩建总成本时，投资量就是最优的。

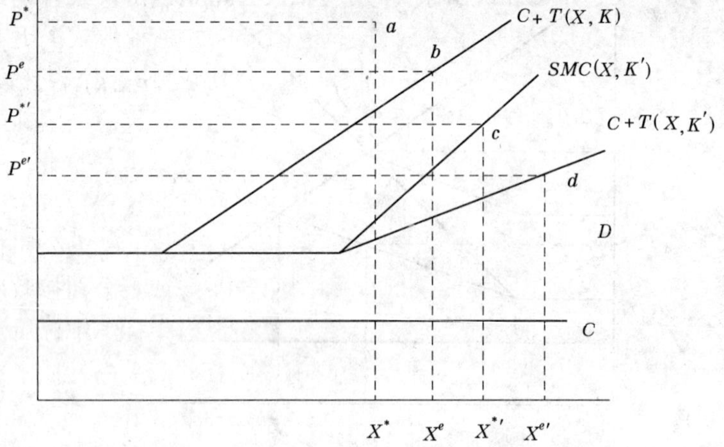

图 5-10　公共设施的最优提供

以上讨论了规模可以连续增加的状况。对于规模离散增加的情况，我们可以通过比较现在扩建的总负净收益等于将来某一时间的拥挤成本来确定其最优规模，我们在第九章第五节继续讨论这一问题。当然，对于将来时间段的选择以及社会贴现率的确定，都是一个比较复杂的课题，可参阅第十一章中有关内容。

三、混合产品的提供方式综述

混合产品具有公共产品与私人产品的双重属性，由此决定了它可以采取政府方式提供，也可以采取市场方式提供，但是更多情况下还是采取政府和市场相结合的方式提供，而且结合的方式也是千变万化的，甚至目前也还在发展之中。这主要是因为在水利公共产品领域，市场有其自身的局限性，政府也有其自身的局限性，再加之混合产品介于公共产品和私人产品之间，其本身的性质也是千变万化、各不相同的。关于政府与市场结合起来提供混合产品的方式，目前大体上可归纳为五种类型。

(一)签订协议或合同

西方发达市场经济国家，采用与私人公司签订协议或合同来生产和经营混合产品，是使用最普遍、范围最广的一种形式。更有甚者，有些国家将部分公共产品的提供也通过协议方式交给了私人企业。适用于这一形式的公共产品领域，主要是具有规范经济性的自然垄断产业，即基础性设施，当然也包括一部分公共服务行业。在签订合同之前，一般都由行政主管部门(我国主要是水利行政主管部门、市政主管部门或环保主管部门)进行招标。比如，私人公司提出供应消费者一揽子服务的最低收费率可以中标；或者公司按政府所定价格提供服务，而所要求的代价数额最小可以中标。中标后双方签订为期若干年的承包合同，合同的内容视公共产品的性质不同而繁简各异。最普遍受到人们关注的是公路的维护工作大部分由私人公司来承包，也有如垃圾清扫、自来水供应等。目前，在许多发展中国家如巴西、尼日利亚等都开始在这些领域实行招标承包制。我国在自来水供应方面也已开始由国外的公司建设并承包经营，当然，目前已有部分省(市)开始向国内的公司开放。一般来说，合同签订后，政府都给予公司一定的津贴和优惠政策，并规定双方违约的处罚措施。

值得一提的是，美国在 20 世纪 60 年代初实施的阿波罗登月计划。在这次行动中，美国航空航天局改革了管理体制，在设备的布局、各级火箭的技术规格等方面，都以签订协议或合同的形式转包给民营企业。

(二)授予经营权

在市场经济发达国家，授予私人公司经营公共领域的公共产品也是比较常见的方式之一，如自来水公司、供电等。在英国航海业的浮标、信标和灯塔的提供与经营中，几个世纪以来一直是由国王颁发许可证授权领港公会建造和管理的。领港公会是一个以航海业为主要公共服务对象的私人组织。

(三)经济资助

欧美国家对民营的公共产品的经济资助方法多种多样,途径和方式也非常多,其主要形式有补助津贴、优惠贷款、减免税收、直接投资等。比如,美国对农业灌溉工程的建设提供无息借款;日本的农业灌溉工程不仅由国家投资,而且政府还要补助其经营管理费用中的30%~50%。

(四)政府参股和控股

政府参股和控股也是公共政府部门与私人部门合作提供混合产品的最常见方式,其主要形式有收益分享债券、收购股权、政府企业经营权转让、公共参与基金等。政府参股和控股的主要领域有水利设施、交通设施等,最主要的合作方式有政府控股投入或支助性投入,多数情况下的建后管理属市场化收费经营,以满足其运营费用。

(五)政府提供法律保护

用法律的手段允许、促进并保护公共企业参与市场化经营,用法律的手段允许、促进并保护非政府企业进入公共或混合产品领域参与市场化竞争,不但减轻了国家的财政负担,而且提高了服务质量与消费效率。这个办法不仅适用于各类混合产品,而且同样适用于"优效型"的公共产品。

第四节 地方公共产品及其最优供给

一、地方公共产品的概念与特征

对于地方公共产品的概念有两种提法:一是在受益范围上具有地方性,也就是在消费上受到一定区域范围的限制;二是由地方政府提供公共产品。前者以消费特征来划分,后者以提供公共产品的政府级别来划分。本书认为,从规范的角度分析,应当以公共产品的消费特征为依据,即凡属于全国性消费的公共产品称为全国性公共产品，而消费上受地区或地域限制的公共产品就是地方公共产品。因此，以公共产品的消费特征为依据来划分公共生产管理的政府级别，而以公共生产管理的政府级别为基础来划分不同级别的政府投入比例。

依据上面对地方公共产品概念的分析，可以将地方公共产品的特征大致归纳为以下几点：

(1)受益上的地方性。这是指公共产品在消费上具有的空间限制性。比如水利上的防洪工程和灌溉供水等工程，实际上其受益范围都要受到一定地域的限制。超过这一范围的居民就无法获得相应的利益。

(2)存在着溢出效应和拥挤效应。溢出效应是指某一公共产品的受益范围与行政上的地理区划往往并不一致，即受益范围通常要大于其行政界限，从而向相邻的区域扩散。地方公共产品的溢出效应有时是正的，有时则是负的。比如水污染问题就是一个负效应。地方公共产品的拥挤效应是指由于大多数地方公共产品的受益区只覆盖有限的地理范围，而随着人口规模的扩大、地方经济的发展、使用量的增加等，这些公共产品的消费将变得拥挤，因此有时会付出拥挤成本。比如，当地可利用水资源相对来说是一个常量，而人口增加、经济增长等都会使用水量增大，这就使得水资源(地租)及其开发成本不断提高，甚至还需要向相邻地区“购买”。地方公共产品的这种拥挤效应与它具有或多或少的排他性有关。

(3)提供的层次性。地方公共产品是一个总概念，它需要按不同的受益对象由不同级次的政府提供。提供公共产品是地方政府的职责，也是地方政府存在的依据。不同级次公共产品的受益范围是不同的。以河流为例，大的河流流经数省，因而其受益对象的范围较广；中型河流往往贯穿于一个省，因而其受益通常只涉及到一个省；小的河流只可能涉及到一个或数个县。因此，不同的河流需要不同级次的政府来治理。

(4)市场的相似性。这是西方学者的一个重要观点，他们认为，地方公共产品与市场相似,或者说它是放大了的封闭型产品。对这一特征,我们将在后面的蒂布特模型中详细论述。简单说来,就是当人们选择在哪一个地区生活时,要考虑该社区的税收和公共产品服务的组合状况,人们会选择能使其满足程度最大的那个地区,这实质上等于人们在各地区间"选购",以购买他们认为是最好的地区,这与市场的特征是极其相似的。

但是,有些学者对这一问题的认识却并非一致,他们认为地方政府的级次越高,其对应公共产品的非市场化程度就越强;而地方政府的级次越低,市场化程度就越强。因此,全国性公共产品应当具有纯公共产品的特征,而地方性公共产品则可以从纯公共产品、准公共产品到封闭型产品之间找到各自的位置。图 5-11 显示了这一关系。

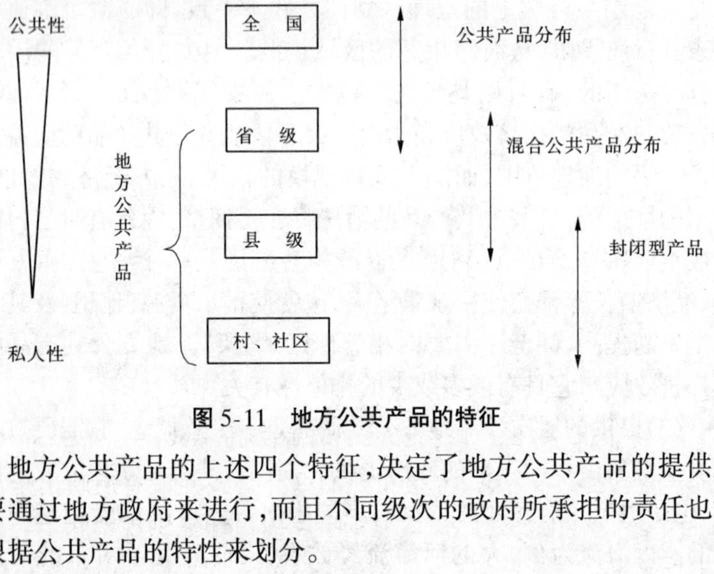

图 5-11　地方公共产品的特征

地方公共产品的上述四个特征,决定了地方公共产品的提供必须要通过地方政府来进行,而且不同级次的政府所承担的责任也需要根据公共产品的特性来划分。

二、地方公共产品的最佳供给

由于地方公共产品只覆盖有限的地理范围,随着这一地区人口规模、生产规模的扩大,它会变得拥挤,产生"拥挤成本",这样就产生了一个问题，即地方政府在总体上应提供多少数量的地方公共产品才是最佳规模。最佳地方公共产品理论最早是由英国学者 C·布朗提出的，他认为，地方公共产品的规模和提供数量与人口有密切关联，因此可以用下式表示

$$E_i = x - n \cdot E \tag{5-10}$$

式中：E_i 为第 i 人实际消费的地方公共产品数量；x 为人口增长函数的拥挤系数；n 为人口的绝对数量；E 为已生产出的公共产品数量。

式(5-10)的函数关系还可以用图 5-12 表示，当地方人口在 n' 以下时，其拥挤程度为零；当人口超过 n' 时，就开始出现拥挤，这时的人口越多，其拥挤程度就越高。

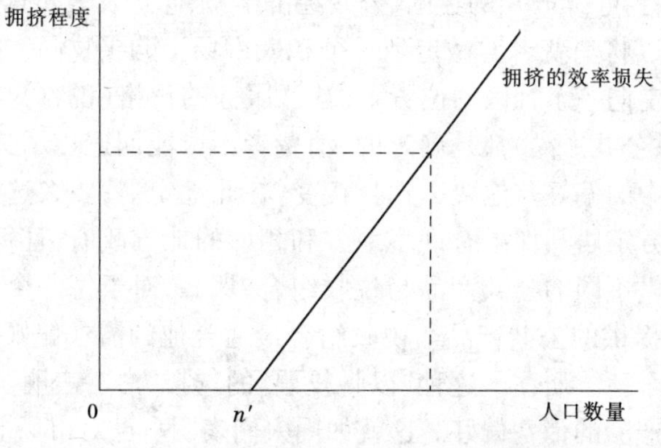

图 5-12　地方公共产品的拥挤函数

当然，我们很容易看出，布朗的这一公式并没有反映出全部的客观实际。实际上，我们知道水利事业的最佳提供规模除了与人口的数量有直接关系外，它还与受益地区的生产规模、人口密度、生活水平和偏好、区域水资源的可利用数量与时空分布、水资源开发难度、地理环境特征、水土保持特征以及区域的战略地位等都有关系。关于这一点，我们在第十章第三节中做更详细的讨论。

三、蒂布特模型

传统思想认为，由于公共产品不仅被一个消费者消费，而且还由于公共产品一旦被提供就难以排除其他消费者从中受益，所以人们就不会充分显示出对公共产品的偏好，他们都想成为“免费搭车者”，享受别人提供的公共产品而不(或不足额)缴费。因此，萨缪尔森得出下列结论：市场机制将无法有效地配置公共产品。可是，蒂布特等的研究对此提出了不同的看法，认为小规模的地方政府有很多，这种结构有可能提供关于偏好显示的替代机制，从而能够产生公共产品的最适规模。

(一)地方公共产品的偏好显示机制

蒂布特在 1956 年的美国《公共经济学》杂志上发表文章指出：正如我们可以将消费者看做走到一个私人市场上购买物品一样，我们将它置于走向一个社区的位置上，社区服务的价格(税收)与一揽子服务(提供公共产品)都是确定的，消费者不可能回避显示其在一个空间经济中的偏好。他要么选择接受，在此地定居；要么选择拒绝，到其他地方定居。如果有许多地方和相应的地方政府，且每一个地方分别提供不同的公共产品与税收组合，那么，对于每一个人来说，哪个地方提供的公共产品与税收组合最适合他的需求偏好，他就会选择去哪个地方居住。这种“以脚投票”的选择方式，表明了人们对某种公共产品的消费偏好。这就如同人们表明自己对市场上某种私人产品的消费偏好一样。对利润最大化的追求，刺激着企业最有效地生产人们需要的产品，与此相似，生存和名利同样刺激着地方政府努力生产并提供本地居民偏好的公共产品，以吸引更多的居民和更大的生产规模。

毫无疑问，蒂布特模型隐含着下面几项假设：第一，消费者在地区间是充分流动的，每个人可以不费分文地把其居所迁至自己最满意的社区；第二，消费者完全知道各社区间的服务与税收组合状况的差异；第三，社区数目很多，每个人都可以根据自己对公共产品的需要选择;第四,不存在因就业机会给消费者流动造成的限制与顾虑;第五,在各社区之间不存在公共服务的利益或税收的外溢性;第六,每个社区在管理者的领导下,都试图吸引规模适当的人口以达到规模经济,使公共产品的消费达到最优。

应该说,不仅学术界对蒂布特模型假设条件及其局限性给予了严重的关注,就是蒂布特本人也曾说过,实现该模型的条件是非常严格的,模型本身甚至就不是对现实的一阶近似。众所周知,其前三个假设条件属于完全竞争市场的标准假设。特别是必须有足够的辖区来满足每个人的偏好,因此就有可能需要像个人一样多的社区。当然这样就意味着公共产品消费与私人产品的消费是一样的。但这种情况实际上消除了政府和集体的消费,又重新产生了效率问题。

(二)蒂布特机制的有效实现:资源的优化空间配置

为了分析居民有效地选择居住地问题,现在考虑一个由多地区组成的经济实体,而每一地区都要向居民及其他要素开征各类税收,并以此税收向本地提供公共产品。假设这些地方公共产品不存在外溢性,而所有人又都可以自由移民选择理想的地区,使自己的效用最大化。正如我们在前一节所讨论的那样,公共产品在使用上同样存在着规模经济,即越多的人使用同一个公共产品,则每个人所需支付的税收就越低。但是,随着一地区人口规模的进一步增加,规模不经济或者称迁移不方便也会随之而产生,并且这种不经济的相对作用还会逐步提高。

现实中,这种迁移上的不方便有四种表现方式。首先,在劳动边际产量(*MP*)递减规律(李嘉图地租理论)的作用下,随着移民的增加,其工资率必然会下降。其次,每一地区都有一些无法自由移动的要素,如土地、水资源等。如果这些固定要素用来生产公共产品,则地方公共产品会拥有上升的供给曲线,这是由固定生产要素的相对稀缺性上升所致。在这两种因素的同时作用下,其结果必然是随着每一区域人口的不断增加,居民的实际收益和效用会不断下降,从而使人口的进一步迁移受到越来越大的限制。再次,人口的增加会导致越来越加重的拥挤问题。最后,迁移上的不方便是由迁移本身的成本所决定的。

现在我们首先考虑只有第一个因素存在的情况,即由于劳动边际产出的递减,会使得人口自由移动的均衡条件达到

$$MP^{A} = MP^{B} \text{ 或 } MB^{A} = MB^{B} \text{ 或 } TB^{A} = TB^{B} \quad (5\text{-}11)$$

也就是居民在A或B地区的边际收益趋同。现在考虑如果各地区增加所得税等使个人的效益降低,因此上式可改写为

$$TB^{A} + T^{A} = TB^{B} + T^{B} \quad (5\text{-}12)$$

这说明所有居民迁移后减少了对原居住地的税负。

现在我们把第二个因素加上,即每一地区还要对固定要素(如土地、水资源、本地区的资本所得等)增收税。由于在这种情况下的税是对所有者开征,而且实际负担已经被资本化并表现在对固定要素的购买之中,所以新移民迁入都没有创造出任何新的社会收益,它同样符合式(5-11)的均衡条件,满足效率条件。

当然,如果新移民很多,多到足以使地租级别(马克思地租理论)上升以及给地方公共产品带来拥挤成本,这时无效率性就会产生。用 MCC^{A} 表示A区内每增加一新移民所带来的拥挤成本,同样地,用 MCC^{B} 表示B区内每增加一新移民所带来的拥挤成本,则效率原则要求

$$(TB^{A} + T^{A} - MCC^{A}) - (TB^{B} + T^{B} - MCC^{B}) = C \quad (5\text{-}13)$$

这一条件表明,每一进入社区的新移民都会带来两种外在性,即区内已有居民的税负的下降(T^{A})和拥挤成本(MCC^{A})。如果我们考虑将这两种外在性内部化,就能够达到居民迁移上的效率条件,即居民在两个地区之间的效益之差等于他的迁移费用。式(5-13)提示地方政府如何开征居住税和来源税(人头和固定要素税)而满足地方公共产品的最优提供及消费。关于这一点,我们在后面还将详细说明。

第五节　地方公共产品的政府间转移

一、再论公共产品集中与分散提供的利与弊

（一）分权制能够根据当地的偏好提供公共产品

斯蒂格勒认为，与中央政府相比，地方政府更接近于自己的公众，即地方政府比中央政府更加了解自己所管辖的选民的偏好效用与需求。所以，地方政府比中央政府能更有效地根据自己公众的偏好提供公共服务，以满足公众的需求。特里西归结中央政府的弱势时认为，中央政府与各地居民的居住地相距越远，信息传递就越难以达到及时和准确，因此中央政府对每一个公民的边际消费替代率的了解就越带有随机性和不确定性，这就是偏好误认问题。显然，在各级政府都诚实地针对所了解的公民偏好提供公共产品的前提下，如果由地方政府提供公共产品，社会福利有可能达到最好。顺着该思路进一步分析，我们应该清楚：第一，中央提供公共产品的福利损失程度，取决于地方个人偏好的一致性程度。第二，如果生产中存在规模经济，那么大社区的单位成本就比小社区的低。可见，高一级政府提供公共产品的福利损失程度取决于整个社区偏好的分布和离散状况以及规模经济的存在，同时它还与需求弹性有关。

（二）分权制可以促进政府间竞争

有关政府行为的许多理论都强调，政府管理者可能缺乏在最低可行成本上提供公共产品的积极性。如果私人企业经理不能把成本降到最低水平，企业最终就要关门；相反，政府管理者却可以敷衍度日。但是，上述蒂布特模型告诉我们，如果公民可以在社区之间选择，那么严重的政府失职可以致使社区公民迁移到其他地方，这一威胁可能促使政府管理者更有效率地提供公共服务，更关心当地居民的需求。政府在纵向和横向之间的竞争，则会有利于提高政府的工作效率和创新活动。

(三)分权制是地方供应公共产品和服务的试验与变革

正如一位美国学者格莱里奇所说:“分权研究的论点之一是,各州和地方政府可以充当国家政策变化的实验室,因为制度可以在小范围和小规模上实验,这很可能会根据地方条件设计得更好一些。”由于对许多政策问题而言,没有人确知其“正确”的答案是什么,甚至连是否存在对所有场合都适合的单一解决办法也不清楚。较好的解决方式是,让每个社区选择自己的道路,然后比较其结果。多样化政府活动的制度会增加寻求解决问题的新办法的机会。

(四)分权制可能在效率与公平方面导致无效率

首先是外部影响。地方公共产品是只能使某个社区的成员受益的产品,但在许多情况下,一个社区购买的地方公共产品有可能影响其他社区人们的效用水平。例如一个县要利用水资源为本县农牧民提供农牧业灌溉设施,这个县的居民就会因灌溉而增加收入。这会使邻县也效法提供农牧业灌溉设施,或者是在邻县不提供灌溉设施的情况下,居民迁移到该县。不管怎样,社区与社区之间都会相互带来外部影响。如果每个社区都只关心自己的成员,就会听任这些外部影响发生作用。因此,根据标准的外部影响理论,这会导致资源的无效率配置。

其次是公共产品供应中的规模经济问题。对某些公共服务而言,使用者越多,人均成本则可能越低。如果几个社区将他们对这类服务的使用协调起来,那么所有加入协调过程的社区成员都会受益。同样以上面的例子来说明,如果几个县的居民联合起来修建一条灌溉渠道,那么无论是占地还是花费方面,则都可能要节省一大笔费用,每个人必须支付的成本肯定要减少。当然,不同活动的规模经济是不同的,所以还有其他一些利用规模经济优势的办法,比如可将一定公共产品或服务的提供包给其他服务部门或私人部门。

另外,还有无效率的税制问题。从全国的观点看,分权制社区课征的税不大可能是有效率的,因为每个税区选择税种和税率时,通常都根据税负是否“出口”到其他社区来考虑的。在分权制的公平问题上，社会福利最大化的目标可能是要求向穷人转移收入。假定某个社区开征一种有利于其低收入成员的支出税，如果社区之间不禁止移民，我们可以预期，其他地方的穷人将要迁入该社区。随着穷人人口的增加，再分配收入的财政政策的成本也在提高。同时，该社区的高收入者可能决定迁走。这样，对该社区税基的需求在扩大，而实际上税基在降低，再分配计划最终不得不放弃。因此，大部分经济学家认为，大幅度的收入再分配计划很难在分权制地区正常实施下去。

二、地方公共产品横向均衡问题的提出

既然中央政府征税比地方政府征税有效，而地方政府提供地方公共产品比中央政府有效，那么在一个多层次的政府体系中，上级政府向下级政府提供财政拨款就是一种经常的方式。拨款的提供可以基于效率，也可以基于公平；可以通过给予拨款以鼓励下级政府进行某一特殊形式的支出，也可以用于直接提高下级政府的购买力。拨款分为无条件和有条件两类。无条件拨款是由上级政府向下级政府提供的一次性购买力转移。有条件拨款则是以某种方式同接受拨款的政府行为联系在一起。比如，可以要求接受拨款的政府也从自己的预算中拿出一定数量的配套资金，也可以要求所拨款项被指定用于某些特殊支出事业等。这里要讨论的是与地方公共产品有关的转移应遵循的原则、采取的方式，以及简要分析这些转移的经济效应。

正如我们在前面已经讨论的那样，当地方政府做出支出决策时，并不存在一定的激励机制来迫使地方政府将各种外溢性考虑在内。如果A区执行一项公共支出并使B区的居民受益，这一支出结果的效率条件满足

$$MB_A + MB_B = MC \tag{5-14}$$

其中：MB_A 是A区居民集体得到的边际利益；MB_B 是B区居民的边际受益；MC 是提供这一支出的边际成本。

正如我们所假定的，A区政府从本区居民的利益出发从事自己认为最有效率的行为，所选择的支出水平应是

$$MB_A = MC \tag{5-15}$$

显而易见,为了诱导 A 区提供正确的公共设施数量,应该给 A 区 MB_B 的补贴,从而使 A 区扩展这一公共设施的边际成本变为 $MC - MB_B$,最终使 A 区政府的行为满足式(5-14)的效率要求。当然,还有另一种表达方式,即如果上级政府以 $MB_B/(MB_A + MB_B)$的比率提供一种有条件的拨款,A 区政府的行为则能够符合优化的要求。在这种条件下,A 区扩展这一支出的边际成本将变为 $MC[1 - MB_B/(MB_A + MB_B)]$。A 区扩展这一支出应满足的条件为

$$\begin{aligned} MB_A &= MC[1 - MB_B/(MB_A + MB_B)] \\ &= MC \cdot MB_A/(MB_A + MB_B) \end{aligned} \tag{5-16}$$

当式(5-16)还原为式(5-14)时,A 区提供公共设施的水平也将达到优化的标准。

与此同时,如果 B 区同样有受益外溢到 A 区,则同样的原则仍将使用。B 区同样应在一适当的比率下得到有条件的拨款,补贴的比率确定应该同所形成的外溢数量相关。

下面分析由上级政府给下级政府拨款,通过有条件或无条件两种方式实现式(5-14)效率条件所产生的经济效应❶。

图 5-13 表明 A 区居民在产生外溢性的公共设施 X 与其他所有私人产品支出组合之间的集体选择。在没有政府转移的条件下,A 区居民所面对的预算约束线是 *CD*。居民在社会无差异曲线与预算线相切上选择了 *E* 点,使所有居民的集体偏好达到最大化。现假定上一级政府提供了一个比率为 *DG*/*OG* 的有条件拨款。这时,居民对公共设施 X 的需求上升至 X_0,而对其他需求不变,在该点上拨款总额为 *DG*,但有效使用的只有 *HK*。为了使对 X 的支出达到目标要求,应再提供一种无条件拨款 *KJ*,使预算线移动到 *FG*。注意,这种做法不仅对于中央政府来说成本极高,而且也是有效率损失的。

---

❶ 由于某项活动而产生对经济各方面影响的分析,称为效应分析。这里对经济效应的分析较为简单,比较复杂和全面的效应分析是在第七章对公共融资的效应分析。

究其原因,这主要是因为中央政府要求增加公共设施 X 的提供量,但与 A 区居民的偏好有差异,或者说,人为增加公共设施 X 的数量,并不一定能够提高 A 区居民的生活质量。无条件拨款就可以将扭曲的相对价格比率修正过来,表现为改变 A 区居民收入状况。

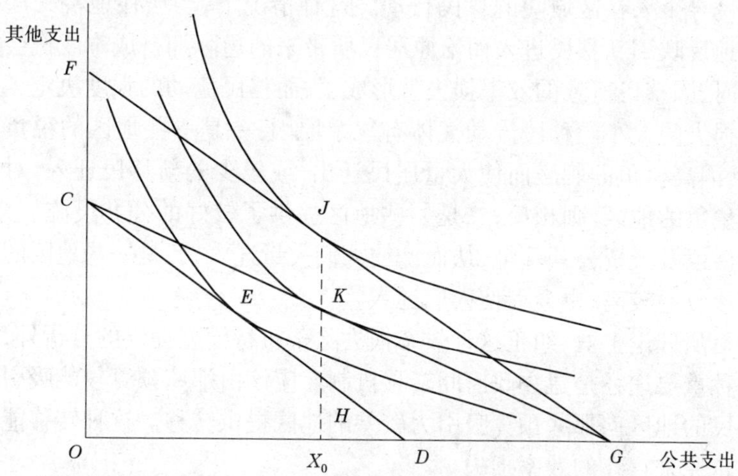

图 5-13　利益外溢性政府转移经济效应分析

上面分析了地区间具有利益外溢性情况下,需要上一级政府乃至中央政府提供拨款支付的需求方面的理论依据。当然,从供给方面分析,中央政府或上一级政府拨款给下一级政府的转移支付也是有充分依据的。由于跨地区之间要素移动带来的税基变动,从效率的角度看,中央政府的课税权限应大于其支出责任,而地方的课税权限则小于其课税能力。在这种情况下,同样从效率的角度出发,当中央政府的课税收入超过其支出需要时,而地方政府又支大于收,中央政府应将部分多余的税收转移到地方政府手中。不过,这一转移的出发点与上面分析的由地区利益的外溢性引起的转移支付是不同的,后者的目的在于使地方政府的财政状况变得更好。可以证明,实际上图 5-13 已经证明了,能够实现这一目标的转移方式应是无条件的拨款。

三、地方公共产品横向公平的要求

正如前面已经讨论过的那样,地方政府的财政行为或其他因素会诱导个人在区域间的移民行动。这种情况下,当居住地税无法确切地反映因新移民进入而给原居民所带来的边际拥挤成本或机会成本时,因移民所致的效率损失就形成了,而移民流动的强度决定了效率损失的大小。移民流动大体有三个原因:一是一些地区的税负较高,因高税负的刺激而使大量居民迁出,或较少的新移民迁入,对于低税负的地区,则相反;二是一些地区提供了较好的公共设施、公共生活以及投资公共环境,从而诱使人们大量迁入;三是一些地区的收入或收益较高,也会促使人们迁入。

从理论上看,纠正这种效率损失除蒂布特模型提供的分析外,另一种重要途径是建立政府间转移机制。应该由那些预算较能吸引新移民的地区向那些预算吸引力较差的地区提供转移。这种转移能够纠正原来存在的效率损失。

根据蒂布特模型,可以用一个简单的例子来说明这一转移机制是如何提出并运作的。考虑一个拥有A和B两个地区的国家体制。假定这两个地区都是通过公共部门向其居民平均地提供纯粹的私人产品,再假定A区是资源丰裕的地区,即A区人均资源价值超过B地区。从这一假定出发A地区从资源税课征上获得较多的税收R^A,而B地区则无法课征该税种。如果A和B地区的人口分别为L^A和L^B,则R^A/L^A是靠资源税收资助的人均公共设施量。当所有其他的公共设施都靠具有分配中性的居住税税收资助时,就会导致带来效率损失的移民问题。假定移民不存在成本,用图5-14来说明这一情况。由于只有两个地区,假定人口数量一定,总人数L^A+L^B等于O_A到O_B的距离,所以随着横轴向对方的迁移,人口呈递减趋势,工资支付曲线都呈下降变化。因此,相对于原点O_A,用W_A代表A区的工资支付曲线;相对于原点O_B,用W_B表示B区的工资支付曲线。当不存在资源租金课税的条件下，劳动力将在两个地区之间自由移民，直至 $W_A = W_B$ 这一条件满足为止，此时其所导致的效率配置点为 L^0。

当移民可以获取因开征资源税而得到的人均受益不一致时，劳动力在两区之间选择居住地的条件为 $W_A + R^A/L^A = W_B$。其所致的均衡点 L^E 显然是一个带有效率损失的配置状态，因为在 A 区存在过剩劳动力。这一无效率状态可以通过实行旨在使人均资源税受益"均等化"的区域间转移来加以纠正。此时，A 区必须将 R^A/L^A 的一半税收转移到 B 区去。同理，如果是 B 区获得了资源税，B 区也应做同样的转移。总之，只要两区间人均资源税不同，即 $R^A/L^A \neq R^B/L^B$，则移民的效率损失就会产生。只有通过地区间人均税入水平相等的转移才能消除这一效率损失。

但是，地区间资源税的均等化在现实中是不可能达到的，因为这一做法会严重挫伤课征这一税种的积极性。对此，马斯格雷夫提出了"课税能力均等化"的概念，文献[14]也为我们提供了加拿大的有益做法。这一方法假设中央政府力图使课税能力低于全国水平的地区达到全国平均水平。对于每一个地区来说，首先要计算出全国性的税基和全国的平均税率，同样还可以计算出国内各地区的人均税负量。然后将全国平均税率运用于每一地区的税基，这样可以得出据全国平均税率每地区应从税基中得到的收入量，并将其转换为人均税收量。最后把按全国平均税率计算的人均税收量与各地区实际人均税收量比较，后者高出前者的差额，就构成了人均拨款量。应当指出的是，这一计算方法适用于公共融资的所有税源。

现在让我们讨论高收入地区因再分配引起的居住地收益大于低收入地区而产生的移民问题。实际上，把图 5-14 略加修改就能说明问题，运用地区间转移可以消除因地区间收益差异而带来的效率损失。比如，人均资源税的差异可以代替居住地收益上的差异。最后应指出，如果两地区执行不同的再分配政策（比如珠海市执行高价奖励突出贡献者），则不存在任何政府间转移机制能够完全消除存在

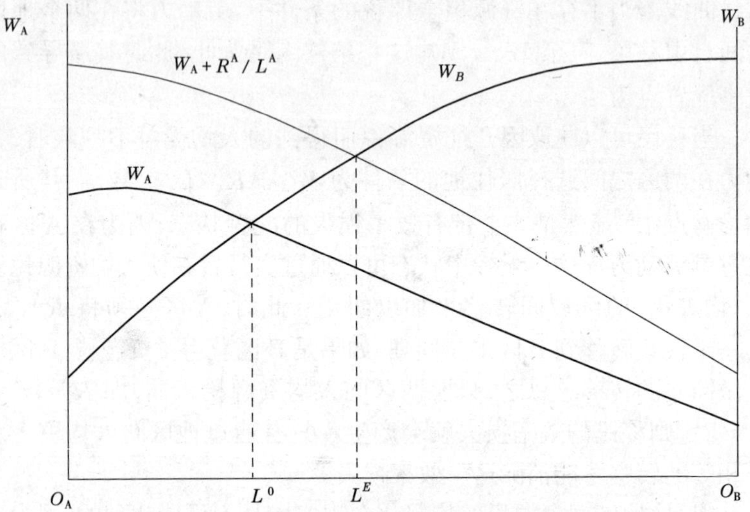

图 5-14　横向公平引起政府转移的效应分析

于个人之间的居住地收益差别。转移机制只能部分地消除这些差异。这种损失只能视为分散化财政体系必然存在的代价之一而被接受。

综上所述,从上级政府向下级政府提供拨款转移的适当形式取决于这些转移的目标。如果目标是鼓励接受拨款政府从事某一特定的公共支出,则补贴或有条件拨款是较为适当的形式。这一形式也适用于中央政府力图使区域间外溢效应内在化这一特定目标。虽然现实中很难确定知晓这类溢出量的大小,但补贴率或拨款条件应力求以边际量为准。如果政府间转移的目标只是简单地将购买力从上级政府转移到下级政府,则无条件拨款较适当。

第二篇　水利筹融资理论

第六章　水利筹融资基本理论

从这一章开始研究水利筹融资理论，主要内容包括对各种筹融资方式的特点、最优规模、效应、价格展开单项分析及综合归纳。本章属于概述性的筹融资基本理论，后面的三章按筹融资方式和性质的不同，分别探讨水利领域三种最主要筹融资方式，包括公共生产定价理论、公共集资理论和债务性(特别是公债)筹资理论等。

本章第一节从实证的角度出发，阐述在市场经济条件下水利经济主体多元化的发展趋势与内在要求；第二节讨论经济主体多元化条件下的多重筹融资原则；第三节分类介绍各主要筹融资途径的基本概念与特点；最后一节是对水利筹融资方式的归纳和总结，并对项目的筹融资方案及其优化提出若干原则性思考。

第一节　水利经济主体的多元化

一、水利经济主体已呈多元化趋势

在中国传统意义上，特别是计划经济时期，无论是理论上还是实践中，政府都是水利公共经济的唯一主体[1]，政府几乎垄断了水利公共经济领域的一切事务。这种情况在西方虽有所不同，但是自第二次世界大战以后，由于凯恩斯主义被普遍接受，再加上水利事业已经步入了超大规模的整体开发阶段，所以政府实际上同样也承担起水利公共经济唯一主体的责任。

对这种局面的出现，经济学家概括出两种原因：首先，水利公共

---

[1] 这里强调的唯一只是针对规模以上的水利项目而言。

经济的活动，尤其是公益性和基础性强的水利公共产品的供给，一般都具有一次性投入的成本高、规模大、周期长、利益外溢性强和收益低的特点，而且不宜将免费搭车者排除在外，因此私人没有能力或者是没有激励机制来投身于水利领域的公共经济活动。其次，政府通常拥有巨大的“暴力潜能”和动员大量社会资源的能力，同时又具有广泛的社会代表性，因此有条件、有能力来从事具有规模经济优势和非营利性的公共生产性经济活动。

但是，随着经济和社会的发展，这种局面已经发生了变化。政府作为水利公共经济唯一主体的地位和合法性受到了前所未有的挑战，水利公共经济主体出现了多元化趋势。除了政府之外，私人企业、社区、社会第三部门(非营利组织)和国际组织也都参与到了水利公共经济的活动之中，成为公共经济活动的重要主体。公共经济主体多元化趋势出现的原因是复杂的，总体上可归结为以下几个方面：

首先，公共经济活动中广泛存在“政府失灵”现象。福利经济学往往把政府作为一种外生变量，即不存在交易成本问题。实际上政府作为一种制度安排，如同市场制度一样，同样是内生变量，其在自身的运行以及向公众提供公共产品和公共服务方面同样存在交易成本问题(见第四章第五节)。

其次，人们对公共经济尤其是公共产品的认识在不断发生变化。传统上一般认为公共产品都具有非排他性和非竞争性，即现在所谓的纯公共产品都只能由政府来提供，私人提供没有依据和优势。但今天在公共经济界看来，就同物理学对物质世界的不断进一步划分一样，公共产品也是可以进一步划分的(见第三章第一节)。公共产品理论的不断发展，就为其他主体参与到公共经济活动中提供了理论基础。另外，社会科学技术的不断进步，为其他主体参与到公共经济活动中，同样提供了技术上的可行性。例如，电视节目一度曾作为一项公共产品，但加密技术的出现与应用，已经激励私人来提供此类公共服务。又如，在规模较小的供水工程中，为降低管理成本通常不安装计量仪表，供水作为公共产品由地方政府来提供，但是随着规模经济的扩大，以及技术进步和管理费用下降，安装计量仪表就成为了一种可行的方案，这样，就为私人参与原来被认为是公共经济领域的供水事业奠定了技术上的基础。目前，金融工具的不断衍生，投融资手段的不断更新，使得资本市场日益发达。比如，招投标方法、特许经营、合同出租、项目融资、BOT、BOO、公私合作、公私合营、政府采购等方式的出现，推动了传统意义上由政府垄断的公共服务进入市场，促使其他主体参与投资和经营管理。

最后，当今世界的一个显著特征是对国际合作机制的强调。具体来说，就是随着经济全球化趋势的不断加强，一个国家不可能游离于世界经济体系之外而独立发展，它必须融入世界体系。因为在全球化背景下，许多公共产品具有全球化的特征，如水资源匮乏、环境保护、经济发展等，原来属于地方或国家公共产品的事业，如今已演变成具有全球意义的公共产品了。这些如单靠一国的能力已无法应对，必须形成有效的国际合作机制，以吸引众多国家参与才能有效地加以解决。特别是跨国流域的江河治理与开发、城镇供水和污水处理等事业，已经由发达国家在全球范围内展开了全面的国际合作和实践。因此，在全球背景下，建立某种基于公平原则的超国家机制和跨国跨所有制联合机制，以联合各个国家、各种经济成分，参与许多国际公共经济问题和地方性公共产品的联合治理、投资与经营管理等，已是必然趋势。

总之，当今公共经济的主体已呈现多元化趋势，政府已不再是公共经济的唯一主体，私人企业、社区、非营利组织和国际组织集团等已经参与到公共经济的活动之中，私人提供水利公共产品已不是什么新鲜的话题。如美国的许多原来属于政府公共经济领域的供给，已经全部面向私人开放。我国的大型基础设施项目，如道路、市政供水工程、跨流域调水工程等，也都在不同程度地向私人领域、社区以及国际合作公司等开放。

二、各经济主体在水利事业中的地位和职能

(一)政府

在古典和新古典经济学传统中,政府作为天然的公共产品生产的唯一主体,通过官僚制组织模式提供给社会。新公共管理理论将市场机制引入了公共产品的提供之中,通过政府、社区、私人、非营利组织等多元化主体提供公共产品。但是,政府以财政行为为核心,政府的财政收支行为仍然是水利公共生产部门的最主要主体。这除了与水利的公共产品市场特性有关以外,还与政府的特征紧密相关。

(1)从决策上讲,政府的决策是建立在权力的普遍性和强制性上的,因而政府决策具有强制性、公共性和普遍性。政府的这一最基本的特征具有以下几个方面的优势:一是课税优势,政府可以应用强制性的课税权,影响生产行为和消费行为,从而起到调节资源配置的作用;二是节约交易成本的优势;三是遏止“搭便车”行为的优势;四是政府拥有庞大的财政实力,可以承担任何社会组织无法承担的巨额债务和沉淀资本;五是政府拥有独特的财政货币权力。

(2)从对信息的处理方式上讲,在传统公共行政模式基础上建立起来的政府采用斜层组织结构,信息的传递主要是单向的“纵向信息流”。这与市场组织当中基于平等契约关系的“横向信息流”形成鲜明的对照。这些特征正好使得政府比市场更有利于充当带有鲜明公共产品性质的水利经济事业的经济主体。

(3)从动力上讲,政府的动力来源于政治家政治纲领的约束与推动,来源于官僚的升迁欲望。正是政府的动力机制推动,使得政府愿意并努力充当公共经济最主要主体的角色。

总之,我们在研究政府作为公共经济主体的时候,可以形成这样的共识,即政府是连接公民和国家的中间体,它具有的最基本特征是强制性和普遍性,这种特殊的制度安排决定了政府不仅能够提供公共产品,而且比任何其他组织都更具优势。

在关于政府充当公共产品经济主体方式上,主要有投资和法律

法规保障两方面。投资又可分为直接生产和间接生产两种方式。直接生产是指不仅对公共产品提供独资或控股性的投入,而且还直接组建公营企业,管理着公营企业的经营。间接生产是指政府在独资投入、控股投入、参股投入或不投入等各种情况下,与私人企业签订生产合同、授予私人企业经营权、只为私人企业提供部分经济资助或者无偿转让给受益者由全体受益者自行管理等。

(二)私人企业

这里的私人企业是指以营利为主要目标的国内经营性组织。我们首先介绍经济学家对私人企业参与公共产品提供的一些典型理论。

戈尔丁认为,公共产品的消费上存在着两种供给方式,即平等进入和选择性进入。平等进入是指公共产品的消费可以没有任何障碍;选择性进入是指消费者只有在满足一定的约束条件后,如付费等,才可以进行消费。以此为起点戈尔丁进一步分析,福利经济学忽视了公共产品在供给方式上的选择性进入。因为没有什么产品和服务是由其内在的性质决定它是否是公共产品,存在的只是供给产品或服务的不同方式。产品或服务采用哪种供给方式,取决于排他性技术和个人偏好的多样化。若公共产品不能通过市场手段被充分地提供,那是因为把不付费者排除在外的技术还没有产生或者在经济上还属于不可行。

在此基础上,德姆塞茨进一步指出,在能够排除不付费者的情况下,依据不同消费者对同一公共产品有不同偏好以及公共产品消费的弹性特征,因此可以通过价格歧视的方法对不同消费者收费。

理论和实践都证明,通常纯公共产品由政府来提供,而准公共产品或混合产品可以由私人企业来提供。但是应该注意的是,私人不能提供纯公共产品,并不意味着私人不能涉足这个领域。这里我们可以把某些纯公共产品的提供和生产区别开来。比如在美国,某些国防产品也可以由私人生产,但由政府来采购。实践证明,这种公私混合的公共产品提供方式也是成功的。

私人参与公共经济活动的形式一般来说有三种:一是私人独立

提供和经营,政府补贴并伴有特殊的法律和制度保障;二是私人与政府联合供给;三是私人与社区联合提供。具体内容可参阅第五章第四节中的有关内容。

(三)社区

社区(Community)是进行一定的社会活动,具有某种互动关系和生活联动维系力的人类群体及其活动区域。一般来讲,社区包括以下四层含义:一是社区总占有一定的地域,如村落、集镇、生活小区等;二是社区的存在总离不开一定的人群;三是社区中共同生活的人们由于某些共同的利益,面临共同的问题,具有共同的需求而结合起来进行生产和其他活动;四是社区的核心内容是社区中人们的各种社会、生活与经济活动及其互动关系。

如果从公共部门经济学的角度考察社区,围绕公共产品的提供,我们可以发现社区是不同于政府或者私人企业的公共产品的又一类提供者。社区提供公共产品的特点在于,社区公共产品的生产是基于生活聚集区的居民的实际需要,由居民根据协商原则集资完成,居民交纳的资金并不出于利润的目的。

1.社区与政府的不同点

从提供公共产品的特征出发,社区与政府的不同点在于:①社区不具有强制性和普遍性,而具有自愿基础上的契约性。②政府通过税收等方式筹集资金,由官僚组织决策,组建专门的公营企业经营管理;社区则通过自愿筹集资金,通过灵活多样的组织方式提供公共产品。③个人和政府之间的多对一关系使得个人偏好较难真实地显示,不同的民主决策机制会产生公共产品提供的效率差异;社区则可以通过自愿协商和产前契约使得社区中的个人偏好能够较好地体现出来。④政府提供的产品一般受益范围广,有外溢性,容易产生搭便车现象;社区提供的公共产品通常只能使社区的人共享,搭便车比较容易遏止。

2.社区与私人企业的不同点

同样从提供公共产品的特征出发,社区与私人企业的不同点主要在于：①市场以分散决策、价格信息、利润动力作为运行机制，要求企业能够成本—收益对称；社区决策相对集中，社区中人员行为的信息传递并不单一依靠价格，其动力也并非单纯利润。②厂商通过市场机制、排除非购买者以及对同一产品收取相同的价格支出等方式使得消费者能够真实地显示自己的偏好，厂商能够收回销售费用；社区中往往通过产前契约、捐赠等方式提供公共产品。③厂商一般通过企业组织进行公共产品的生产；社区则有多种组织形式提供公共产品。④厂商是在为他人生产；社区则为居民自己生产或服务。

3.社区提供公共产品的方式

下面要分析社区提供公共产品的三种主要方式。

1）通过产前契约的方式提供公共产品

所谓产前契约，也就是在社区还没有提供某种公共产品，而该产品又为社区中的人们所需要的时候，在生产前大家进行谈判，达成生产一致原则。关于产前契约的机制，我们在第四和第五章都有详细分析。

2）组建非营利组织管理机构

出于减少社区公共产品决策和生产时的成本费用考虑，可以组建专业的非营利组织管理机构，也可以委托私人管理机构，这都是可行的办法之一。参见文献[10]第二章。

在提供公共产品和公共服务方面，社区组织管理机构有自己独特的优势：①正规的组织机构有创新优势。创新优势包括技术创新、管理和制度创新。②贴近基层的优势。很多社区组建的非营利组织具有自助、互助、助人和自主解决社会问题的原则与精神，具有减少市场机制的负面效果，超越国家机构的官僚作风的优势与功能，同样也超越了私人企业的自利原则，增进了人际关系和谐。③灵活优势。非营利机构在组织体制和运行方式上具有很大的弹性和适应性，便于根据不同的情况及时做出调整。它们的政治性不强，官僚化程度低，便于去做政府不便于做的事情。它们擅长从事社区型的公共产品开发项目，对社会基层迅速做出反应。④效率优势。美国著名的管理学家彼得·杜拉克曾指出:非营利组织的特点使得它在一些功能上能够代替政府解决许多社会问题,同时,因为它的效能是政府的两倍甚至多倍,削减了政府赤字。在社会管理与发展的一些空白领域,以及一些传统上由政府从事的活动领域里,非营利组织常常比政府做得更好、更有效。凭借这些优势,非营利组织在社会公共产品的管理中将扮演越来越重要的角色,显示出越来越强大的生命力。

3)自愿提供

企业提供公共产品,关键是解决企业通过市场机制向消费者收取费用的问题;政府提供公共产品,关键是解决公共选择如何使真实的偏好显现出来的问题。另外,社区中存在一种自愿提供公共产品的方式,这在发达的市场经济国家比较常见。例如在美国,沿海和救生艇的服务就是自愿供给的,许多医疗研究是靠捐赠进行的。

(四)国际组织

公共产品特别是水利公共产品,就其本质来讲,都具有区域性的特征。但是,区域性并不是意味着一定会局限在一个国家的某个地区之内,也就是说,公共产品的受益地区并不一定是一个国家或一级地方政府的子集,它完全有可能超越一个国家的界限而成为国际性的公共产品。在这种情况下,国际组织自然也就成为了公共经济的主体之一。比如环境污染问题,它往往是不同国家在各自领土上逐步造成的,但是,水资源以及空气的环境污染具有很强的外部性,一个国家对水资源和大气的污染,往往会使整条河流的水资源和整个地球的空气质量受到影响,因而环境污染问题的解决,就涉及沿河流域的有关国家以及受空气质量影响的全球,而不管它是富国还是穷国。

当然,使国际组织成为公共经济主体的基本原由还有以下两个方面:第一个原因是国际货币基金组织与世界发展银行担负着帮助发展中国家发展经济、建设基础设施和脱贫致富的重任,所以他们往往以低息或无息借款的方式参与受援国水利等基础设施的投资。这种投资就其性质来说,应当属于政府投资一类。

第二个原因是一些国家的政府为了以下几个目的，开展政府间的低息或无息借贷款，以及支持本国公营企业对其他国家的直接投资或国际化经营：①为了两国之间保持友好关系，某个国家可以允许自己国家的一个公营企业跨国经营，同样不以营利为首要目的，在另一个国家设立企业或分支机构，与该国家的企业发生贸易往来关系。②有的国家为了发展本国经济而利用公营企业开拓国际市场，从更多地盈利出发，投入更多的资本于跨国公司。③作政治性考虑，也是一种情况，而且显然是一种比较重要的情况。出于政治目的，一个国家也可能有意识地向外扩张自己的公营企业或给予借贷款，甚至无偿援助。不论哪一个行业，只要能达到某种政治意图就行。政府甚至可能为此付出一定的经济代价。但是，从全球一体化趋势讲，不论各个国家利用公营企业形式进行国际化经营的动机是什么，这种做法都是有利于人类进步和世界经济发展的，有利于公营经济在世界范围内的竞争、交流和管理水平的提高。政府的投资走向世界，这比民营资本在国际市场间流动具有更大的社会合理性和更直接地推进国家与国家之间联合发展经济的意义。

第二节　水利筹融资的特征与原则

水利经济主体的多元化特征，客观上要求水利的筹融资体系也具备多元化的属性。从性质上讲，水利的筹融资体系既具有公共融资的税收性特征和原则，也具有使用者付费性质的非营利经营性收费原则，还具有金融市场经营的债务借贷性和投资性原则。

一、公共融资原则

公共融资是水利筹融资的最主要方式之一，而公共融资中最为典型的方式就是税收，不过，目前水利基金也已成为我国水利融资的最主要方式之一。税收作为人类社会最古老的公共融资方式，它既是一个经济问题，同时也是一个伦理问题，因此税收原则是一个历史悠久的话题。从威廉·配第到斯密、萨伊、瓦格纳等,都对税收的原则做出过充分的论证。总的来说,公共融资原则包括公平、效率、适度以及法制等内容,但主要可以归纳为税收的公平原则与效率原则。

(一)税收的公平原则

公平原则,简而言之就是纳税的平等,它包括社会公平和经济公平两个方面的含义。税收的社会公平最早指的是税额的绝对公平,即要求每个纳税人都应缴纳相同数额的税。反映在税收实践上,就是定额税和人头税的盛行。瓦格纳将公平的标准发展到相对公平,即横向公平和纵向公平。所谓横向公平,就是指纳税能力相同的人应负担相同的税;而纵向公平是指纳税能力不同的人负担的税负则不应相同。因为难以精确衡量人们之间在经济能力和纳税能力方面的异同程度,所以横向公平与纵向公平在实践中都很难操作。尽管如此,经济学界一直存在着关于衡量公共融资征费公平与否的两种主张,即受益原则和能力原则。受益原则要求纳税人应根据其从公共服务中获得的利益比例纳税,即政府对所提供的公共产品或劳务的费用收取标准,要与社会成员从中所得收益相平衡。能力原则也称为能力支付原则,简言之就是按照每个人的支付能力纳税,实际上它包括两层含义:一是政府税收应以纳税人的支付能力为依据设计;二是前面所论述的横向公平与纵向公平原则。

现代经济中,税收原则不仅包括社会公平,还包括经济公平。税收的经济公平包括两个层次的内容:首先是要求税收保持中性,即对所有从事经营的纳税人要同等对待,以便为经营者创造一个合理的税收环境,促进经营者进行公平竞争。其次是对于客观上存在的不公平因素,如资源禀赋差异等,需要通过差别征税实施调节,以创造大体同等或大体公平的竞争环境。

(二)税收的效率原则

效率原则,即税收征收的所得和所费的关系,原则是尽可能增大所得,并尽可能减少所费。从资源配置的角度看,税收要有利于资源配置的效率;从经济机制的角度看,税收要有利于市场机制的有效运行;从税务行政的角度看,税收行政要讲究效率,税收制度要简便,征纳双方的费用要节省,使既定条件下的税收收入最大化。税收效率也可以分为行政效率和经济效率。行政效率也就是征税过程本身的效率,它要求征收和缴纳过程中耗费成本最小;经济效率就是征税要有利于促进经济效率的提高,或者说征税对经济的不利影响最小。

税收的经济效率是税收效率原则的更高层次。这实际上是指税收对社会资源配置和经济运行机制的影响情况。首先,它要求税收的"额外负担"最小。所谓额外负担,一是指资源配置方面的额外负担;二是指由于征税可能对市场经济运行机制造成的不良影响。为了尽可能地减少额外负担,政府应选择合理的征税方式。通常认为根本途径在于保持税收中性。税收中性一方面是指政府征税使社会付出的代价应以征税额为限;另一方面是指政府征税不应超过市场承受能力而成为影响资源配置和经济决策的力量。税收经济效率第二层次的要求是保持税本。通常认为,国民生产是税本,国民收入是税源,原则上税收只能参与国民收入的再分配,而不能伤及国民生产。

二、公共生产收费原则

通常认为,公共生产的使用性收费主要是和可售性公共产品相联系,也就是说,纳入使用性收费范畴的一定是具有部分私人性质的准公共产品或混合性产品。唯其如此,政府生产和提供公共产品才具有直接引入市场机制的可能性,也才是使用性收费得以存在的理由❶。相比较而言,税与费的根本差异在于筹资原则的不同。税收是政府为了满足社会公众的需要,为实现其职能,强制性地、无偿地、规范地征收的收入。使用性收费则体现了公共部门和消费者之间的市场交易关系。使用性收费并不是无偿的,而是通过提供产品和服务,以受益与付费相对称的原则取得的收入。因此,使用性收费明显地体现出了社会公众的自主自愿原则和市场公平交易原则。

❶ 解学智,刘尚希,《公共收入》,中国财政经济出版社,2000 年版,第 45~46 页。

使用费的收取目标原则理论上有两个，一是填补主义，即填补政府的劳务费用；二是报偿主义，即报偿因公共服务所获得的效益。但实际上政府出于管理的需要，往往将两个标准结合起来使用。报酬标准有时等于公共服务的劳务费用，即边际成本费用，有时超过政府的劳务费用，此时多数处于对资源配置有效性的考虑。总之，政府收取的使用费通常都低于政府提供产品和服务的全部成本，差额部分就是政府对使用者的补贴。

使用费收取的这种直接受益与自愿付费相结合原则，使得其收取尽可能地体现市场交换规律，而且基本上排除了利用使用性收费进行再分配的可能性。使用性收费通常都是专款专用，专门用于水利公共设施和服务正常运营的维持与维修，有时也包括更新改造。政府通过提供公共产品收取使用费，筹集得到的资金部分或全部地补偿了提供公共产品的劳务费用，有效地减少了税收压力，但更重要的作用还在于：一方面有利于促进水利公共设施的使用效率；另一方面有助于避免公共设施发生拥挤。然而，对于消费者来说，"谁受益，谁付费"原则依然是一种公平的体现，而且便于对政府公营企业的运作进行有效监督。

三、债务性原则

债务性融资不仅在私人经济领域盛行，在公共经济领域也同样非常普遍。由于水利基础领域的公共性，所以灵活而成本较低的公共举债在水利的债务性筹融资方式中占有非常重要的地位，其次是政策性的低息贷款。由政府承担债务人的借款资金称为公共性债务，也叫公债；由水利具体项目承担债务人的借入资金称为项目债务（也称私债），包括借款、项目融资和租赁等。通常，公债由政府偿还本息，而项目债务由项目本身的收益作为成本的一部分来偿还本息。

公债是国家以债务人的身份，凭借国家的信用，按照一定的法律程序和规定，通过对企业和个人有偿借债而形成的收入，它是水利筹融资的一种重要形式。由于政府的债务融资是用未来时期的税收来偿还债务的，所以也称为延期的税收。

与税收对纳税人的强制性、固定性和无偿性相比，公债对债权人有自愿性、灵活性与有偿性的特征。公债的发行与认购以价值规律为自己活动的依据，建立在企业或个人自愿购买的基础上，它依托的是国家的信用而非强制性的国家权力，因而具有自愿性。税收的征收需要根据国家有关法律预先规定，由于税法的严肃性，不能随意改变，因而具有固定性。公债的发行规模、发行时间、偿债方式、期限、利率等都可以根据国家公共基础设施建设的需要灵活地加以调节，因而具有灵活性。税收是国家凭借其政治强权征收的无偿性收入，而国家通过公债取得的收入，必须按照规定的方式和期限连本带息偿还。一般来说，公债的收益不能低于购债人同等风险条件下的其他边际投资收益。

与私债相比，公债也有以下几个特征。首先，公债有严格的法律约束。每项公债的发行都必须以相应的公债法律或公债条例为依据，并在相应的法律或条例上标明价格、期限和利率。因此，公债对发行者有严格的法律约束，对投资者利益有严格的法律保护信用。其次，公债依据的是国家的信用。私债以私人信用或项目本身的信用为依据，由于私人信用的基础相对薄弱，所以相对于公债来说，其债权人的风险较大。公债依据的是国家的信用，政府以国家主权和资源作为承担公债偿本还息责任的基础，所以公债的信誉度和安全性是顶级的。在市场经济发达国家，在主要的信用评级机构对证券信誉度评级中，公债的评级是最高的。再次，公债收益具有稳定性。由于风险小、收益可靠，政府又有着高度的信誉，相对其他债券来说，公债的市场价格发生波动的程度要小得多。由于其市场行情相对稳定，公债的收益率也通常处在相对稳定的状态。最后，公债的性质决定了它的具体使用可实行部分调节，而私债通常只能用于一个目的，所以公债使用的多目标和不完全对称构成了公债的又一个特征。

20 世纪初以来，随着各国政府对公债筹融资手段运用频率的提高和规模的扩大，尤其是“大危机”以后，公债发行支撑的财政赤字扩张政策，成为建设基础领域公共生产部门投入、启动经济增长、抑制经济萧条的经常性手段。此后，人们不再沿用"公债有害论"的观点去看待和分析现实的财政经济实践与政策制度的变迁，而是把注意力更多地放到研究需要多大规模的公债发行才能对必要的财政政策起到应有的支持作用，以及公债发行机制应如何进一步市场化。尤其是随着国民经济的日益市场化与货币化，以及金融自由化与利率波动的频繁化，经济学家也把更多的注意力放在了分析如何发展公债流通市场，如何通过公债交易建立市场基准利率的机制以引导金融市场的正常运行等方面来。

出于不同的目的，水利经济学对公债的研究重点是债务负担和未来跨代受益的匹配问题(见第八章)，从这个意义上说，使用多少公债和使用多少长期贷款就没有区分的意义。但是，公债和私债的区别又是很明显的，比如公债的还本付息由政府财政负担，而长期贷款的还本付息则需由项目本身的收益来冲抵，这就使得公债像税收一样，对项目的融资成本很低，而长期贷款对项目的融资成本就比较高(见本章最后一节)。

四、营利性原则

我们已经知道，水利经济主体还可以包括以营利为主要目的的营利性投资，而营利性投资是以利润为主要目标的，所以水利筹融资还应包括投资的回收性原则，也称利润原则。由于利润原则下的筹融资对象就是营利性的投资行为，所以下面简要讨论营利性投资的决策行为特征。

首先，利润是营利性投资的最主要目标。营利性企业、商业性金融或非金融机构等一切经济假设中的个人(以下把这类投资主体统简称为企业)是最具市场经济特征的。市场经济本质上是一种利润经济，所以企业对利润的追逐，不仅是人们投资的最主要目的，而且还是支配人们行为的总纲领。一项投资，只有它能为投资者带来较高的预期利润(收益)时才会发生，这是由资本攫取剩余价值的本质与市场经济中的外在压力所决定的。众所周知,人们从事经济活动的最主要目的就是为了满足自己的各种利益需要。对资本的所有者来说,其实现自己利益目标的手段就是利润,正如工人实现自己利益目标的手段是工资一样,如果没有利润,资本家就不可能实现自己的利益目标,所以获得不断增加的利润是所有资本家的内在欲望。同时,资本家的该行为也是市场经济外在压力的结果,在市场经济的财务硬约束条件下(指企业的现金流入不能大于其流出时,企业就要破产),如果厂商的现金流入弥补不了现金流出,即出现亏损,不仅资本家的利益目标不能实现,而且企业也可能被淘汰,所以追求利润成为市场经济条件下厂商行为的必然结果。

其次,由于受到财务预算的硬约束,稍有不慎就可能遭受灭顶之灾,所以营利性组织为保证投资的安全和盈利,他们往往对每一项投资都进行尽可能详细的调查和缜密的计划。面对市场经济本身固有的矛盾,虽然企业的预期目标往往不能够完全实现,但他们会尽自己的最大努力去争取目标最大限度的实现。

最后,通常情况下由于利润和风险共存,风险越大,要求收益也越大,风险增加通常会降低投资的预期收益,对投资起弱化作用,所以不同行业都会在收益和风险之间选择一定的偏好。比如,保险公司、养老基金、公营企业等,都会选择那些风险较低而收益适中的水利等基础产业投资。这就使得水利筹融资在寻找合作投资者时,就有了较为明确的目标。因此,我们在考虑吸引投资者参与水利基础设施的筹融资中,通常把具有风险低收益可相应降低的目标作为主要投资对象来分析。

第三节　水利筹融资的主要方式

根据国内外的长期实践,总结现有水利筹融资方式主要应包括税收、公债、使用性收费、水利公共基金、国有(水)资源地租收费、国有经营性资产收益、受益者投劳出资、捐赠、借贷款和营利性投资等十种方式。下面对几种主要融资来源的概念以及特征做分类介绍。

一、税收

(一)税收及其特征

不同的研究与应用对税收所做出的定义也不相同。这里从税收对水利等公共生产领域筹资的角度,对税收的概念做如下概括。

税收是国家向公民提供公共产品和服务而收取的“价格”。如布坎南认为,税收是政府为公共服务筹集资金而取得收入的一种正常途径。如果我们考虑一种“交换”的财政过程,税收便是人们取得公共活动利益而支付的“价格”。也有学者从配置资源角度,认为税收是国家进行资源配置、调节经济的一种手段。他们认为,国家通过对税制结构、税率等方面的调整,以引导资源更有效率的配置。按照凯恩斯学派的观点,税收也是国家进行反周期经济调节的工具。

由以上对税收的各种表述,我们可以归纳出税收的一些主要特征:①强制性。税收是国家凭借其政治权力并应用法律、法规以及相应的强制手段而课征。税收分配关系是国家凭借其政治权力,通过立法程序而设立,不论纳税人是否自愿都必须缴纳税款。另外,税收的强制性还体现在对纳税人没有履行纳税义务而采取的强制性惩罚措施。②固定性。国家在征税之前,就预先规定了征税对象、纳税人、课征标准以及征税方式等各方面规范,征纳双方都必须共同遵守,不得随意变动。③无偿性,又称非直接对称性。这是与使用性收费、公债等有偿性筹集资金比较而言的。税款在征收以后,即归国家所有,而不需要向纳税人支付任何直接对应的报酬。

(二)税收的构成要素

(1)纳税人。纳税人也叫义务纳税人,即法律上规定的直接负有纳税义务的单位和个人。它可以是自然人也可以是法人。纳税人可以直接向税务机关缴纳税款,也可由代扣代缴人代为缴纳。代扣代缴人可以是自然人也可以是法人,法律规定代扣代缴人有义务从自己持有的纳税人收入中扣除其应缴税款,并代为向税务机关缴纳。

(2)课征对象。课征对象指对什么东西或者什么行为征税,即征税的承载物或承载行为,这也是区分不同税种的标志。

(3)税率。税率指征税数额与征税对象之间存在的比例关系。通常有比例税率(又称线性税率)、累进税率和定额税率三种。

(4)计税依据。即所谓的"税基",也就是计算应纳税额依据。计税依据又分为两类:一是计税金额,如销售量、所得数额等,它主要是从价税的依据;二是计税数量,如课征对象的体积、面积、重量等,它主要是从量税的依据。

(三)税收的分类

(1)按照课征对象不同,可分为流转税、所得税、财产税、行为税和资源税。流转税是以商品或劳务的流转为课税对象,计税依据主要是商品销售额或营业收入,一般采用比例税率。我国目前的增值税、营业税、消费税和关税都属流转税类。流转税通常是发展中国家最主要的税源。所得税是以单位和个人的收入纯利润为课征对象,一般采用累进税率,以体现公平税负原则,是国家维护和调节收入再分配的重要手段,也是西方发达国家最主要的税源。财产税是指以各种动产和不动产为对象的课税,它的来源是财产的收益或财产私有人的收入。行为税是指以纳税人的特定行为为对象而征收的税种,如固定资产投资方向调节税、印花税、屠宰税等都属于行为课税。

(2)按照税负是否能够转嫁,分为直接税和间接税。直接税是指由纳税人直接负担税款,税负负担不容易转嫁的一类税种。间接税是指纳税人能够将税收负担转嫁给他人的一类税,如增值税、消费税等,其纳税人与负税人往往分离。

(3)按照税收的管理和使用权限不同,可分为中央税、地方税和共享税。我国自 1994 年实行分税制以来,划归中央税的有关税、消费税、海关代征的增值税、中央企业所得税、一切银行和非银行金融机构所得税等;划归地方的税种有营业税(不包括银行、保险和各类金融机构)、地方企业所得税、个人所得税、农业税、城市建设维护税、城镇土地使用税、固定资产投资税等;共享税有增值税(中央 75%,

地方25%)、资源税、证券交易税等。

(4)为公共经济学研究的方便,我们通常依据对家庭预算的影响来对税种进行分类。家庭预算可以从来源(收入)和使用(支出)两方面考虑。对来源征税的税种包括所有对要素投入所得的征税,它又分为部分要素税和一般要素税。当这种征税是针对工业中部分投入要素时,就是部分要素税。比如企业所得税就是以资本所得为征税对象的部分要素税。所谓一般要素税是指对某要素征税,而不区分该要素的类别与所得后的支出。对使用征税是指对购买商品的征税,又可分为特种商品税与一般商品税。特种商品税指对购买特定商品征税,而一般商品税是指对所有商品征税,零售税即属此类。

二、公债

(一)公债的作用

公债除了为水利等基础设施筹集建设资金外,还有其他一些作用。

(1)弥补财政赤字。通常有三种方法可以用来弥补财政赤字:增加税收、向中央银行透支或由政府举债。由政府举债是公债产生的主要原因。在政府发生财政赤字的时候,税收除了在时间上滞后的重要原因外,它还是一种强制和无偿的方式,容易在政治上和经济上招致反对。向中央银行透支,或者增发货币容易引起通货膨胀,对宏观经济的稳定非常不利。发行公债是一种自愿、有偿、灵活的方式,国债只涉及到资金使用权的让渡,不改变货币流通总量,不会导致通货膨胀。因此,各国普遍认为,政府发行公债弥补财政赤字,是比税收和发行货币都更迅速、更灵活的一种较好办法。

(2)筹集提供公共产品所需资金。在大型公共工程需要巨额资金时,公债同样是一种比税收更灵活、适用的筹资方式。一般而言,政府经常性的税收收入不可能、也不太适合用于支付大型的项目建设,故需要用长期的借款方式来筹集建设资金。如我国发行的三峡建设特种国债,以及1997年以后国家发行了大量国债,其绝大部分资金都用于建设基础设施。实际上,对地方政府来说,也可以此作为最主要的大型项目的融资手段。另外,西方经济学界普遍认为,水利等大型基础设施的建设,由于费用发生在前,而这些项目所提供的服务在后,并且有时只能供后人享受,因此若只是以税收来支付这些建设费用,不符合公平负担的财政原则。通过发行公债把这些费用的大部分或绝大部分转嫁到未来实际享受这些福利的人们身上是合理的。

(3)调控经济。在市场经济条件下,货币政策是国家宏观调控经济的一个重要手段。作为货币政策的三大主要工具——再贴现率、银行存款准备金和公开市场业务,中央银行通过在证券市场上公开买卖一定数量的公债,可以对商业银行的存款准备金、货币流通的数量进行有效调节,使之达到合理的水平。同时由于公开市场业务的灵活性,中央银行能够根据宏观经济的状态和市场的变化随时调节,连续经常性地进行操作,而且其作用也较为直接。

(4)利用闲置资金,拉动投资需求,提高资金的使用效率。国家通过公债将货币资金予以集中,使闲置的资金由储蓄转化为投资,由消费领域转向(公共)生产投资领域,从而调整积累与消费的比例关系结构,一定程度上烫平经济周期,并使其保持在一个合理的水平上。国家将公债资金投资于国民经济的重点基础建设项目,可以拉动私人投资需求,调整产业结构。实际上我国 1997 年以后实行的积极财政政策,同样也为了这一目的。

(5)提供新的信用流通工具。作为一种新的信用工具,公债以国家信用为基础,有着稳定的收益和较低的风险,丰富了投资渠道和金融品种,有助于实现由储蓄向投资的转化,降低了金融体系上的风险,其本身也是一种优质的金融资产。

(二)公债的价格

(1)公债价格的确定主要由公债市场的供给和需求状况决定。需求大于供给时价格上升;反之,则价格下降。影响公债价格的主要因素有:①市场利率。公债的价格与市场利率呈反方向变动,当市场利率上升时,信贷紧缩,由于购买公债机会成本和相对价格也相对上升,对公债投资品的需求相应减少,因此公债的价格也将随之下跌;反之,当市场利率下降时,公债的价格上升。②中央银行的公开市场操作。为了抑制过热的国民经济,中央银行采取紧缩性的货币政策,在公债市场上抛售公债,回收货币,公债的价格也随之下降;当国民经济处于萧条时,为了刺激经济的复苏,央行在公债市场上购入公债,相应地增加货币供应量,公债价格将会随之上升。③外汇利率。当一国货币对外币的汇率上升时,会吸引投资者购买该种货币的公债,在公债供给量大体稳定的情况下,公债的需求增加,则公债的价格上升;反之,公债的价格下降。④通货膨胀率。一般地,通货膨胀率与公债价格呈反方向变动。当通货膨胀率上升时,实际利率上升,资金变得相对稀缺,公债投资的机会成本上升,投资者出于保值的考虑,也会将资金投资于其他品种上,公债价格下跌;反之,则公债价格上升。此外,投机活动、一国宏观经济的周期波动、经济发展水平以及国家时局的稳定性程度,也是影响公债价格的重要因素。因此,公债的最终市场价格实际上是由诸多因素共同作用的结果。

(2)公债的发行价格有平价发行、溢价发行和折价发行等三种情形。其发行方式有:①公募招标法,即通过在金融市场上公开招标的方式发行公债。通过投标人直接竞价来确定价格或利率。②承受法,即由金融机构承购全部公债,然后转向社会销售,未能售出的差额由金融机构自身承担。③出售法,即政府委托承受机构利用金融市场直接出售公债,如通过银行的柜台直接出售。④支付发行法,即政府对应支付的经费以债券代付。⑤"随卖"方式,即根据市场行情常年销售。如果公债的销售达到一定程度,或市场利率水平变化,则停止本期公债的销售,然后调整利率,销售下一期公债。

(3)还本付息的方式主要有:①一次偿还法,即政府对发行的公债实行到期后按照票面金额一次性全部兑付本息的方法。②买销法,即政府通过在市场上直接购进一部分公债债券,在公债到期前,逐步还本付息的一种方法。它主要见于中央银行的公开市场业务,一方面它是公债兑付本息的方法之一;另一方面它也是国家调节金融市场的政策工具。③分期偿还法。④以债偿还法。该法有助于缓解偿债高峰的兑付压力,但不利于维护政府的债务信用。⑤提前兑付法,指政府发行的公债尚未到期时提前偿还债务的一种方式。在我国,提前偿还债务必须具备两个条件:一是当购买债券者因全家出国定居,公债按照规定不能携带出境时,国家允许出国者本人持未到期的公债提前到银行办理兑付;二是由于持券人保管不慎导致公债破损,已无法保存到兑付期,原则上可以办理提前偿还。

关于公债的理论演变、经济理论分析以及合理规模确定等,在第八章做出详细讨论。

三、公共生产使用性收费

使用性收费是指政府或水利公营企业在提供特定的公共设施服务后,按照一定的标准向使用者收取的费用。水利事业收取使用费的目的是为了弥补公共产品的运行管理成本,提高管理效率,增强公共产品的有效供给,避免浪费。由于大多情况下水利属于公共属性和私人属性的混合体,而且不同水利事业的公共属性与私人属性的比例不同,因此在提供水利公共产品时,所收取费用的力度各不相同。有些可以完全按照营利性企业的收费标准,全成本再加上一定比率的利润;有些则必须按照纯公共产品的方式免费提供;但更多的情况是介于两者之间,收取的使用费可以部分地弥补运行管理费用,其他部分的费用由政府通过税收或其他方式补贴。

需要特别指出的是,目前我国还有几种比较特殊的收费方式,这里暂且把它们称为使用性公共收费。比如,为河道整治、维修、维护而设计的筹集费用,为水土保持设计的筹集费用,水资源使用收费,为水利工程建设筹集的水利建设基金等。进一步仔细分析,前面讨论的使用性收费与这里列举的几种收费不同。前面讨论的使用性收费基本上属于收益付费对称式的市场行为,而这里举例说明的几种方式则由于收益与收费的不直接或不完全对称性而更多地带有税收性质。另外,还有一种水利基金与上述列举的收费方式也不相同,那就是为我国三峡工程和南水北调工程专门设计的项目专项基金,我们这里姑且把它称为项目基金。它与上述使用性公共收费的不同在于,使用性公共收费属于经常性收费,而项目专项基金属于非经常性筹资,前者与使用性收费相似,而后者与公债类似。项目专项基金在设计与运作方面都类似于公共融资中的税收,但它与税收的不同之处又在于项目专项基金的使用目标比税收的针对性大得多。

使用性公共收费的原则在实际执行中比较复杂,这一方面是由于使用性公共收费带有集资性质,因而其标准难以精确确定;另一方面更重要的还在于,税和费的无偿性差异往往很难区分。世界经济合作组织(OECD)在税与费的分类中指出,在满足下列条件时,公共收费可视为无偿的,即可以认为是税收:①政府征收的收入大大超过其提供该类公共产品或服务的成本;②费用的缴纳者并非是直接的受益者;③政府并不根据所征收的收入份额提供给缴纳者任何特殊的服务;④即使只有付费者受益,但每个付费人并非必然按其所付的份额得到相应比例的受益。这从另一个方面说明了使用性公共收费的原则仅在于受益的直接性和受益负担的直接对称性。

整体上考察,使用费收取是水利筹融资的一种重要途径。分析其理论上的合理性,可概括如下:

(1)一方面使用性收费可纠正政府缺陷,弥补政府失灵。应该说,使用性收费,是一种在不完美的市场与不完美的政府之间的折中或妥协,或者说,是一种在不完美的程度和类型之间、在失灵的程度和类型之间的综合或平衡剂。另一方面,使用性收费可以弥补财政支出的不足。从国际比较来看,费收占中央政府财政收入的比重都不大,但随着政府层级的降低,费收与税收相比所占的比重都在不断上升。

(2)由于公共产品消费上的非竞争性和非排他性,人人都可以消费而不必直接承担相应的成本费用,这就可能出现两种情况;一是公共产品的消费过度,造成资源浪费,偏离帕累托效率;二是由于“搭便车”的人过多,在超过了一定的限度后会出现拥挤现象,从而使这种公共产品的供给显得相对不足。为弥补公共产品的成本和减少拥挤,就有必要采取收费的方式促进某些公共产品的有效供给。

(3)使用性收费可以对某些经济活动中的负外部性进行纠正。在商品生产过程中,微观经济主体为追求自身利益最大化,可能会损坏他人或社会的利益,从而带来负外部性。为了减缩私人成本与社会成本的差距,规范私人行为,减少其经济活动中产生的负外部性,就有必要采取惩罚性收费的措施予以纠正。

(4)促进国有资源的有效利用。为了公共资源的有效利用,政府向这些资源的使用者收取一定的费用,以此约束使用者的行为,做到物尽其用。

在分析了使用性收费的理论依据以后,我们还要在第九章研究使用性收费的标准,即定价问题。

四、国有资产收益

国有资产指的是国家依据法律所拥有的自然资源,或由于资金投入、资产收益以及接受馈赠而形成的资产,它的一切产权属于国家。按照经济用途不同,可以将国有资产划分为三类,即营利性资产(它主要表现为国家投资或资本收益而形成的国有企业)、非营利性资产和资源性资产。由于非营利性资产侧重于社会效益,不追求或很少追求直接的经济效益,甚至还需要国家的财政补贴,因此这里讨论的国有资产收益指的是国有资源的收入和国有企业的经营收益。

国有企业的收益主要包括:①国有企业经营的利润上缴。②国有资本控股或参股企业的股息红利收入,这是一种比较规范的国家和企业的收入分配形式。③租赁收入。即国有企业的承租人按照合同规定从承租人收入中上缴的租金收入,相当于国有资产的使用费。实行租赁制的国有企业除了上缴租金外,还要上缴一部分税后利润。④国有企业破产清算、拍卖所得,以及国有股出让等。

总的来说,营利性国有资产的收益主要包括税后利润收入、租金收入和产权转让收入三大类;国有资源的收益主要包括转让使用权收费、产权出让所得两种。

比较国内外实践,现在考察影响国有资产收入规模的因素,其主要应包括:①国家的经济体制。在计划经济体制下,国有经济占有主导地位,因此来自于国有资产收入的比重比较大;在市场经济条件下,国有经济的比重相对较小,因此来自于国有资产的收入也相对少一些。②国有化程度。在同一经济体制下,一国经济的国有化程度是决定国有资产收入规模的重要因素。③国有资产结构。一般来说,非营利性国有资产的收益很小,甚至不会带来直接的经济效益,而营利性国有资产能够带来一定的收益。因此,在国有资产规模既定的情况下,营利性国有资产所占的比重越大,则国有资产的收益规模也越大。④企业税负的大小。国家凭借所有权参加国有企业的税后利润分配,如果企业的税负较低,则可供分配的税后利润就越多,相应地,国有资产的收益规模也就随之扩大;反之,则缩小。⑤国家自然资源的丰缺程度。国家自然资源的丰缺程度是影响国有资产收益的又一个重要因素。国家自然资源越丰富,按照经济规律,自然资源的使用费收取或出口换汇的规模就越高,国家对自然资源的收入规模就越大。

第四节　筹融资结构及方案制定

上面分项讨论了水利的主要筹融资方式,在这里要做一个简单的比较和归类,并对具有核心地位的筹融资方式的不同结构进行小结,同时还要对具体项目的筹融资方案制定做一些原则性分析。

一、从使用目标上划分筹资来源

从全面来看,水利筹融资的来源并非只有以税收为核心的政府财政拨款,尽管毫无疑问,税收最终仍是世界各国承担公共生产部门筹资最经常和最重要的来源。

按照各类筹融资的不同属性,结合国际货币基金组织的统计分类方法[1],水利资金来源大体上可分为三大类:一为经常性收入,除财政税收以外,还包括若干非税收性收入,如使用性收费(使用性公共收费)、国有企业利润上缴等;二为政府的资本性收入,包括项目专项基金、国有资产转让、国有资源使用或转让、资本捐赠等;三为市场融资,包括政府的公债收入、国内外银行借贷款以及营利性投资等。

在上述各类筹融资来源中,以经常性收入最为重要,其中税收和使用性收费又居其核心地位,并且这一类收费多用于弥补正常的运行管理费用。另外,由于我国与世界各国相比财政公共收入占GDP比重偏低(见表6-1),所以在筹集大型水利项目建设和更新改造资金时,又以项目专项基金、公债以及银行借贷款为主要筹集手段。当然,由于公债说到底也是需要由税收来偿还其本息的,所以从这个角度看,公债又属政府财政支出一类。

表6-1　部分国家中央政府财政收入占GDP比重

国家	1980年	1990年	1995年	1998年
英国	35.2	36.5	36.1	38.4
意大利	31.4	38.5	41.2	41.5
德国	—	—	32.6	31.5
法国	39.6	40.4	40.6	—
美国	20.2	19.5	20.4	21.8
日本	11.6	14.4	—	—
加拿大	18.5	21.0	20.4	—
中国	6.3	5.4	5.6	6.2
印度	10.8	12.4	12.0	11.6
阿根廷	15.5	10.4	14.0	—
缅甸	16.0	10.5	6.4	—
墨西哥	15.1	15.3	15.3	—
马来西亚	26.3	27.1	24.8	—
南非	22.9	26.3	24.4	26.3

注:资料来源于世界银行《发展指标》(2000年)。

[1] 国际货币基金组织,《政府财政统计手册》,中国金融出版社,1988年。

在各类非税收性收入中，使用性收费最引人关注。一般说来，只要能够低成本地做到排他，那么使用性收费的方式就是符合效率原则的，它既可以消除公共产品的搭便车与过度消费，也符合税收公平中的受益原则，所以经济学家们都赞同尽可能地采用使用性收费方式来筹集资金。

二、从筹资成本上划分资金来源

下面从筹融资成本方面分析。筹融资方式的比较与分类见表 6-2，可以看出：①使用性收费、税收和政府的资本性收入的成本应该最低。如果把政府收税的成本与税收的额外负担算进来，则税收的成本就要高于使用性收费成本，而使用性公共收费的成本也要高于使用性收费成本。在这里，项目专项基金的筹资成本与税收相当。②因为公债的还本付息都是由政府财政来承担，所以相对于项目来说，公债的成本也属于成本最低行列。当然，如果把政府财政的成本考虑进去，那么公债的筹资成本就相当于国内外政策性银行的低息贷款。③银行借贷款通常都是由项目本身来还本付息的，所以这一类的筹资成本通常都比较高。但我们也可以进一步细分，比如国内外政策性银行的无息和低息贷款的融资成本就较低，而商业性银行的长期贷款成本较短期贷款为低。

表 6-2　筹融资方式的比较与分类

项目		经常性收入	资本性收入	市场融资
低成本	直接成本	使用性收费		
	间接成本	税收	项目专项基金	
中等成本	间接成本		资本金投资 项目融资	公债
	直接成本			政策性借贷
高成本	直接成本			商业性借贷
	间接成本			

三、从受益与筹资负担的跨代性匹配方面分类

由于水利项目的建设期通常都比较长,见效都比较慢,甚至有些水利项目的效益到了下一代才能够显现出来,所以如果筹资负担都由建设期的一代人负担,则有失公平,同时也不符合帕累托最优原则。因此,可以考虑把适当的债务负担转嫁给受益的下一代或第二、第三代人。从受益与筹资负担的跨代性匹配方面考虑,公债与长期借贷款就属于负担向后转嫁的筹融资方式,而吸收资本金投资也属于负担转嫁的筹融资方式。

四、其他方面的分类

对不同筹融资方式在筹款原则与运作等经济性质方面考虑,我们还可将它们划分成三类:①不直接补偿而具有一定强制性的公共融资,包括税收、项目专项基金等;②有偿性的债务式融资,包括公债、长期借贷款等;③定价式的筹款方式,包括使用性收费和公共水资源定价等。后面要进行的经济性分析就是依据这种分类展开的。

五、从筹资的限度方面考虑

以上从四个方面分析了不同筹融资方式对制定水利项目筹融资方案所提供的参考原则,表 6-2 给出了对它们分析的大体汇总。除了在筹融资方案制定过程中要考虑筹融资的主要用途以外,我们仍然还不能随心所欲地只考虑对项目来说属于低成本的筹融资方式,因为还有四个方面的制约因素需要我们考虑:①要顾及到不同筹融资方式的间接成本问题,正如我们将要在第十章中分析的那样。②需考虑不同筹融资方式的筹资限额,即最优筹资规模问题,后面的第七、八、九章对此有详细分析。③要考虑到项目本身的公益性程度,项目的公益性程度(也称经济强度)高,可以多考虑一些低成本或者对项目来说只有间接成本的筹资方式,如税收、公债、项目专项基金等。但是,由于这些筹资方式都是由政府根据水利项目的公益性

程度，以及财政、货币和金融政策来通盘考虑与平衡的，所以许多情况下，对低成本和间接成本的筹融资方式的偏好还要受到政府的强有力制约。④要注意工程项目受益的跨时代问题，以及注意筹资负担与受益在时代上的匹配，因为无论是当代人的负担过重，还是后代人的负担过重，都不是帕累托最优原则所希望的。

第七章　公共筹资理论

这一章研究公共筹资理论。正如我们在前一章所考虑的，公共筹资包括税收和项目专项基金两种方式。由于历史原因，税收理论是公共经济学最丰富、最完善，也是最具基础性的理论，其他方式的筹融资理论大都直接由税收理论扩展而成。基于此，本章对公共筹资理论分析的展开主要是沿着税收理论的逻辑而行，并且概念中的大部分也都直接承袭了税收理论的定义。本章在内容方面做如下安排，即前三节讨论税收基本原理的规范方面，侧重于分析筹资的不同原则，包括效率原则、公平原则、最优规模等，目的在于对各类筹资方式的设计给出理论性指导；后两节侧重于讨论税收对社会经济各方面造成影响的效应分析的基本原理和基本思路，主要包括筹资对社会经济造成各种影响的分析原理，以及筹资额外负担的定量估测两个方面。

第一节　公共筹资的效率分析

公共筹资的效率涉及两个主要方面，一是对资源配置效率的影响；二是公共筹资本身的效率。这里主要分析公共筹资对资源有效配置的影响。

一、中性原则

原始意义上或者说纯粹的税收中性原则，就是不影响人们行为的原则。从逻辑上说，一种税收若想不对人们的行为产生影响，它就应该具备令人来不及改变自己行为的特点，也就是使人猝不及防，从而不致产生行为扭曲。不过，现实中人们不可能听任完全出人意料的税收方式存在，因为那样无异于允许收费者横征暴敛。从经济学上说，在市场有效运行的前提下，不影响人们行为的公共筹资意味着不破坏资源有效配置的一系列帕累托条件。具体地说，比如个人在商品 X 和 Z 之间，在休闲 L 和工作 Y 间，在未来消费 C_f 和现在消费 C_p 之间，都已经有了固定的选择。中性的税收是指：

(1)税后不改变个人对消费 X 和 Z 的边际替代率，并且还应等于两种商品的价格比率 P_X/P_Z，即

$$MRS_{XZ} = MRT_{XZ} = P_X/P_Z \tag{7-1}$$

(2)税后不改变个人对休闲 L 与工作 Y 安排之间的边际替代率，并且还等于工资率 ω，即

$$MRS_{LY} = MRT_{LY} = \omega \tag{7-2}$$

(3)税后不改变个人对未来消费 C_f 和现在消费的 C_p 的边际转换率，并且还等于两种消费的转换比率$[1/(1+i)]$，即

$$MRS_{CfCp} = MRT_{CfCp} = 1/(1+i) \tag{7-3}$$

其中 i 是推迟消费的报酬或称利息率。

那么，有没有这种能够同时满足以上三个条件的税式筹资呢？应该说满足一个条件的情况还是有的，但同时满足三个条件，却是非常之难。因为人们在现实中的选择总是多样化的，而并非只在一对备选对象中抉择，所以绝大多数税收都会至少在一个方面破坏税收中性。

二、税收对效率条件的破坏

理解税收如何破坏效率条件，首先需要区别它会带来的两种效应，即收入效应和替代效应。

(一)税收的收入效应

简单地说，税收的收入效应是指税收课征使纳税人的收入减少，支付能力和满足程度下降。图 7-1 是对税收收入效应的解析。设某人的收入为 y，在两种商品 X 和 Z 之间消费，其价格分别为 P_X 和

P_Z,可得税前预算约束线为 $P_X X + P_Z Z = y$,反映在图 7-1 中为 AB 线。总可以找到一条无差异曲线,与 AB 线相切,设为 I 曲线,切点为 E_1,它决定了对 X 和 Z 最优消费组合。这时,$MRS_{XZ} = P_X / P_Z$。考虑征税方案是对两商品都按税率 t 征从价税(对个人所得征税同样能满足该模型),因此预算约束线变为

$$(1 + t)P_X X + (1 + t)P_Z Z = y$$

或

$$P_X X + P_Z Z = y/(1 + t) \qquad (7\text{-}4)$$

可见,税后个人的实际收入从 y 下降到$[y/(1 + t)]$,预算约束线内移为 $A'B'$ 线。同样,总可以找到无差异曲线Ⅱ,切点为 E_2,它决定了个人的税后对 X 和 Z 商品消费的最优组合。如图 7-1,这意味着税后个人对两种商品消费的边际替代率没有改变,$(MRS_{XZ})' = P_X / P_Z$。可见,税后和税前一样,都符合帕累托效率条件。

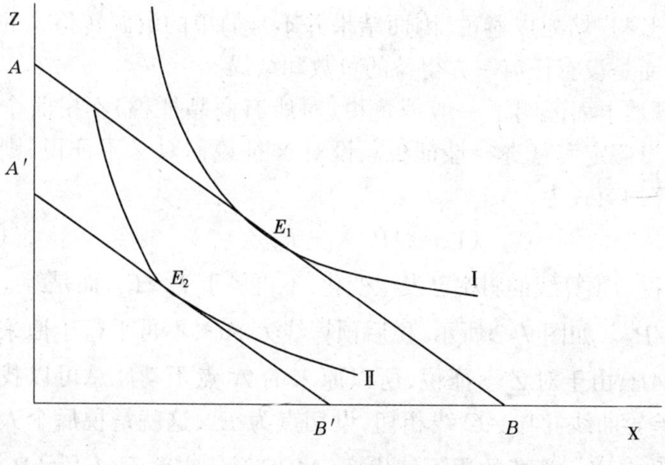

图 7-1　税收的收入效应

上面分析了税收的收入效应,它说明个人收入的一部分转移到了公共部门手中,成为公共投资,而导致个人支付能力下降,从而不再能消费原来那么多商品。只是,收入效应并未改变行为方式,没有

对资源配置产生扭曲，对 X 和 Z 的消费实行了同等程度的减少，从而证明了税收的收入效应不破坏效率条件。

从理论上说，征收一般商品税和所得税应该只有收入效应，但是，现实中由于人们消费的多样化，所以当支付能力降低时，不可能实行对每一种消费的同等比例缩减，管理学家马斯洛的五个层次需求理论正好为此作注脚。因此，一种税收只有收入效应而没有替代效应，这只是理想化的简化分析。

(二)税收的替代效应必然带来效率损失

与收入效应不同，税收的替代效应是指税收课征使纳税人的行为方式发生变化，表现为缩减对征税商品的消费，或者改为对其他商品的消费。这时所发生的就不只是收入由私人部门向公共部门的转移，而是在转移过程中发生了对个人行为的扭曲，产生了效率损失。经常被引用的例子是实行窗户税。由于对窗户实施征税，所以人们纷纷把窗户堵死以避税，因而结果并不是简单的资源转移式的零和情形，而是没有任何一方得益的负数和结局。

既然上面证明了一般消费税(对所有商品征税)不扭曲个人行为，这里假定实行选择性征税。设对 X 征税而对 Z 不征税，则个人的预算约束式为

$$(1+t)P_X X + P_Z Z = y \tag{7-5}$$

可见，税后预算线的斜率已发生变化，不再等于 P_X/P_Z，而是等于$(1+t)P_X/P_Z$。如图 7-2 所示，税后预算线为 AC，不再平行于原来的预算线 AB，由于对 Z 不征税，所以原来的 A 点不动。总可以找到一条无差异曲线Ⅱ与 AC 线相切，设切点为 E_2，这就是税后个人在商品 X 和 Z 之间消费的边际替代率$(MRS_{XZ})'$，它等于$(1+t)P_X/P_Z$。这时对生产来说，其边际转换率却并未改变，因为 X 的生产者得到的价格并非是$(1+t)P_X$，而仍然是 P_X。所以，二者之间经常被认为是插进了一个税收楔子。

由于这一楔子的存在，使得

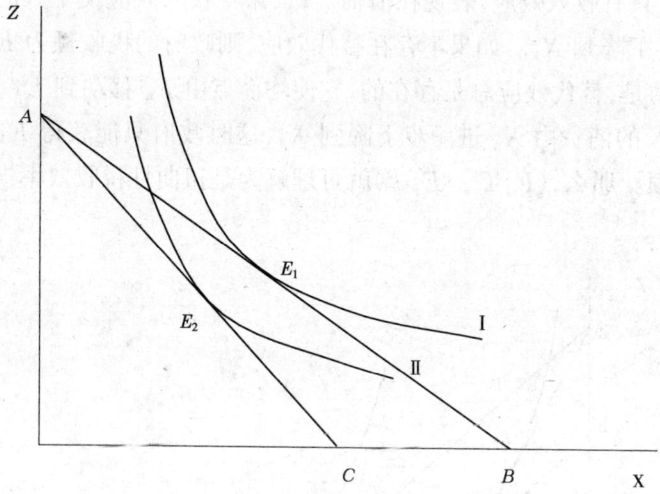

图 7-2　税收的替代效应

$$(1+t)P_X/P_Z=(MRS_{XZ})'\neq MRT_{XZ}=P_X/P_Z \quad (7\text{-}6)$$

即帕累托效率条件被破坏，从而证明了税收的替代效应一定破坏效率条件。

三、剔除收入效应，就是对效率损失的衡量

前已证明，只有替代效应才会破坏帕累托效率条件，引起效率损失，而现实中任何税收的课征都既包括收入效应也包括替代效应。以图 7-2 为例，从税前的均衡点 E_1 到税后均衡点 E_2 的移动，它只说明了包含替代效应在内的总效应。因此，为准确估算税收的效率损失，首先需要将总效应分解，以便剔除收入效应，分解的原则并不复杂，就是将收入变化的影响剔除掉，只考虑纯粹的价格比率变化的效应；其次用消费者剩余的概念来估算效率损失的大小。

保留图 7-2 的基本框架。由于收入效应下预算线要平行移动，同时又必须保持相同的无差异曲线，可作一条与曲线 II 相切并平行于 AB 的直线，如图 7-3 中的 $A'B'$ 线，设切点为 E_4。可知由点 E_1

到 E_4 只有收入效应,表现在横轴上,意味着收入效应使个人的消费从 X_1 下降到 X_4。如果不存在替代效应,则政府的税收额为 E_4T'。遗憾的是,替代效应总是存在的,它使均衡点由 E_4 移动到 E_3 点,个人对 X 的消费由 X_4 进一步下降到 X_3,这时政府只能获得 E_3T'的税收额。那么,($E_4T' - E_3T$)就可理解为是扭曲性税收效率损失的大小。

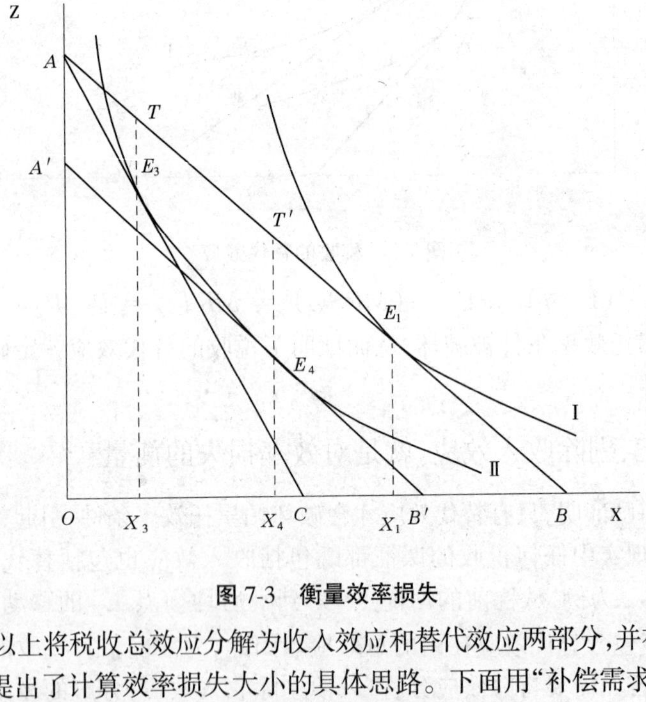

图 7-3　衡量效率损失

以上将税收总效应分解为收入效应和替代效应两部分,并在其基础上提出了计算效率损失大小的具体思路。下面用"补偿需求曲线"和消费者剩余的净损失来估算效率损失的大小。

补偿需求曲线❶ 是由希克斯提出的剔除收入效应方法而来,他认为如果需求量变化后仍可以保持效用水平不变,就可以认为是消

❶ 朱善利,《微观经济学》,北京大学出版社,1994 年。

除了收入效应的影响。图 7-3 中,由均衡点 E_4 到 E_3,说明对 X 的需求量发生了变化,但它们的效用水平没有改变(与其相切的无差异曲线都是Ⅱ)。把 E_4 和 E_3 均衡点相连,重画于图 7-4 中,其 D_c 线就是补偿需求曲线,称为希克斯曲线。再看图 7-3,由于从 E_1 到 E_4 所引起的对 X 需求量的变化中没有价格改变,所以补偿需求曲线不予考虑。

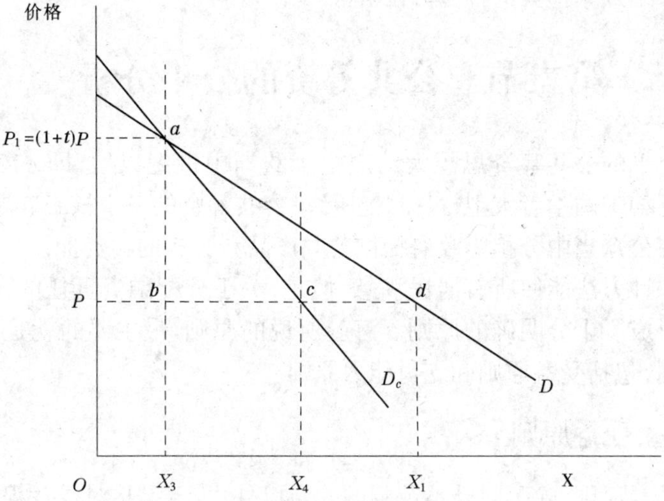

图 7-4　补偿需求曲线与税收的效率损失

补偿需求曲线关心的是价格比率变化可能对个人福利产生的不利影响。所谓补偿,就是将由于 X 价格提高而减少对 X 的消费量,用多消费 Z 的方式补偿回来,从而保持无差异曲线水平不降低。微观经济学中称这种补偿为在保持个人福利水平不变的条件下,用多消费 Z 的方式来弥补因价格提升造成的对 X 的少消费。

还看图 7-3,总体上考察,这里假设商品 X 有两种价格水平,税前 P 和税后 $(1+t)P$,税收的总效应下,对 X 的需求量从 X_1 减少到 X_3,对此,连接 E_1 和 E_3 均衡点,可做出一般的需求曲线 D,也称马歇尔需求曲线。同样,将 D 曲线重画于图 7-4 中。

税收引起的效率损失,可以理解为社会福利的净损失。利用图 7-4的补偿需求曲线,可推导出效率损失的面积。由于税收使价格从 P 上升到了$(1+t)P$,需求量从 X_4 下降到了 X_3,所以消费者剩余的净损失为平行四边形 $acPP_1$,其中矩形 $abPP_1$ 为转移到政府部门的税收,三角形 abc 为消费者净损失,即效率损失。本章最后一节将介绍效率损失的计算方法。

第二节　公共筹资的公平分析

公平的公共筹资思想大约产生于欧洲中世纪以后,即 17 世纪末。正如美国学者大卫·N·海曼所说:公共筹资的一个核心问题,就是要在公众当中分担为政府提供公共产品和服务的融资责任。没有任何一种方法能使所有居民满意,但是,关于分配融资责任的方式,已经形成了十分明确的原则。海曼所说的原则,最主要的就是指公平原则,包括受益原则和支付能力原则。

一、受益原则

受益原则,除了对受益范围的确定以外,主要是指对受益程度的关注。因此,受益原则主要是指政府所提供公共产品与劳务成本费用之间的分配,即税负要与社会成员从这些公共产品中获得的效益相联系,个人应按照所获得的边际效益大小来分担政府支出的份额。进一步分析,这一原则涉及到两个问题,一是如何衡量受益的大小;二是怎样按照受益大小征税。实际上,前者属于选择税基,后者属于选择税率。

(一)税基的选择

衡量受益的传统指标大致有财富、收入、消费和成本。①用拥有财富的多少判断个人从公共支出中得益的大小是十分自然的,相当多的人支持这一观点,比如孟德斯基认为,国家的收入来自于每位公民的财富,而每位公民之所以会贡献其财富,乃是为了确信余下的财富可以确保安全。②也有人主张以收入衡量受益,典型的代表如斯密,他认为每一位公民都应该为支持其国家做出贡献,这一贡献应尽可能接近于他所享受的处于国家保护之下的收入的比例,也就是说,个人从公共支出中得到的好处与他的所得成正比。斯密认为,应纳税的部分包括扣除生计工资以外的租金、利润和奢侈品收入。③霍布斯则主张以消费作为基础,他认为征税的平等存在于消费之中。④格罗休斯主张严格依据政府服务的成本来衡量,该理论的突出之处在于将个人的受益与政府的实际支出结合在一起,避免了其他标准下可能发生的所缴税额大于政府支出的情况出现,从而还需对剩余部分另行处理。

(二)税率的确定

关于税率的确定,早期受益论者大体有两种意见,一是比例原则;二是累进原则。然而,布坎南对受益原则下税率结构的确定给出了远比早期受益论者更为严谨、全面和有说服力的分析。他通过对公共产品需求的收入弹性与价格弹性的对比,给出了确定合适的税率结构的条件,其基本思路如下:

假定其他条件不变,个人收入的增加将会使个人偏好更多的公共产品;或者说,对于同样数量的公共产品,他将愿意支付更高的价格,即他对于同样数量的公共产品的评价将会上升。但是,假定其他条件不变,公共产品价格的上升(即个人税价的提高)将会使个人偏好更少的公共产品;或者说,对于同样数量的公共产品的评价将会下降。

进一步考虑个人收入与公共产品价格同时变化,则个人对于同样数量公共产品的评价,就取决于个人对公共产品需求的收入弹性与价格弹性的对比。①假定收入弹性大于价格弹性,这首先意味着收入的提高引起了对等量公共产品评价的上升,可以将此理解为个人受益的增加;其次,如果因其收入上升而将他的税收价格提高相同的幅度,由于其公共产品需求的价格弹性小于收入弹性,这就意味着价格上升同样的幅度所引起的对等量公共产品评价的下降幅度，要小于收入提高所引起的对等量公共产品评价的上升幅度，即个人来自公共产品的受益受到收入弹性的影响更大。所以从总体上看，受益有净增加，依受益原则，就该收取更高的税价，即征累进税。②假定收入弹性小于价格弹性，这表明个人得自公共产品的受益受价格弹性的影响大于收入弹性的影响。如果随个人收入的增加而将其税价提高相同的幅度，那么从总体上看，个人的净受益反而会下降，因为价格上升同样的幅度所引起的对等量公共产品评价的下降幅度，要大于收入提高所引起的对等量公共产品评价的上升幅度。这种情形下，依受益原则，就该收取更低的税价，即征累退税。③假定收入弹性等于价格弹性，这意味着个人得自公共产品的受益受价格弹性的影响等于收入弹性的影响，如果随个人收入的增加而将其税价提高相同的幅度，不会使个人净受益发生改变。所以，依受益原则，应课征比例税。

受益原则在提出之后的 100 年间，一直受到许多哲学家和经济学家的支持，其影响持久、广泛和深远。然而，随着时间的推移，特别是功利主义的兴起，人们开始越来越关注受益原则的缺陷，并寻求新的原则。比如，典型代表 J·S·穆勒就曾雄辩地指出了受益原则的三大问题：指标的衡量问题、人际贫富的比较和差异问题，以及忽视了初始的收入分配是否公平的问题。他指出，按照受益原则的逻辑，对那些最没有能力自助和保护自己的人应该强迫他们去分担公共产品价格的最大的份额，显然是不符合分配正义的。穆勒的质疑和建树被认为是结束了受益原则的时代，而以他为代表所推崇的支付能力原则得到普遍认同。

二、支付能力原则

（一）基本含义

与受益原则相比，支付能力原则除了税基的确定更具客观性之外，最大的特点就是对于分配正义的重视。其主要表现有两大转变：

一是从受益原则将税收与公共支出合并考虑转向了只考虑税收一个方面,从而简化了对问题的考虑角度;二是能力论者深化了对问题的剖析,他们围绕着分配公平问题展开了许多伦理上的比较和判断。

所谓支付能力原则,指的是政府所提供的公共产品要与社会成员的支付能力相适应,而不用去考虑社会成员所获得的边际效益。其主要代表是亚当·斯密和穆勒等主张的“税收能力说”,他们认为,人们应按照个人的负担能力缴纳租税,能力大者多纳,能力小者少纳,无能力者不纳。通常,支付能力原则又分为横向公平和纵向公平,前者是指对相同福利状况的人征相同的税,后者是指对福利状况不同的人征不同的税。

很显然,纵向公平比横向公平具有更多的麻烦,因为它首先需要对个人福利状况做出判断,然后还需设法做到公平的区别,即如何把不同福利状况人的税负合理地区别开来。针对以上两个问题,穆勒开创了“牺牲相等”的标准,即将税收看做个人的一种牺牲,认为课税应给不同的人带来相等的牺牲,用现代术语描述就是,应带来相等的福利损失。不过经济学家对于什么是牺牲相等的看法并不一致,马斯格雷夫总结了三种主要的牺牲相等原则,即等量绝对牺牲、等量比例牺牲和等量边际牺牲。等量绝对牺牲是指每个人都遭受同样的总效用损失;等量比例牺牲是指个人所损失的效用与其总效用之比都相等;等量边际牺牲是指每个人的边际损失都相等,也就是说,社会团体因纳税而蒙受的总效用牺牲最小。但是,无论是哪一种牺牲相等原则,对于如何才算是公平的区别对待都还没有给出一个简单化的、唯一明确的标准答案。

下面就分别探讨不同福利状况的确定和不同牺牲相等的原则,前者仍然可以理解为对税基的选择;后者则仍然可以归结为对税率的确定。

(二)税基的选择

同受益原则一样,税基的选择大体上包括三种,即收入、财富和消费,下面我们首先对这三种选择作为税基的利弊得失进行简单比较，然后介绍一种新的税基选择思路，即经济实力。

应该承认，收入、消费和财富三者的增加都意味着支付能力的增加，也都会改善个人福利状况，但作为税基，其各有特点。

支持消费作为税基的理由大体有两个：一是社会应对从社会资源中索取的行为（消费）征税，而不应对向社会投资资源的行为征税，所得或收入就是要素向社会投入的回报应得到鼓励；二是对消费征税有利于向投资和储蓄转换，有利于经济发展，符合节俭的美德。但也有学者认为，消费税对于那些不得不花钱的年轻人以及靠储蓄生活的老年人来说，显然是过于苛刻了；另外，过度地鼓励投资和储蓄，会使得消费税的税源大受影响，公共筹资无法保障，还有可能引起经济的滞涨。关于这方面国内外都有大量的案例。因此，有些学者主张对所得征税，认为所得在克服以上两个方面的缺陷基础上，它还比较符合或者说比较接近个人的福利状况。但也有人指责所得税具有双重征税的缺点，因为同一笔收入，如果没有消费，而是储蓄起来的话，那么到第二期末将被再征一次利息所得税，不够公平。

为矫正消费税和所得税的缺陷，一些学者提出开征财产税，当然仅从财产的积累本身会增加安全感、成功感、名望、地位、方便等方面考虑，也不应错过这一税基。但是，由于财产项目的确定与准确评估非常困难，使得该税种只能处于公共筹资中的次要地位。由于无法确定哪一种税更具合理性，所以现实中往往是三者并用，相互补充。另外，还有必要依据具体纳税人的情况做适当调整，因为即使个人的收入、消费及财富完全相等，也会由于赡养人口或身体状况的不同，使他们的福利状况差别很大。

（三）牺牲相等原则的税率结构确定

首先分析绝对牺牲相等下的税率结构。设 x 为收入，t 为个人税额，所得边际效用递减。绝对牺牲相等原则要求，不同收入水平的个人税后损失的总效用应该相等，即

$$U(x) - U(x - t) = C \quad (C\text{ 为常数}) \tag{7-7}$$

对式(7-7)两边微分并整理，得

$$[U'(x) - U'(x-t)]\mathrm{d}x + U'(x-t)\mathrm{d}t = 0$$

即

$$\frac{\mathrm{d}t}{\mathrm{d}x} = \frac{U'(x-t) - U'(x)}{U'(x-t)} \tag{7-8}$$

式(7-8)左边为边际税率,设为 tm。为确定税率结构,还需找出平均税率 $ta = t/x$,然后根据 tm 大于、等于还是小于 ta,决定分别征收累进、比例还是累退税❶。

其次分析比例牺牲相等原则下的税率结构。由定义可知纳税的比例应为一常数,即

$$\frac{U(x) - U(x-t)}{U(x)} = C \tag{7-9}$$

仍求微分,经变换后得

$$\frac{\mathrm{d}t}{\mathrm{d}x} = \frac{U(x)U'(x-t) - U(x-t)U'(x)}{U(x)U'(x-t)} \tag{7-10}$$

设 AU 为平均效用,它等于 $U(x)/x$,对式(7-10)加以变换,有

$$\frac{\mathrm{d}t}{\mathrm{d}x} = 1 - \frac{(x-t)AU(x-t)}{xAU(x)} \cdot \frac{U'(x)}{U'(x-t)} \tag{7-11}$$

再利用 tm 与 ta 做有关变换,得

$$\frac{1-tm}{1-ta} = \frac{AU(x-t)}{AU(x)} \cdot \frac{U'(x)}{U'(x-t)} \tag{7-12}$$

对照绝对牺牲相等原则下的推导,当 tm 小于、等于或大于 ta 时,应分别实行累退、比例或累进税。当然,这里的小于、等于或大于,取决于式(7-12)右边的边际效用变化幅度与平均效用变化幅度的比值。

最后分析边际牺牲相等下的税率结构。在个人同质的假定下,边际牺牲相等原则是唯一赞成累进税的原则,用前面的代数语言表示就是所有人的 $U'(x-t) = C$,而无论其税前的收入 x 有多高。用庇古的话说,这意味着"在充分实施了边际牺牲相等原则下,将会

---

❶ 这是由 tm 与 ta 的基本性质所决定的,证明从略。

削去高于一定收入的所有收入,使每个人在税后只剩下相等的收入"。但是,在个人异质假定下,边际牺牲相等原则就会导致对低收入者征税高,而对高收入者征税低的结果,这里证明从略。

(四)衡量收入分配状况的洛伦茨曲线和基尼系数

为了研究和检验社会收入分配的平均程度,美国统计学家洛伦茨提出了著名的洛伦茨曲线。如图 7-5 所示,横轴为按收入从低到高分组表示的人口累计百分数,纵轴表示收入的累计百分数。通过原点的 45°线 *OY* 代表绝对平均收入曲线,*OY* 线上任何一点到横轴和纵轴的距离都是相等的。这说明 *OY* 直线上任意点的人口累计百分数刚好等于收入累计的百分数。如果社会收入分配情况正是这样,那就说明社会收入分配是绝对平均的。曲线 *OPY* 代表绝对不平均曲线,这条线表示社会成员中,除一人外,其余的人收入都为零,而这最后一人则得到社会的全部收入。

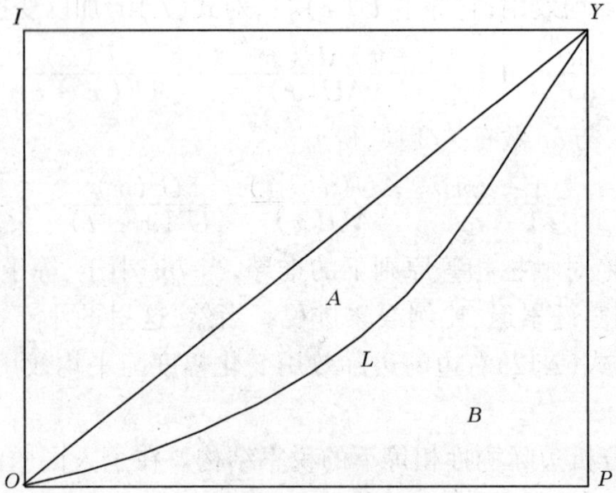

图 7-5　洛伦茨曲线

在现实经济生活中,某一国家的收入分配状况既不是绝对平均,也不是绝对不平均,而是介于二者之间,因而实际收入分配曲线 *OLY* 通常都介于绝对平均线 *OY* 与绝对不平均线 *OPY* 之间。这条用来反映实际收入分配平均程度的曲线被称为洛伦茨曲线。在洛伦茨曲线上,除了起点 O 与终点 Y 之外,任何一点到两轴的距离都是不相等的,每一点都表示一定百分比的人口拥有的收入在总收入中所占的百分比。

意大利经济学家基尼根据洛伦茨曲线找出了判断收入分配平均程度的指标,这个指标就是基尼系数,也称洛伦茨系数。还用图 7-5 表示,A 表示实际收入分配曲线 OLY 与绝对平均曲线 OY 之间的面积,B 表示实际收入分配曲线 OLY 与绝对不平均曲线 OPY 之间的面积,设 G 为基尼系数,则

$$G=\frac{A}{A+B} \tag{7-13}$$

如果 $A=0$,$G=0$,表示收入绝对平均;如果 $B=0$,$G=1$,表示收入绝对不平均。基尼系数在 0 和 1 之间变动。基尼系数越小,收入越接近平均;基尼系数越大,收入越不平均。

在经济分析中,利用不同时期、不同国家的洛伦茨曲线和基尼系数,可比较说明国际间收入分配的状况,并考察一国收入分配的均等化的趋势,以及检验某种经济政策的收入效应。另外,洛伦茨曲线和基尼系数对我们设计公共筹资的方案也极有参考价值。

三、小结

税收公平思想最早出现的是受益原则,而后在此基础上出现了支付能力原则。然而,随着新福利经济学说的产生和发展,特别是社会福利函数论的出现,公共筹资公平思想和分析思路出现了新的发展。这最终引出了讨论最优税收理论的必要性。

第三节　公共筹资最优规模:单项分析

前两节分别从公平与效率的角度分析了公共筹资应遵循的基本原则,这里将综合以上两方面,以便能够在公平和效率之间找出二者

的最优组合。由于税基的选择主要是在所得与消费之间进行,所以最优公共筹资理论也将分为两个方面。

一、最优商品税

从前面的分析中我们已经知道,如考虑税收尽量不破坏帕累托效率条件,那就应尽量使税收只具有收入效应,以避免因替代效应的存在引起对效率条件的破坏。这就意味着应实行一般消费税,即对所有商品课征统一税率;另外,在存在替代效应时,应尽可能寻找弹性小的课征对象。如果考虑到收入分配和外部性问题,比如对高收入者征更高的税率,对低收入者征更低的税率,对产生正外部性的商品征较低的税率,对产生负外部性的商品征较高的税率等,这就使得开征一般商品税既不明智也不可行。所以,人们更多的是从第二种原则中寻找答案。

(一)拉姆齐法则

拉姆齐在政府不能课征一般商品税(归总税)的前提下,给出了对不同需求弹性的商品应如何征税才能做到效率损失最小的原则。其基本思路是边际税收的效率损失相等,即要想使对不同商品课税所带来的总体效率损失最小,只有使从不同商品征得的最后一单位税收所引起的效率损失都相等才行。也就是说,只要从某种商品征得的最后一单位税收引起的效率损失大于其他商品,那么就还有可能通过改变征税办法以降低效率损失。更具体地,可以用两种方式表示该原则:一是逆弹性法则,是指两种商品的税率应与其需求弹性成反比;二是需求等比例递减法则。

关于第一法则,这里用图 7-6 来说明。假设商品 Q 在征税前的价格与产量分别为 P_1 和 Q_1。为分析方便,现假设它有一条弹性较大的需求曲线 D_e。现征收税率为 t 的从量税,税后价格与产量分别为 $P_1(1+t)$和 Q_3,这时的税收收入为 $P_1(1+t)deP_1$,净福利损失是 dae。现假设该商品的需求弹性很小,用图中的需求曲线 D_i 表示,则产出量是 Q_2,那么税收收入变为 $P_1(1+t)bcP_1$,净福利损失

变为 bac。

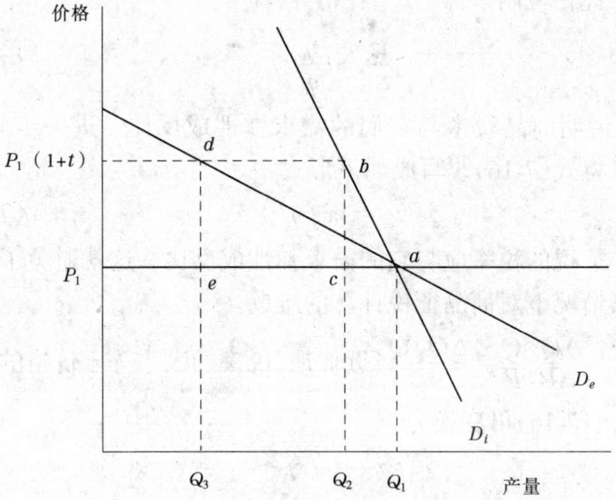

图 7-6　逆弹性法则

通过上面的比较很容易看出，需求弹性很低情况下的税收要大于高需求弹性的税收，即 $P_1(1+t)bcP_1 > P_1(1+t)deP_1$；而需求弹性很低情况下的净福利损失要小于高需求弹性的净福利损失，即 $bac < dae$。所以，应该让需求弹性低的商品承担较高的税负。在恰当的税制设置下，两种商品每一元税收的净福利损失应相等。据此，我们将高需求弹性商品设为 e，并将其每一元税收的净福利损失表示为

$$\frac{dae}{P_1(1+t_e)deP_1} = \frac{-1/2(\Delta Q_e \cdot t_e P_1)}{t_e P_1 \cdot Q_e} \qquad (7\text{-}14)$$

假设将需求弹性定义为 η_e，则有

$$\eta_e = -\frac{\Delta Q_e \cdot P_1}{Q_e \cdot t_e P_1} \qquad (7\text{-}15)$$

将式(7-15)代入式(7-14)，得到高需求弹性商品 e 的每一元税收的净福利损失为 $1/2\,\eta_e t_e$。同样的道理，将低需求弹性商品设为 i，

那么也可推导出低需求弹性商品 i 的每一元税收的净福利损失为 $1/2\eta_i t_i$。在优化税制条件下，二者相等，即

$$\frac{t_e}{t_i} = \frac{\eta_i}{\eta_e} \tag{7-16}$$

式(7-16)即说明商品税率与它们的需求弹性成反比。进一步分析，我们还可以将式(7-16)改写成如下形式

$$t_e = \pi / \eta_e \tag{7-17}$$

即对商品 e 征税的税率应与它的需求弹性成反比。这就避免了在没有弹性补偿情况下对商品征税计算的难题。

由于 $\eta = \frac{\Delta Q/Q}{\Delta P/P} = \frac{\Delta Q/Q}{t}$，近似地，税率的大小等于价格的相对变化，所以式(7-16)可变换为

$$t_e \eta_e = t_i \eta_i$$

$$t_e \frac{\Delta Q_e / Q_e}{t_e} = t_i \frac{\Delta Q_i / Q_i}{t_i}$$

$$\frac{\Delta Q_e}{Q_e} = \frac{\Delta Q_i}{Q_i} \tag{7-18}$$

式(7-18)就是需求等比例递减法则的数学表达式。

(二)对拉姆齐法则的补充和修正

首先，针对一般商品税没有把工作与休闲关系的干扰因素考虑进去，特勒特和哈格证明了一个拉姆齐法则的新补充。这个补充法则的大意是，为减少税收对人们在工作与休闲之间选择的扭曲，政府可以通过对商品税率的差别性选择获得高效率。虽然税制不能对休闲直接课税以促进人们更多工作，但是政府可以通过对与休闲具有互补和替代关系的商品课税，以达到对休闲间接课税的目的。

其次，原始的拉姆齐法则表示，商品的补偿需求弹性越低，则税率应定得越高；弹性越高则税率应越低。然而，低弹性的商品往往是生活中的必需品，高弹性商品却往往是奢侈品。这就把拉姆齐法则置于不顾分配正义的境地，因此理所当然地要加以修正，毕竟公共筹

资的标准不全是效率。斯特恩概括了修正后的结论:基于公平的考虑,对于高所得阶层偏好的商品,无论弹性如何都应确定一个较高的税率;对于低所得阶层,尽管是弹性很低的商品,也应确定一个较低的税率。黄有光对此提出了非常有趣的解释,他认为对于钻石等物品完全可以课高税,这既有助于公平也不会扭曲选择行为。因为人们购买这类物品的满足程度并不是其使用价值的函数,而是其价格的函数,也就是说,他们购买钻石所得到的满足是钻石值多少钱,而不是钻石用处有多大,因此他们不会因税收而改变对钻石的购买。但是,设计者到底应在什么程度上考虑低收入者的利益,这取决于社会选择什么样的社会福利函数,或者说取决于社会福利函数中给予低收入阶层多大的权重。

二、最优所得税

借鉴最优商品税的理论,既然课税总会引起效率损失,那么最优的原则应该是,从每人征得的最后一单位税收与其所引起的效率损失刚好相等。由这一边际效率损失相等原则还可得到另一个逆弹性法则,即所得税税率的确定,应该按照不同个人税率之比等于其劳动力的补偿供给弹性之比的倒数。也就是说,如果劳动力的补偿供给弹性较大,则税率应该低一些;否则税率就应高一些。但是,公平问题也同样存在于所得税中的逆弹性法则,因为低所得阶层的劳动供给弹性一般说来总是要比高所得阶层低得多。如果按逆弹性法则,就要对低所得阶层课以高税,使其福利状况更加恶化,这显然令人难以接受。

对此,经济学家提出了许多修正理论。比如,奥肯认为,更多的公平所增加的好处应大于或等于更大的非效率所增加的代价。或者更具体一点就是,累进所得税率的确定应使社会边际收益大于其所引起的社会边际成本。但米德委员会给出了更为一般并更接近现实的原则:①高收入者应按高于平均税率的水平纳税,低收入者应按低于平均税率的水平纳税。②收入级别的最高档和最低档的边际税率都应较低。前者要求税率实行累进性质;后者要求在促进公平的同时也顾及效率。下面给出几种典型的最优税率方案。

(一)最优线性所得税

这是一种简单的但同时考虑了公平与效率的所得征税设计。如图 7-7 所示,它的基本思路是,首先规定一个归总的转移支付,所有人都可以得到,相当于一种税赋,设为 $-\alpha$;其次规定一个对所有收入水平 y 都不变的边际税率,设为 t;最后每人都按照统一的公式计算应纳税额 T,$T=(-\alpha)+ty$。这一纳税办法意味着,即使个人的收入为零,也可从政府得到价值为 α 的一个归总转移支付。进一步分析,在收入小于 β 点之前,个人的应纳税额都为负值,是这一税制下的净受益者。随着收入的进一步增加,超过 β 点以后,个人将成为这一税制下的净支付者。但应纳税额始终按照不变的比例 t 增加,所以称做线性征税。

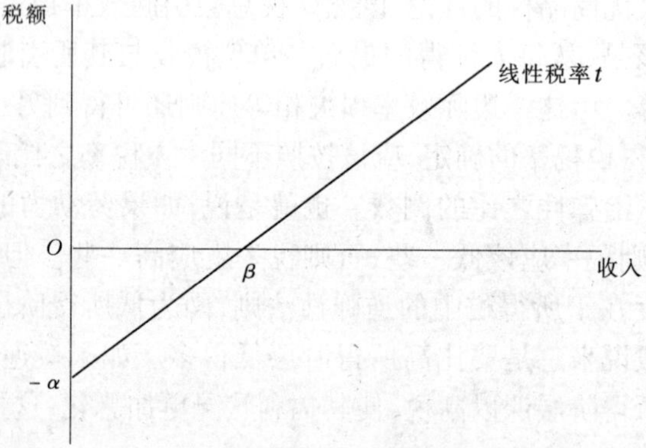

图 7-7 线性所得税

最优线性所得税的目标是确定合适的边际税率 t 和归总支付 α,使社会在得到满意的收入分配目标的同时,还能实现所得税效率损失的最小。斯特恩给出了这方面的经典分析[1],他印证了逆弹性法

[1] 罗林,《财政学》,中国财政经济出版社,1992 年,第 432～434 页;布朗和杰克逊(Brown & Jackson),Public Sector Economics,1990 年,P370～376。

则，指出劳动的供给弹性越大，最优的 t 值越小；另外，他还求出了不同社会福利函数对最优边际税率的不同选择。更令人欣慰的是，在一系列假设之下，他还精确地计算出了实现社会福利最大化的边际税率 t 的数值为 19%。不过，正如罗森指出的，这固然令人耳目一新，但是，考虑到现实中对于社会福利函数的具体表达存在许多争论，以及有关各种行为的弹性具有极大的不确定性，所以不应该误以为经济学家对于最优税制的研究已经达到了很高的程度。

（二）最优非线性所得税

线性税的不变边际税率有许多可取之处，它能减少极高和极低边际税率的有害刺激，简化征管工作，并能很好地与负所得税理论衔接起来。但是，它却使再分配功能相当大程度上弱化了。于是，非线性税制得到了人们的青睐。概括起来说，有三种典型的非线性税制：

(1)指数型边际税率，其代表人物是埃齐沃思。其基本思路是随着收入的提高，税率呈增长趋势，见图 7-8 中的 aE_1c 曲线，有些学者甚至主张将最高的边际税率定为 100%。

(2)倒 U 形边际税率，其代表人物是米尔利斯。其基本思路是在指数型边际税率的基础上，把最高收入者的税率降下来，形成低收入和高收入者的低税率，而对中间收入者实行较高税率，见图 7-8 中的 aE_1d 曲线。这与米德委员会主张的后一条原则相一致。其简单解释是，当个人收入处于最高级别时，再高的边际税率也不会再使总税收增加，所以对其规定一个较低的边际税率，既不会破坏效率也不会破坏公平。一旦高收入个人受到几乎为零的边际税率的激励，就会更多地选择工作而放弃休闲，从而有可能增加税收数额。

(3)U 形边际税率，其代表人物是美国麻省理工学院的戴尔蒙德。其基本思路与倒 U 形边际税率刚好相反，主张对低收入者和高收入者都征高税，而对中间收入者征较低的税。许多经济学家认为，这是一种比较接近现实的选择，并认为这种税制的设计应尽可能保证 U 形边际税率的变化不陡峭，现实中过高或过低边际税率都不可取，都是有害的。

下面给出第二种边际税率的经济学解释。

考虑高收入者税前预算线为图 7-8 中的 ab，实行累进税后预算线变为 ac，税后个人均衡点为 E_1，税前收入 BTY_1，税后收入 ATY_1，税额为 $BTY_1 - ATY_1$。

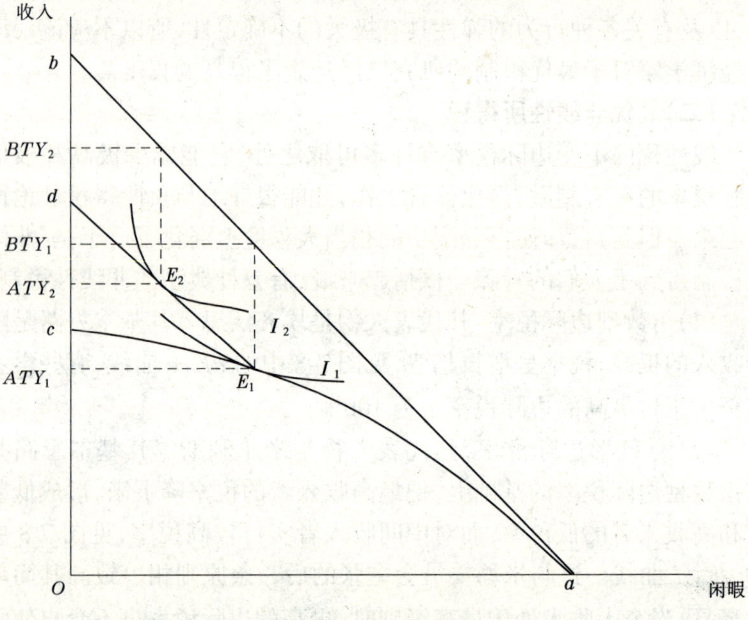

图 7-8　非线性所得税

个人在税后 E_1 点实现了效用最大化，不再增加工作时间去挣更多的收入。现在考虑给这个高收入者以更多的激励，而又不减少税收额。从 E_1 点出发，不再课征更高的边际税率，而是从此课征固定税率，这将导致个人预算线变为 aE_1d，个人将在 E_2 点达到新的平衡，如图 7-8 所示，E_2 与 E_1 点相比，具有更多的工作时间，而政府税收额保持不变。这种做法可以说是一种帕累托改善，因为它能够使高收入者达到更高的无差异曲线，而并没有使任何人受损。

第四节　公共筹资最优规模:综合分析

一、最优商品税和最优所得税的理论比较

一般认为,所得税具有直接由纳税人负担且不宜转嫁的特点;商品税具有间接的、人们不易感知,从而使税收引起的痛苦或者说福利成本较小等特点。所以,一种观点认为,两者应分别针对不同的目标设计,所得税旨在实现用于收入再分配的公平目标,而商品税则用于获取税收收入的效率目标。另一种观点认为,最优的所得税完全可以解决全部的公平与效率问题,它总是优于商品税,只是由于在经济发展的早期阶段,所得税的税源少且管理成本较高,所以才给商品税留下了一席之地。随着经济发展和税务管理水平的提高,所得税在税种结构中的比重应该而且也已经越来越大。

但是,最优税收理论的研究表明,问题比上述原则要复杂得多。由于所得税本身就存在着线性和非线性两种边际税率选择上的差别,而商品税同样也存在着统一税率和差别税率两种选择,这就给最优税收的设计和选择增加了难度。人们对不同税制组合的设想甚至可以得出相反的结论。比如,一种观点认为,非线性所得税和统一的商品税可以构成理想的税收结构,非线性所得税可以用来增加公平,而统一的商品税在效率基础上可用来增加收入;另一种观点又恰好相反,认为线性所得税和差别商品税可以构成理想的税收结构,线性所得税可以用来增加收入,而有差别的商品税可用来实现公平。根据目前西方最有影响的研究税收最优结构理论的专家阿特金森的总结,除非做出极严格的假设,最优税收结构的选择应当是在所得税和商品税之间的某种平衡性的结合。

二、最优商品税和最优所得税的实践比较

上面从理论方面比较了商品税与所得税的特征和优势,以下从

历史的或实证的角度对二者再次加以比较，目的是为我们设计水利专项基金提供更多的参考。

历史上“公认的”税制结构的演变大体趋势有三个阶段：

第一阶段是以简单的，或者说是较为原始的直接税为主体，因为那时人类社会的生产能力低下，商品交换尚不发达，税收收入主要为对农业的课税，即主要是土地税。

第二阶段是以间接税为主体，主要是对商品的生产、销售以及进出口课税。这类税收之所以成为主体税种，首先是因为生产的发展提供了充沛的税源；其次，它所具有的税负的隐蔽性和便于转嫁的特点，使它易于被消费者和生产者接受。然而随着社会生产的进一步扩大，商品税对生产的扭曲作用逐渐引起人们的不满，同时由于人均收入水平的显著提高，税制发展便进入到第三阶段。

第三阶段是以现代的直接税为主，主要是对各类所得征税。这类税收的特点是，首先不会对生产行为与消费行为产生扭曲；其次是便于累进地征税以更好地满足日益兴起的社会对于收入分配公平的关注。社会保障税的推广更是将这类税收的重要性推向了顶端。

上述税制演变的大体特征，与历史进程中的税制结构大体相似。如表 7-1 所示，发展中国家的税制结构大体上仍处于第二阶段，而发达国家基本上达到了第三阶段。这从另一个角度印证了税制结构的大致演变规律。我国目前仍以间接税为主，这与我国目前的发展水平大体相似。

三、再分配性质的间接税

通过上面的分析，我们得出这样一个结论：从国情出发，设计水利专项基金似乎应该更多地偏好于间接税。然而，鉴于间接税在再分配问题上的失效，这里介绍一个通过间接税实现再分配努力的研究模型❶。

---

❶ 这一分析主要引用戴尔蒙德、米尔利斯以及费尔德斯坦等的成果。

表 7-1　部分国家税制结构比较

国家	税收收入			非税收入
	所得、利润和资本	货物及劳务税	贸易和交易税	
墨西哥	27.9	55.3	10.1	10.7
斯里兰卡	13.4	38.5	32.6	12.7
罗马尼亚	18.9	32.6	0.5	68.3
英国	39.2	29.7	0.1	10.7
美国	51.4	4.4	1.5	9.2
日本	67.8	17.4	1.7	5.2

注:资料来源于世界银行《1997 年世界发展报告》。

(一)斯拉茨基方程

考虑个人消费产品 x_1 和 x_2,在收入 ω 约束下效用最大化问题的求解,即

$$\max \quad U(x_1, x_2)$$
$$\text{s.t.} \quad p_1 x_1 + p_2 x_2 = \omega$$

建立拉格朗日函数

$$\Gamma = U(x_1, x_2) + \lambda(\omega - p_1 x_1 - p_2 x_2)$$

内部最大化的一阶条件是

$$\begin{cases} U_1 - \lambda p_1 = 0 \\ U_2 - \lambda p_2 = 0 \\ \omega - p_1 x_1 - p_2 x_2 = 0 \end{cases} \tag{7-19}$$

其中 $U_1 \equiv \partial U / \partial x_1, U_2 \equiv \partial U / \partial x_2$

对式(7-19)取全微分

$$\begin{cases} U_{11} \mathrm{d}x_1 + U_{12} \mathrm{d}x_2 - \lambda \mathrm{d}p_1 - p_1 \mathrm{d}\lambda = 0 \\ U_{21} \mathrm{d}x_1 + U_{22} \mathrm{d}x_2 - \lambda \mathrm{d}p_2 - p_2 \mathrm{d}\lambda = 0 \\ \mathrm{d}\omega - p_1 \mathrm{d}x_1 - x_1 \mathrm{d}p_1 - p_2 \mathrm{d}x_2 - x_2 \mathrm{d}p_2 = 0 \end{cases} \tag{7-20}$$

改写成矩阵形式，把 dx_1、dx_2、$d\lambda$ 作为内生变量

$$\begin{bmatrix} U_{11} & U_{12} & -p_1 \\ U_{21} & U_{22} & -p_2 \\ -p_1 & -p_2 & 0 \end{bmatrix} \begin{bmatrix} dx_1 \\ dx_2 \\ d\lambda \end{bmatrix} = \begin{bmatrix} \lambda dp_1 \\ \lambda dp_2 \\ C \end{bmatrix} \tag{7-21}$$

式中 $C = -d\omega + x_1 dp_1 + x_2 dp_2$

$$dx_1 = [\lambda dp_1 D_{11} + \lambda dp_2 D_{21} + CD_{31}]/D$$

$$dx_2 = [\lambda dp_1 D_{12} + \lambda dp_2 D_{22} + CD_{32}]/D$$

其中，D_{ij} 表示式(7-21)左边矩阵第 i 行第 j 列的余子式；D 是式(7-21)左边矩阵的行列式。现假设产品 x_2 价格与收入不变，即 $dp_2 = d\omega = 0$，则价格 p_1 对产品 x_1 的影响为

$$\partial x_1 / \partial p_1 = \lambda D_{11}/D + x_1 D_{31}/D$$

容易证明 $\partial x_1 / \partial \omega = -D_{31}/D$，因此

$$\partial x_1 / \partial p_1 = \lambda D_{11}/D - x_1 \partial x_1 / \partial \omega \tag{7-22}$$

现在，当 $dU = 0$ 时，有 $U_1 dx_1 + U_2 dx_2 = 0$，所以 $U_1/U_2 = p_1/p_2$，因此可得 $-d\omega + x_1 dp_1 + x_2 dp_2 = 0$，从而有

$$[\partial x_1 / \partial p_1]_{dU=0} = [D_{11}/D]\lambda \tag{7-23}$$

将式(7-23)代入式(7-22)得

$$\partial x_1 / \partial p_1 = [\partial x_1 / \partial p_1]_{dU=0} - x_1 \partial x_1 / \partial \omega \tag{7-24}$$

这就是斯拉茨基方程，一般地，对任意两种商品 i 和 j，有

$$\partial x_i / \partial p_j = [\partial x_i / \partial p_j]_{dU=0} - x_j \partial x_i / \partial \omega \tag{7-25}$$

式(7-25)表示，价格变动的总效应(沿马歇尔曲线) = 替代效应(沿希克斯曲线) - 收入效应，见图 7-4。

(二)间接税的再分配功能

现在研究间接税的再分配功能。假设 $U^h(P, y^h)$ 表示个人 h 的效用函数，它是消费价格向量 P 和收入 y^h 的函数。令 x_i^h 表示个人 h 对商品 x_i 的消费。现在欲为公共产品集资 T_0，需要征收税率为 t_i 的从量税。沿用上述求解效用最大化问题的思路，即

$$\max W = \sum_h v^h(P, y^h)$$

$$\text{s.t.} \sum_i t_i x_i = T_0$$

建立拉格朗日函数

$$\Gamma = \sum_h U^h(P, y^h) + [\sum_i \lambda_i \cdot (t_i \cdot \sum_h x_i^h) - T_0] \quad (7\text{-}26)$$

现定义 λ_i 是通过对第 i 种商品征税的每增加一元政府收入的社会边际成本,即

$$\lambda_i = -(\partial W / \partial t_i)/(\partial T_0 / \partial t_i)$$

如果 $\lambda_i \neq \lambda_j$,则通过对 λ_i 较高的商品减税并对 λ_i 较低的商品增税,社会福利就可得到改善。用试算法不断变动 λ_i,直到所有的 λ_j 均相等。

当然,我们也可以通过对拉格朗日的求解来得到最优的税率向量 T,不过,由于表达式的复杂性以及福利函数选取的难度,很可能我们无法得到准确的最终结果。现在对式(7-26)求出内部最大化的一阶条件

$$\sum_i \sum_h (\partial W / \partial U^h)(\partial U^h / \partial p_i) + \lambda[\sum_i t_i \sum_h (\partial x_i^h / \partial P_i) + \sum_h x_i^h (\sum_i \partial t_i / \partial P_i)] = 0 \quad (7\text{-}27)$$

因为 $\partial U^h / \partial p_i = -\alpha^h x_i^h$ 是个人对 x_i 消费的边际效用,$\partial t_i / \partial p_i = 1$,故对所有的商品 i 和 k,可将式(7-27)改写为

$$\sum_h \alpha^h x_k^h (\partial W / \partial U^h) = \lambda[\sum_h x_i^h + \sum_i t_i (\sum_h \partial x_i^h / \partial p_k)] \quad (7\text{-}28)$$

式(7-28)左边为社会边际价值,记为 β^h,并将式(7-25)代入式(7-28)右边第二项,整理得

$$\sum_i t_i [(\sum_h \partial x_i^h / \partial p_k)]_{U=0} = 1/\lambda \sum_h \beta^h - \sum_h x_i^h - \sum_i t_i \sum_h x_k^h (\partial x_i^h / \partial y^h) \quad (7\text{-}29)$$

为帮助理解，现定义

$$b^h = \beta^h / \lambda + \sum_i t_i (\partial x_i^h / \partial y^h)$$

其中，b^h 是从政府收入角度讲的社会的净边际价值；$\sum_i t_i (\partial x_i^h / \partial y^h)$ 表示个人 h 为受益公共产品而需支付的边际税收。将式(7-29)两边同除以 $\sum x_i^h = H\bar{x}_k$，并整理得

$$\sum_i t_i [(\sum_h \partial x_i^h / \partial p_k)]_{U=0} / H\bar{x}_k = -1 + \sum_h (b^h / H)(x_i^h) / \bar{x}_k \quad (7\text{-}30)$$

式(7-30)左边表示消费沿着补偿需求曲线按比例减少。在个人的拉姆齐法则中，对所有商品都一样。但式(7-30)右边对所有商品并不一样，一般来讲，在补偿需求曲线需求减少得越少，则：①具有较高社会边际收入价值的穷人消费得越多，穷人消费商品比重越高，税率应越低；②在应税商品之外具有较高边际消费倾向的个人，会消费更多的此类商品。

关于上述对最优间接税的讨论，一个非常实用的应用就是对公共产品的定价，以及对最优商品税和公共产品价格的共同决定，详细分析见第九章第三节。

第五节　公共筹资的社会效应分析

税式筹资对社会和经济的影响是多方面的，主要包括：①公共筹资会引起个人和厂商决策行为的改变，从而导致不同的经济产出，从宏观上分析，还有可能引起经济的不稳定或衰退。②会引起商品和要素相对价格的变动，除效率损失外，进而还影响不同个人和收入群体的福利水平，这实际上是一种税收负担的相互影响或转嫁归宿问题。③更进一步分析，公共筹资不仅是把社会资源从私人手中转移到公共部门手中的过程，而且还是伴随着社会净福利损失的过程。

本节首先从税负的转嫁分析开始，通过局部均衡与一般均衡原理，建立起税式筹资的社会效应分析模型；下一节从微观角度提出对

社会净福利损失的定量化计算；关于社会效应的应用原理分析，则放在本书的最后一章讨论。

一、局部均衡分析

课税会影响经济中的相对价格，从而导致资源配置和价格的变动，造成税负的转嫁。这一说法最早由英国重商主义学派托马斯曼提出。税负转嫁指的是纳税人在市场交易过程中，通过变动价格的方式，将其所缴纳的税款，全部或部分地转由他人负担的一种经济现象。主要形式有：①前转，即纳税人将其所纳税款沿着商品运动的方向，通过提高商品的销售价格，向前转嫁给商品的购买者。②后转，即纳税人将其所纳税款沿着商品运动的反方向，通过压低商品的进货价格，向后转嫁给商品的销售或批发者。③混转，即将前转和后转相结合的一种税负转嫁形式。④税收的资本化，指生产要素购买者，从购买时就将因购买要素而缴纳的税款扣除，然后名义上虽由买主按期纳税，但税负全部由卖方承担。

（一）完全竞争市场局部均衡分析

首先考虑对完全竞争市场征收一种比例税，它可能是商品税或者生产要素税。由于只考虑局部均衡，所以只分析课税市场的直接变动。如图 7-9 所示，现设 X 是产出，P 是价格，初始的均衡产量是 X_1，价格是 P_1。假设根据税率 t，对 X 在生产环节征收一种从价税，使得生产曲线由 S 上移到 $S(1+t)$。那么，新的市场均衡产量是 X_2，净价格是 P_2，含税价格是 $P_2(1+t)$。产品的出售者不得不承担价格从 P_1 下降到 P_2 的损失。但是对于购买者来说，同一数量的需求价格却从 P_1 上升到了 $P_2(1+t)$。这样如果卖方在法律上承担税负的话，那么他却向买方转移了部分税收。

进一步分析，我们可以衡量供求双方各自的税收负担。需求方失去了数量相当于 $P_2(1+t)ABP_1$ 的消费者剩余，供给方损失了 P_1BCP_2 的生产者剩余，两者共损失 $P_2(1+t)ABCP_2$。这里面，政

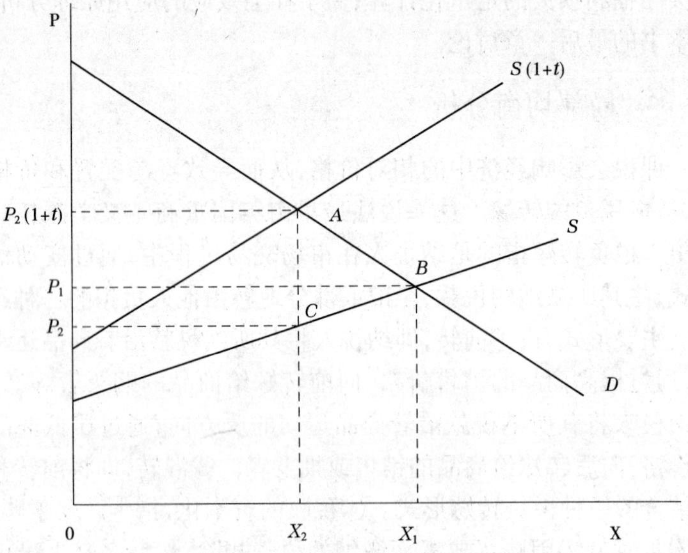

图 7-9　从价税的税负转嫁分析

府的税收收入为 $P_2(1+t)ACP_2$，因此税收的额外负担是三角形面积 ABC。本章下一节还要对税收的额外负担进行定量分析。

税负转嫁的比例分配以及额外负担的比例，取决于需求曲线和供给曲线的斜率，也就是需求弹性和供给弹性。例如，当供给曲线垂直时，即供给完全没有弹性，则税收不会改变供给量，含税价格 $[P_1 = P_2(1+t)]$ 也不会改变，税收整个负担全部落在生产者头上，税收没有额外负担；相反，如果供给完全弹性时（曲线 S 水平），需求方承担税负，包括额外负担。总之，供给弹性越大，需求方承担的税负越多；反过来，需求弹性越大，供给方承担的税负也越多。消费者与生产者所承担的税负比例与他们的弹性系数成反比。

（二）非竞争市场局部均衡分析

以上分析了对完全竞争市场课税的税负转嫁机制，现在分析要针对完全垄断市场的情形征收某种特定商品税的税负转嫁机制。

图 7-10 表示的是对商品 X 征收税率为 t 的从价税。在税前根据边际收益 MR 等于边际成本 MC 决定均衡点，假设根据平均收益曲线 AR_1 决定价格 P_1（定价理论见第九章），垄断厂商选择 X_1 产量。

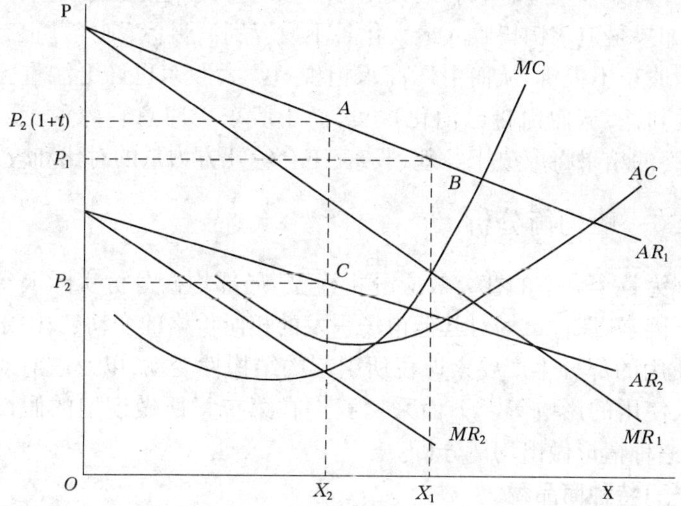

图 7-10　垄断市场下的税负转嫁

征收从价税后，企业的平均收益曲线下移至 AR_2，而且价格越高税收越重，其平均收益曲线下降越快，$AR_1 = AR_2(1+t)$。结果企业的边际收益曲线也随着下移至 MR_2，产量下降为 X_2，相应的净价格为 P_2，生产者收益由 P_1BX_1O 下降到 P_2CX_2O。同时，消费者面对的含税价格是 $P_2(1+t)$，这说明税收部分地向消费者转移了。当企业面对的需求弹性越小、边际成本越平坦，加在消费者头上的税负份额 $P_2(1+t)ABP_1$ 就越大。这种结果与完全竞争市场相似。

现实中，寡头垄断的税负转嫁情形要复杂得多，这里做一些简单推测。假设企业采用成本加价或平均成本定价，税收被当做成本时通常可以被转嫁，这实际上也是寡头企业在整体上采取的防御性策略，因为如果不转嫁，潜在的竞争者也许会乘虚而入。但是，当企业觉得竞争对手不会响应它的提价行为时，就会感到犹豫不决。

根据现代厂商企业理论，也许所有者和经营者是分离的；也许厂商的经营目标不是追求利润最大化，而是追求销售收益最大化。这种情况下，如果是追求利润最大化，则厂商有可能通过提价将税负转嫁，而如果是追求销售收入最大化且不设置利润目标，则经理很有可能说服股东不提价，从而由厂商承担税负。大股东也许更注重公司的长远利益，从而由自己消化税负，而小股东更愿意转嫁税负。总之，最终的结果将取决于经理、股东、工会等几方力量的对比和较量。

二、一般均衡分析

作为一个完整的社会效应分析模型，局部均衡分析实际上忽略了以下因素：课税市场对其他市场引发的相对价格的变动、对限定范围内使用的部分生产要素课税所引起的结构性变动，以及政府对税收收入使用的影响等。下面采用我们在第二章所做模型的假设条件，对三种情形做出均衡分析。

（一）特种商品税

假设要素供应不变，来分析一种对商品 X 课税取代产生相同收入的一次总付税。图 7-11(a)中的生产可能性曲线 P，表示当公共部门给定的需求得到满足时，私人部门可使用的商品 X 和 Y 的各种组合。在征收一次总付税后，使 $MRT_{XY}=MRS_{XY}$ 的位置处于 A 点。现在按税率 t_X 对商品 X 征税，来替代对所有人影响相同的一次总付税，经济就会向 B 点移动。这时，商品 X 的相对价格对消费者而言上升了，对生产者来讲却下降了。此时有

$$MRS_{XY}=\frac{P_X(1+t_X)}{P_Y}=(1+t_X)MRT_{XY} \qquad (7\text{-}31)$$

我们应用埃齐沃思盒状图来确定 MRT_{XY} 的减少对要素相对价格的影响。图 7-11(b)中契约线上的每一点对应于图 7-11(a)生产可能性曲线边界曲线 P 上的每一点。曲线 P 上的 A 和 B 反映在 O_X 和 O_Y 的契约曲线上，在 A 点，工资租金比率 r/ω 由 X 和 Y 的等产

量线的公切线斜率决定，X 产业所使用的劳动与资本的比率 L_X/K_X，是射线 O_XA 的斜率，而比率 L_Y/K_Y 则是射线 O_YA 的斜率。A 点和其他所有沿着契约线上的点都满足 $L_X/K_X > L_Y/K_Y$。因此可推测，X 产业为劳动密集型，Y 产业为资本密集型；在契约线上 X 和 Y 产业的要素密集度相等。

对 X 课税，X 的价格相对上升而 Y 的价格相对下降，自然使需求从 X 转向 Y，生产也会从 A 点重新配置到 B 点。这里还值得注意的是，两个产业的劳动资本比率都上升了。因为 X 产业比 Y 产业每单位产出雇用了更多的劳动，所以当要素从 X 产业转移出来后，为使所有要素都充分就业，两个产业的劳动资本比率 MRT_{KL} 都会上升，而它们的工资租金率要下降，也就是资本相对于工资的价格 r/ω 要上升，即 $(r/\omega)_B > (r/\omega)_A$。更一般地，可以归纳为，对某产业商品征税，将会导致对该产业的需求下降，而且该产业相对密集使用的要素相对价格要下降。从图 7-11 可以看出，r/ω 的变化程度取决于以下几个因素：

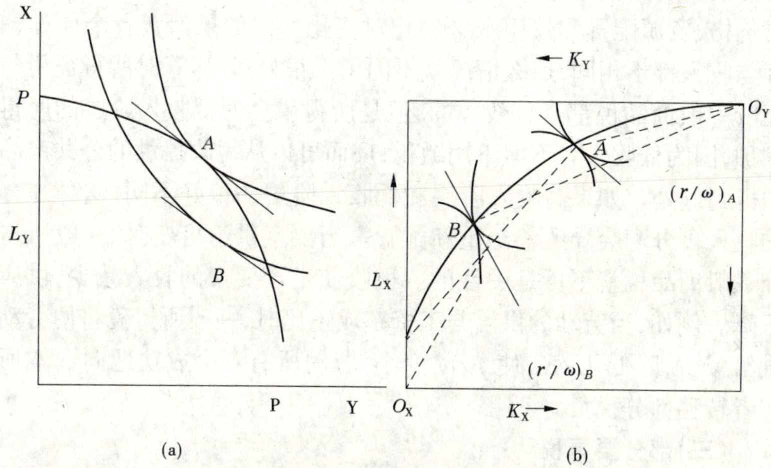

图 7-11　征收特种商品税的社会效应

(1)产业间要素比例 L/K 越大,从 A 到 B 使 r/ω 的变动也越大。若两产业的 L/K 相同,则 r/ω 保持不变。

(2)对 X 的需求弹性(或者说 Y 对 X 需求的替代弹性)越大,从 X 到 Y 需求的变动越大,r/ω 的变动也越大。如果需求弹性或替代弹性为零,则 r/ω 会保持不变。

(3)在 X 和 Y 中,L 对 K 的替代弹性越小,等产量线的弯曲程度就越大,要素比例变动所引起的 r/ω 的变化也就越大。

最后我们简要分析一下要素供给可变的情况。比如,劳动供给可随着工资率的降低而减少。这时,如果从 A 点转移到 B 点,工资率降低而劳动供给减少,这就导致整个经济中的 K/L 会下降,所以最终税收对 r/ω 的影响会缓和。

(二)一般消费税

假如经济中劳动和资本供给不变,以相同的税率对 X 和 Y 课税,那么它与对一般要素所得课税是等价的,并使经济中每个成员按其所得(或消费)的比例承担税收。如果经济中消费者只有一个或者每位消费者的偏好都相同,用一般消费税替代所得税,就不会影响相对价格、资源配置和效用水平的相对变化。但如果消费者个体的偏好与收入都不相同,那么情况就不同了。很显然,尽管对所得征税与征收一般商品税都是有效率的,但是所得税会使低收入阶层的所得增加,因为低收入者不但不用缴税,反而可以从税收提供的公共产品中得到好处。如果高收入阶层和低收入阶层的偏好不同,这种纯粹的收入再分配会导致资源重新配置。当要素供给可变时,一般所得和一般商品税就不再是中性的。税收使生产要素的收入减少,供应下降。例如,当劳动的供给与工资率成正比时,一般所得税将使劳动供给减少,降低 L/K,使 r/ω 变小,劳动所有者会成功地向资本所有者转移部分税负。

(三)部分要素税

对某行业某种要素课税大概是税收分析中最复杂的情况,因为如果要素不可替代的话它会使生产无效率,从而使经济在生产可能性边界下运行。为分析方便,现假设要素供给固定,这样就可以采用埃齐沃思盒状图来解释。图 7-12 为部分要素税的效应分析,表示在给定数量的劳动和资本在两个部门之间的各种可能配置。

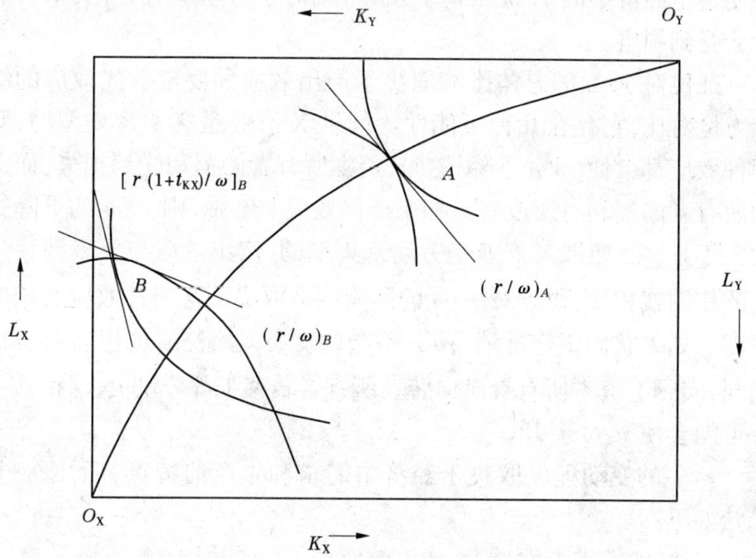

图 7-12　部分要素税的效应分析

假设征税前经济充分有效运行,契约线在 A 点达成均衡,产出 X 和 Y,且 $MRT_{XY} = MRS_{XY}$。两产业租金和工资比$(r/\omega)_A = MRTS_{KL}$。现在设对 X 产业中的资本课税,可以设想将出现以下两种情况:

第一,X 价格可能相对于 Y 要上升,需求从 X 转向 Y,资源也会从 X 转向 Y。我们称之为产出效应,它与上面讨论的特种商品税引起的效应一样。如果 X 产业是劳动密集型的,则会引起 r/ω 上升,否则会下降。

第二,对 K_X 征税破坏了生产效率条件,因为 $MRTS_{KL}^{Y} = r/\omega$,而 $MRTS_{KL}^{X} = r(1+t_{KX})/\omega$。这时,$L$ 和 K 的配置就会偏离契约

线，假设新的均衡点在 B。这被称之为要素替代效应，因为税收的影响降低了 X 产业中资本的收益，所以资本持有者会将资本从 X 转向 Y，这就会引发 L/K 在 X 产业中上升而在 Y 产业中下降，资本的运动使整个经济中的 r/ω 下降。所以，相对于劳动所有者，资本所有者会受到损害。

征税对 r/ω 的总体影响取决于产出效应和要素替代效应的综合力量对比，它存在几种可能性。如果 X 产业是资本密集型的，则两种效应都会使 r/ω 下降，这时，资本所有者的福利受到损失，而劳动所有者的福利有所改善。如果产出效应非常强，则 r/ω 的下降幅度大于 rt_{KX}。如果 X 产业是劳动密集型的，产出效应与要素替代效应的作用就相反，税收对 r/ω 的影响就会取决于这两种效应的相对强度。如果它们正好抵消，r/ω 不会改变，t_{KX} 的税收负担与所得税相同，实际上资本所有者已向劳动所有者转移了部分税负，课税甚至有可能会使 r/ω 上升。

r/ω 的变动程度取决于经济中需求和生产的特点。下面对其总结如下：

(1)X 的需求弹性越大，产出效应对 r/ω 的影响越大。

(2)X 和 Y 的 K/L 差异越大，产出效应越强。

(3)X 生产成本中资本的份额越大，P_X/P_Y 的变化也就越大，则产出效应也就越明显。

(4)X 和 Y 的替代弹性越小，产出效应越大。这是因为每个产业在给定 L/K 的变化下，r/ω 的变化更大。

(5)X 的替代弹性越大，要素替代效应越大。如果 X 产业中 L 和 K 替代性很强，那么当 L_X/K_X 变化时，$MRTS_{KL}^{X}$ 就不会变化很大，所以大部分税收影响是降低 r/ω，而不是提高 $r(1+t_{KX})/\omega$。

以上给出了公共筹资的社会经济效应分析思路，为使读者对一般均衡模型的扩展和模拟计算有一个深入理解，我们在本书第十二章的最后一节给出一个关于两部门均衡的代数分析方法。求解时，可用差分法(离散变化)来替代微分变化。

第六节　公共筹资的超额负担

正如我们在前面已经讨论的那样,公共筹资的额外负担由税式筹资扭曲后效用的降低,以及对同一融资目标换成一次总付税所产生的超过原先效用降低的那部分组成。这一节将简要介绍衡量超额负担的技术。

一、对商品征税的超额负担估测

为方便起见,我们从本章第一节的简单模型开始,其中产生扭曲引起效率损失的唯一来源是,对一种商品课征消费税。如图 7-4 所示,三角形 *abd* 面积是由对 X 商品征税后产生的消费者损失(*abc* 面积属于由替代效应造成的损失)。现在利用最基本的计算方法求出消费者损失 EL 的大小,设 ΔP 和 ΔQ 分别表示税收引起的价格与需求量的变化,由 *abd* 面积公式可知

$$EL = \frac{1}{2}\Delta P\Delta Q \tag{7-32}$$

其中 ΔQ 可与需求曲线的弹性公式 θ_{cd} 联系起来,即

$$\theta_{cd} = \frac{\Delta Q/Q}{\Delta P/P} \tag{7-33}$$

导出

$$\Delta Q = \frac{\theta_{cd}\Delta PQ}{P} \tag{7-34}$$

又由于 $\Delta P = [(1+t)P - P] = tP$,将此式与式(7-34)一并代入式(7-32),有

$$EL = \frac{1}{2}tP \cdot \frac{\theta_{cd}\Delta PQ}{P} \tag{7-35}$$

其中,$\Delta P/P = t$ 就是税率,代入式(7-35),得

$$EL = \frac{1}{2} t^2 \theta_{cd} PQ \qquad (7\text{-}36)$$

应当指出的是,上面的分析是在忽略了供给曲线或者假设成本不变的情况下进行的。可以证明,当供给与需求曲线同时存在时,其税收的效率损失与式(7-36)基本相似,只是弹性系数要复杂一些(证明从略),即

$$EL = \frac{1}{2} t^2 (\frac{\theta_d \theta_s}{\theta_s - \theta_d}) PQ$$

或

$$EL = \frac{1}{2} t^2 \frac{PQ}{(1/\theta_d) + (1/\theta_s)} \qquad (7\text{-}37)$$

二、对所得征税的估测

在劳动供给是变量且不存在其他税种情况下,上述分析也适用于比例所得负担的估计。图 7-13 中再次假定生产者价格(边际成本)是固定的,因而工资率也是固定的。供给曲线 S 被认为是以所得税取代一次总付税所产生的供给曲线。由于所得税率为 t,对劳动供给者而言,生产者损失是 $\omega cb\omega(1-t)$。

这一损失的一部分 $\omega ab\omega(1-t)$,由政府作为税收成了公共收入。因此,净福利损失为 acb。现若假定供给曲线近似于线性,则该面积为

$$\begin{aligned} acb &= 1/2\Delta\omega\Delta L \\ &= 1/2t^2\varepsilon\omega L \end{aligned} \qquad (7\text{-}38)$$

其中,ε 是劳动供给弹性。

三、对部分要素征税的超额负担估测

在不考虑任何其他课税的情况下,上述方法也可以用来估计部分要素税的超额负担。考察特定经济部门,如 X 产业中对资本课税,图 7-14 说明了在资本供给总量固定情况下,对 K_X 的超额负担。

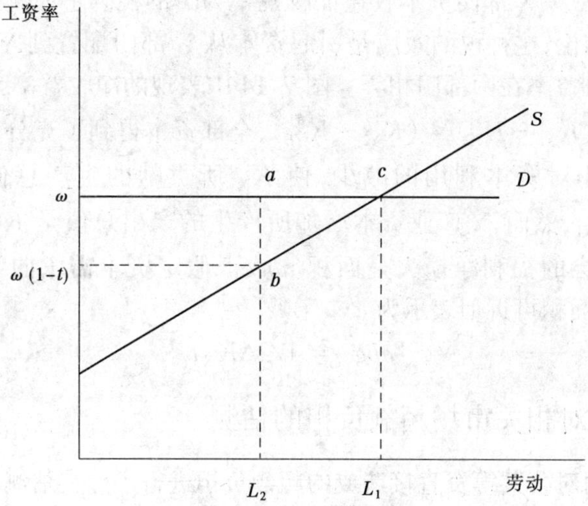

图 7-13　所得税的损失估算

曲线 D_{KX}和 D_{KY}分别表示 X 和 Y 两产品对资本的需求曲线,它们表明随着对资本使用的增加,资本价格呈递减趋势。征税之前,资本的租金量是 r_1,这时对资本的总需求($K_{X1}+K_{Y1}$)等于总供给。

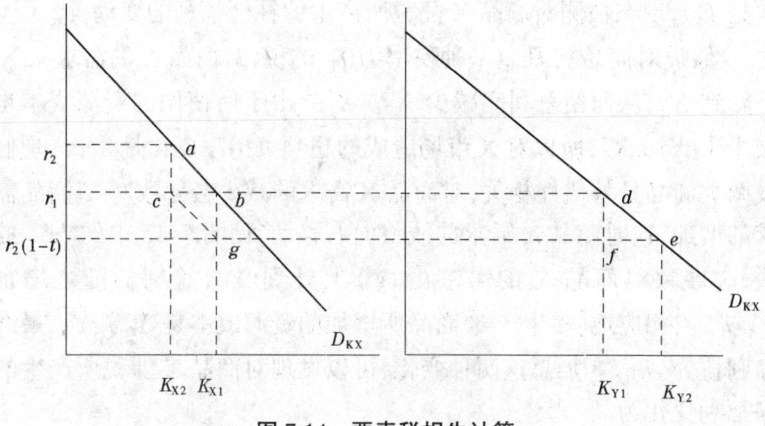

图 7-14　要素税损失计算

现在对 X 部门资本收益征收税率为 t 的税。正如我们在前面得出的结论，这种税的效应是引起资本从 X 部门配置到 Y 部门，直到税后收益率在两部门相等。图 7-14 中表现的净收益率为 $r_2(1-t)$，这时 $(K_{X1}-K_{X2})=(K_{Y2}-K_{Y1})$，全部资本得到了充分利用。由于 X 产业对资本利用的减少，使 K_X 所贡献的生产总值减少为 $K_{X2}abK_{X1}$，然而，Y 产业资本增加所产生的产出总值是 $K_{Y1}deK_{Y2}$。因此，社会的福利净损失是面积 $abgc$。假定资本需求曲线是线性的，这个面积可近似表示为

$$abgc = 1/2\Delta K_X t \tag{7-39}$$

四、对相关市场超额负担的估测

上面对公共筹资直接造成的超额负担进行了分类估测。这里要估测一种税收对其他市场导致的福利变化，其原理与第九章中的次优理论非常相似。下面可以用一个简单的例子来说明。

商品 Y 被课以某种既定税收，现在希望确定因对商品 X 课税而产生的对 Y 的影响。为简单起见，假设生产者价格固定，商品 X 的需求曲线是 D_X。在对 X 征税前，商品 Y 的征收税率是 t_Y，需求曲线是 D_Y，现在估测对商品 X 征税所产生的社会福利的变动。

假设对商品 X 征收一种税率为 t_X 的税，对商品 X 的需求从 X_1 下降到 X_2，从而使总利润减少 X_2bcX_1。由于所使用的资源成本也减少了 X_2acX_1，所以对 X 市场造成的超额负担净变化是 abc。现假设两类商品是替代性相关，对商品 X 需求的减少会导致对 Y 商品需求的增加，这时商品 Y 需求曲线将向右移动，见图 7-15 中的 D'_Y 曲线，这导致对商品 Y 的需求由 Y_1 上升到 Y_2，总利益随之增加 Y_1ehY_2，相应地，多生产 Y 商品所增加的资源成本是 Y_1fgY_2，最终净利益为 $ehgf$。加总这两种变化，可以发现对商品 X 课税所产生的净福利变化为

$$-abc + ehgf \approx 1/2t_X\Delta X + t_Y\Delta Y \tag{7-40}$$

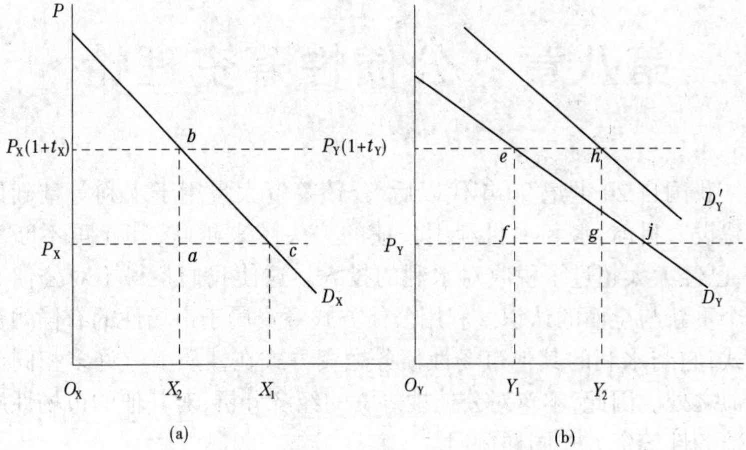

图 7-15　相关市场福利变化的估算

同样的方法还可以扩展到很多税的情况。当对商品 $X_1, X_2, \cdots, X_{n-1}$ 已课征单位税时，再以定额税率为 t_n 对商品 X_n 课税，估算给经济带来的总超额负担，可以下式近似表示

$$EL_{\text{总}} = \frac{1}{2} t_n \Delta X_n + \sum_{i=1}^{n-1} t_i \Delta X_i \tag{7-41}$$

税收的超额负担理论对公共筹资的估价具有重要的应用价值。正如我们在第六章已经分析的，并要在第三篇将要分析的那样，对水利投资项目经济影响的适当估计，要求人们全面考虑项目的成本和收益。虽然这种成本的主要部分作为公共支出，形成了社会的基础性固定资产，但我们已经知道，由于公共筹资所产生的扭曲和低效，使每筹集一元的价值其真实的经济成本会超过一元，因此我们希望在进行成本—效益分析时，要分析那些由公共筹资所导致的扭曲与额外或边际的超额负担。

第八章　公债性筹资理论

我国自20世纪90年代以后,公债筹资大量用于水利等基础设施建设。目前,水利项目利用公债的势头越来越旺,其比重不断攀升,已经大大超过了税收对水利的投入。这使我们不得不对公债有一个重新与全面的认识。利用公债方式筹资属于市场性的有偿融资方式,它与水利的其他市场性债务融资方式在性质上有许多相同或相似之处。因此,本章对公债性筹资的经济分析,对其他的市场性质的债务性筹资方式同样适用。

第一节　公债理论的演化

现代意义上的公债大约产生于13世纪初的意大利。亚当·斯密认为,首先采用公债这种方法的,似为意大利各共和国。马克思在《资本论》第一卷中也同样指出:公共信用制度,在中世纪的热亚那和威尼斯就已经产生,到工厂手工业时期已流行于整个欧洲。西方近代经济史表明,随着资本主义经济和信用制度的不断发展,社会上存在的大量富余资金可以通过公共信用的方式进行调配,使国家大规模举债有了可能;同时,随着政府职能的扩大,单靠税收已经不能满足政府公共支出的需要,为弥补公共收支的不足,公债随逐步成为公共财政收入的主要形式之一。不过,西方经济学家对公债的认识,还是经历了一个漫长的由否定到肯定,再到否定之否定的辩证发展历程。

一、古典的公债有害论

在自由的资本主义阶段,由于国家奉行非干预主义,国家很少介入经济活动,加上私人积累资本的需要特别迫切,因此18、19世纪主流经济学家大都反对政府举债,对公债持否定态度,认为国家负债有害。其理由是公债具有非生产性,会减少生产资金,浪费人力、物力和财力。

如魁奈认为:“国家应避免借债,公债是不结果实的货币财产。”萨伊也认为:“麦论说,‘国债只不过是右手欠左手的债,决不会把国家弄得贫弱’。但是国家确会贫弱,因为借给政府的资本,由于被消费而归于消灭,不能再给任何人生出利润。也就是说,公债使资本从生产性用途退出,转向了非生产性消费方面。公共信用容易导致公共浪费,因此许多政治家把公共信用看做国家繁荣的致命伤。”李嘉图认为:“一个国家的贫困是由于政府和人民的糜费,是由于借债。这种方法会使我们不知节俭,使我们不明白自己的真实境况。”

二、凯恩斯时代的公债有益论

20世纪30年代,资本主义国家爆发了历史上最为严重的经济大危机,1936年凯恩斯出版了他的《就业、利息和货币通论》,西方经济学家把这本书与斯密的《国富论》和马克思的《资本论》并列称为经济学说史上的三大经典之作。凯恩斯理论从根本上动摇了资本主义自由放任的传统经济理念,它把资本主义发生经济危机或衰退的原因归于有效需求不足,即消费需求不足和投资需求不足。他认为,自由市场机制不存在自动达到充分就业均衡的机制,因而主张政府干预经济,要通过政府的政策特别是财政政策来刺激消费和增加投资,以实现充分就业。“凯恩斯革命”使得财政赤字政策和国家干预主义思想盛行于西方各国,并从此成为西方占统治地位的正统的经济思想。与此相对应,各主流经济学派大都赞成政府举债,对公债持肯定态度,认为政府为稳定经济而负债是有益的,可以扩大消费和增加投资,公债用于投资也具有生产性,能促使物质财富增加,还可成为政府调剂经济的杠杆。

三、现代公债观——公债益害论

20 世纪 70 年代以后，西方非主流学派倾向于否定凯恩斯主义的公债观，对公债有害性的一面揭示较多，而主流学派则倾向于维护凯恩斯的观点，同时对公债有益的一面也有了更深刻的认识。其争论的焦点主要是，公债的政策是否有效，如何才能达到有效。

（一）非主流学派认为公债政策无效或基本无效

（1）理性预期学派罗伯特·巴罗，在通过对李嘉图《政治经济学及赋税原理》中有关征税和举债效应问题的比较研究后认为，在理性预期下，政府以课税或举债筹资的实际效果相等，它们对消费和投资的影响没有什么差别，不会引起人们经济行为的重新调整。公债政策最终是没有特别效果的。这就是公债理论中被布坎南称做“李嘉图等价定理”的著名命题。

（2）货币主义学派斐里德曼认为，中央银行的货币供应量政策将最终决定公债政策的有效性，公债政策自身无法单独有效。

（3）公共选择学派布坎南认为，政府的内部效应会导致依靠发行公债来扩大公共消费，结果势必要摧毁一个民族、一个国家或一个社会的资本或资产。这种公债政策实际上不仅无效，而且有害。

鉴于李嘉图等价思想的广为流传性，这里很有必要介绍李嘉图的等价定理。19 世纪英法第二次百年战争的后期，英国因战争费用庞大，国库入不敷出。在如何筹措军费上，英国议会就征税筹款问题展开了争论，经济学家也卷入了这一现实问题。如马尔萨斯认为，征税会减少消费支出，引起经济紧缩，而采取公债的方式影响要小得多。李嘉图则认为，无论是征税还是发行公债，对经济的影响本质上没有什么区别。李嘉图在他的《政治经济学及赋税原理》中，只是简要地比较了征税筹款和举债筹款的效应，没想到后来居然发展成为一个背上他名字的著名理论。现引述他的原始表述如下：“一个国家为筹划战争费用或政府一般开支而课征的税，以及主要用来维持非生产性劳动者的税，都是从该国的生产性劳动中取得的。这种开支没有节省，即使不是增加到纳税人的资本之中，一般也会增加到他们的收入之中。如果为了一年的战费，而以发行公债的办法征集2000万英镑，这就是从国家的生产资本中抽取去了2000万英镑。每年为偿付这种公债利息而课征的100万英镑，只不过是由付这100万英镑的人手中转移到收这100万英镑的人手中，也就是由纳税人手中转移到了公债人手中。由于付不付利息都不会使国家增富或变穷，所以政府完全可以通过赋税方式一次征得2000万英镑。"

(二)主流学派认为公债政策是基本有效的

凯恩斯之后的主流经济学派仍坚持认为积极的公债政策是有效的。当经济面临有效需求不足或衰退时，举债扩大支出将刺激需求，对经济产生积极的影响。但在反对学派的挑战之下，他们则更加注重公债政策适用的经济条件，如有效需求不足、公债支出的投向如投资性支出、公债还本负息负担的安全性公平性方面的研究，从而深化了对公债的认识。

(三)现代西方学者对公债的辩证认识

对于公债的益害问题，西方学者探讨了200多年，尽管不同学派围绕不同问题还存在许多分歧，但是，现代西方学者对公债的资本性问题、生产性问题、负担性问题以及资产与负债问题等，已经能够比他们的前辈更加辩证地看问题了。

(1)资本性问题。对于公债是否是资本，现代西方学者一般认为，公债是一种资本，它既有真实性的一面，又有虚拟性的一面。作为"真实资本"，它是社会财富的一部分，是私人资本向政府的暂时性转移；作为"虚拟资本"，它又是一种特殊的有价证券，并不增加社会的资本总量。

(2)生产性问题。对于公债是否具有生产性，现代西方学者一般认为，如果公债用于稳定经济、发展生产、扩大投资和就业，它就具有生产性；如果公债用于备战、进行战争，或弥补经常性预算赤字，就具有非生产性。

(3)负担性问题。对于公债是否会形成民众负担的问题，一般认为,如果公债用于生产性目的,而且控制在安全线范围内,那么公债就可能是人民的一种福利;如果公债被用于非生产性目的,而且债务规模又超过了安全线,那么公债就有可能成为人民的负担,甚至是国家的灾难。

(4)资产与负债问题。对于公债是资产还是负债的问题,一般认为,这完全取决于看问题的角度。从投资者的角度看,公债可以被看做一项资产,它和投资者持有的各种有价证券一样,是资产的构成部分;从借款者政府的角度看,公债是负债,它是未来的财政负担;从公债资金借入的角度看,公债是政府分类账中借方的负债;从公债资金使用的角度看,如果政府将公债资金用于建造或购买资本品,公债又将变为分类账中贷方的资产。有趣的是,若从整个社会的宏观角度看,投资者的公债资产与政府的公债负债刚好相抵,但若从政府公债平衡表的角度看,公债资金借入的借方负债与公债资金使用的贷方资产却可能因政府公债使用不当而无法相抵。后一种情况一旦出现,就会导致投资者持有的公债资产价值下跌。

第二节　公债的经济分析

一、公债的效应分析

(一)收入效应

公债的收入效应与税收性融资的收入效应相比,有相同的地方,也有不同的地方。相同之处在于它们都使政府的可支配收入增加,而私人的可支配收入减少;不同之处在于税收性融资减少了生产者的供给能力或消费者的消费能力,而公债对于生产者或消费者来说,是一种有些类似于诸如储蓄、有价证券购买等方式的投资行为,因为最终它要以相反方向的“收入效应”回流。

(二)挤出效应

挤出效应是指公债的发行导致私人部门投资和消费的减少,而政府部门投资和消费的增加。若社会处于有效需求不足的情形，而政府使用资金的效益又比私人部门高，也就是私人投资不足，而社会上又有大量闲置资金，这时，公债的发行和使用特别有助于提高资金的使用效率，成为弥补私人投资不足的有效手段，则挤出效应不会发生，也不会成为一个严重的经济问题；反之，若社会并不处于有效需求不足的情形，而且政府使用资金的效益并不比私人部门高，这种时候发行公债，就有可能形成政府与私人部门的资金竞争，使市场利率上升，导致私人投资被挤出，而且还有可能成为一个严重的经济问题。从本质上，说挤出效应是一个资金由私人部门向使用效率并不高甚至有时还要低的公共部门转移的帕累托效率无改善或甚至还要恶化的过程。

（三）货币效应

货币效应是指公债发行对信用市场的影响，即公债引起市场货币供应量的变化、引起各金融市场不同金融工具的重新均衡变动、引起资金市场利率的变动等。实际上，公债的货币效应是一个涉及中央银行政策和经济形势错综复杂变化的综合效应。

若经济处于正常状态，而且中央银行又维持货币供应量不变，则公债发行将导致货币需求增加和利率上升，见图 8-1(a)，将有可能产生挤出效应。此时，若中央银行想维持利率不变而扩大货币供应量，则公债发行有引起通货膨胀的危险。

在经济处于衰退状态，即有效需求不足时，利率处于流动性陷阱之中，这时发行公债，即使用于弥补政府赤字，也并不会使市场利率上升，见图 8-1(b)。与图 8-1(a)相比，两者的市场经济形势不同，故供给曲线 S 的分布不同。

在李嘉图等价假设下，政府为弥补赤字的贷款需求 ΔD_G，恰好被私人为应付预期的未来高税收负担而准备的储蓄增加 ΔS_P 所抵消。此时，资金的供求关系不变，市场利率不变，见图 8-2。

（四）投资扩张效应

国家发行公债，一个重要的原因就是用于重点产业和基础设施的投资,弥补私人投资的不足,并通过这种投资对私人投资起到一个引导的作用,使产业结构得到升级,最终通过投资的乘数效应来拉动经济增长,摆脱经济的徘徊状态。但是,如果使用过度,也会使经济投资过热,出现膨胀现象。

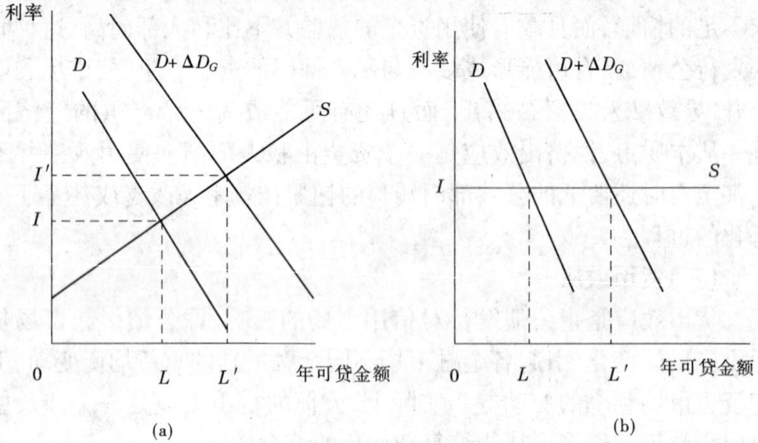

图 8-1　公债性融资的效应分析

(五)收入再分配效应

收入再分配效应是指公债的发行引起国民收入再分配的变动,产生公债负担的代际或同代人之间的转移。这种再分配,在当代人之间一般是高消费人群向高储蓄人群的收入转移;在代际之间一般是下代人向当代人的收入转移。债务融资的特点是减轻了当代人的当前税收负担,从而回避了强迫当代居民削减当前消费和储蓄的要求,它给当代人提供了更多可以享受的消费机会。为支付债务的本和息,需要增加未来的税收,使得收入从未来纳税人手中,再分配给公债的持有者,而未来的纳税人将承受消费或储蓄减少的损失。如果未来纳税人是当代人,即债务清偿由当代人负担,那么收入再分配就是在当代人之间的收入转移;如果未来纳税人是下代人,即债务清偿由下代人负担,那么收入再分配就是在当代人与下代人之间的收入转移。

(六)公债的幻觉效应

公债的幻觉效应是指纳税人没有意识到公债是一种延期了的税收,在政府发行公债时,仍错误地认为自己的景况和以前一样好,因而不知节俭,不知为未来必须承担的债务负担而节省开支。公债幻觉实际上是一个更为复杂的财政现象。布坎南对此有一段深刻的分析❶:"在债务幻觉下,个人不会做出适当的计划来履行到期的财政义务。然而,得到资金的项目确实能在一段时期内带来利益,个人履行推迟的纳税义务的能力也会被这些公共服务利益所加强。在某种意义上讲,这些利益是可以转化为实际收入的。对于为长期资本项目筹资的公债发行来说,利益的自然增长不一定等于财政义务的最优分配,但认为公债把净财政义务转移给后代纳税人的伦理原则,显然是不适宜的。在这种情况下,后代人既继承了纳税义务,也得到了利益。"

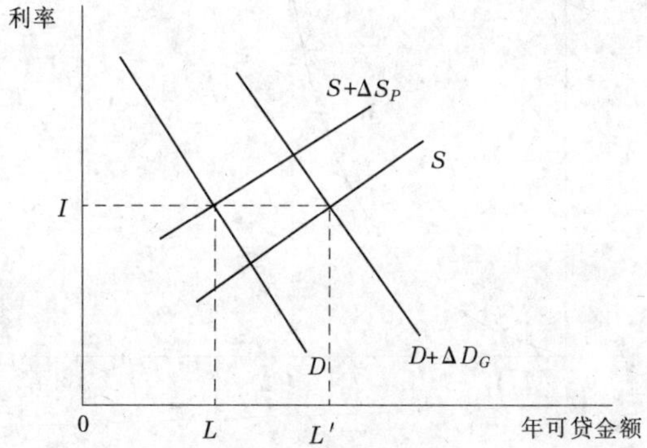

图 8-2　公债性融资的李嘉图等价效应

---

❶ 布坎南,《民主财政论》,商务印书馆,1999 年,第 277~279 页。

二、公债的效率分析

公债的效率分析是指分析债务融资的超额负担大小如何,主要是比较一下公债融资是否会比税收融资导致更高的超额负担。因为借债而形成的赤字把税收负担推到了将来,所以债务融资不像提高当前的税率,融资在时间安排上刚好错开。若政府必须增加一笔开支,完全采用税收融资方式,则相当于政府现在要征一次较高的税率;如果采用债务融资方式,则相当于在现在和将来若干年征一系列相对较小的税率。由第七章第一节关于税收效率分析可知,公共融资负担是按税率的平方递增的,因此从超额负担的角度看,两笔小税款抵不上一笔大税款,即$(W_1 + W_2)^2 < W^2$,债务融资和税收融资负担比较如图 8-3 所示。可见,债务融资更为人们所偏好。

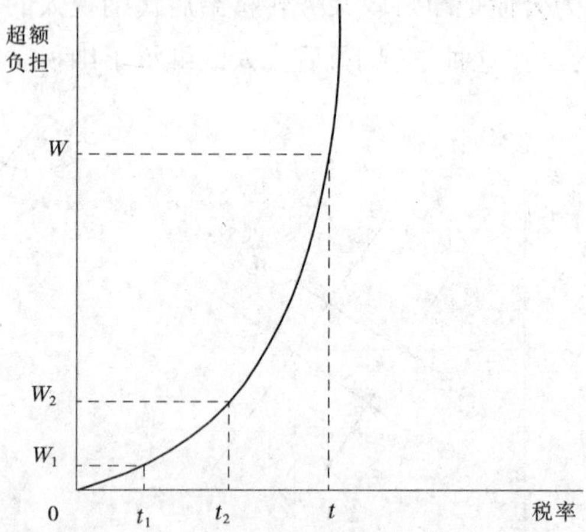

图 8-3　债务融资和税收融资负担比较

由于实际情况远比上述分析要复杂得多,所以我们还不能就此断定债务融资在效率上一定比税收融资更好。如果融资正好处于一个经济过热时期,那么税收融资应该说正合时宜,它正好可以适应经济降温的需要,此时税收虽然会产生超额负担,但不会产生挤出效应;这时的债务融资就显得不合时宜,它除了产生一个比税收融资小一些的超额负担外,还会产生另一种额外的超额负担,即挤出效应。这样一来,税收融资反而会比债务融资拥有更大的效率优势,从而变得更富吸引力。当然,如果经济正好处于衰退或过冷时期,由于不存在额外的超额负担——挤出效应,加上税收融资此时并不具有刺激经济的功效,那么,债务融资将比税收融资拥有更大的效率优势,从而更受人们欢迎。总之,经济环境条件是决定税收融资还是债务融资哪一个更有效率的重要因素。

三、公债的负担分析

公债的负担分析是指一个政府债务融资引起的成本应由谁来公平地承担的问题。大卫·海曼对债务负担下了一个精彩的定义:债务负担是指债务融资的再分配效应。由于公债要还本付息,所以它就会发生债务负担的转嫁和归宿问题,如同税收的转嫁和归宿一样,公债的转嫁和归宿也会出现经济归宿与法定归宿不同的情形。西方学者较多地分析了内债和外债,以及不同代际之间的负担差别问题。

(一)内债负担和外债负担

一般认为,内债负担和外债负担是不一样的,外债负担类似于私人债务,而内债负担与私人债务有所不同。

1.内债负担

政府从本国居民融资借款称为内债。当发行国内公债时,私人的购买力转移到了政府手中;当偿还内债本息时,意味着购买力从纳税人转移到政府的前债券人的再分配。当一国政府向其居民借款时,借款的机会成本为该国居民放弃的消费或投资。内债负担最终取决于内债的实际使用方向和效果,如果它主要用于投资且实际使用效果很好,使得经济的整体效益提高了,那么内债就不存在明显的负担问题。如果内债主要用于消费,或投资的实际使用效果不好,不仅没有提高经济效益,反而使其恶化了,那么内债就将成为一个明显的负担。从理论上讲,只要政府能够合理控制内债规模,有效使用内债资源，不发生严重的债务危机，那么政府也可以通过“发新债还旧债”的方式来支付过去的内债，从而使政府的内债届届相传。但是，私人债务由于私人信用的局限性，私人不可能像政府那样总可以用新债还旧债的办法向下一代转移负担，一旦遇到偿还困难，就将陷入债务危机之中，因此私人债务是一种实实在在的负担。这就是政府内债负担与私人债务不一样的地方。表 8-1 对各种公债资金的来源和使用方向进行了负担评价。

表 8-1　公债的负担分析

公债资金的来源	公债资金的使用方向	负担评价
消费资金	生产	负担<0
	消费	负担≤0
投资资金	生产	负担不存在
	消费	负担>0
国外借款	生产	负担不存在
	消费	负担>0

根据勒纳的观点，内债不会给后代造成任何负担，下一代的人只是相互欠债。一旦偿还债务时，收入就从一组公民转移给另一组公民。然而下一代作为整体的境况并没有变坏。这种观点统治了 20 世纪 40、50 年代的经济学界。现在则普遍认为问题要复杂得多。首先，公债或赤字占一国公共收入的比例（赤字率）就是一个重要的参考；另外，国情不同，各国对赤字率的承受能力也不同。

2. 外债负担

政府从国外居民借款称为外债。当外债发行时，资源会流入举债国，并引起债权国相应生产机会的丧失；当外债被偿还时，资源就会流出举债国，且引起举债国相应生产机会的丧失。如果外债的比例过高，甚至会给举债国经济增长机会带来严重的后果，一旦偿还高峰来临，政府就必须提高税收来支付过去的外债，而且还难以像内债一样通过发新债还旧债。这时,偿还外债还包含着资金的大量外流和生产机会的实际丧失,而不仅仅是增税引起简单的再分配效应。因此,外债是有明显负担的,在这个意义上,外债与私人债务相似。罗森认为,从国外借债若用于经常性消费融资,后代肯定要承受负担,其消费水平的下降等于借款的本息之和;若借款用于未来资本积累的融资,则结果取决于项目的生产率,如果投资的边际收益大于融资的边际成本,则肯定会使后代的境况变好,否则后代肯定要承受负担。

(二)代际负担分析

政府债务的清偿,不仅会影响到当代居民间的收入再分配,而且还会影响到未来一代居民的收入再分配,债务负担本质上是一个代际背景中的税收归宿问题。至于公债负担本身到底应该由当代人负担,还是要由下一代负担,实际上是一个复杂的问题,难以简单定论。它不仅涉及到公平问题,还取决于公债政策的具体收益情况及实际效果。有时公债应该由当代人负担,有时则应该由下一代负担,但更多的情况是应该由当代人与下一代人共同负担。

(1)公债的当代负担论。如果公债支出方案使当代人受益,或者牺牲了后代人的利益(使自然资源的储蓄减少、环境变坏等)使后代人变得更穷了,那么公债负担应当由当代人承担,此时,债务负担向下一代人的转移就显得不合时宜。如果未来一代只有支付债务本息的税收负担,而无消费增加或财富得到补偿,也就是没有受益,那么当代人就不应该将债务负担转嫁给后代。

(2)公债的下代负担论。如果公债支出方案使后代人受益,那么公债负担应该由后代人承担,此时,债务负担向下一代的转移就是合适的。如果债务融资导致当代纳税人储蓄增加,并使他们自愿将更多的遗产留给他们的后代,而抵消了未来的债务负担,那么当代人就可以将债务负担转移给后代。

(3)公债的共同负担。如果公债的支出方案既使当代人受益,又使后代人受益,或者公债的支出方案是为弥补上一代人对大自然的过度索取(或排放)造成的环境恶化,那么,公债的负担就应当由两代人共同承担。其承担的比例划分应当由受益的比例大小再加上跨代决策均衡理论(第二章第四节),并结合不同的民族习惯决定。

(三)公债负担的基本原则

公债理论对公债负担的基本原则限定,实际上是融合了公债的受益原则、代际公平原则和效率原则,考虑的是综合公平负担观。归结起来就是,用当代人的钱办好当代人的事,由当代人负担;用子孙的钱办好子孙的事,由子孙负担。

若公债用于弥补消费性支出,则必须是少量的,并应尽快通过征税方式化解,即只能立即由当代人负担,而不应由下一代人负责,否则就是不公平的、有害的。若公债用于为长期项目筹款,提高未来的生产水平,则应由后代人承受负担,转移债务负担就是公平的、合理的。但公债对后代的影响还要视投资的效益而定,只有投资效益大于负担损失时,才算是真正公平有益的。若政府举借外债用于增加当代人的消费,而使后代蒙受资源减少的损失,就不仅是不公平的,而且是不负责任的,应当由当代人尽快征税解决。若政府举借外债用于投资性支出,给后代人造福,把外债负担转移给后代,尽管适合代间公平,但对后代的影响还要取决于借贷投资的生产效率,只有投资收益大于负担损失时,才算是真正的公平有益。

为了财政稳定,防止政府不正确地使用债务,OECD 国家普遍坚持债务的“黄金法则”。“黄金法则”特指在经济周期中,政府举债只是为了投资,而不是为了给现在的支出提供资金(包括折旧和维持费用)。“黄金法则”体现了 OECD 国家对债务的资本性、生产性和负担性的比较深刻的认识。

德国、英国和日本都是实行债务“黄金法则”比较典型的国家。德国宪法第 115 条的德国黄金法则指出,在任何年度,政府借贷都不准超过投资支出,除非是在宏观经济不均衡的情况下。英国实行债务的“黄金法则”是以财政稳定法案的条款形式出现的,与德国有所不同的是,只要“黄金法则”在整个经济周期中得到贯彻,英国就允许任何特定年份的赤字超过政府投资。日本则通过写入宪法条款的形式将政府赤字债券与政府的建设债券真正分开,并采取将政府借贷局限于中期建设债券的方法来限制政府借债。

"黄金法则"有两个优点,一是它为政府借贷范围确定了一个界限;二是它不会阻止政府从事有利的投资。"黄金法则"的基本理念是政府投资会产生一个未来的收入或服务流,这些收入或服务流能够证明一些对未来的支出分配是合理的。然而,"黄金法则"也并不能根除政府为资助一些经济收益或社会收益较小的投资项目而举债。而且,坚持"黄金法则"也并不能根除财政紧张,除非政府同时也实行净债务目标或总债务目标的控制。

自 1970 年以来,许多 OECD 国家似乎大都已经实现了"黄金法则"。如果举债支出是按照狭义的资本支出概念来衡量,如仅仅包括政府固定投资,那么大多数 OECD 成员国的净债务将超过其平均的"黄金法则"水平;如果举债支出是按照广义的资本支出概念来衡量,不仅包括固定投资,还包括人力和智力资本的投资等,那么事实上,OECD 作为一个整体,已经实现了"黄金法则"。

第三节　公债合理规模确定

公债构成了水利等基础设施投资的重要来源,但是毫无疑问,公债的发行并不是没有限制的。通过建立数学模型、因素分析以及国内外的实证经验等,研究公债的适度规模同样构成了公债理论的重要组成部分。公债适度规模是指在国民经济这一大参照系下公债最满意或最合理的数量界限,当然,这一数量界限通常并不是指一个绝对值,而是指与国民经济发展相适应的一种相对比较值。比如公债与国民生产总值相联系、与财政赤字或财政收入相联系、与社会的应债能力相联系、与中央银行开展公开市场业务的需要相联系等。从理论上讲,公债规模过小或过大,都会影响甚至降低公债应有的经济效益和社会效益。从规模的效益性方面看,一定的公债规模能使公债的运行达到最佳的整体效益，因为宏观经济的运作所产生的公债需求总是带有一定“量”的特征。若公债规模过小，无法形成强大的推动力以促进经济正常发展；若公债规模太大，则会造成资金的浪费，降低效益，甚至还会引起通货膨胀。从成本方面看，公债成本包括发行成本、使用成本以及公债对国民经济造成的负面影响等。一般来说，公债的规模越小，成本越小；规模越大，成本也越大。但这种相关关系并不是线性的，即相对不同的规模其边际成本并不相等。当公债边际成本等于公债的边际收益时，其公债的发行规模越大，国民收入的损失也就越多。只有当公债的边际成本等于其边际收益时，由此确定的公债规模才是最适度的。

一、从社会居民的应债能力方面分析

从根本上说，公债的筹资来源是储蓄，一个国家的投资等于全部国内储蓄与国外储蓄之和。居民的银行存款、股票、公债以及其他各种持有债券，都是将储蓄转化为投资的形式。因此，一个国家筹资的最大限度是这个国家的储蓄水平。

从社会居民的金融资产看，它包括人们的手持现金、储蓄存款、公债、股票和保险准备金等。表 8-2 给出了我国社会居民的金融资产结构。国外的固定资产投资率通常都在 30% 以下，比如美国一般在 18%～20% 之间、英国在 16%～20% 之间、日本在 30% 左右，而且总投资率通常都和居民的储蓄率大体相当。尽管我国的投资率高于一般国家，但是我国居民的储蓄率比一般国家都要高出许多。

表 8-2　我国社会居民金融资产结构　　（单位：亿元）

金融资产	合计	手持现金	储蓄	公债	股票	保险金
1978 年	376	165	211	—	—	—
1990 年	10 135	2 153	7 034	695	66	189
1996 年	50 766	6 866	38 521	2 670	2 200	489
1996 年各金融资产比例(%)	100	14	76	5	4	1

社会居民的应债能力通常用以下指标表示:①居民公债负担率,即用当年对居民的发债余额与当年居民储蓄余额的比例来表示。②金融机构负债率,用金融机构持有公债占总资产的比重来表示。在发行公债时,应该将其总体规模控制在政府的偿债能力和社会的应债能力以内,尤其不能超过国际公认的警戒线水平。

二、从政府偿债能力角度分析

从政府的偿债能力看,衡量公债规模的指标主要包括以下三个:①国债负债率,即国债余额/当年 GDP。它衡量的是整个国民经济对公债的承受能力,更深入地讲,就是表明整个社会资源特别是储蓄资源被政府占用了多少,这个指标一般以不超过 60%为宜。表 8-3 为公债负债率国际比较。②国债依存度,即当年债务收入/当年财政支出。它反映本国财政支出对公债的依存程度,一般以不超过 20%为宜。表 8-4 为公债依存度国际比较。③国债偿债率,即当年债务还本付息偿还额/当年财政收入。一般以不超过 10%为宜。

表 8-3　公债负债率国际比较　(%)

国家	1982 年	1983 年	1986 年	1988 年	1990 年	1996 年
美国	38	41.6	52.4	55.3	61.6	63.0
英国	—	—	44.0	38.4	34.7	59.1
德国	20.1	21.5	22.8	23.9	24.4	59.5
加拿大	28.7	33.2	41.0	43.5	46.8	97.3
中国	1.75	2.26	2.87	3.74	4.8	6.29

表 8-4　公债依存度国际比较　(%)

国家	1982 年	1983 年	1985 年	1986 年	1988 年	1989 年
日本	29.7	26.6	23.4	21.4	15.6	12.9
美国	12.1	25.7	22.4	22.3	10.5	13.4
英国	8.0	9.3	3.6	4.4	—	—
中国	3.9	3.33	3.25	2.77	4.52	7.6

三、从资源配置的角度来考察

公债实际上是将一部分社会资源的配置由私人部门转向了公共部门。如果这种资源配置方式的改变能够实现帕累托最优或者达到某种程度的帕累托改进，那么此时的公债规模是合适的。如何判断公债是否有利于资源配置效率的提高，可以从以下几个方面来考察：①挤出效应的大小。如果社会存在大量的闲置资金，此时政府举债不但不会形成与私人部门的竞争，使市场利率上升，导致私人投资的被挤出，反而有利于资源的有效利用，因此公债的规模可以适度扩大；反之，则不适宜扩大公债规模。②公债资金所提供的公共产品的边际效用和私人产品的边际效用的比较。如果前者大于或等于后者，则此时的公债规模就是合适的。③公债的来源和使用方向。德国约翰·穆勒指出，如果公债资金来源于生产领域而又用于生产领域，则有利于资源的配置；如果公债资金来源于生产领域而用于非生产领域，则公债制度就是最不良的筹款方式。

政府支出主要由经常性支出和资本性支出两个方面组成。经常性支出直接形成本期的公共产品，具有直接受益性；资本性支出不仅形成本期的公共产品供给，而且将在很长的一段时间内发挥效益。如果将公债资金用于经常性支出，则有可能造成公共产品的过度供给，使资源浪费。所以，公债收入基本上应用于政府的资本性支出，将其成本分摊到以后各期以提高使用效率，这也决定了公债的发行规模应当以政府合理的资本性支出需要为界限。

四、从公债作用的角度考察

公债的主要作用就是弥补财政赤字、筹集公共产品所需要的资金以及调控经济。公债的规模应当根据不同需要而进行调整。在经济萧条时期，社会投资需求不足，政府通过扩大公债的规模增加财政支出，可以创造新的就业机会，提高更多的公共产品以及增加社会财富，最终刺激投资需求，拉动经济复苏。如我国 20 世纪末实行的积极财政政策中增发的 3 600 亿元公债主要用于基础性设施建设，就属于这一种情形。此外，政府还可以通过中央银行的公开市场操作买卖公债，影响市场利率，从而实现对经济的宏观调控。当政府的其他财政收入不足以提供足够的公共产品或服务时，适当扩大公债的规模也是必要的。

五、从中央银行开展公开市场业务的需要分析

中央银行要有效地开展以吞吐公债为主要操作工具的公开市场业务，客观上要求公债市场达到相当大的规模及品种多样化。从国际经验上看，美国的公债通货比率（即短期公债与货币流通量之比）最低时为 11%，日本为 5%～6%，若以低限 5% 估算，则我国要实现有效的公开市场业务，则短期公债规模就应达到 3800 亿元[1]。但是我国目前可以上市流通的公债余额仅有 1 500 亿元，特别是作为公开市场业务最主要操作对象的短期公债仅仅有 235 亿元。可见，要使中央政府的宏观调控由直接手段转化为间接手段，并使公开市场业务操作真正成为最常用的货币政策工具，公债规模特别是短期公债规模需达到一定的数量要求。

第四节　公债制度和公债管理

我们知道，随着水利工程公益性含量的不同，其经济强度也有很大差异，所以水利工程项目本身的偿债能力也各不相同。当水利工程的经济强度较大时，它本身就可以偿还为此而发行的公债。比如我国的三峡工程建设，国家就为此单独设立了特种公共国债。如果税收性融资（包括水利公共基金）基本上都是由税务部门来完成其运作的，那么，公债性筹资就有可能由地方性政府或水利工程项目的企业来完成。因此，本节对公债的运作制度和管理做如下简要分析，下

[1] 中国证监会，《中国证券期货统计年鉴》，中国统计出版社，1997 年。

一节讨论公债政策。

一、公债制度

现代意义上的公债制度，最早于 17 世纪在荷兰初步确立，以后随着资本主义公债实践的发展，西方国家逐步形成了一整套严密、细致的公债运作制度，既规范了公债各环节的行为，也提高了公债筹资的效率。

（一）公债的发行制度

西方发达市场经济国家已经建立了比较先进的、高度市场化的公债发行制度，它们对公债的发行方式和应债资金来源均进行精心策划，使之符合市场运行的要求，不仅拥有十分有规律的发行时间表，还拥有非常发达的拍卖—承受体系。

1.公债的发行方式

在公债的发行方式上，西方国家拥有多种多样的选择，如：①固定收益出售方式（sale on fixed-yield basis），这是一种按预先确定的发行范围与条件发行公债的方式。②公募拍卖方式（auction technique），这是一种在金融市场上公开招标发行公债的方式。③连续经销方式（sale by tap technique），这是一种在金融市场上设专门柜台经销公债的方式。④直接推销方式（private placement technique），这是一种财政部门或财政委托的水利公营企业直接与认购者谈判出售公债的方式。⑤组合方式（combination of selling technique），这是一种综合使用上述各种方式的公债发行方式。为了保证公债的顺利发行，西方国家在发行方式上相当灵活，一般会针对不同种类的公债选择最匹配的发行方式，也就是那种发行成本最低，又最受投资者欢迎的方式。

2.公债的应债来源

在公债的应债来源上，西方国家十分重视区别不同经济主体认购公债对经济的影响。根据对经济的不同影响，公债的应债来源可划分为银行系统和非银行系统两大类。

(1)银行系统的应债来源对经济的影响是扩张性的,它又有商业银行和中央银行的区别。商业银行认购公债,使货币供给扩大到认购规模的一倍。商业银行以多余现金准备购买政府债券,可将政府债券作为第二线储备资产,并替换第一线储备资产(现金),这样商业银行的准备金和可用资金并没有减少,但政府以发行公债获得现金收入后,在支出过程中最终必将增加商业银行系统的存款(数额等于发行公债数)。因此,国民经济将以公债规模增加一倍的货币供给。中央银行认购公债,可以法定准备金比率扩大货币供给数倍。中央银行无论是从财政部直接购入,还是从公开市场买进,都将是一个高能货币的投放过程,都会造成银行系统存款的多倍扩张。

(2)非银行系统的应债来源对经济的影响是中性的,它又有社会公众认购和政府机构认购的不同。社会公众认购公债只是造成民间支出与政府支出之间的转换,不会导致社会信用的扩张。政府机构认购公债,仅是政府部门内部资金的转移,也不会导致社会信用的扩张。由于公债发行给经济带来的后果很复杂,为了减少对经济的不必要干扰,西方国家一般都要求公债的应债来源应尽量适应稳定经济的需要,与宏观经济政策保持一致。

(二)公债的流通制度

西方国家还建立了非常高效、安全的公债流通制度,他们拥有历史悠久、高度国际化的资本市场和公债市场,其公债市场可以说是全世界流通性最好的、最活跃的债券市场。公债的流通价格完全由资本市场的供求关系来决定,投资者可按照市场均衡价格随时变现手中的公债。公债的流通方式主要有两大渠道:

(1)证券交易所。这是一种供中小投资者零售交易的场所。西方发达国家个人投资者持有国债份额很少,比重一般在10%左右,甚至更低,他们的交易主要是通过交易所进行,而国债的主要持有者的交易并不在交易所进行。

(2)金融机构的柜台。这是一种供大机构进行批发交易的场所。西方发达国家机构投资者持有国债的绝大多数份额,一般情况下,商业银行、共同基金、社会保险基金、保险公司等机构投资者持有90%左右的国债份额。他们的交易主要是通过金融机构柜台进行的,这就是发达国家国债交易以场外交易为主的根本原因。为了确保公债流通的安全、有序和高效进行,西方国家都建立了一整套在证券交易委员会严格管理下完善、规范的债券交易体系,既稳定了市场,又保护了投资者。

(三)公债的偿还制度

西方国家的偿还制度也是非常严格和规范的,他们对公债的付息方式、本金偿还方式,以及资金来源方式等不断地进行优化,逐步形成了目前世界上规模最大、信用等级最高、运行最为灵活的公债还本付息制度。公债的付息方式大致有两类:①按期分次支付法,多适用于长期和不兑现的公债。②到期一次支付法,多适用于短期和随时兑现公债。

从公债本金偿还方式看,公债偿还方法主要有四大类,即分期逐步偿还法、抽签轮次偿还法、到期一次偿还法、市场购销偿还法等。一般可根据到期归还的本金大小,灵活选择对应的方法。

公债偿还的资金来源方式主要有三种:

(1)税收化清偿。增税筹资还债是最彻底的削减公债规模的方法,但会对经济产生收缩性影响,如果增税幅度过大,还容易引起人们的反对。因此,该方法一般在债务规模超过安全线时或经济繁荣时采用。最理想的办法就是依靠经济增长导致的税收增长来筹资还债。

(2)货币化清偿。增发货币筹资还债是最便捷但也是很危险的方法。经济学理论表明,增发货币的一个直接后果就是通货膨胀。根据剑桥公式

$$m + v = p + y \tag{8-1}$$

其中:m 是货币的增长速度;v 是货币乘数的变化速度;p 是通货膨胀率;y 是国民生产总值的实际增长率。

将式(8-1)做如下变换

$$p = m + v - y \qquad (8\text{-}2)$$

式(8-2)说明通货膨胀率 p 与货币的增长速度 m 直接正相关。增发货币必然导致 m 增加,会引起通货膨胀。在实行独立性中央银行制度的国家,此办法一般禁止使用。

(3)债务化清偿。利用发新债还旧债来筹资还债也是一个比较便捷的办法,但它会导致公债规模扩大,一般在债务规模处于安全线范围内或经济衰退时采用。如果债务规模控制得好,短期内发新债筹资通常不会产生通货膨胀的压力。但是,如果债务规模控制得不好,从长期来看,发新债筹资甚至会导致更为严重的通货膨胀,因为一国的债务一旦积累到一定程度,就会由于债务利息的滚雪球效应而不可收拾,国家早晚必须用增发货币的方法来还债。

(4)项目收益清偿。有些水利工程本身的经济效益较好,所以,国家有时用项目建成后的经营收益来偿还债务,这当然是最好也是最彻底的清偿债务的办法。不过,正如本书在第一篇中论证的那样,水利事业整体上属于公共经济的领域,所以,经济效益好的水利工程项目所占的比重应该不会太大。因此,利用项目本身的收益来清偿公共债务只是一种比较少的个例。

总体上讲,政府在还本付息方式上有较大的选择空间,但在偿还资金的来源方式上选择的余地较少。由于受到经济条件的严格限制,政府一旦出现差错,就容易引起严重的经济后果,所以政府必须审时度势,科学决策。为了能按时偿还所有到期债务,避免引发偿债危机,西方国家根据长期实际操作积累的丰富经验,将偿还制度逐步向科学化、规范化、程序化的方向发展,基本形成了一套切实可行的安全操作法。这样就使得西方国家虽然面临着世界最为庞大的偿债资金压力,但仍然可以在经济的大浪中运筹帷幄,在资本的海洋里纵横驰骋,灵活调动手中庞大的公共资源,既确保了债务的偿还,又调控了经济。

二、公债管理

自从 20 世纪 70 年代西方经济陷入滞胀以来,赤字和公债有了迅速增长,使得西方工业化国家开始感到了危机。20 世纪 90 年代以后,这些国家的政府普遍开始加强对公债的管理,控制赤字的膨胀。现代公债管理的意义,不能仅从纯财政的角度去理解,还应从经济大背景的角度来把握,无论是公债管理的原则,还是公债的总量和结构管理,都应在经济运行的大背景下加以考察。

(一)公债管理的原则

西方国家关于公债管理的规范原则可以归纳为如下四条:尽量减少公债的发行成本,尽量减少公债的利息负担,尽量适合与满足投资者的需求,尽量适应稳定经济的需要。

(二)公债总额管理

公债的总额管理主要有三个问题:公债总额是否有限制,公债总额是否有破产风险,公债总额应如何控制。

1. 公债总额是否有限制

这个问题应辩证地看,它有静态限额论和动态限额论之说。静态限额论认为,从静态的角度看,一定时期内一国的债务承受能力是有一定限度的,不论是公债的绝对数还是相对数,都有一个合理的经济承受度。若超过了这个合理限度,不仅经济承受不了,人民也无力购买,不愿购买。债务融资的代价就是必须还本付息,即使国家可以用发新债还旧债的方式推迟债务偿还,但债务还是会累积到一定程度,到那个时候仅仅是债务的利息就足以吞噬一国的所有税收收入,也许还不用到那个时候,人民就已经不愿意购买政府的公债了,此时不仅公债走到了尽头,政府自己也可能已经走到了尽头,所以公债是有限的。动态限额论从动态的角度去观察,认为只要一国的经济保持增长势头,人民的收入也一直保持增长趋势,政府又能够合理管理和使用公债,那么公债就可以随经济的发展而无限度地发展,当然,这主要是指公债的绝对数额,其相对数额还是有限度的。因此,公债从发展的角度看，其绝对量也可以是无限的。

2. 公债总额是否有破产风险

即公债的增长是否会导致国家破产，这个问题也有国家破产论和国家不破产论之说。公债会导致国家破产论认为，从经济的角度考察，公债和私债类似，当个人和企业负债沉重，不能应付其债权者时就会破产。国家也是一样，当政府债务严重恶化，出现偿付危机，信用完全丧失时，就是一种完完全全的经济破产。应该说这种情况最有可能在一国的外债危机中发生，而且首先会通过政府的政治破产集中表现出来。政府因债务危机下台就是一种典型的案例，这和私人因债务破产而退出市场其实是一样的。所以，公债会导致政府破产。公债不会导致国家破产论认为，从经济的角度看，政府作为债务人和私人债务人是不能比拟的，因为公债和私债的性质不同。政府有权课征税收和创造货币，而私人不能。印钞票作为政府的最后手段，使得公债的违约风险几乎为零，即使这样可能引发通货膨胀而使债务贬值。所以，政府有能力应付国内的债权者。当然，外债应区别对待，它能使政府因举债而征税或创造货币，尽管对国家的经济有可能造成严重的不利影响，但还不能说国家已濒于破产。

3. 公债总额应如何控制

严格地说，公债规模控制是政府和议会的政治决策问题，但是从公债管理的安全性考虑，政治决策也需要有科学依据。由于公债规模与一国经济规模的大小紧密相关，所以公债的绝对数意义不大，重要的是公债规模的相对数。西方国家比较看重的两个指标是国债总额与国民生产总值的比率，以及政府预算赤字与国民生产总值的比率。一般来讲，国债总额与国民生产总值的比率不超过 50%～60% 比较安全，政府预算赤字与国民生产总值的比率不超过 2%～3% 比较安全。例如，根据 1991 年《马斯特里赫协议》，加入欧洲货币联盟(EMU)四大条款中最重要的第三款规定，政府预算赤字不得高于其 GDP 的 3%，并且所有政府债务不得超过 GDP 的 60%。

(三)公债结构管理

公债结构与经济政策联系比较紧密的有三种:公债认购者结构、期限结构和公债发行者结构。

(1)公债认购者结构,见图 8-4。

- 虚拟借款
  - 政府机构
  - 信托基金
  - 中央银行
- 真实借款
  - 私人投资者(商业银行、企业、个人)
  - 外国投资者

图 8-4　公债认购者结构

公债持有者的类型不同,其目的与经济行为也各不相同。政府机构及信托基金投资公债,主要是从政府资金的安全性或收益性角度考虑,要么是短期闲余资金,要么是长期的社会保险资金,它不会导致货币信用膨胀。中央银行持有公债主要是进行公开市场业务,以执行经济政策,它会很明显地影响货币信用的状况。商业银行持有公债会影响信用膨胀,但不如中央银行影响强烈。非银行系统持有公债不会引起通货膨胀,但会影响货币的流动性。

(2)期限结构,包括短期(1 年以内)、中期(1～10 年)、长期(10 年以上)。传统观念认为公债的期限宜长,以保证资金的稳定提供;现代观点则认为,"长中短"相对平衡分布的期限结构较好,它不仅可以保证公债具有必要的流动性,而且还可以降低利率风险,便于政府实现"利率成本最小化"。一个良好且平衡的公债期限结构,从几个月到十几年的分布,将优于几乎完全短期或完全长期的公债结构。

(3)公债发行者结构,是指公债由不同级次政府或公营企业作为公债发行的责任者,承担公债的还本付息。由于发行公债有几种目的,如管理国民经济、弥补短期或者长期收不抵支,以及短期内为大型项目筹资等,所以从实证角度看,不仅中央政府可以发行公债,地方政府主要指州或省一级政府,也可以发行公债,甚至在大型基础性设施项目经济效益较好的情况下,国家也可以允许其发行特种公债。比如,我国中央政府就为筹集三峡工程资金,发行了专用于该工程项目的特种公债，而将来的还本付息也从该工程的运行收益中支付。在西方国家，中央政府的债务加总，通常要超过一国全部债务的70%以上，主要用于管理国民经济和应付长期的支大于收；地方政府借款则主要用于短期的支大于收和特定的大规模的项目支出。一般而言，由于政府现期收入不可能或不适于支付大型项目建设资金，故需要用长期借款的方式筹集资金，出于这一目的的借款，在某一特定时点通常占地方政府债务总额的90%以上[1]。近年来，我国各地（特别是大型城市），也在试行由地方政府发行公债筹集城市公共基础设施的建设资金，应该说这是一种有益的积极性探索。

第五节　公债政策

发行公债的最初目的是弥补政府的财政赤字，以及筹集基础设施建设资金，但是随着公债发行规模的扩大，公债对国民经济的影响也越来越大，从而逐步演变成为了一种宏观经济的调节工具。因此，公债不仅是一种主要的公共收入形式，而且也是一种有效的宏观经济调控手段。财政增减公债的发行，意味着实施扩张性或紧缩性财政政策，因此公债既是财政政策的工具，也是货币政策的工具。公开市场业务以公债为主要操作对象，使得公债成为财政政策和货币政策的结合点，成为了连接财政政策与货币政策的桥梁和纽带，被誉为"联合传导器"。公债与财政政策和货币政策的关系见图8-5。公债既是财政范畴，又属金融范畴；既是财政工具，又属金融工具。公债通过预算收支与财政政策相联系，同时，它又通过货币市场与金融紧密相连。它在总体上统一于财政政策和货币政策的前提下，又有自己的相对独立性。

从公债政策自身的相对独立性来看，它在宏观经济管理上有五大作用或效应。

---

[1] [美]B.J.理德，约翰.W.斯韦恩，《公共财政管理》，中国经济出版社，2001年，第223～224页。

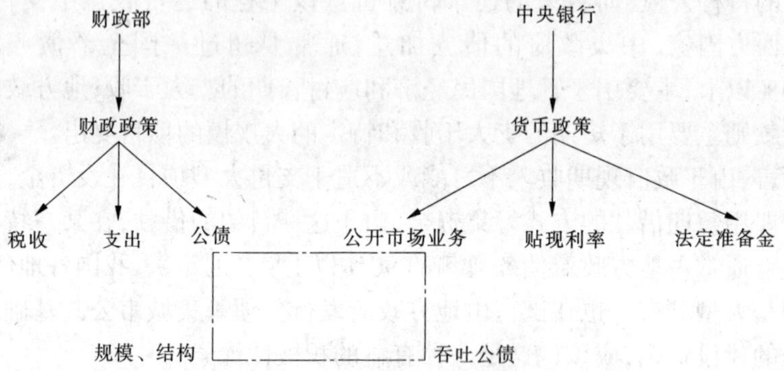

图 8-5　公债与财政政策和货币政策的关系

一、公债的贴现政策

公债越来越多地表现为贴现工具。当社会公众因缺少流动资金而陷入流动性困境时,可以将其持有的政府债券用于向商业银行贴现,以满足其资金融通的需要。若商业银行感到准备金不足,它也可以将其持有的公债向中央银行再贴现,以扩大其信贷资金来源,而中央银行对商业银行再贴现的过程,就是货币供应扩张的过程。当市场上流通的货币供应量过多时,中央银行就会提出更高的要求,商业银行必须支付更多的利息才能取得再贴现资金。贴现利率在各国货币市场上几乎都起着基准利率的作用。因此,中央银行调整商业银行以国库券为工具的再贴现利率,事实上可以起到改变整个社会融资条件的目的。借入资金使用成本的提高,就抑制了对货币资金的过度需求。中央银行还可以对不同种类、期限的公债规定不同的再贴现利率,从而达到调整利率结构的目的。由此看来,政府公债必须具有流动性,以使其能够在不同的经济主体间转让,而中央银行通过调整公债的流动性,对经济施加扩张性或紧缩性的影响。当经济过热时,增加长期公债的比重和非银行系统持有公债的比重,有助于减少流动性,对经济产生紧缩性影响;当经济过冷时,增加短期公债的比重和银行系统持有公债的比重,有助于增加流动性,对经济产生扩张性影响。

二、公债与存款准备金

在西方国家,由于政府短期债券具有很高的流动性,它可以作为准备金使用,事实上有些国家已经将它纳入了货币统计的范围,成了中央银行监控的目标。将政府债券视为一种准备金,在一定程度上刺激了商业银行购买政府债券的积极性,若将公债的法定准备金比率定到低于一般存款准备金的比率,就为政府债券的发行和流通提供了便利。若政府债券超过了一定的量,而且属于强制性债券,就会使其流动性受损,加之中央银行在通货膨胀时期提高法定存款准备比率,收缩货币供应量,就会使那些拥有大量政府债券的商业银行陷入资金周转不灵和清偿不足的困境。

公债的期限结构和品种结构对货币政策以及金融市场的影响也不可忽视。当政府发行一笔巨额的长期国债时,也收回一笔同等金额的短期政府债券,至少在开始时会产生如下的效果:长期公债的价格下降,收益率上升;短期公债的价格上升而收益率下降。但随着投资组合的变动,公众持有的有价证券资产的综合流动性和安全性就会有所改变。由于期限较长的资产其流动性往往较低、风险较高,因此从短期向长期的变化会降低投资有价证券资产的流动性和安全性。为了恢复资产组合原有的流动性和安全性,公众很可能对货币余额引出更多的需求,而减少对其他风险资产的持有。在货币市场的供给方没有发生变化时,为使货币市场恢复均衡,就会对增加的货币需求提出更高要求的货币市场条件。因此,长期政府债券的增加一方面会使利率提高;另一方面也会刺激人们对货币的需求,这会给货币政策带来直接的影响。

三、公债与公开市场业务

我们已经知道,公债的适度规模是中央银行公开市场业务得以开展的必要条件。在西方国家,公开市场业务成了居统治地位的货币政策工具。当经济持续过热,总需求膨胀时,中央银行可以适量卖出政府债券,以缩减货币供应量;反之,当经济萎缩,社会出现严重失业时,中央银行可以在公开市场采取相反的政策行动。由此看来,中央银行要以公开市场业务为控制货币供应量的主要工具,公债必须有一个适度的规模。假若中央银行以利率为货币政策的中间指标变量,公开市场业务对公债规模的要求就更为苛刻。如果公债规模太小,中央银行在公开市场上活动对货币供应量的控制能力就非常有限,它不足以使利率水平的变化达到中央银行的要求,从而难以收到预期的货币政策效果。假若公债的规模过于庞大,中央银行在公开市场中就有可能陷入物价稳定与合理的利率水平的两难境地。此外,公债的合理结构对公开市场业务也有颇为重大的影响。如果政府的债券品种单一,持有者结构不合理,公开市场活动所引起的分配效应就集中在少数人身上,长此以往,公债也会失去其"金边债券"的吸引力,最终会使公开市场丧失其依赖的基础。如果政府债券只是分布在众多的小投资者身上,公开市场业务也将无计可施,从西方国家的实践经验来看,众多的商业银行持有大量的政府债券是提高公开市场活动效果所不可或缺的。

四、公债的财政政策

公债的财政政策主要表现在公债对财政收入与财政支出的关系上。公债的发行虽然不像税收那样为财政提供无偿的收入,但它是一个实实在在的收入来源。在许多国家,财政收入对公债的依存度越来越高。如日本 1986 年的国债收入占财政总收入的 22.2%,美国 1984 年的国债收入占到联邦政府收入的 20%。可以毫不夸张地说,在国债成为一个普遍经济现象的今天,离开了国债政府财政就无法正常运转。如果按照凯恩斯理论,只要一国存在着未被充分利用的资源,由财政赤字所引起的扩张就会带来国民收入的增长,而经济增长又为财政收入的增加提供了源泉。

国债支出的制约主要表现在它对财政赤字的弥补。比较弥补财政赤字的四种方法(即动用财政盈余、增加税收、向中央银行透支以及发行国债)。在赤字成为一种经常性的现象时,动用历年的财政盈余已无存在可能,而增加税收不但见效很慢,而且还会激起纳税人的不满,向中央银行借款或透支则容易引起货币发行的紊乱,甚至导致经济不稳。相比较而言,发行国债就是一种方便的手段。国债对财政政策影响的另一方面在于,国债支出中有相当大一部分是用于国债的还本付息的。国债之所以能够受到众多投资者的青睐,主要原因在于它不仅有国家的信用作保证、风险低,而且还在于它能够为其持有者提供一个适当的利率。因此,国债不像税收那样可以由国家权力无偿而强制性地征收。国债在发行期固然能为财政带来收入,但在未来的偿还期又会形成财政支出的重要组成部分,不仅包括本金,而且还要包括一个增加额——利息成本。因此,国债利率的确定对财政而言显得至关重要。利率水平过高,固然可以受到投资者的欢迎,但也会为财政添上一个沉重负担;利率水平过低,虽然可以使政府的筹资成本降低,但又会遭到投资者的歧视,其最终结果是国债失去市场。

五、公债的货币政策

国债是政府通过金融市场筹集资金的一种有效手段,因此它必然也会构成国家货币政策的一部分。国债对货币供应量产生影响的大小,要视国债认购的主体而定。

若国债出售给了社会大众,而公众在购买国债时又是动用其在商业银行的存款,这首先是改变了社会公众持有的资产结构,使商业银行的负债结构发生了变化。当政府把出售债券所获得的收入由商业银行转入中央银行的账户时,商业银行的准备金会减少,因此货币供应量会随之减少。然而政府迟早会动用其出售债券的收入,比如政府直接会购买商品和劳务,这种交易的结果是,政府出售债券的收入又返回到了社会公众手中,只不过是具体的持有者发生了变化。

因此，从社会来看，把政府债券出售给社会公众的货币效果相对而言是中立的。

若政府出售债券给商业银行，首先政府把其出售债券的收入暂时存放在商业银行，这时商业银行的非货币资产与非货币性负债等额增加，对货币供应并无影响。其次，当政府把这项出售债券的收入由商业银行转入其在中央银行的存款账户时，会使商业银行感受到其准备金减少的压力。最后，政府动用其国债收入购买商品和劳务，社会公众把销售收入又存入其与之往来的商业银行账户上，从而完成了整个融通及交易过程。就整个结果来说，中央银行资产负债并无变化；商业银行的存款增加，同时也意味着存款货币增加；社会公众资产结构的变动使其资产平均流动性有所提高，从而也有增加支出的可能性。因此总的来说，由商业银行认购政府债券较由社会公众购买，对货币供应量有更大的扩张性效应。但是，若商业银行在购买国债之前已处于充分利用其准备金状态，存款的增加，必须或者减少其放款，收回投资；或者向中央银行借款来减少代替政府债券持有额增加的资产结构调整效应，并没有形成货币供给的增加。在后一种情况下，放款的减少即等于存款的减少，因而这时发生了以放款减少代替政府债券持有额增加的资产结构调整效应，并没有形成货币供给的增加，但在此情况下直接产生了货币的扩张性效应。

若国债的发行由中央银行认购，对财政而言，在其中央银行账户的资产方会有一个政府债券的增加额，它们二者是相等的。对中央银行而言，它拥有一笔政府的债券资产，与此同时，形成了对财政的相应的负债。这个负债的增加也就是扩张了一个等额的基础货币供应。因此，在由中央银行直接购买政府债券的场合，货币供应的扩张效应是明显的。

第九章　公共生产定价理论

公共生产定价理论，是专门研究政府为公共生产部门生产各类非纯粹公共产品制定价格原则与政策的理论。相比税收和公债理论，公共定价理论显得年轻而单薄，不过却包含着更广泛、更复杂的内容与成果，本章试图对公共生产领域定价成果做一个理论性概括。

公共生产定价理论最早可以追溯到19世纪早期法国的“路和桥”学派对桥梁使用收费问题的研究，当时还局限于边际成本定价。定价从效率原则的要求出发，也没有考虑到公共产品的外部性。以后经过许多学者的共同努力，特别是20世纪60年代以后公共经济学的迅猛发展，公共生产定价理论的研究范围由路桥收费问题扩展到了公共生产各个方面的定价与收费，同时，定价原则也考虑到了效率与公平的综合性原则。

本章讨论关于水利公共产品供给定价的各个方面：首先从边际生产成本定价所引发的问题讨论开始，然后依次介绍应用次优理论和拉姆齐法则的定价技术，最后介绍针对公共产品特定性质而采取的特定定价技术，包括针对高峰和拥挤问题、外部效应、多重价目、联合产品、公共资源定价等。

第一节　边际成本定价

一、规模收益递增边际成本定价问题的提出

首先用图9-1阐明规模收益递增条件下的边际成本定价问题。假设某厂商垄断了X产品的产出，其所有生产过程中投入品的价格一定（在要素市场上，垄断企业只是价格的接受者），从而由于规模收

益递增，平均成本（AC）和边际成本（MC）向下倾斜，并且边际成本一定小于平均成本（见第三章第三节）。此外，企业所在行业的需求曲线为 D，边际收入曲线为 MR。

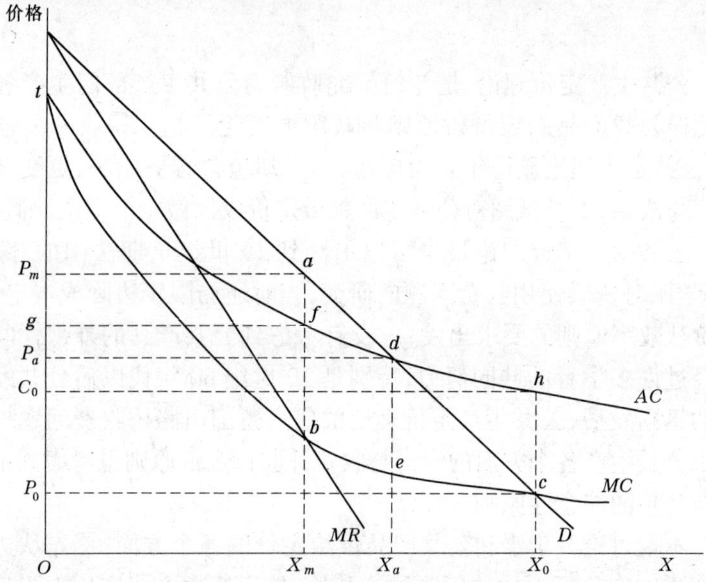

图 9-1　规模收益递增边际成本定价

根据第二章所讨论的结论，如果所有厂商都以边际成本定价，那么帕累托最优效率条件就会在一个分权化的经济中得到满足，这种情形发生在图 9-1 中的 c 点，此时的产量为 X_0，价格为 P_0。由于边际成本小于平均成本，所以此时的总成本（OC_0hX_0）会超过总收入（OP_0cX_0）。也就是说，为了达到帕累托最优，规模收益递增的厂商不得不亏损经营。

二、垄断厂商追求利润最大化定价的社会净损失

如果该厂商打算追求利润最大化，它将满足 $MR=MC$，并在 a 点处生产，此时的产出为 X_m，价格为 P_m。这种垄断价格和产量下

的社会近似成本可以用图 9-1 表示出来。这时,我们引入总收益和总成本的概念。对于消费者,因消费 X_m 而未消费 X_0 引起的总收益损失为需求曲线 D 下的面积 $X_m acX_0$ 部分。同时,产量减少引起资源成本节约是边际成本曲线 MC 下的面积 $X_m bcX_0$ 部分。这样,社会的净成本为这两块面积之差,即近似三角形的面积 abc 部分。这被哈伯格称为垄断形成的社会净福利损失。

垄断的社会净成本同样可以用消费者剩余和生产者剩余概念来解释。价格由 P_0 到 P_m 引起的消费者剩余损失为 $P_m acP_0$,在 P_m 价格下的垄断利润为 $P_m afg$,或者用 $P_m aX_m O - tbX_m O$ 来表示,因为总成本也可以用边际成本曲线下的面积表示。P_0 价格下的损失为 $tcX_0 O - P_0 cX_0 O$,从而产量从 X_0 到 X_m 为垄断厂商带来的利得为 $P_m aX_m O - tbX_m O - P_0 cX_0 O + tcX_0 O$,即 $P_m abcP_0$ 部分。社会净损失为消费者损失减去垄断厂商收益的部分,即 $P_m acP_0 - P_m abcP_0$,也就是前面所导出的三角形面积 abc。

三、管制定价下私人生产的社会净损失

一个被指导以平均成本定价的受管制的厂商,如果仅能获得正常的资本收益,将会定价于 P_a,产量是 X_a,见图 9-1。依照前面的推导思路,我们同样可以得出这种情况下的社会净损失为三角形面积 dec 部分。这部分社会净损失可理解为是一个受管制垄断私人企业的管制成本。下面简述其形成的过程。

因为定价管制的目的是使企业达到可控制的资本收益率,即 $S=(R-C)/K$,其中 R 代表收入,C 代表除资本以外的成本,K 为资本,这就是所谓的收益率管制。这样,厂商就可以利用该约束采取策略,即在一定的资本收益率之下,尽量扩大对资本的利用,以提高收入。厂商更多地使用了资本而不是劳动,则肯定会对竞争市场的资本劳动报酬比率形成扭曲,从而在提高产出量的同时,把成本也抬高到了非正常的水平。

另外,受管制的私人垄断企业可能还会遇到另一个潜在的难题,那就是无论在什么产量下,需求曲线 D 都处于平均成本曲线之下,图 9-2 说明了这种情况。这时,由于不存在任何价格 $P=AC$,所以没有一家私人企业能够弥补成本。然而,厂商仍有可能进行生产。在需求曲线 D 与边际成本 MC 的平衡处,价格为 $P_0(=MC)$,产量为 X_0,这时消费者的总利得为 $OadX_0$ 部分,总成本是边际曲线下的部分,即平均成本与产量的乘积 OC_0cX_0 部分。如果 $OadX_0>OC_0cX_0$,即 $C_0ab>bcd$,厂商就会生产 X_0 的产量。

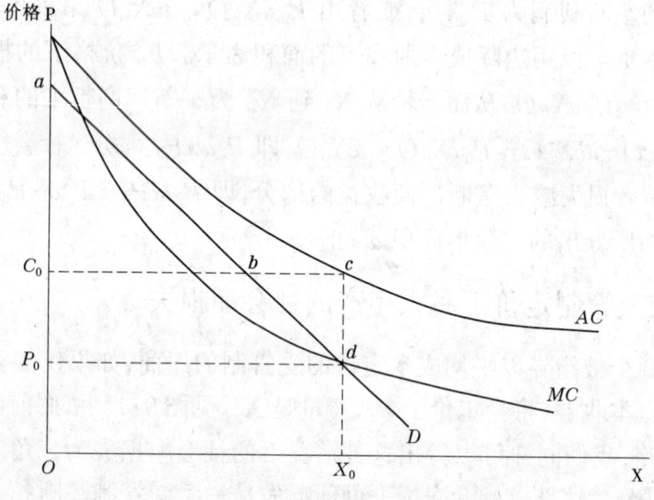

图 9-2　规模收益递增边际成本定价特例

四、公营企业生产的定价选择

现在来考察决定由公营企业来经营该行业,而且这样做的总收益大于总成本。如果公营企业定价于边际成本,其经营损失一定要在某一产量处得到补偿。理论上,有两种方式来弥补总成本,而不会在其他产量处引起价格扭曲。

其一,如果存在歧视价格,厂商将会向每一个消费者索要他愿意支付的最高价格，并得到等于消费者总收益（在图 9-2 中表现为 $OadX_0$）的收入，即得到所有的消费者剩余。实施价格歧视，尤其是纯粹而彻底的价格歧视，在实践上存在着较为明显的不可行性，但是，它被认为是一个可以与其他方案比较的有效基准，也为我们提供了对规模收益递增公营企业定价的思路。效用定价体制常常结合价格歧视，要么基于消费的数量，要么基于消费者类型，要么将两者结合考虑，这样，对于第一个消费单位 X 的要价，可能要高于下一个消费单位 Y 的要价。还如，由于通常认为居民、企业以及不同产业对于水、电的需求弹性不同，从而居民、企业以及不同产业为此项目服务而支付的费用也应当不同。尽管这种定价有违边际成本定价符合帕累托最优的基本准则，但它比一个标准定价更为有效，并且允许消费更多的公共产品。关于垄断厂商的歧视性定价或者称为差别定价的基本原则，请参阅本章后面第六节关于多重价目的讨论。

其二，实施归总税。例如，如果劳动力供给固定，薪给税便是一种简便的归总税，或者还有一种人头税。归总税是一种非扭曲性税收，所以从效率的角度看，是一种较为理想的税收。但是，从第七章的分析我们已经知道，政府不可能开征归总税，而其他无论何种税式收入，除了向公共部门转移购买力外，都会引起社会的净福利或效率损失。

虽然实施归总税不可能，但它却启发我们从另一个角度分析问题。如果我们假设政府力图在所有企业都实行平均成本定价，这就相当于使公共生产部门内部价格与边际成本之间产生一系列的偏离。从理论角度讲，公共生产部门以高于边际成本进行定价，相当于对私人企业征收一种特定商品税。这使我们想到了一个著名的定价法，即二段式定价。近几年，这种二段式定价法受到了我国水利界的普遍重视（后面第二节有关于二段式定价的基本方法介绍）。另外，在福利经济学中一个同样被广泛讨论的问题是，当经济中价格扭曲无处不在，以至于使决策者无法控制时，这种带有普遍性质的问题就是次优理论所要解决的。后面第二节我们将介绍用次优理论作为公营企业定价的原理。

最后，经济效率可能不是用来衡量公共定价问题的唯一标准。费尔德斯坦提出，公平和收入再分配也同样应受到关注。实际上，公共生产定价政策是否应该作为收入再分配的工具，以及应该在多大程度上反映收入再分配，一直是经济学家争议的焦点问题。后面第三节关于拉姆齐定价法则将对此做出分析。

第二节　次优理论和二段式定价

一、次优理论

帕累托最优配置通常是指在一个完全竞争化的市场经济条件下的最优解。但是，当完全竞争化条件不能全部被满足时，比如在第三章中列举的某一现象出现时，我们是否就可以依据帕累托条件的子集来退而求其次呢。为此，李普希和兰凯斯特认为，这并不一定把我们引向次优，他们证明了下面这个简单而很有说服力的定理。

(1)当帕累托条件得不到满足时，那么次优不必非要满足这些条件的一个子集。

(2)一般而言，要获得一个次优就需要违反所有帕累托最优的条件。

现在对这个定理做一个简单证明。假设要使目标函数 $F(x_1, x_2, \cdots, x_n)$最大化，约束条件为 $G(x_1, x_2, \cdots, x_n)=0$。如果不考虑其他限制的话，一阶条件就是

$$F_i / F_n = G_i / G_n (i = 1,2,\cdots,n-1)$$

其中下标表示偏导。当最优条件成立时，它就直接等于商品 i 和商品 n 的价格比率。但是现在假设仅在一个部门不能满足这个条件，更具体些，现假设还存在一个约束条件，即

$$F_1 / F_n = kG_1 / G_n (k \neq 1)$$

现在要使 $F(\cdot)$最大化，构建拉格朗日函数

$$\Gamma = F + \lambda_1 G + \lambda_2 (F_1 / F_n - k G_1 / G_n)$$

其一阶条件是

$$\partial \Gamma / \partial x_i = F_i + \lambda_1 G_i + \lambda_2 \{ [(F_n F_{1i} - F_1 F_{ni}) / F_n^2] - k [(G_n G_{1i} - G_1 G_{ni}) / G_n^2] \} = 0 \quad (i \neq n)$$

$$\partial \Gamma / \partial \lambda_1 = \partial \Gamma / \partial \lambda_2 = 0$$

$$F_{1i} = \partial F_1 / \partial x_i$$

从上面所有的一阶条件中可得到不等式 $F_1/F_n \neq G_1/G_n$。除非交叉效应为零,否则所有的一阶条件都会改变。为达到次优,最优的所有一阶条件都会被推翻。

二、次优理论定价原理

首先用一个简单的例子来说明次优理论的基本定价原理。见图 9-3,设经济中包括三种商品:公共生产部门产品为 X_1;具有扭曲价格的商品为 X_2,其价格 P_2 不等于 MC_2;另外,还存在一种混合产品 X_3,代表经济中所有其他价格未发生扭曲的产品。由于 X_2 商品存在外部性,设其价格低于其使用的边际社会成本,即 $P_2' < MC_2$。我们能够想象,与最优状态相比,X_2 使用过多。图 9-3 通过供求曲线说明该问题。公共生产部门若对 X_1 遵循边际成本定价,即 $P_1' = MC_1$,需求曲线 D_1'和 D_2'代表在该价格下的需求,此时,商品 X_1 和 X_2 的产量分别为 X_1'和 X_2'。假设 P_2'和 MC_2 之间的差额固定。这里再次重申,正常的需求曲线都是在假定其他情况不变的条件下得到的,也就是假定所有其他的价格和收入固定不变。当然,如果其他商品的价格和收入发生变化,则需求曲线通常会上下移动。现在我们把次优理论概括如下:当行业一中遵循边际成本定价时,过多的资源便会流向行业二。若改变行业一中的定价策略,以便将资源从行业二中吸引过来,这样便得到一个福利收益。假定商品 X_1 和 X_2 可

以互相替代❶,如果 X_1 价格的降低,比如 $P_1^* < MC_1$,将会使 X_2 的需求曲线 D_2'向左平移至D_2^*。由于我们在前面假定 X_2 的边际成本及其与价格之间的差额固定不变,故 X_2 的价格 P_2 不能改变。这样,X_2 的产量便发生变化,由 X_2'减至X_2^*。

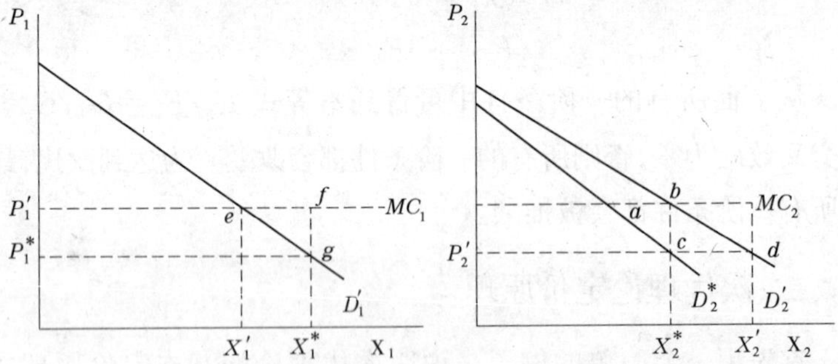

图 9-3　次优理论定价模型

现在来考察 P_1 降至 P_1^* 引起的社会福利变化。我们将用第二章第四节介绍的总收益的方法来分析这个问题。当然,加总消费者剩余和生产者剩余也会得出同样的结论。对于行业一而言,价格降低引发的资源成本的上升为 $X_1'efX_1^*$,由此而得到的总利得的增加为 $X_1'egX_1^*$,这样,便得到一个三角形 efg 部分的福利净损失。在行业二中,资源减少的价值为 $X_2^*abX_2'$,总收益减少为 $X_2^*cdX_2'$,对于消费者来说,即为每单位 X_2 损失的价值。这样,福利净利得为 $abdc$。假定 $abdc$ 部分大于efg 部分,我们可以认定,降价可以提高社会福利。更为普遍的意义是,如果存在几个价格扭曲的市场,在每个市场上,$abdc$ 部分以相似规模增加,即 $\sum_i (P_i - MC_i) \cdot X_i$,注意,$X_i$ 包括所有其他价格扭曲市场上出售的商品。

总之,对于一个价格扭曲的商品,若 $P < MC$,而且价格扭曲商

❶ 为了叙述上的方便,这里的替代关系只是一种假设。我们当然也可以假设它们具有互补关系,不过,这时的变化规律就变成相反的了。

品 X_2 与可控公共产品 X_1 之间有替代关系，那么，在次优点上，$P_1 < MC_1$。但是，P_1 也不是可以随意降低的，因为在 P_1 下降幅度较小的情况下，损失面积 efg 部分还抵不上商品 X_2 的福利增加 $abdc$ 部分，随着 P_1 的进一步减小，efg 部分越来越大，直至某一点，efg 部分刚好抵消 $abdc$ 部分，则该点处的产量 X_1^* 所对应的价格 P_1^* 就是最理想的次优价格。

现在总结与上述简单经济模型相关的次优政策的规律：

(1)当价格扭曲部门 $P < MC$ 时，假如可控公共产品与该扭曲部门呈互补(或相互替代)关系，则可控部门较为理想的次优决策为 $P > MC$(或 $P < MC$)。

(2)当价格扭曲部门 $P > MC$ 时，若两部门互补(或互相替代)，则可控部门较为理想的次优决策为 $P < MC$(或 $P > MC$)。

(3)若两部门产品的需求不相关，则可控部门应遵循边际成本定价，即 $P = MC$。

现实生活比上述模型更为复杂，次优效应也更为广泛。现在考虑从两个方面扩展该模型。

首先，边际成本曲线并非都呈水平状，而且 P_1 和 P_2 也都可能发生变化，从而引起需求曲线和供给曲线都发生移动。这里只给出一种简化的近似结论。例如在图 9-4 中，除了考虑边际成本曲线 MC 向上倾斜以外，其余部分都没有变化。当行业一的价格降至 P_1^*，小于 MC_1 时，需求曲线 D_2' 向左移到 D_2^*，边际成本曲线 MC_2 移到 MC_2^*。这时，行业二的福利收益为 $abdc$ 部分，行业一的损失为 efg 部分。这两个部分仅是一个近似值，因为当 P_2 和 X_2 发生变化时，X_1 的需求曲线和边际成本曲线也会跟着变化，而这些变化又会引起 X_2 的进一步反映等。$abdc$ 和 efg 都忽视了所有引发的第二轮变化。

另一个扩展是不只存在一个价格扭曲部门。现假定 X_1 代表可控公共部门，而 X_2 和 X_3 属于价格扭曲部门，X_4 代表所有其他部门。

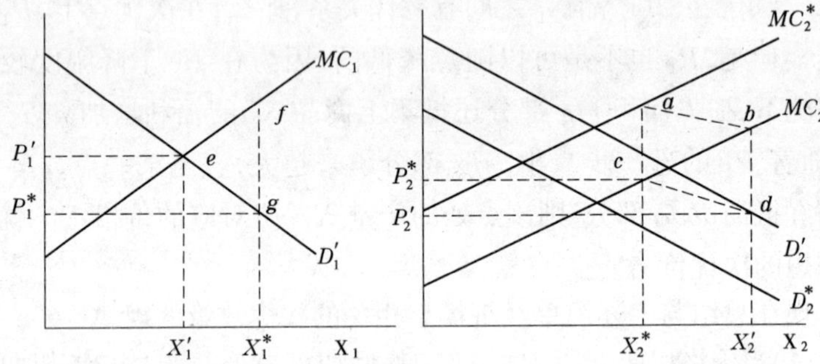

图 9-4 次优理论定价模型的扩展

再假定 $P_2 < MC_2$，$P_3 > MC_3$，所有这三种商品都可互相替代。次优决策理论在这里就表现为如何正确为 X_1 定价。现在有三种影响：对于 X_1，偏离边际成本定价引起的福利损失，同上述一样是一个三角形面积；进一步分析，由此引发的市场上对于 X_2 和 X_3 商品的福利变化如下，比如可控部门 P_1 要大于 MC_1，将引起 X_2 和 X_3 的需求曲线向右移动（如果 X_2 或 X_3 中有一个与 X_1 呈互补关系，则它的需求曲线将向左移动），对于 X_1 将有一个福利损失，对于 X_2 同样有一个福利损失，对于 X_3 则存在一个净利得。总之，理想的次优决策是 $P_1 < MC_1$ 还是 $P_1 > MC_1$，这要取决于 X_1 是与 X_2 有更紧密的关系，还是与 X_3 有更紧密的关系，并取决于在 X_2 和 X_3 中价格与边际成本偏离程度的相对大小。这需要对 X_1 与 X_2 以及 X_1 与 X_3 之间，按照简单经济模型次优政策规律进行单独分析，最后按其代数和汇总。

实际上，次优理论除应用于公共部门的定价以外，还有着更加广泛的应用领域，比如在前面的第七章关于税收的福利效应分析，以及后面第十一章关于成本效益分析之中，都同样占有重要地位。

三、二段式定价原理

二段式定价是应用次优理论的又一个著名定价方法。

平均成本定价法通常是以最高限价的方式来管制，它不仅造成社会净损失，而且还限制了产量。为求得社会最大福利，西方经济学者又提出了平均成本定价法的改进型方法，即二段式定价法。其基本原理是，为了将产量推动到平均定价法均衡产量以上的水平，它选择了一个大于平均定价法均衡点的产量 Q_X 和低于平均定价法均衡点的边际价格 P_X，并将对消费者的收费分为两部分，一部分为固定价格，用于弥补厂商可能的亏损，按受益者人数而不是按消费量收取；另一部分为变动价格，按消费者的实际消费量和边际价格收取。这样既可以保证厂商不亏损，又可以兼顾效率与公平。

下面用图 9-5 说明二段式定价原理。设边际成本曲线 MC 在平均成本曲线 AC 之下，则边际收益曲线 MR 同样低于市场平均需求曲线 $D = AR$；P_C、Q_C 分别为边际成本定价下的价格和产量，P_{AC}、Q_{AC} 分别为平均成本定价下的价格和产量。在图 9-5 中，如果采用平均成本定价法，那么对厂商来讲，价格将限制在 P_{AC}，产量将限制在 Q_{AC}，对消费者而言，这比非限制条件下的垄断价格和垄断产量也更有效；如果采用边际成本定价法，那么对厂商来讲，价格将限制在 P_C，产量将限制在 Q_C，对消费者而言，是最有效的；如果采用二段式定价，对厂商来讲价格为 P_{AC}^*，产量为 Q_X，这时，$P_{AC}^* < P_{AC}$，$Q_X > Q_{AC}$。对消费者而言，二段式定价法比平均成本定价法有了进步。但是在产量 Q_X 处，市场可接受的单位价格是 P_X，这时如果按照 P_X 的价格进行生产，在产量 Q_X 处，厂商要蒙受的损失为 $Q_X(P_{AC}^* - P_X)$，也就是矩形面积 $P_{AC}^*abP_X$。

为了解决这个难题，二段式定价法提出，用变动价格遵守市场定价 P_C，用固定价格让每一位消费者平均分摊厂商亏损，即面积 $P_{AC}^*acP_C/n$，其中 n 为受益者总人数。另外，如果考虑到低收入者因经济承受能力低而退出的问题，收取的固定费用还可以再低一些，即将变动价格由 P_C 改为 P_X，遵守市场定价，这时，固定价格就修改为面积 $P_{AC}^*abP_X/n$。这就要求厂商将产量 Q_X 在 Q_{AC} 和 Q_C 之间进

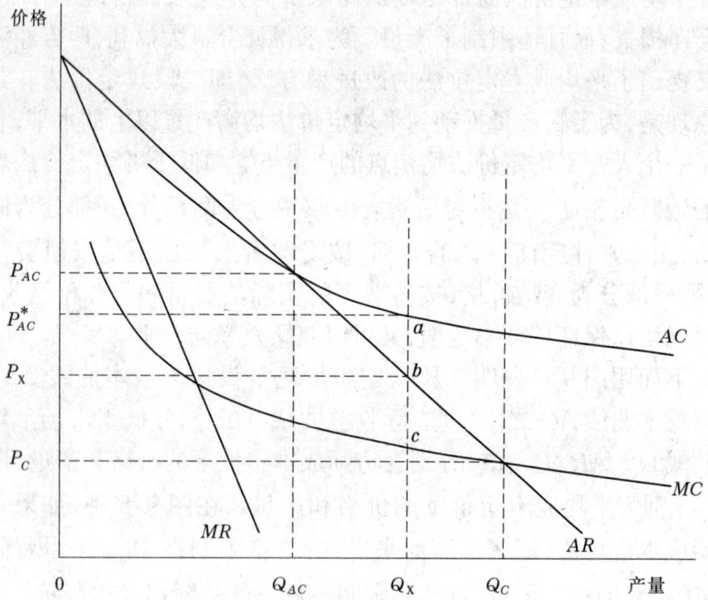

图 9-5　二段式定价原理

行合理选择，以确定一个消费者负担得起的固定费用。

下面用代数方式解析该方法，即

$$P = P_1 + P_2 \tag{9-1}$$

$$P_1 = \frac{Q_X(P_{AC}^* - P_X)}{n}, \quad P_2 = P_X Q_i \tag{9-2}$$

厂商的总收益就是

$$\begin{aligned} S &= P_1 n + P_X \sum_{i=0}^{n} Q_i \\ &= \frac{Q_X(P_{AC}^* - P_X)}{n} n + P_X Q_X \\ &= Q_X P_{AC}^* \end{aligned} \tag{9-3}$$

式中：P_1 为固定价格；P_2 为变动价格；P 为总价格；Q_i 为每个消费

者的实际消费量；n 为受益者总人数。

可见，二段式定价法的总收益 $Q_X P_{AC}^*$ 很可能要大于平均成本定价法的总收益 $Q_{AC}P_{AC}$，而社会净损失要小于平均成本定价法。

第三节　拉姆齐及其再分配定价

一、拉姆齐定价一般模型

由于公共定价的预算约束与商品税很相似，所以布瓦特在其创新著作中，把拉姆齐模型（第七章第三节）扩展为用于公共部门的定价。布瓦特不仅是一位出色的经济学家，同时也是当时法国国家电力公司的经理。基本的布瓦特模型如下：一个公营企业的经营目标不是利润最大化，而是追求社会福利最大化，如同在第七章所描述的那样，将社会福利函数表达为

$$W = W[U^1(P, y^1), U^2(P, y^2), \cdots, U^h(P, y^h)] \tag{9-4}$$

其中：P 是价格向量；y^h 是个人 h 的收入。

令 $d_i^h(p_i, y^h)$ 表示个人 h 对第 i 种商品的消费需求；$S_i^j(p_i)$ 是生产者 j 提供的商品 i；g_i 是公共部门企业提供的公共产品 i。因此，把对商品 i 的过度需求为零作为约束条件，即

$$\sum_h d_i^h(p_i, y^h) - g_i - \sum_j S_i^j(P) = 0 \quad (i = 0, 1, 2, \cdots, n) \tag{9-5}$$

公共部门企业的生产约束条件为

$$\gamma_i(g_i) = 0 \tag{9-6}$$

对于价格的决定，公营企业受一个最小利润或最大损失约束

$$\sum_i p_i g_i = \pi(g, p) = \pi^0 \tag{9-7}$$

其中最后一个等号表示在特殊情况下 $\partial\pi/\partial g = 0$ 成立。公营企业将选择价格 p_g 和产出 g_i，使社会福利函数在式(9-5)～式(9-7)约束

下最大化。p_g 是公营企业决定的一套价格,是所有价格的一个子集。写出拉格朗日函数

$$\Gamma = W(\cdot) - \sum \mu_i [\sum_h d_i^h(\cdot) - g_i - \sum_j S_i^j(\cdot)] - \delta\gamma(\cdot) - \lambda[\pi(\cdot) - \sum_i p_i g_i] \tag{9-8}$$

式中:μ、δ、λ 是拉格朗日系数。

求内部最大化的一阶条件为

$$\left.\begin{aligned} &\sum_h (\partial W/\partial U^h)(\partial U^h/\partial p_g) - \sum_i \mu_i [\sum_h (\partial d_i^h/\partial p_g) - \\ &\sum_j (\partial S_i^j/\partial p_g)] + \lambda_g = 0 \\ &\mu_i - \delta(\partial \gamma/\partial g_i) - \lambda[(\partial \pi/\partial g_i) - p_i] = 0 \\ &(\partial W/\partial U^h)(\partial U^h/\partial y^h) - \sum_i \mu_i (\partial d_i^h/\partial y^h) = 0 \quad (h = 1,2,\cdots,H) \end{aligned}\right\} \tag{9-9}$$

式(9-9)中第 2 式是对拉格朗日系数 μ 选优的微分式,第 3 式是对总收入选优的微分式。由第 2 式解出 μ_i 代入第 1 式得

$$\sum_h (\partial W/\partial U^h)(\partial U^h/\partial p_g) - \sum_i [\delta(\partial \gamma/\partial g_i) + \lambda(\partial \pi/\partial g_i - p_i)] [\sum_h (\partial d_i^h/\partial p_g) - \sum_j (\partial S_i^j/\partial p_g)] + \lambda g = 0 \tag{9-10}$$

等式两边同除以 $\phi_0 = \delta(\partial \gamma/\partial g_i) > 0$,定义 $\omega^h (\partial W/\partial U^h)/\phi_0$,$\lambda_0 = \lambda/\phi_0$,$\Phi_i = (\partial \gamma/\partial g_i)/(\partial \gamma/\partial g_0)$,$\omega^h$ 是个人 h 的边际社会福利,λ_0 是公营企业赤字规模对社会福利的影响,Φ_i 是衡量公共部门生产的边际劳动成本的影子价格,它属于局部转换率,也可理解为边际成本。现在可以将式(9-10)整理为

$$\sum_h \omega^h (\partial U^h/\partial p_g) - [\sum_i \Phi_i - \lambda_0 p_i + \lambda_0(\partial \pi/\partial g_i)] [\sum_h (\partial d_i^h/\partial p_g) - \sum_j (\partial S_i^j/\partial p_g)] + \lambda_0 g = 0 \tag{9-11}$$

式中:g 是公共部门商品集。要更清楚地解释该式,我们用价格边际

成本差($p_i - \Phi_i$)代替($\lambda_0 p_i - \Phi_i$)。为此,将式(9-11)两边加上 $(1-\lambda_0)\sum_i p_i/[\sum_h(\partial d_i^h/\partial p_g)-\sum_j(\partial S_i^j/\partial p_g)]$,整理后得到

$$\sum_h \omega^h(\partial U^h/\partial p_g) - (1-\lambda_0)\sum_i\sum_h p_i(\partial d_i^h/\partial p_g) -$$

$$\sum_i[\Phi_i - p_i + \lambda_0(\partial\pi/\partial g_i)]\cdot[\sum_h \partial d_i^h/\partial p_g) - \sum_j(\partial S_i^j/\partial p_g)] =$$

$$-\lambda_0 g - (1-\lambda_0)\sum_i\sum_j p_i(\partial S_i^j/\partial p_g) \tag{9-12}$$

式(9-12)由五项组成,各项代表意义如下:

(1)第一项和第二项反映目标函数,其中第一项是价格变化的社会价值,其绝对值对必需品高,对奢侈品低。第二项是关于价格水平的,其绝对值越大,λ_0 越小,一个较小的 π 将导致较小的λ_0。因此,福利最大化的赤字价格水平将低于利润最大化的垄断者。对$\partial_i^h/\partial p_g$使用斯拉茨基方程,并设

$$\beta_e = \sum_h \omega^h(\partial U^h/\partial y^h)(d_e^h/d_e) \tag{9-13}$$

其中 d_i^h 是个人 h 对公共部门的净需求;β_e 表示商品 e 的分配性;d_e 是商品 e 的平均消费。最后整理得

$$-\beta_e d_e + (1-\lambda_0)d_e$$

其中 $-\beta_e d_e$ 表示价格结构的分配效应;$(1-\lambda_0)d_e$ 表示价格水平。

(2)第三项和第四项表示公共生产的价格是否与边际成本不一致以及在多大程度上与边际成本不一致。布瓦特模型通过利润条件 π 加上了次优约束,因此我们可以确定一个递增的边际成本$(\lambda_0\partial\pi/\partial g_i + \Phi_i) = \Delta_i$。该表达式的第一项是销售变化对利润的影响,第二项是边际成本。故 Δ_i 是一个递增的边际成本。在最优条件下价格应该与它相等,次优条件下则会偏高。

(3)式(9-12)的最后一项反映了公共部门定价对私人部门无竞争行为的调整。如果私人部门遵循竞争定价,那么利润最大化将满

足$\sum_i p_i(\partial S_i^j/\partial p_g)=0$。

二、拉姆齐模型的几种应用

(一)最优商品税与公共产品联合定价

假设前 n 种商品由私人部门生产,第 $n+1$ 种产出由公共部门提供。$A_{(n\times n)}$决定私人产品的投入产出矩阵,$b_{(n\times 1)}$代表对公共产出的需求,则公共产品生产函数为

$$X_{n+1} = f(x_1, x_2, \cdots, x_n, L_{n+1})$$

式中:x_i 表示公共产品生产对第 i 种商品的需求;L_{n+1}是对劳动力的需求。

经济的投入产出结果增长由 A^* 决定

$$A^* = \begin{bmatrix} A & x \\ b' & 0 \end{bmatrix}$$

私人的单位产品生产价格等于生产成本,即 $q = PA + p_{n+1}b' + \omega L$,其中 q 表示生产者价格向量,P 表示消费者价格向量,L 是对劳动的需求,ω 是工资率。这时,政府的总预算约束为

$$\sum_{i=1} t_i^* x_i + (p_{n+1} - m)x_{n+1} - F = 0 \tag{9-14}$$

其中 t_i^* 表示对商品 x_i 征收的最优商品税;m 和 F 分别表示公共产品生产的边际成本和固定成本。

式(9-14)表示对私人部门征得的税收加上公共部门的销售收入,必须能够抵消为公共产品生产所需要的固定成本和变动成本。当然,如果要求公营企业有一个最小利润,或者最大损失,这里可以很方便地把该选项加入到式(9-14)中。最后以此建立拉格朗日函数

$$\Gamma = \sum U^h(P, y^h) + \mu\left[\sum t_i^* x_i + (p_{n+1} - m)x_{n+1} - F\right] \tag{9-15}$$

沿着第七章关于最优商品税推导的思路,求解式(9-15)中的 t_i^* 和 p_{n+1}即可。

(二)拉姆齐法则的次优定价

尽管理论上可以在一定条件下为边际成本定价辩护,但是水利公共定价最好是超越它,也就是要超越最优定价。为此,现假设以下条件:①只有进行公共生产的产品才会由政府定价;②私人部门完全竞争;③一次性总收入的分配最优。这样就可以对公营企业的最小利润或最大损失约束(π_0)做出一次性补偿。这种情况下,式(9-12)可简化为

$$\sum_i (p_i - \Phi_i)(\partial d_i^h / \partial p_g) = -\lambda_0 g \qquad (9\text{-}16)$$

其中,$\lambda_0 \neq 0$,对于有关的大部分情况来说,π_0 都会超出无约束最优时的水平,即 $0 < \lambda < 1$。因此,价格将超出边际成本。该拉姆齐法则的特点在于价格水平与其结构之间保持平衡。价格水平主要受 π_0 的选值影响。因此,拉姆齐定价法则意味着价格水平取决于利润目标或允许的损失值。

(三)拉姆齐的再分配定价

上面对拉姆齐次优定价的假设,很显然是对于效率问题讨论的假设。现在把分析扩展到公共部门定价具有再分配目标的情形,有时这也被称为是费尔德斯坦定价。既然要讨论再分配定价,就不需要让一次性收入最优,否则公共部门就不必执行再分配功能。现在我们彻底抛开效率问题,考虑再分配功能定价。至于将二者联合起来考虑的问题,将放在下一节多重价目中讨论。

当实行再分配定价时,收益会趋于下降,可能低于成本,但它的制约因素是穷人的所有内部补贴都会受富人可能离开市场的限制,而且需求弹性低的商品在穷人的消费中比例高于富人,因此这些商品的价格被人为降低了,尽管从效率的角度来说它们应该具有更高的价格。同样地,需求弹性大的商品在富人的消费中比例高于穷人,这些商品的价格被抬高了,尽管从效率的角度来说它们的价格应该更低。这两点因素意味着再分配定价会导致财政负担。

根据上面的假设,可以把式(9-12)的定价公式改写为

$$\sum (p_1 - \Delta_i)(\partial d_g^u / \partial p_g) = -(1 - \beta_g) g \qquad (9\text{-}17)$$

其中 β_g 表示公共部门产品的再分配性，d_g^u 表示的是无补偿需求。某种商品的再分配性越高，它在低收入人群的消费中所占份额就越大。因此，生活必需品的 β_g 高于奢侈品。费尔德斯坦定价倾向于降低必需品价格，而提高奢侈品价格。

第四节　多重定价与联合产品定价

一、多重定价

（一）多重定价的原理

有时候，如果把一种单一价格的产出变为多重价格，就可以用价格机制提高项目的使用率和效益。为证明这一点，首先假设消费者的需求可用下式表达

$$q = f(P, \theta) \qquad (9\text{-}18)$$

式中：q 是需求向量；P 是价格向量；θ 是偏好参数。

如果消费者的 θ 值较高，那么他就会从消费公共产品中获得比 θ 值较低的个体更多的消费者剩余，把它称为弱单调性。如果较高的 θ 值和较高的需求相联系，那么把它称为强单调性。假定消费者对公共产品的偏好不同，生产者的反映应该取决于它对消费者偏好的了解。如果他大体上了解偏好在消费者中的分布，生产者就可以设定一种非统一的或多重的价目表，以便为位于 θ 分布中不同部分的消费者提供不同的价格。

现在分析多重定价提高使用率和效率的原理，可以用图 9-6 说明。当生产者实行统一定价时，假设均衡价格与均衡产出分别为 P_0 和 Q，那么，这时消费者剩余可以用三角形 adP_0 面积表示。现在如果我们根据不同消费者的偏好 θ 值，将消费者划分为高 $\theta(=\theta_1)$ 值消费者群和低 $\theta(=\theta_0)$ 值消费者群，来实施差别定价方式，分别对他

们定价为 P_1、P_0。显而易见，这种情况下消费者剩余减少了一部分，其减少部分 $P_0P_1d'c$ 转移到了生产者的收益之中。很容易推测，对消费者群划分的层次越多，其生产者收益的增加也就越多。这种把一部分消费者剩余转移到生产者手中的定价法，表面上看起来似乎没有对效率产生影响，但进一步分析我们就会发现，这样做在两个方面提高了效率：一是遏止或降低了消费者剩余，可以改善资源配置效率；二是多重定价的实施对垄断公共产品生产的边际定价亏损问题提供了极有启发的改革思路。

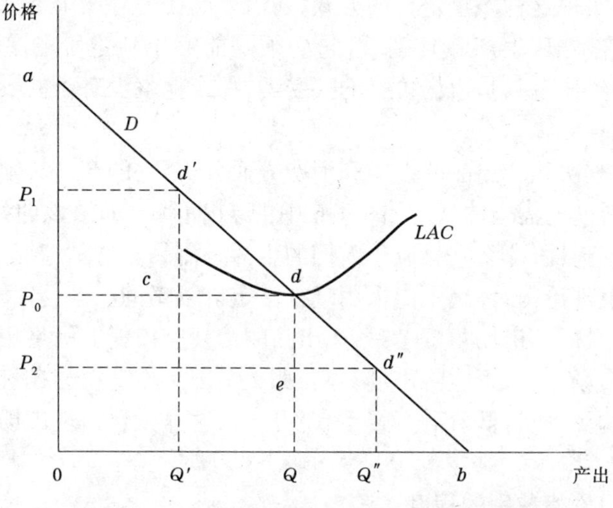

图 9-6　多重价格提高使用率和效率的原理

现在我们从另一个角度考察多重定价的效率问题，即多重定价可以使生产者向市场提供更多的产品或劳务，从而可以更加充分利用生产能力，提高资产的使用率和效率。假设为了扩大垄断公共产品生产设备的使用率，现在采用对低偏好人群降低定价的方式促其消费，如图 9-6 中的价格 P_2。按照均衡点 d''，其总消费量可增加到 Q''。很明显，价格降得越低，总消费量也就越高，从而达到了提高设施使用率的目标。由于许多情况下人们对水利的消费属于生活必需品，所以，如果我们排除一部分对水利公共设施的使用者，有时既不符合公平原则也不符合效率原则。比如对我国大量存在的下岗居民，以及城镇的公共用水等，就完全可以采用低于边际成本定价的方式经营。这种情况下，只要满足对高 $\theta(=\theta_1)$ 值消费者群实行的高定价收益能够弥补亏损经营额（即 $P_0P_1dc' \geqslant dd''e$），或者由政府财政补足其损失即可。

（二）实施多重价目的条件

多重价目也称差别定价或价格歧视，它是垄断定价的具体化。但是，要实现这种多重定价的方式，还需要具备另外三个条件。

(1)首先从生产者角度看，它必须是能够单独定价的垄断性生产，如果生产者只是市场价格的接受者，那么他就没有条件实施差别价格。

(2)其次从产出品的性质和消费方面分析，它的产出必须是具有一定倾斜度的需求曲线，见图 9-6 中的 D 曲线。如果该曲线平行，完全没有弹性，那么它就属于人们的生活必需品。这种情况下，用商品最优税理论衡量，是不能采用歧视性定价策略的。

(3)最后从市场角度考察，产出品的消费应该能够满足相互完全隔离的市场，如果不能将市场分割，那么全部买主都将会在价格较低的市场购买，或者低价购买转手高价出售，这样就会出现市场的不均衡。

（三）价格差别的程度

垄断生产者对同一产品索取不同价格的程度可分为三个级别，即一级价格差别、二级价格差别和三级价格差别，依据价格差别级别可将定价分为三级。

(1)一级差别定价。如果生产者熟知每一个消费者对任何数量消费愿意并能够支付的最高价格，即需求价格，他就可以按照每个消费者的需求逐个制定价格，从而将每个消费者的剩余榨光，即图 9-6 中的三角形 adP_0 面积。有时这也被称为完全差别定价。这种差别定价通常只针对弱单调性采取。

(2)二级差别定价。如果生产者按照不同消费者的 θ 值以及市场特征,将产出的消费划分为若干组,对不同组制定价格,就叫做二级差别定价。这种差别定价较多地应用于强单调性,但有时对弱单调性也同样适用。

(3)三级差别定价。三级差别定价是指在不同市场上对同样的商品索取不同的价格,这主要是为了将不同市场销售的边际收益调整到相等的水平。比如,为农牧业灌溉而提供的水资源,生产者完全可以按照供水的远近而形成的边际成本来制定不同的价格。在图 9-7 中,假定生产者可以把市场分割为 A、B 两个子市场,生产者的边际成本固定不变。两市场的边际收益曲线分别与 MC 水平直接相交于 E_A 和 E_B 处,在 E_A、E_B 处,$MR_A = MC = MR_B$,两市场的数量分别为 Q_A 和 Q_B,价格分别为 P_A 和 P_B。

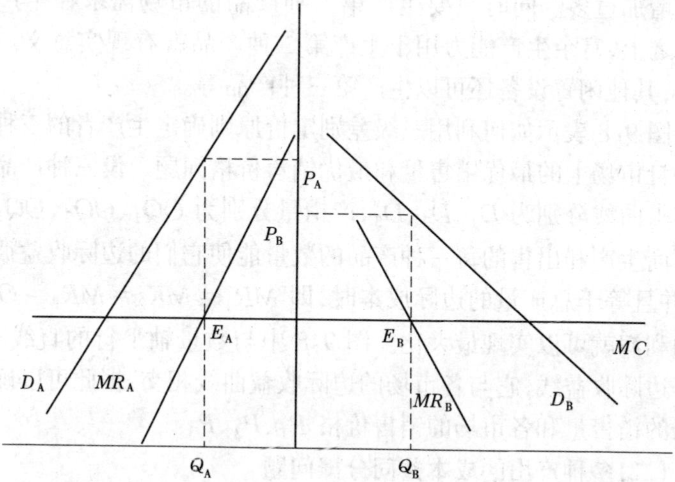

图 9-7　三级差别定价

从图 9-7 上看,由于随产出数量增加,边际收益递减,假如此时垄断公共产品在 A 市场上多卖一单位产品,则 B 市场就要少卖一单位产品,而 A 市场多卖一单位产品所增加的收益(即 MC 与 MR_A 的差值),必然少于B市场少卖一单位产品所减少的收益(即 MR_B 与 MC 的差值);反之亦然。因此,使生产者收益变大的销售比例,必然满足每个市场中边际收益都相等的条件。

二、多种产出的定价问题

(一)多种产出的定价原理

差别定价理论还可以引申到对一个生产者多种产出的定价问题上,但必须具备两个条件:一是生产资源可以很容易地生产其他产品,也就是该生产者一部分设备通用,而劳动者又一专多能;二是该生产者有一些闲置或利用不充分的设备。假如一个垄断生产者的设备利用率只有60%~70%,尽管产品的 $MR = MC$,但利用闲置的生产能力进行有效生产,就可以生产其他产品或提供其他服务,而不使 MC 增加过多。同时只要生产第二种产品的市场需求在生产者的 MC 之上,富余生产能力用于生产第二种产品就有现实意义。依次类推,其他闲置设备还可以生产第三种产品等。

图9-8表示如何利用三级差别定价原则确定生产者的三种产品在各自市场上的最优销售量和最优销售价格问题。设三种产品的市场需求曲线分别为 D_1、D_2、D_3,产销量分别为 OQ_1、OQ_2、OQ_3。当该厂商生产和出售的每一种产品的数量能使它们的边际收益彼此相等,并且等于总产量的边际成本时,即 $MR_1 = MR_2 = MR_3 = OE$,厂商的利润就可以实现最大化。图9-8中与数量轴平行的直线 EMR 是等边际收益线,它与各市场的边际收益曲线相交,据此可以确定各市场的销售量和各市场的销售价格 P_1、P_2、P_3。

(二)多种产出的成本共同分摊问题

这里讨论多种产出的成本分摊问题。对于具有综合利用目标的水利项目,通常都是先就项目所需投资和年运行费在各目标之间,或者不同目标由各部门分管情况下按部门进行合理分摊,从而必要时做出分项目的经济评价。综合利用水利工程项目一般包括水库、大坝、溢洪道、泄水建筑物、引水建筑物、水电厂设备、船闸以及鱼道等。

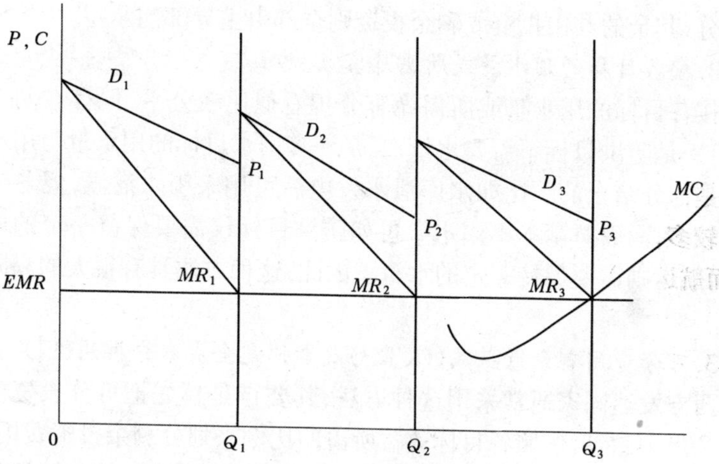

图 9-8　多种产品定价

其投资构成大致有两种分类方法:第一是把综合利用水利工程划为共用投资和专用投资,比如通常可把水库与大坝划为共用投资,而其他如电厂、引水工程等可划做专用投资,但是如果水库具有其他的经营目标时,也应部分地划为专用投资。第二是把投资划为可分投资和剩余投资。所谓某一目标的可分投资就是指包括该目标与不包括该目标时的总投资之差。所谓剩余投资就是总投资减去各部门可分投资以后的差值。

在投资分摊中,还需要考虑各目标的最优替代方案。比如水电站的最优替代方案可能是火电站或核电站;防洪大坝的最优替代方案也许是在下游修筑堤防或开辟蓄洪滞洪区;地面引水灌溉的最优替代方案可能是在当地抽引地下水等。

现行投资费用的分摊方法有以下几种。

1.按各目标的主次地位来分摊

当存在水利目标的地位不相同时,比如某一目标占主导地位,要求水库的运行方式优先服从它的要求,而其他部门处于次要地位,那么这时各个次要部门就可以只负担为本身服务的专用投资或可分投资部分，其余的共用投资或剩余投资则全部由主导部门承担。

2.按各目标的用水量或所需库容来分摊

按各目标的用水量或所需库容分担看似比较公平，但存在两个问题：一是防洪目标不需要水量；二是许多用水目标的用水量与用水时间是部分结合的。比如水库泄水发电后可用来引水灌溉，但冬季发电较多，而灌溉基本不用水。再如防洪目标仅需要保留一定的库容，而航运则需要保持一定的水深。因此，这种方法具有很大的局限性。

3.可分费用剩余效益法(GCRB)或者称完全成本分摊法(FDC)

西方发达国家通常采用这种方法，其要点是首先把可分投资的费用拿出去，然后按照各目标效益所占的比例来划分剩余投资费用。各目标效益的估算又有直接财务效益以及用替代工程估算的间接相对效益之分，而剩余投资费用也有总费用、共同费用以及剩余费用之分。另外，费用分摊除应从分摊原则分析其是否公平以外，还应从以下三个方面进行合理性检验：①任何部门或目标所分摊的费用不应大于该目标最优替代工程的费用；②任何部门或目标所分摊的费用不应小于因满足该目标需要所需增加的费用；③从收益方面看，任何部门或目标的收益至少要超过它分摊的成本。

4.分摊固定成本的公理法

西方学者经过长期对分摊成本的研究，提出了一个分摊成本必须符合多项原则的所谓公理法。不过，对这些公理准确性的认识还要取决于对固定成本的辨识。设成本函数为

$$C = F + V(q_1, q_2, \cdots, q_n)$$

式中：F 是固定成本；V 是可变成本。

下面是关于该成本函数的六个有效定价公理。

(1)价格必须使潜在产出的成本全部得以偿还，这只要求公营企业做到收支相抵。

(2)如果测算服务或目标的数量发生改变，价格也必须做出相应调整。

(3)如果不涉及对这些服务需求的价格弹性(避开了与拉姆齐定价法则的矛盾),具有相同边际成本的服务定价应该相同。

(4)如果有两个备选方案 C_0 和 C_1,其中 C_0 的零成本产出大于 C_1 的零成本产出。当产出增加时,C_0 和 C_1 之间的成本差也在增加,这时一个合理的定价机制是在成本函数 C_0 下的价格要高于在 C_1 下的价格。

(5)一般来说,生产至少可分成若干段,这时的定价机制应该是让每段可变成本分摊固定成本的一个部分。

(6)接着上一条公理,如果第 h 段的可变成本比第 k 段可变成本大,那么第 h 段的分摊的固定成本也要大于第 k 段分摊的固定成本。

第五节　高峰和拥挤问题定价

众所周知,当所供商品受限于生产能力时(在基础设施领域,这是一种较为常见的不平衡现象),公营企业的决策者或垄断行业的管理者便会面临一系列不同的难题。对于拥挤问题,政府通常有三种对策:

(1)扩建,增大供给规模。但是,要改变生产能力,有几种情况使得追加投资以改变生产能力变得更加复杂:首先,生产能力不是连续变化的,它通常只能以离散形式扩展(参见第五章第三节);其次,扩大规模式的扩建是一种长效机制(本书在第十章将讨论水利建设的周期规律),这种策略很难解决当前的现实问题;再次,生产能力的使用具有波动性,有时生产能力被完全利用(高峰时期),而其他时候却没有被充分利用(非高峰时期),甚至有时候设施或设备的利用率降到了连运营成本都难以收回的程度。

(2)行政性计划安排。行政性计划安排是在资源既定的条件下进行的行政性调节,比如定时供水和限时供电。应该说,这是一种权宜之计,是不得已进行的行政对于经济的干预,这种调节手段简捷明快，见效也快，但成本特别是间接成本较高。

(3)高(低)峰负荷定价。这是利用经济手段对经济中供需不平衡的一种正常调节。由于在能力限制点，所供商品的数量是固定的，但购买数量的多少同样也受限于所索要的价格，即通过调整价格，使价格刚好等于卖出全部所供商品。见图 9-9，在高峰需求时，如果仍使用统一价格 $P_{统}$，则需求量就达到 Q_h，超过了生产能力 Q_{hS}，即 $Q_h > Q_{hS}$。现假设用高峰定价法，将价格提高到 $P_{高}$，则需求量降为 Q_{hS}，刚好等于最高生产极限，也就是说，在需求高峰时，生产要求达到基本满负荷。同样的道理，在需求低谷时，可以通过降价的方式使需求增加，以提高工程设施的利用率。

现实生活中，绝大多数国家都是三种对策兼施并用，相辅相成。下面我们用威廉姆斯(1966)在研究高峰定价和投资时采用的一个简单厂商模型，来进一步分析拥挤型公共产品的定价问题。这个模型的基本特征是，能够区别投入的可变要素与不可变要素，也就是固定成本和可变成本。

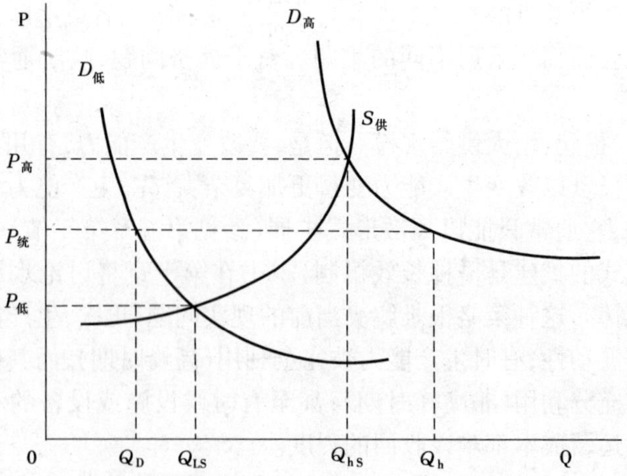

图 9-9　拥挤型产品的高(低)峰定价原理

假设一公共部门投入资金(可变要素)和固定资产物资(不可变

要素)生产某种产品 X。对于任一给定的生产规模,改变可变要素 b 的投入会生产不同 X 产量的产出。这样,b 便是在一定生产规模 X' 下,生产 X 产量的短期边际成本($SRMC$),图 9-10 表示了在两种不同生产能力 X'、X_2 下的短期边际成本曲线,即折线 $bagf$。可假设该厂商的生产规模 X'以每单位生产能力固定成本 β 的幅度连续变化,长期边际成本曲线为水平线 $LRMC$(b 和 β 之和),表明在边际处可变要素与不可变要素发生连续变化时,这一产出水平的边际成本。

现在假定在同等生产规模和能力下,在生产过程中厂商面临一个波动的需求曲线。为使问题简化,现假定每一次周期存在两个时段,第一时期为高峰期,持续时间占整个周期的比重是 ω_1;第二时期为峰谷期,持续时间占整个周期的比重是 ω_2,且 $\omega_1 + \omega_2 = 1$。另外,为便于分析,我们将图 9-9 中的高(低)峰需求曲线改为直线。

图 9-10 中,D_1 和 D_2 分别代表高峰期和峰谷期的需求曲线,这两条曲线均假设它们都贯穿于整个周期。这样,在 D_1 上的任一点,表示如果高峰期持续整个周期,在给定价格条件下每个周期的需求将是多少。定义需求曲线是为了说明横轴上表示的是每个周期的需求量,而不是每个时期的需求量。如图 9-10 所示,现存厂商将在整个周期中提供相当于需求量 X'的商品。这同时也表示在需求高峰时,与之相对应的价格为 P_1。这个价格同时也适用于周期中的任何生产高峰期。这样,高峰期价格 P_1 则可以用来限制 $\omega_1 X'$ 的产量。但是,在边际成本定价体制下,峰谷时期整个生产能力并未得到充分利用。在 b 价格下($SRMC$),峰谷期在每个周期中利用 X_2 的产出,或者可以结合在周期中的比重 ω_2,利用 $\omega_2 X_2$ 的产出。

为决定在波动的需求曲线下的最优产量 X',我们必须使边际收益等于边际成本。在生产能力 X'下,消费者得到的收益是两时期收益的总和:$OcfX'\omega_1 + OdeX_2\omega_2$。通过扩展生产能力 X'得到的边际收益是仅提供给边际高峰期用户的部分。由于峰谷期用户没能充分利用生产能力,他们便无法从扩展的生产能力中受益,因此边际收

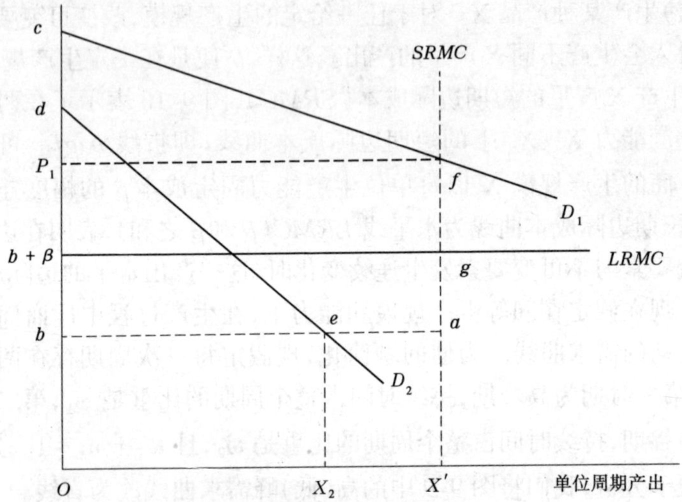

图 9-10 拥挤型产品的高峰定价

益为 $MB=\omega_i X'f=\omega_1 P_1$。生产产量 $\omega_1 X'$ 和 $\omega_2 X_2$ 的总成本包括生产能力成本 $\beta X'$ 和每个时期的可变成本，即 $\omega_1 bX'+\omega_2 bX_2$。再一次强调：扩展生产能力而产生的可变成本仅发生在高峰期，所以轻微扩展生产能力的边际成本是增加的资本成本加上额外的高峰期可变成本

$$MC=\omega_1 b+\beta \tag{9-19}$$

在最优点处，$MB=MC$，即

$$P_1=b+\beta/\omega_1 \tag{9-20}$$

最后总结最优生产能力的一些性质：①峰谷期的价格为 $SRMC$，即 $P_2=b$。②高峰期价格高于 $LRMC$，即 $P_1=b+\beta/\omega_1>b+\beta$。③在最优点处，总收益等于总成本，以至于高峰期用户承担生产能力的全部成本。

上述第三个性质很容易得到验证，根据定义，总成本为每个时期的可变成本之和加上整个时期的固定成本，即

$$TC=\beta X'+\omega_1 bX'+\omega_2 bX_2 \tag{9-21}$$

总收益为每个时期的收益之和，即

$$TR = P_1\omega_1 X' + P_2\omega_2 X_2$$
$$= (b + \beta/\omega_1)\cdot\omega_1 X' + b\omega_2 X_2 \quad (9\text{-}22)$$

这样，从式(9-21)和式(9-22)中，可得出总收益等于总成本。总之，当生产能力在连续可变范围内，且当可变成本和生产能力成本均为固定的常量时，最优生产能力满足总收益等于总成本。但是，一旦引入规模增加的离散性和成本的非固定性，零利润条件便不复存在。这时，对于规模增加的离散性，与上述的分析基本相同，而对于成本的非固定性（指生产能力成本或者可变成本，有一项或二者都非固定，它们得出的结论相同），即出现成本递减（规模收益递增）时最优生产处于亏损，但随着成本的增加，逐渐变为盈利。

举例说明，假定生产能力的扩展存在规模经济。如图 9-11 所示，由于边际生产成本 β 的降低，长期边际生产成本曲线向下倾斜。

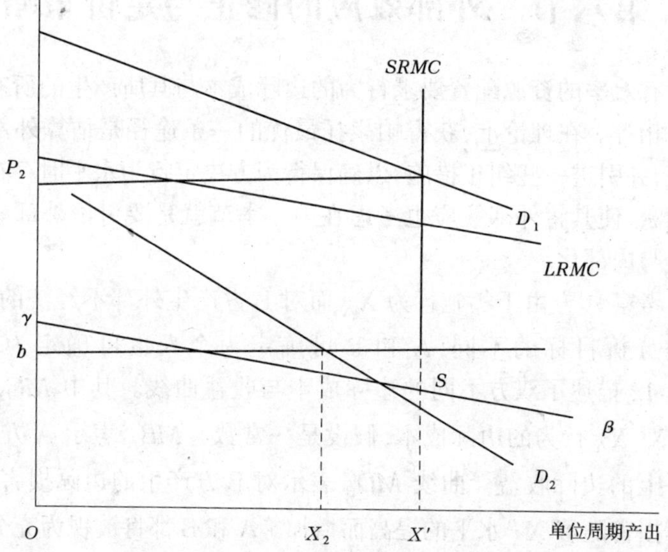

图 9-11 规模收益递增下的生产能力扩展

用同样方法寻找最优生产能力,高峰期最优状态价格由式(9-20)给出,与前述相同,β 表示边际生产能力成本,总收益 TR 与式(9-22)相同。然而,总成本 TC 与前述不同:变动成本仍为 $\omega_1 bX' + \omega_2 bX_2$,而固定成本却不再是 $\beta X'$,因为 β 仅为原生产能力下的生产最后一单位的生产成本。如图 9-11 所示,固定成本是在生产能力成本曲线下面的部分 $O\gamma SX'$,这时,$TC > \beta X' + \omega_1 bX' + \omega_2 bX_2 = TR$,因此最优生产能力必然导致亏损。

本章第一节分析的规模收益递增中存在的问题,这里同样会遇到。如果厂商为公营企业,政府必须从某些收入中取得资金以弥补成本,同时我们还必须要考虑取得这些资金的成本;如果是受管制的企业,可能无法在最优水平处经营,最好的做法是限制产量,并提高高峰期价格,直到总收益能够弥补总成本为止。

第六节　外部效应的修正与定价策略

有效率的资源配置要求行为的边际成本与其所产生的所有边际收益相等。在理论上,获得帕累托最优的一条途径是估算外部性的价值,并引进一些纠正措施,以确保行为方决定行为水平时存在足够的刺激,使其将外部效应也考虑在内。本节就是要讨论外部效应的定价与内部化。

考察 A 方由于实施行为 X_A 而对 B 方产生外部不经济的例子。根据分析目标的不同,A 和 B 可确定为个人也可确定为厂商。图 9-12 描述了双方不同的边际成本与收益曲线。其中 MC_X 表示 A 方对 X_A 行为的边际成本,假设是一常数。MB_A 表示 A 方在 X_A 水平上的边际收益。曲线 MD_B 表示对 B 方产生的边际损害,假设边际损害随着 X_A 水平的提高而增加。A 和 B 都将被视为充分竞争的价格接受者,其中 A 方独立决定其行为水平,而 B 方是一个被动的接受外部效应的实体。

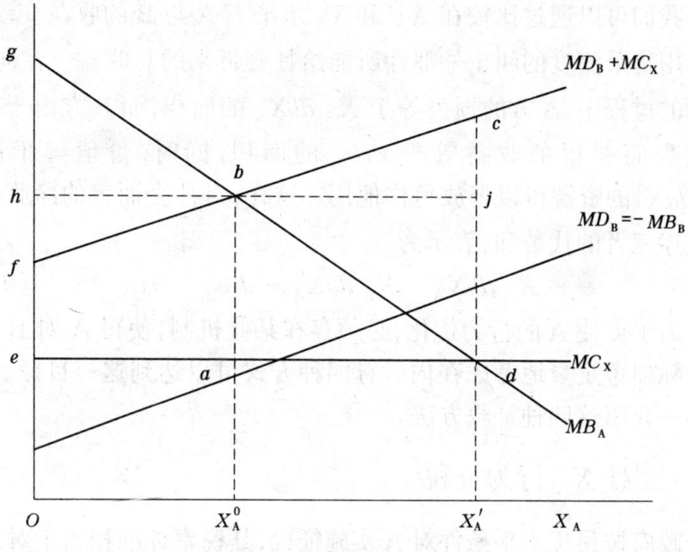

图 9-12　外部性的一般分析

由经济学原理得知，当 A 方追求净利润最大化时，其行为水平的选择条件是满足式：$MB_A = MC_X$，平衡点即是图 9-12 中的 d 点，此时的行为水平是 X_A'。很显然，由于没有考虑到对于 B 方造成的外部边际效应，这种选择并不是有效率的。有效的资源配置应该满足：$MC_X = MB_A + MB_B$。由于 $MB_B = -MD_B$，所以该等式可改写为

$$MB_A = MC_X + MD_B \tag{9-23}$$

此时，平衡点移动到图 9-12 中的 b 点，最优产出为 X_A^0。式(9-23)说明，存在外部不经济条件下，要达到资源最优配置水平，应满足 X_A 的边际收益等于所有社会边际成本。在图 9-12 中，最优水平应该是曲线 MD_B 和 MC_X 垂直相加所得的社会边际成本曲线 $MD_B + MC_X$ 与边际收益曲线 MB_A 的交点。此时给出的最优产出量 X_A^0 要低于不考虑外部边际效应时的产出量 X_A'。

我们可以通过比较在 $X_A{}'$ 和 X_A^0 水平上 A 与 B 的收益变动，来计算用货币测度的纠正外部性所能给社会带来的总收益。在向 X_A^0 移动的过程中，A 方的损失等于 $X_A{}'dbX_A^0$ 的面积，而 B 方由于损害的减少而获得的收益等于 $dcba$ 的面积，同时，价值等于面积 $X_A{}'daX_A^0$ 的资源得以释放另作他用。这样，对社会而言的净收益等于上述三者的代数和，表示为

$$-X_A{}'dbX_A^0 + X_A{}'daX_A^0 + dcba = bcd \tag{9-24}$$

为了促使 A 的行为优化，必须存在某些机制，使得 A 对 B 产生的边际损害定量地考虑在内。有四种方式可以达到这一目标，以下将逐一介绍这四种补救方法。

一、对 X_A 行为征税

政府按最优水平条件对 A 实施征税，其税率标准相当于对 B 造成的边际损害。上例中，税负即是图 9-12 中的 ab。对 A 方而言，行为 X_A 的边际成本将增加到 $MC_X + ab$，这样边际成本曲线将上移到 hj，新的生产均衡点 X_A^0（这里假设对 A 征税并没有引起 A 方的其他替代性行为，同时，B 方没有因受到额外损害而采取其他行动）。运用消费者剩余的概念分别计算出涉及这一外部性问题所有各方的净收益和损失，可以得到以下结果：

B 方获益 = $abcd$ 的面积（损害的减少量）

A 方获益 = $-ehbd$ 的面积（消费者剩余的损失）

政府获益 = $ehba$ 的面积

净社会获益 = bcd 的面积

二、对 A 方减少 X_A 给予补贴

另一种可以采取的替代措施是对行为方减少产出给予补贴。做出生产每一单位产出的决定同时也隐含了这种补贴在内。此时，A 方的每一行为水平上的机会成本就等于边际成本 MC_X 加上前述的

补贴 MB_X(即加上图 9-12 中的 dj),这一机会成本与采取征税措施效果相同。这就是说,从 $X_A{}'$开始,对 A 方减少产出的边际收益,包括边际成本 MC_X 的减少以及所获得的补贴 dj。直线 hj 可以认为是从 $X_A{}'$开始的减少产出后的边际收益线,而 MB_A 则是 A 方限制自身行为水平 X_A 的“成本”。因此,A 方将选择 b 点作为最优配置状态,此时减少产出的边际收益恰好抵消因产出减少而产生的边际成本(即收益减少)。现仍然可以将由 $X_A{}'$至 X_A^0 的变化过程中各方的净收益计算如下:

B 方获益 = $abcd$ 的面积(损害的减少量)

A 方获益 = bjd 的面积(补贴所得 - 消费者剩余的减少量)

政府获益 = - $abjd$ 的面积

净社会收益 = bcd 的面积

对社会的净收益而言,补贴与税收两种措施产生的效果相同。两者之间唯一的差别是收益与损失在各方之间的分配。若采取补贴,则 A 方将较原有的状况改善,而其他社会成员则更加恶化;若采取征税,情况刚好相反。被影响的 B 方对这两种方案并无特殊偏好,唯一区别是影响到其应缴纳给政府的税收量。然而,伴随着补贴措施的实施,会产生一些新困难。其一是补贴的支付是与 $X_A{}'$水平紧密相关的。因此,政府需要了解 A 的行为水平 $X_A{}'$,这样才可计算出应该支付多少补贴,而在税收措施中就不存在这样的要求。其二是当产生外部性的厂商数目可变时,由政府补贴就意味着鼓励厂商参加这一将产生外部不经济性的生产行为。

三、A 方所造成的损害承担责任

在这个简单模型中,纠正外部性的措施还包括明确产权分配或伴随着产权出售,以及明确一方对另一方造成外部性损害负责赔偿。这一切可以由法律强制规定或通过各方相互谈判解决。假定法律规定 A 方应对其所产生的损害负责,使得 B 方被赋予了财产权利,进而再假设,这些因为损害而做出的补偿性支付在现在法律体系下的费用为零,那么,A方因为其自身造成的损害而应对B方支付的赔偿就等于B方的边际损害曲线 MD_B 下所包含的区域。因此,A方实施行为 X_A 所面对的边际成本可用曲线 $MD_B + MC_X$ 表示,从而均衡在图9-12中的 b 点达到,相应的最优行动水平即为 X_A^0。在这一水平上,A方必须为其行为向B方偿付总值等于 *efba* 面积的赔偿。与原有均衡下的行动水平 X_A' 相比,通过向A方索取法定赔偿而达到的最优水平,将导致如下所计算的净收益与损失:

B方获益 = *efcd* 的面积(损害减少量 + A方赔偿额)

A方获益 = − *efbd* 的面积(剩余损失 + 支付B方的赔偿)

净社会获益 = *bcd* 的面积

虽然净社会获益仍为 *bcd* 面积,但净获益在各方面的分配却不尽相同。这种政策下,B方的景况较前两种都有所优化,而A方景况却由于产权的明确分配而恶化得多。实际上就效应而言,B方所收到的赔偿完全等同于外部性造成的全部损害。

四、A方拥有产权

将产权归于A方或不承认B方的产权,说明B方不能再求助于法律以影响A方按照私人边际成本与边际收益相等这一条件选择最优行动水平 X_A'。然而,由于 X_A' 对于双方而言并非最优选择,因此对于双方通过限制产出水平还存在着净收益可以获取。这些净收益在 X_A^0 水平上达到最大。如果谈判费用为零,那么这种政策下B方必定会自愿对A方减少产出的行为提供补偿。如图9-12所示,B方愿意支付A方总额相当于边际损害曲线 MD_B 下方所包围的面积。同时,如果A方至少能获得总额相当于边际收益曲线 MB_A 与边际成本曲线 MC_X 所围面积的补偿,他将减少其产出。只要B方为了减少A方产出所愿意支付的补偿 MD_B 的最大值,超过A方因为减少产出而希望获得的被偿额 $MB_A - MC_X$ 的最小值,这种减少

A方产出水平的谈判就得以继续，直到二者的值相等为止。这样将得到最优解 X_A^0。这一推理告诉我们，无论产权归哪一方，都不会影响资源最优配置的最终结果，这就是我们常说的科斯定理。产权的具体归属是一个公平问题，它会影响到效用和收益在各方之间的公平分配，但不会影响资源分配的效率。

当通过谈判达到最优水平时，对A、B双方得失的界定是含糊不清的。B方将支付总额等于面积 *abcd* 的补偿，以使A方将其行为水平降到 X_A^0；A方则至少要收到面积 *abd* 的获益才能这样去做。双方之间的差值等于面积 *bcd* 表示的数额，即净获益。B向A支付的真正补偿介于 *abd* 和 *abcd* 之间，确切的数额取决于双方的谈判力量。

上述从另一个角度导出了资源最优配置的结果，但它的不可行性是显而易见的。首先，这样的产权分配在公平这个标准之下，很难为人们所接受。其次，产生外部不经济性同样存在“搭便车”问题，因为一条河流上通常不止一家生产厂商，随着参与法定组织的数量增多以及信息问题，通过谈判解决问题的难度会越来越大。

于是又有学者提出了一种替代性的体制安排来纠正外部性，其最终结果非常类似于税收措施。假设政府首先根据一定的政治和技术准则，设定一个最能被社会接受(或容忍)的污染生产行为 X_A，并且政府可以无成本地监控和管制这一容忍点，那么政府就可以建立一个虚拟市场，为厂商获取这有限的“污染权”而提供交易场所。通过市场，这些“污染权”的价格就将建立在希望开展这方面生产的厂商相互之间的竞价之上。“污染权”市场的建立，可以确保将 X_A 行为水平固定在政府所选定的水平之内，同时还可以使“污染权”在各个厂商之间的分布达到最优，因为在这一市场上只有那些能支付得起“污染权”价格的厂家才愿意这么做。恰恰是那些能够从他们的污染行为中获益最大的厂商，才通过市场价格机制被允许对环境的污染。从边际角度看，最终所有厂商为获得“污染权”而愿意支付的价格都相等，而且所有厂商从其污染行为中所获得的边际收益也都相等。从效率角度看，这也是最优的，这时为获得“污染权”而支付的价格与图 9-12 中所描述的对污染行为征税值 ab 所起的作用相等。

然而，从公平的角度分析，政府也许不通过价格体系或针对发出方的财政诱导政策实施纠正措施。例如，政府会为所有厂商规定一个排放污染的限量。但是这类政策的不足之处就是容易导致资源的无效配置。下面用一个简单的例子来说明它的无效率。

图 9-13 描述了两个生产厂商 A 和 C，其排放的污染行为分别为 X_A 和 X_C。为便于分析，假设这些厂商开展行为 X 的边际成本固定不变，对 B 方产生的外部性损害总量也保持常量。他们是处于同一条给定河流边的生产厂商，在生产过程中都排放污水。行为 X_A 和 X_C 的边际收益曲线分别为 MB_A 和 MB_C，分别表述在图 9-13(a)、(b)中。

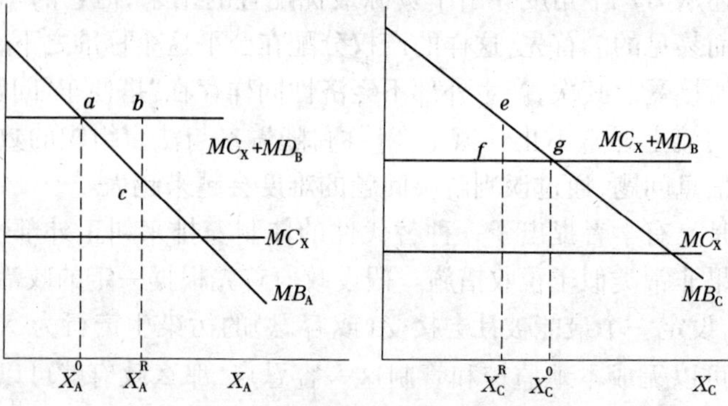

图 9-13　限制外部性产生的无效率

由于某些原因，厂商 C 从排放污水中获得的收益大于厂商 A。他们将生产不同的产品，而且生产每一单位产出所排放的污水总量也不相同。那么，两个厂商行为的效率水平分别处于 X_A^0 和 X_C^0。现在假设政府对两个厂商规定相同的污水排放量（这只是一个简单的例子，理论上说，只要政府的规定不满足他们边际成本相等的条件，此例均成立），即图 9-13 中所示的 X_A^R 和 X_C^R。那么作为这一政策的结果,厂商A因超过其排放能力而出现面积为 *abc* 的净收益(他可以通过出售这部分排放权而得益);而厂商C由于生产水平太低,将出现面积为 *efg* 的净损失。

尽管我们在上面以外部不经济为例研究了对它的修正与定价策略,但是前述对于公共决策定价机制的研究可以直接扩展到对所有外部经济的分析。研究表明,外部经济内部化问题可以通过两种形式加以实现:一是外部经济形成者与被影响者之间的讨价还价;二是对外部经济形成者提供补贴,其补贴量应等于所形成的边际外部受益量。后一种办法一般来说更为可行,特别是当所涉及的有关各方数量较大,以及由于“搭便车”问题所导致的自愿讨价还价谈判无法进行时。

第七节　公共资源定价

目前对公共资源定价的研究主要是基于对地租[1] 理论的应用,而地租理论又分为三个主要流派,即李嘉图地租论、马克思地租论和萨缪尔森地租论。李嘉图把地租理论与劳动价值论联系起来,他认为,地租不是土地的产物,而是由附加给土地的劳动所产生,麦地之所以具有高价是因为小麦具有高价。由于土地的总供给弹性不足,所以不论竞争者给予它的价格有多高,土地供给量是保持不变的,因此土地的价值完全是由它的产品的价值所致。马克思在此基础上进一步分析:级差地租的本质是投在土地上的等量资本和劳动所产生的不同生产率的结果,它属于社会历史的范畴,是实行土地经营的那种社会关系的表现,而不可能来自于土壤本身的具有经久和本性的结果。萨缪尔森从市场经济的原理出发,提出了社会总收入是由各种生产要素共同创造的观点,它包括土地、劳动和资本,而地租、工资和利润就构成了三要素的相应报酬。这种观点认为,边际生产力为

---

[1] 地租是指使用土地(及附着在土地上的一切自然资源)所支付的报酬。

收入分配即生产要素的定价提供了依据。

上述地租理论为我们研究公共资源定价提供了重要的理论指导。不过,这里主要还是围绕着本书的一贯思路,即对帕累托最优的追求和改善而展开对公共资源定价问题的讨论。

一、免费使用公共资源的效率损失

公共资源问题主要归结为:某种生产要素被一组竞争性厂商共同使用,而该种生产要素所能提供的服务既是稀缺的,又是可自由共享的。最经典的例子是,一组相互竞争的渔夫,在其产出和投入价格固定时进行捕鱼的鱼塘容量是有限的。在这里我们自然联想到,水资源对一个区域社会来说,它就是一种扩大了的公共资源定价问题。

为分析方便,现只考虑生产单一产品的一种生产函数,即

$$X = f(L, T) \tag{9-25}$$

式中:L 为可变投入劳动力要素;T 为一种不变投入要素,代表公共资源,其固定供给总量为 T',并且被所有成员自由使用。

图 9-14 描绘了公共资源使用中的生产特征,其中总产品曲线为 TP。由微观经济学原理,从 TP 曲线中可以推导出劳动力要素 L 的平均产量 AP_L 和边际产量 MP_L。例如,当生产中使用的劳动力数量为 L_1 时,劳动力要素的平均产量为总产量除以劳动力使用量 aL_1/OL_1,即射线 Oa 的斜率,而边际产量则是曲线 TP 在 L_1 处的切线斜率。

如果劳动力报酬率 ω 固定不变的话,那么由于它是生产的唯一成本,因此行业中的平均成本曲线与边际成本曲线同样也能从曲线 TP 中导出。平均成本 AC 由下式计算

$$AC = \frac{\omega L}{X} = \frac{\omega}{AP_L} \tag{9-26}$$

类似地,边际成本 MC 可表示为

$$MC = \frac{\omega \Delta L}{\Delta X} = \frac{\omega}{MP_L} \tag{9-27}$$

以上两种曲线如图 9-14(b)所示,若假设行业的产出价格也固定,并设为 P,则它也可通过该图的水平需求曲线表示。

这时,我们马上可以观察到,如果该行业作为一个单独的利润最大化企业生产,则 $P=MC$ 就是其均衡点,并且横坐标上的 X_0 就是它的最优产出水平。其所得利润(即图 9-14(b)中的 $defg$)应该是固定要素 T 依据其边际产量所应得到的租金。

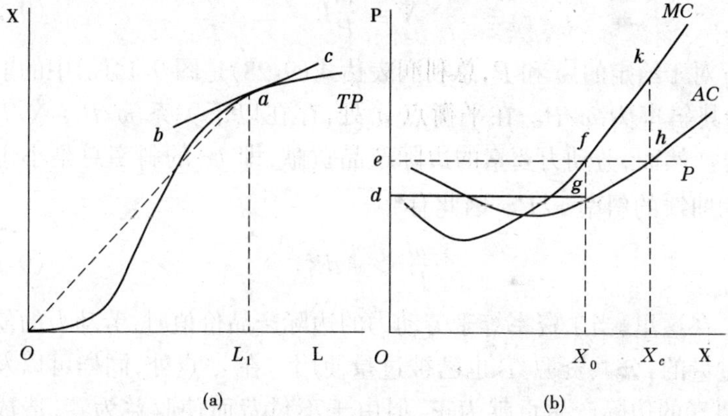

图 9-14　公共资源的使用生产特征

当固定要素 T 并不是被单独拥有,而且使用者并不将其作为一种稀缺资源时,公共资源问题就产生了。假定行业中存在许多厂商,而每一个厂商仅仅雇用全部劳动力中的一小部分,对整个行业而言,新增使用的劳动力要素对其边际产品贡献率不产生影响。也就是说,对劳动力使用而言,规模收益是恒定的,加倍劳动力投入必然导致同样加倍的产出水平。这种完全竞争的条件,最终将使产品的销售收入刚好弥补了劳动力成本,即 $\omega L=PX$,或者

$$\omega=\frac{PX}{L}=PAP_{\mathrm{L}} \qquad (9\text{-}28)$$

式(9-27)表明,劳动力将获得与其平均产品贡献相等的价值。这同样也是厂商的边际产品贡献价值,即 $AP_{\mathrm{L}}^{i}=MP_{\mathrm{L}}^{i}$。然而对整个行业

来说,劳动力要素的边际产品贡献并不等于平均产品贡献,相反,如图 9-14(a),当越多的劳动力投入使用,则其边际产品贡献率越低。

图 9-14(b)对要素 T 的免费使用将使竞争在产出水平 X_c 时达到均衡,利润也将减少为零,而稀缺的公共资源 T 的租金在竞争中消失了。利用图 9-14(a),可以通过总利润和总成本间的等式 $PX=\omega L$ 构筑一条总利润曲线,表示为

$$X = \frac{\omega}{P}L \tag{9-29}$$

对于给定的 ω 和 P,总利润表达式(9-28)是图 9-14(a)中的射线 Oa,其斜率为 ω/P。在平衡点 a 处,存在以下关系 $\omega/P=X/L=AP_{\mathrm{L}}$。然而,劳动力要素的边际产品贡献,即 bc 的斜率总是小于总利润曲线的斜率 ω/P。因此有

$$\frac{\omega}{P} > MP_{\mathrm{L}} \tag{9-30}$$

在这里,当工资率等于劳动力的边际产品价值时,劳动力的使用是过量的,公共资源 T 也已被过量使用。在 a 点处,同样可以发现 T 要素的边际产品贡献为正,但由于不付费而使收益为零,造成的效率损失表现为图 9-14(b)中的 fkh。而生产这些 X_0X_c 数量产品所需耗费的资源成本将超过其收益或所付的价格。

二、纠正思路

前文已经指出,纠正公共资源 T 过度使用的措施之一就是将其置于私人单独的产权之下,并允许所有者最大化租金。前面进行的分析提供了另一种由庇古提出的纠正方法。如果对有关厂商的产出 X 征收相当于在最优产出水平 X_0 处的 MC 和 AC 之间差异数量的税收 fg,就会矫正到对要素 T 的有效使用,此时每一厂商所收回的净价值是 Od,而厂商将按照劳动力的平均成本设置价格,从而在 g 点处建立起均衡。决定税率 fg 等同于公共资源私有化,而合适的税率能够使税收收益达到 $defg$ 最大化。

当该行业的规模大到足以影响产出价格 P 或投入价格 ω 时,所要考虑的问题就会变得复杂起来。这时该行业将面对一条斜率为负的需求曲线 D,如图 9-15 所示。完全竞争下的产出水平将使收益恰好弥补变化着的劳动力投入。此时的产出水平将是曲线 D 和 AC 交点所对应的产出 X_c。如前所述,当 $P = MC$ 时,竞争性产出大于优化的产出水平。这种条件下的福利损失为 acd 的面积。

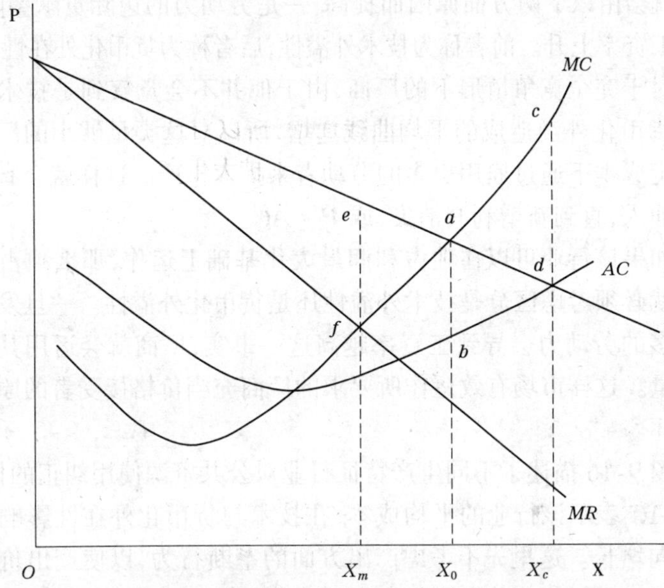

图 9-15　公共资源过度使用的纠正措施

在所有权私有化或税收收益最大化条件下,利润最大化的产出与上述所指出的两种产出水平都不同。为求出这一产出水平,需构筑边际收益曲线 MR。此时使利润最大化的产出水平为 $MC = MR$ 时对应的 X_m。这低于最优产出水平,而且由于对公共资源利用的不充分所导致的福利损失为区域 eaf 的面积。由奈特提出的这一私有化措施是否较完全竞争的建议更有效,取决于 acd 面积是否大于

eaf 面积。

最优产出水平 X_0 可以通过对每一厂商的产出价值征收税率为 ab 的税收而获得。这一税率水平为生产的边际成本与平均成本的差值。为设置正确的税率水平,政府必须了解该行业的成本曲线。

当该行业对变化的投入要素的价格也具有影响时,类似的问题产生了。一旦 ω 随着该行业产出水平的提高而提高,则平均成本曲线的斜率就会由以下两方面原因而提高:一是劳动力的边际贡献率降低;二是工资率上升。前者称为技术外溢性,后者称为货币化外在性。

对于完全竞争情形下的厂商,由于他并不会觉察到是技术外溢还是货币化外溢造成的平均曲线递增,所以对这类足够小的厂商将在固定成本下通过雇用更多的劳动者来扩大生产。这样就会有新的厂商加入,直到新增利润消失,或 $P=AC$。

如果该行业可以在独占利润最大化基础上运作,那么独占的所有者就必须考虑区分是技术外溢性还是货币化外溢性。一旦发现雇用越多的劳动力会导致工资率越高这一事实,厂商就会运用其垄断的力量。这样市场有效运作所要求的厂商充当价格接受者的原则就被破坏。

图 9-16 描述了不同生产特征行业对公共资源使用纠正的机制。曲线 AC 表示该行业的平均成本,在技术与货币化外在性影响下与 X 同向增长。这里先不考虑产出方面的垄断行为,以使产出价格固定为 P,这样,使公共资源租金为零的竞争性行业选择 $P=AC$ 时的产出水平 X_c。在图 9-16 中 MC_1 曲线相对于 AC 而言随着 X 增加而上升。在式(9-26)所定义的 MC 中,此时的 ω 发生了变化。这样 MC_1 与 AC 之间的差异是由 MP_L 与 AP_L 间的差异所引起的,而不考虑 ω 的提高对 MC 的影响。因此,曲线 MC_1 就是真正的边际成本曲线,而最优产出水平应选择在 $P=MC_1$ 所对应的 X_0 处。

然而,公共资源的所有者一旦认识到随着产出 X 的增加,其成本会同时因为劳动力要素边际贡献的下降及劳动力要素成本 ω 的增加

而不断提高时,则所有者产出扩张的边际成本 MC_2 可以定义为

$$MC_2 = \frac{\mathrm{d}TC}{\mathrm{d}X} = \frac{\mathrm{d}(\omega L)}{\mathrm{d}X}$$

$$MC_2 = \omega\frac{\Delta L}{\Delta X} + L\frac{\Delta \omega}{\Delta X} = MC_1 + L\frac{\Delta \omega}{\Delta X} \tag{9-31}$$

式中:右边的第一项因子反映了技术外溢性影响;第二项则代表了货币化外在性影响。

曲线 MC_2 与 AC 相交于 AC 的最低点。此时单一所有者会选择 $P = MC_2$ 对应的 X_m 作为产出水平。很明显,这并非最优产出,它是否优于竞争行业所选择的 X_c,取决于福利损失 abc 与竞争性福利损失 cde 的比较。

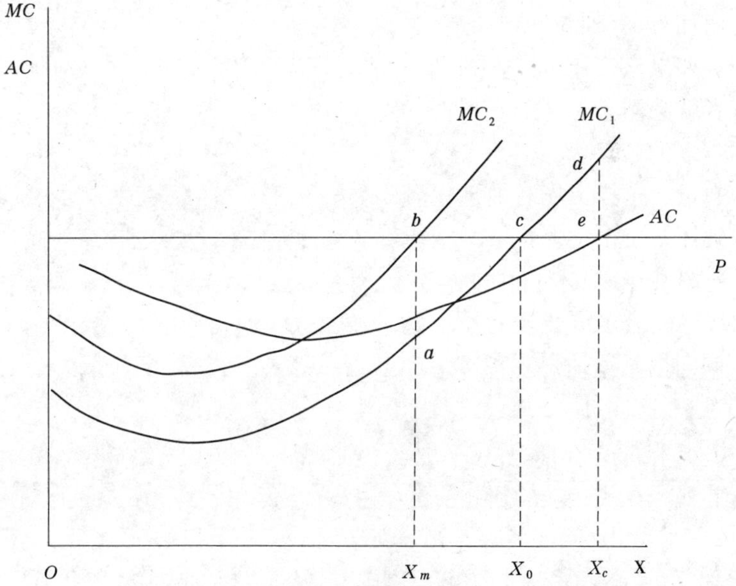

图 9-16　不同生产特征行业的公共资源使用纠正

同样地,政府原则上也可对竞争性行业的产出 X 征税,税率等于产出水平 X_0 所对应的真正边际成本与平均成本间的差值,以引

导生产行为。但是,对成本曲线的了解应该是比较困难的,特别是如果 ω 与 P 同时变化。更进一步,当存在不止一个行业同时使用公共资源时,政府必须了解所有使用者的行为特征。

第三篇　水利投资经济评价理论

第十章　水利投资及其社会效益评价

这一章从实证和社会的角度研究水利投资与国民经济各方面的相互关系，主要内容包括水利投资及其运作特征、水利投资实践的理论化解释、影响水利投资的因素分析、水利投资与经济增长、水利投资的效应分析。

第一节　水利投资及其运作特征

从宏观经济角度和投资的实现方式考察，投资可分为金融性投资和资产性投资。金融性投资是指通过各种有价证券或者虚拟资本形式实现的投资；资产性投资则是指通过实物形式实现，或者直接作用于社会再生产过程的一类投资活动。按产品或产业的性质不同，资产性投资可分为竞争性领域投资、基础性领域投资和公益性事业投资。按投资所形成的资产形态不同，可将资产性投资划分为新增固定资产投资、固定资产更新改造投资和流动资产投资。按建后管理的性质不同，资产性投资可划分为营利性投资、非营利性投资。非营利性投资还可进一步划分为非营利经营性投资和非营利非经营性投资。从前面的分析我们已经知道，水利的筹融资是多元化的，有来自资产性投资的，有来自金融性投资的，还有来自税收性公共集资的。但是，水利的投资活动基本上只限于资产性投资领域，而且绝大部分属于基础性设施和公益性事业。

一、竞争性投资的特征

为说明水利投资的基础性和公益性特征，我们首先从竞争性投资的特征分析开始。在竞争性市场条件下,对利润的追逐支配着人们的经济行为和资源配置。如人们投资的目的就是为了取得一定的利润目标,只有当利润率达到某种程度时,人们才会进行投资。由于竞争性领域的生产者和投资者很多,而且利益的矛盾及协调成本较高,同时进入和退出也很方便,因此实际利润率一旦偏离正常利润率,就会促使大量投资者进入或退出该领域。例如,A 部门利润率高,则不仅 A 行业内原有的厂商会扩大投资规模,而且还会吸引大量其他部门新投资者加入对 A 部门的投资过程,以争夺这种有利可图的投资机会。假若情况相反,不仅其他部门不会投资于 A 部门,就是 A 部门本身的原有厂商也会将存量资本转移到其他的短缺部门。

(一)投资转移周期

实际上,这种投资结构的非均衡必然会导致经济结构的非均衡。在一段时期后,也就是从对 A 部门的投资开始到更新生产能力的形成,或者说建设周期所需的这个时期以后,大量投资使 A 部门的生产能力过剩,从而导致 A 部门的产品供给过剩,进而价低利微。其直接结果不仅使投资会变少或不对其投资,而且投资还会向其他高利润部门转移。这样,在其他部门的扩张和本部门生产的相对下降情况下,将会逐渐由过剩变为短缺,由投资过热变为投资短缺。这个转换过程的快慢,取决于存量资本转移的难度、各部门利润率和社会平均利润率差距的大小等因素。一般来讲,这种差距越大,则一个部门由过剩变为短缺的程度也越大,时间也会越短;反之,则越长。这里应强调,利润率由高到低的周期变化所引起的投资由盛到衰的周期变化,它们二者互为因果,而且并不同步。

(二)投资转移偏离正常需求的幅度

生产的社会化与分散决策及利益个性化之间的矛盾,以及社会生产要求的按比例与竞争性市场的无政府状况之间矛盾的作用,往往会使投资过冷变投资过热的这种调节矫枉过正。在高额利润的吸引下，不仅短缺部门出现投资过剩，而且其他过剩部门的竞争者也会向高利润行业转移存量资本，其结果会使这种投资远远超过社会的正常需求量，从而使该部门由原来的短缺变为投资后的严重过剩。其过剩的程度，与该部门原来的短缺程度及利润率超过正常利润率的差额大小成正比。

（三）对其他部门的影响

国民经济各部门是相互联系的，它们之间不是互为投入产出关系，就是互为替代关系。如果A部门的投入是其他部门的产出，或者说A部门的产出是其他部门的投入，那么它们之间就是互为投入产出关系，其投资和利润率的周期性变化是同向而不同步的，前导部门与下游部门的投资和利润率的周期性变化，都与A部门的变化错开了一个节拍。与A部门产品呈替代关系的部门，其投资和利润率的周期性变化与A部门的关系，呈一种彼消此长的反方向互动关系。

二、水利投资的基础性特征

现在分析水利投资的基础性特征。一般而言，基础性投资特征与竞争性投资特征大致相似，即它的投资也是随着利润率的变化而改变的，只是基础性投资的动力除了直接表现为利润率外，主要还表现为社会对基础性设施的需求。随着社会对基础性投资需求或基础性投资利润率的提高，基础性投资的规模会不断增加，如果不是独占垄断，或者其产品存在较大的替代性，那么它也会在竞争中出现投资过度。像竞争性投资表现出的规律一样，紧接着，在产出品过剩、价格下降和投入品价格提高的双重压力下步入衰退。不过，由于基础性投资所需的投资规模大、建设周期长、自然垄断强等特点，因此与竞争性投资相比，当“利润率”提高而需进行扩大生产能力时，投资者较少，新的竞争者不易加入，投资者之间比较容易达成契约性协议，所以个别厂商的有计划和整个社会的无政府状态之间的矛盾要缓和得多。但是，不管垄断程度如何，投资后生产的相对过剩总会是有的，即使该行业属于独家垄断。这既可能是竞争的结果，也可能是计划的结果。后者是由该行业特有投资技术要求所决定的。

水利投资最具典型性，因为水利行业的项目投资规模经济程度较大、建设周期长，当产品供给发生短缺时，不像竞争性投资那样，可以通过投资调整很快地满足社会需要，它需要很长时间才能够达到此目的。所以，基础性的项目投资只能进行间隔性较大的、在一定时期内超过社会需要的投资规模。这样就必然会出现项目投资完成后一段时期内，产品供大于求的相对过剩。当然，这种投资必须在决策者确信"今后一段时期社会对其产品需求有一个较大增长，能保证它在一定时期内取得较好社会效益"的前提下才可能进行。

基础性投资的过剩，除了为其提供固定资产的部门会因其投资规模下降而受到不利影响外，其他部门则会从中受益。不仅基础性投资的上游部门会因其投资规模扩大而增加供应量，而且所有其他部门都会因基础性设施产品过剩、价格下降而造成成本减少和效益提高。这种情况显然会促使其他所有部门的扩张。扩张的结果将会降低基础性投资的过剩程度，促使其产品价格和经济效益回升。不过，这种价格上升的程度，比竞争性投资所引起的在短缺时的价格上升要轻得多。这是因为基础性投资因短缺引起的产品价格上升，特别容易受到来自社会和政府各方面的压力，所以在短缺时会受到供给者自身有意识的抑制。实际上，也正是这种有意识的控制价格和利润的行为，才使得基础性投资和生产的运行周期避免了竞争性投资的那种大起大落的波动，其生产和投资运行才比较平稳。所以人们通常认为，基础性投资有烫平经济周期的作用，它的投资高潮往往是在经济周期的谷底进行。

基础性产业的厂商能在多大程度上对其产品的供求、价格及投资规模进行有计划的控制，除取决于内部的竞争程度外，还取决于产品的可替代性强弱及其技术开发的难易程度。如果可替代性强，且替代产品部门的生产能力和竞争性强，那么即使一些产品生产的垄断程度非常高，甚至是没有政府管制的独家垄断，厂商对产品供应及投资的控制能力也是很有限的。从理论上讲,这是一种正常现象,只要不存在人为的限制,从长时期考察,产品可替代性与技术难度足以使一个具有很强垄断性的行业的产品价格也会同其价值保持基本的一致。所以,市场机制不仅调节着竞争性投资,而且调节着基础性和垄断性投资,并且使二者的运行过程大体一致,只是运行过程中的波动周期和幅度不同而已。

但是,由于垄断性投资周期特别长,替代品从研制到开发,直至大量取代原产品的过程则更长,而水利产业的产品又是社会所有部门生产与人民生活消费不可或缺的,因此如果任由市场自发调节,那么即使这些产品的供应和价格的微小变动,也可能对国民经济产生极为不利的影响。虽然从理论上讲,这种变动从静态看并不影响一国的总产出水平,它的改变只影响社会内部的收入分配结构,但它的后果却极为严重,它会使国民经济中的其他大部分部门由于成本上升、利润下降而降低生产与投资规模,由此产生的连锁反应会导致经济的全面衰退,人民的生活也会由此受到严重影响。所以对于那些自然垄断性强的基础性投资,是不能完全由市场自发调节的。

三、水利投资的公益性特征

水利的公益性投资,是指那些不为盈利,而为实现一定社会职能或满足社会公众性需要及提高福利而进行的投资。由于公益性投资只是为了满足一定的公众需要或完成一定的社会职能,因此它的运行过程也就与前面分析的基础性投资的运行过程具有很大的不同。然而遗憾的是,现实中水利行业投资活动的大部分既具有基础性投资的特征,又具有公益性投资的特征。所以,在对水利的基础性投资特征做出了分析以后,还有必要对水利的公益性投资特征做出探讨。

如果水利的某些产品或服务是以低于运行成本或免费方式向社会或社会特定成员提供的,那么人们对这种产品或劳务的需求总是大于其供给,出现过剩的情况很少见,除了某些特殊的原因。所以,在这方面不存在前面所提到的由短缺引起投资过剩的情况。显然,这种投资绝不会由高利润引起。

然而,这种投资虽然不存在由短缺引起投资过度,但其投资的大小却同样与短缺程度成正比。这主要因为这种投资的主体主要是政府,而政府投资是通过一定的政治程序来完成决策的。其中,每一项目投资的大小和成立与否,实际上都与其需求对象的政治压力成正比,而政治压力的大小又与这种投资的短缺程度成正比。进一步分析,政府投资中除去为实现政府职能而必须投资的部分外,其余部分投资又可划分为:为提高人们生活质量或生存能力而进行的基础性投资,以及为保障人们基本生活而进行的基础性投资。在经济生活中,这两种投资的运动方向是不同的。一般来说,前者对投资的需求往往与人们的生活质量要求相一致,也与经济周期的波动方向相一致。因为这种需求属于较高层次的需求,它的强弱与人们的收入水平相一致。在经济发达国家或者在经济处于高涨时期,人们对提高生活质量的水利投资需求强度较大;反之,对保障人们基本生活的水利投资需求强度较大。

四、水利投资强度的周期性特征

前面已经提到,市场经济条件下的投资规模或强度会出现周期性的波动,水利等基础性投资也不例外,我们将这一特征称为投资周期。投资周期,就是投资规模随着时间的推移而表现为规模扩张(强度加大)与规模收缩交替的反复出现。这种反复现象,虽然每一次在频率、幅度和持续时间上都不是整齐划一的,但也不是杂乱无章的,而是具有一定的规律性。这是由于在市场经济内部,存在着一种使投资规模围绕着均衡点而有序波动的机制。

由于在实际中投资周期的运动规律和经济周期非常一致,因此经济周期的分类同样适用于投资周期。关于经济周期的类型和长度,较有代表性的包括三种,即长周期、中周期和短周期。长周期有苏联经济学家康德拉季耶夫提出的 50 年左右周期和美国经济学家库茨涅兹提出的 25 年左右的周期两种。中周期是由法国经济学家朱格拉提出的10年左右的周期。短周期是由英国经济学家基钦提出的3.5年左右的周期。正如我们在前面所分析的那样，由于水利投资的基础性特征，所以水利投资会呈现出比一般竞争性投资都要长的规律性，即水利投资的周期应该为中、长周期，且通常水利等基础性设施投资扩张的最佳时期是在经济周期的谷底，为提高生活质量在经济高峰期进行的水利投资属于次一级周期。当然，除了经济周期决定水利的投资周期外，还有一些其他重要因素，将在第三节作详细讨论。

第二节　水利投资实践的理论化解释

一、冀朝鼎对中国农业社会的实证研究

冀朝鼎旁征博引中外群书，特别是通过对我国浩如烟海的古代水利事业的史料研究，提出了中国农业时代基本经济区（或者说是中国基本经济中心）及其与水利事业的密切关系❶。中国以农业为基础社会的基本经济区，无一例外都是以伴随着各种各样水利事业的农业繁荣（威特福格尔把它称之为集约农业）为依托的。清代著名的尚书慕天颜在一则奏章中指出："兴水利而后有农工；有农工而后裕国。"这段话简明扼要地说明了在水利事业、农业生产与国家财政之间存在的密切关系。发展水利事业，建设水利工程，在中国实质上是国家的一种职能，其目的在于增加农业产量，为漕运创造便利条件。诸如灌溉、坡塘、排水、防洪、人工水道等工程，多半都是为公共工程

❶　文献[16]对基本经济区做了这样的概括：中国在漫长的整个农业社会历史时期中，其经济结构都是由千百万个不同程度的自给自足的村落所组成，而这些村落为了行政管理或军事行动上的统一需要，还要编制成一种较大的组织形式，那就是"省"。在整个以农业为基础的社会，中国商业水平的发展，从来都没有达到能够克服农业经济地方性及狭隘的地方状态。这些地区性组织高度自给自足，它们彼此互不依赖。这种情况下，中国统一和中央集权的实现，就只能依靠某些农业生产条件和漕运非常优越的经济区域来保障贡纳谷物的方便，以致不管哪一个集团，只要控制了这类地区，就有可能征服或统一全中国。这样的地区就是所谓的"中国基本经济区"。

而建造的，它们同政治都有着不可分割的关系。各朝代都把它们当做社会与政治斗争的重要手段和武器。

从表 10-1 中的数字可以明显看出，在秦汉时期的泾渭河流域以及关中一带，利用渠道灌溉、漕运以及防洪设施等，不仅使后来居上的秦国一统战国时期的分裂状态，而且还惠及以后几个世纪的汉代。司马迁在《史记·河渠书》中将秦汉强大的秘诀归功于灌溉、漕运以及防洪工程。他指出“…秦以为然，卒使就渠。(郑国)渠就，用注填阏之水，溉泽卤之地四万余顷，收皆亩一钟。于是关中为沃野，无凶年。秦以富强，卒并诸侯”，“关中之地，于天下三分之一，而人众不过什三，然量其富，什居其六”。楚汉相争时期，鄂千秋描述“夫汉与楚相守荥阳数十年，军无见粮。肖转漕关中，给食不乏。陛下虽数亡山东，肖常全关中待陛下，此万事功也”。

在动乱和分裂时期，中央政府不宜达到的地区就会借助和建设水利工程惠及的次一级经济区达到与中央政府相抗衡的目的，这种建设水利工程活动的相互竞争，就会产生新的占有优势的经济区。如三国、两晋、南北朝时期，灌溉和防洪事业在抵御能力方面的进一步扩展，使得四川和长江下游流域得以开发，因而出现了一个能与前一时期基本经济区所具有优势相抗衡的重要农业生产区。

在隋唐时期，随着长江流域水利工程建设力度与北方地区相抵，从而使南方取得了基本经济区的地位，而大运河起到了南粮北运的重要作用。以后随着对北方水利事业的忽视(表 10-1 表明了从五代以后我国水利工程的投入南方地区一直远远超过北方地区)，长江流域地区逐步扮演起中国基本经济区的地位。到元明清时代，由于首都距基本经济区太远，因而逐步试图把海河流域发展成为中国的又一个基本经济区。但是随着西方列强的入侵，中国现代资本主义工业社会逐步建立，社会基本经济区以煤和铁取代了以农业与水利事业为主要依托的农业社会。

水利工程使一个经济发展相对落后的地区一跃而成为一个经济

表 10-1　中国古代水利投资活动统计

时期	春秋	战国	秦汉	三国	两晋	南北朝	隋	唐	五代、宋	金	元	明	清	各省合计	截止年次
陕西			19	2			9	32	24	4	12	48	38	188	1735
河南	1	3	19	10	4		4	11	11	2	4	24	843	93	1767
山西	1		4	1	1	1	3	32	25	14	29**	97**	156**	82	1734
直隶			5	1	2	3	1	24	20	4	11	228	542	841	1884
甘肃			1	1				4	2		2	19	19	48	1736
四川		1		1				15	6		1	5	19	48	1815
江苏	3	2	1	3	2	8	1	18	117		28	234	62	479	1736
安徽	1		1	3		4	1	12	16		2	30	41	111	1877
浙江		2	4	2	3	2	2	44	303		87	480	175	1104	1736
江西			1		1	1		20	57		13	287	222	602	1732
福建					2		4	29	402		24	212	219	892	1754
广东									44		35	302	165	546	1822
湖北					1			4	25		6	143	528	707	1921
湖南			1				2	7	7		3	51	183	254	1885
云南			1			1		1			7	110	292	412	1736
各时期合计	6	8	57	24	16	20	27	253	1059	24	235	2173	2505	6407	
年平均数	0.018		0.131	0.545	0.11	0.118	0.93	0.8	0.245 3.48	0.17	3.5	8.5	12		

注:表中数据依据文献[10]第 36 页表数据整理,数据单位是水利工程的个数。带 * 的数据是河南的工程规模很小,带 * * 的数据是山西的数据中包含有私人投资兴建的水利工程,直隶(山东)的水利工程主要包括黄河的防洪与运河维修。

发展的先进地区,有时也同样在国家工业化以后的落后地区实现。如一大批水利工程的修建、开发和管理,使美国的田纳西河流域由年人均收入不足168美元(1933年)的经济落后地区,而一跃达到年人均收入7 378美元(1983年)的较发达地区。另外,日本北海道的整体性开发同样得利于首先对水利、交通等基础事业的投入。应该说,这样的事例我们还可以举出很多。

以上的实证分析充分说明了,水利事业的投入对一个地区的发展是至关重要的。尽管如此,我们也不能肯定地做出结论认为:水利投入就是一个地区发展所具备的全部条件,也就是说,社会进步的全部贡献不都是水利事业所做出的。这正如冀朝鼎先生所指出的那样:经过几个世纪的建设和经营管理,泾渭河流域和关中地区的水利工程为中国的这一基本经济区做出了巨大贡献,但是它却并不能保证该地区一直发挥中国基本经济区的作用,同样由于其他原因而使中国的中央集权统治发生多次更迭。实际上还存在一个发展大型水利事业的其他社会和自然资源的前提条件。比如,社会财富要积累到一定的程度、劳动力资源也要积累到一定程度、水资源的分布条件、土壤条件等。具体说来,我国北方大面积的黄土资源,加上不匹配和不均等水资源的时空分布,就使其特别需要进行灌溉;长江和珠江流域分布着肥沃的沼泽和冲积地带,使其特别需要进行排水并对复杂的排灌系统进行维护;黄河下游和淮河流域的主要问题是防洪与排涝等。进一步,我们在评估水利事业的社会效益问题时,同样要慎重对待,既要考虑水利工程效益的分摊问题,也要考虑水利工程费用的分摊问题。

二、工业化社会以后西方学者的实证分析

从实证和定量角度考察,从长期看,无论是政府的绝对公共支出还是相对公共支出,也无论是转移性支出还是对基础性设施的投入,都呈现出持续上升的势头。表10-2、表10-3列出了美、英两国100多年来公共支出占国民生产总值的相对比重。另外,文献[10]在第

12～14页集中描述并概括性总结了西方主要国家政府对水利事业的大规模投入状况。现摘录如下:到18世纪后期,欧洲和北美的一些国家先后进入资本主义社会,人类的经济和社会进步进入了前所未有的高速发展阶段,城市人口大量增加,工业规模突飞猛进地扩张。这种情况下,一方面水利事业的社会需求急剧增加;另一方面水利科学、结构科学、土力学等科学的相继创立与发展,为水利事业发展提供了科学基础;另外,新的大量的建筑材料的出现,同样为水利事业的大发展奠定了物质基础。以上因素促使水利事业进入了一个大规模的扩张时期……第二次世界大战以后,水利又一次进入大规模发展时期。

表10-2　美国公共支出相对规模的变化趋势

(公共支出占国民生产总值的比重)

年份	1890	1902	1913	1929	1940	1950	1960	1970	1980
比重(%)	6.5	7.3	7.8	10.4	17.6	23.1	27.0	32.2	33.1

表10-3　英国公共支出相对规模的变化趋势

(公共支出占国民生产总值的比重)

年份	1840	1890	1910	1932	1950	1960	1970	1980	1987
比重(%)	11.0	8.0	12.0	29.0	39.0	38.8	47.2	52.0	47.8

针对公共支出规模增长的发展趋势,许多中外学者都提出了自己的理论性解释。看一看这些理论性的解释,对我们决策水利工程的建设与否或规模大小,应该说颇有启发。

三、对水利投资效用的理论化解释

(一)瓦格纳法则

瓦格纳是19世纪德国的经济学家,他关于公共部门增长的最早解释被认为是分析公共支出增长最为经典的论述。瓦格纳从西方工业化国家公共部门增长的实证分析入手,提出了他的著名的论断,被称为瓦格纳法则。首先,他注意到工业化的国家发展使得社会分工和生产的专业化日益加强,一方面带来了社会的进步,另一方面也因经济交往的日趋复杂化而导致各种摩擦和社会冲突空前增加,这就必然要求更多的公共管制和保护活动,以保证经济能够符合效率的方式继续发展。其次,随着工业化的发展和社会进步,人们对于分配问题的关心也日益加强,因此社会福利式的服务会日益加强。再次,瓦格纳还注意到,进入到工业化以后,政府直接参与生产的活动增加了,这主要是因为一些新的行业要求大规模的投资,这种情况下,要么投资规模过大,私人难以有效融资;要么私人可以融资,但会导致过度垄断,不利于促进社会目标的实现,需要政府活动的扩张。从公共生产部门理论分析,该法则可简化为:政府的社会管理活动增强,必然导致政府的经济活动增强,再导致政府提供的公共产品的范围扩大,最终导致公共支出上升。也有人将瓦格纳法则简化为一种收入弹性的观点,即首先把人均收入当做衡量工业化和社会进步的合适指标,然后断言,瓦格纳法则是指随着人均收入的提高,公共部门的相对重要性相应地会增加,公共产品的人均真实产出会比人均真实收入以更快的速度增长,也就是说,公共支出具有收入弹性。

(二)皮科克和威斯曼的替代——规模效应理论

英国财政学家皮科克和威斯曼通过对英国公共支出近百年增长的历史考察后发现,在第二次世界大战后,除国防开支外,其他支出无论是绝对数额还是相对数额,都未能降到战前水平,而且还在不断增长。对此,他们提出了替代规模效应理论。

该理论认为,公共支出增长的原因有两个方面:一方面是正常时期的内在原因,即在社会正常发展时期,随着经济的发展和收入的上升,政府税收规模也相应增长,因而公共支出也同步增长。这时,政府支出增加与 GDP 增长呈现一种线性关系。另一方面的原因是政府在非常时期,比如战争、自然灾害等,私人投资和消费能力下降,为了稳定社会和发展经济，政府不得不急剧增长支出。当社会恢复正常后，如需要重建基础设施等，仍需要新的政府开支，还由于公共产品的刚性作用，所以宏观税负水平和财政开支都难以恢复到原来的水平。因此，每一次较大的经济和社会动荡，都会导致政府开支上一个新的水平，这种财政支出的螺旋式上升规律，即被称为替代—规模效应理论。

(三)马斯格雷夫和罗斯托的"公共支出增长发展模型"

马斯格雷夫和罗斯托在对整个经济发展过程中公共支出增长形势进行深入研究的基础上，提出了公共支出增长的经济发展阶段理论。该理论认为，在经济发展的初级阶段，公共产品，尤其是社会必需的经济基础设施(水利、交通)和社会基础设施(法律、教育)等，往往会供给不足。于是，政府为促进经济的起飞或增长，必须进行必要的基础设施和人力资本投资。这种公共部门的大量支出，对于早期阶段的经济起飞必不可少。当经济发展进入中期阶段后，经济和社会的基础设施供求趋于平衡，公共部门投资逐渐让位给私人部门。但由于市场失灵问题的存在，政府必须加强对经济的干预，来矫正和弥补市场机制的不足，这也会导致政府公共支出的增长。所以，政府投资在中期阶段也不会减少，只不过投资的结构不同而已。随着经济发展进入到中后期阶段，公共支出的结构还会发生变化，它会由提供基础设施转向矫正市场失灵，再转向为社会提供保健和福利性支出方面。由于人口的增加和人均生活水平的提高，这种支出结构的变化也必然会带来公共支出规模的不断扩大。

(四)公共选择学派的财政支出增长理论

由于公共选择学派把经济分析的工具和方法应用到了对政治决策过程的分析，其对财政支出不断增加的形成机制也有着独特的见解。首先，从官僚行为的角度来看，公共选择理论认为，官僚机构中的理性经济人以追求机构规模最大化为目标，因为机构规模越大，他们的权力也就越大，额外津贴、荣誉、社会地位等都会随之扩张，而这些目标无疑都是与机构预算的规模成正比的。事实上，官僚机构通常凭借其所拥有的提供公共产品的垄断权，常常以机构规模最大化为目标，从而导致财政支出规模不断扩大，甚至会超过公共产品最优产出水平所需的支出规模。此外，在很多情况下，官僚们往往独家掌握着特殊信息，这就使他们能够让政治家们相信他们确定的产出水平的社会收益比较高。

其次，利益集团的存在和作用也会导致政府规模的扩大。对此，塔洛克举例说，假如存在一个由 100 个农民组成的共同体，其中的 51 人是一个小的利益集团，他们建议修一条灌渠，而能够从这项工程中受益的人也仅限于这 51 人或其中的大多数。这样在互投赞成票的情况下，即使修渠对许多人不利，这项方案也会获得通过。

（五）鲍莫尔的相对价格模型

鲍莫尔在 1967 年的一篇文章中提出，随时间的发展，既定数量的公共产品相对于既定数量的私人产品之间的价格会上升。原因是公共部门的活动多属于劳动密集型，其生产率的提高要比资本密集型的制造业慢许多，而公共部门工资的提高却往往与私人部门同步，这就会使得公共生产的单位成本相对上升。如果对于公共部门活动的需求是无弹性的，就必然会形成公共支出增长的趋势。这一预言有时会被称为“鲍莫尔法则”或“相对价格效应”。

（六）一个综合模型

以上从几个方面讨论了影响公共支出增长的各种可能因素，但实际上，现实中影响公共支出增长的诸因素肯定是共同发生作用的，所以有必要进一步进行综合分析。

杰克逊 1973 年用一个四象限图给出了一种综合分析，见图 10-1。右下方为第一象限，考察在投票过程中起决定作用的中间投票人对公共产品的需求，以及在公共产品生产过程中起决定作用的官僚部门对公共产品的供给；左下方为第二象限，引入公共产品的生产函数，考察公共产品生产的投入与产出之间的关系；左上方为第三象限，引入公共部门投入的单位成本曲线，考察公共生产的投入与公共生产成本（即公共支出规模）之间的关系；右上方为第四象限，考察公共支出规模变化的时间形态。

具体地，设中间投票人初始的对公共产品的需求曲线为 D，其形状表明中间投票人面对的税价越高，则对公共产品的需求量就越少；又设初始官僚对公共产品的供给曲线为 S，其形状表明税价越高则官僚部门愿意提供的公共产品数量越多。在供求相等的点 A 决定公共产品产出数量为 Q_0。为生产这么多公共产品需要多少投入，可由反映生产函数的曲线 $P(N_1)$ 上的点 a 在横轴上对应的点 b 找到。进而，投入 Ob 数量的生产成本可由单位成本曲线 OW_1 决定。如图 10-1 所示，设不变的单位成本为 OW_1 线的斜率 S_1，则生产 Q_0 的成本或公共支出规模为($Ob \times S_1$)。设 $E_{01} = Ob \times S_1$，可以将这一点在第一象限加以反映。

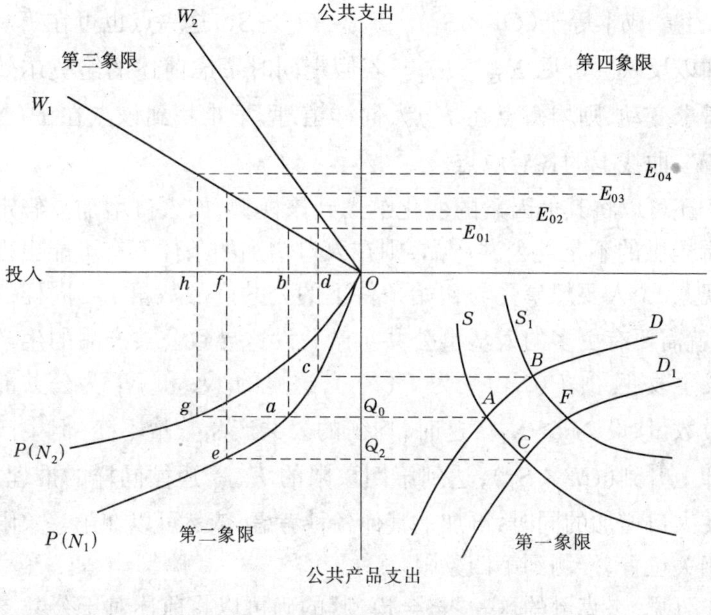

图 10-1 公共支出增长综合分析

引入环境变化，先考虑鲍莫尔法则。设公共部门的工资率与私人部门的工资率同步增长，导致公共投入的单位成本由 S_1 上升到 S_2，单位成本曲线变为 W_2。又设公共部门劳动生产率没有变化，生产函数仍然反映为 $P(N_1)$。公共生产成本上升导致供给曲线由 S 右移到 S_1，均衡点变为 B，均衡的公共产品产量下降，但公共产品的生产成本却上升到 $(Od \times S_2)$。设 $E_{02} = Od \times S_2$，可以将这一点在第一象限加以反映，可见 $E_{02} > E_{01}$。

再考虑中间投票人的需求发生变化。设需求曲线由 D 变为 D_1，这可能是由于多种原因，如实际收入增加，或与公共产品呈互补性的私人产品相对价格下降，或者是个人偏好特征发生变化。这里不妨先假设单位生产成本、生产函数和供给曲线都保持原来的初始状态，那么均衡的公共产品数量 Q_2 将由点 C 决定，生产 Q_2 需投入 Of，生产成本等于 $(Of \times S_1)$。$E_{03} = Of \times S_1$，这一点也可在第一象限加以反映。可见 $E_{03} > E_{01}$。若假定同时考虑前述的鲍莫尔效应和需求变动，则均衡点在 F 点，同样道理，不难找到该点在 $P(N_1)$ 和 W_2 曲线上的各对应点。

还可以将其他因素的变化纳入到该模型，如人口增加。假定政府所提供的不是纯公共产品，则在人口增加的条件下有可能出现拥挤现象，个人要想享受与初始条件下的公共产品数量 Q_0 同样的效用，就需要有更多的人从事公共生产。设这导致公共产品的生产函数发生改变，由 $P(N_1)$ 变为 $P(N_2)$，这里的 N_1 和 N_2 为公共部门雇员数量，设 $N_2 > N_1$。这时，均衡的公共产品数量不变，但生产成本却上升到 $(Oh \times S_1)$，达到第四象限的 E_{04}。遵循同样的推理，如果在人口增加的同时，再加上其他各种考虑，依然可以在第一象限找到相关位置，推测到第四象限。

可见，杰克逊的这一“整合模型”的确可以将前述对于公共支出增长的诸般理论加以综合，而且应用几何图形进行的分析简明而直观，对认识公共支出增长问题提供了新的理论上的洞察力。

第三节　影响水利投资的因素分析

从本质上说，影响水利投资的最主要因素，同竞争性领域一样是利润率，但正如我们在第一节中分析的那样，水利事业的利润率不是直接表现为经济效益，而是表现为经济效益、社会效益和环境效益的综合。也就是说，影响水利投资的最主要因素可表述为社会对水利事业的需求，其需求程度越高，水利投资的规模就越大。但是，承认社会需求是水利投资的决定性因素，同样不能否认决定水利投资的其他因素，因为在有些特殊情况下，其他因素也会变成决定性因素，当然，有时候这些因素还是相互联系的。

一、水利资源是决定水利投资规模的最主要因素之一

（一）水资源供给量对投资规模的决定性作用

一个社会最优的水利投资规模要受到水资源可供给量的强有力制约。与需求相比，水资源可供给量越短缺，社会对水资源的需求就越高；另外，如果水资源超过了人们的需求，则水资源供给量越多，社会对排除水资源的需求（也称负需求）也越高；还有，社会对水资源的需求是具有一定时空分布要求的，所以水资源的供给若不符合人们需求的时空分布，也不能算是有效供给。关于水资源可供给量决定水利投入的规模或者在整体经济中的比例，我们同样可以用前面多次用到的供需平衡图解方式来解释。

不过要注意的是，水资源可供给量并不是一个绝对概念，而应是一个相对概念。因为随着水资源短缺程度的增加，其需求提高，价格也必然要提高，所以相对来说人们对它的需求就会向下调整，一方面随着边际替代率 *MRS* 的变化人们将重新调整其消费组合，另一方面又会使人们千方百计提高对水资源的使用效率。因此，人们对水资源的需求同样存在着一定的弹性度，虽然人们对水资源需求的弹性大小有分歧。

(二)劳动力和资本资源同样对水利投资规模起制约作用

充足的劳动力资源对水利投资的影响主要表现在对经济的扩张起到强有力的推动作用。马克思在《资本论》中提到,如果没有劳动后备军的存在,当经济扩张时,就会受到劳动力供应的限制而难以为继。实际上,劳动后备军的作用远不止这些。劳动力资源还是促使经济机制及其性质发生变化的主要因素之一。当劳动力资源充足时,会使工资率维持在一个较低水平。若劳动生产率不变,则会提高资本的所得份额或收益率,从而促使经济和投资扩张。我国自改革开放以来的投资率长时期持续高涨,其中劳动力资源丰富就是最为重要的原因。只要劳动力的数量保持一定规模,在经济的扩张过程中,它就会使工资率的上升速度慢于产出品价格的上升速度,也会慢于劳动生产率的提高速度,因而可持续推动投资规模上升。当劳动后备军数量降低到较低水平或者因充分就业而消失时,工资水平会不断上升而侵蚀资本的利润,从而抑制投资规模。

从需求方面考察,在经济危机或萧条时期,劳动后备军的存在还是促使消费倾向提高,从而在需求方面推动经济复苏的主要原因之一。因为水利事业说到底都是为人服务的,所以人们不但消费必需的产出品,还要消费必需的水利产出品和服务。这会使社会有效需求大于实际生产供给,会不断减少过剩的库存以及抵消生产能力的过剩,从而促使经济回升。随着劳动扩张中劳动后备军的相对减少,会出现消费倾向的下降,这种下降同样会降低价格,减少需求,从而阻碍投资。虽然如前面讲到的那样,在经济扩张中的消费倾向下降,在一定程度上满足了投资扩张的需求,但它会导致社会需求结构与供给结构之间的严重不一致,从而会使各因素对投资与经济增长两面性中的阻碍力量超过促进力量,使投资和经济衰退。所以在需求方面,无论从哪个角度看,投资与经济增长都与劳动后备军的数量成正比。正是这种作用才会出现经济机制对投资的作用性质及其力量大小随着劳动后备军的变化而不断改变的情况,从而使投资规模不断地发生变化。

资本后备军对投资规模的作用与劳动后备军相似。当社会剩余资本规模较大时,它对利率水平的抑制,是使消费对投资的促进作用大于抑制作用,或者储蓄对投资的抑制作用大于促进作用的主要原因。剩余资本的存在,也是投机得以产生的基础,从而在结构失衡时,是非均衡的经济结构和投机对投资的促进力量大于抑制力量的主要原因。随着经济危机或经济萧条的出现与持续,大量过剩资本(相对来说)从生产和流通过程中被排挤或游离出来,使利率水平不断下降,到一定程度,其速度就会快于厂商收入的下降,因此会阻止利润率的下降或促使其上升。大量剩余资本存在,对利率的制约或对利润率上升的推动,会成为推动投资重新扩张的重要力量,同时它也为这种扩张准备了物质条件。它的存在是使实际过程中的投资增长速度数倍于经济增长速度的主要原因。因为在国民经济联系决定的投资转换之中,投资扩张具有逐级放大的倾向,这种扩张如果单纯靠新增储蓄来满足,它就会受到增长速度远远慢于其要求的储蓄约束,以及由此产生的利率快速上升而发生逆转,投资波动的频率就会非常高。游资的存在弥补了投资需求与新增储蓄之间的供求缺口,满足了投资扩张的需要,使其能以快于经济和储蓄增长的速度扩张。正是资本后备军的存在,才产生了经济萧条阶段消费扩大对投资的促进作用大于其减少或储蓄增加对投资的阻碍作用,使得消费倾向的增加成为推动投资扩张的主要力量。随着剩余资本在投资扩张中的减少,经济结构非均衡下产生的过剩产品,不能被由过剩资本支撑的投机所吸收而冲击市场,才使得经济结构非均衡成为阻碍投资增长的主要力量。

由此可见,资本后备军数量的多少或占经济规模比重的大小,在一定程度上决定着经济机制对投资规模的作用性质及力量大小,同时也决定着其他各因素对投资规模的作用性质和力量大小。一般地讲,资本后备军的多少与消费、投机及经济结构非均衡等因素对投资规模的促进力量成正比,与市场机制对投资规模的促进力量成正比,与储蓄对投资规模的促进力量成反比。

二、货币供给政策对水利投资规模的作用

在市场经济中，货币供给的变化也是影响投资规模的重要因素。因为货币供给的变化会影响利润，所以也可以说，货币供给是通过对利润的影响而间接作用于投资规模的。看来，货币供给与利润率的大小对投资规模影响的作用机理完全相同。如从静态看，宏观利润的多少完全是由货币供给量的大小决定的，或者讲利润量也就等于新增的货币供给量。不过，如果从动态方面考察，货币供给与利润的关系就不是如此简单了。其原因在于，静态方面的要素价格是不变的，所以新增加的货币供给可以全部转化为资本利润；但在动态方面，要素价格是随着社会对它们的需求而不断变化的，这种需求的变化又是由利润大小决定的，所以随着利润的变化要素价格也在变化。若在此过程中，货币供给增加的大部分落在了要素收入的增长上，或者讲要素收入的增长快于利润增长，那么其结果就是利润率的下降。同样的道理，货币供给的减少也并不一定导致利润的降低，甚至也有可能使利润上升。如货币供给的减少如果大部分都反映在要素收入的减少上，那么就会出现相对利润的增加。

总之，不管货币供给是增加还是减少，它对利润率都具有促进和阻碍的两面性。实际上，不管货币供给是从哪一个角度进入经济系统，它对利润率的作用同样具有促进和阻碍的两面性。比如货币从供给角度进入经济系统，增加了流动资产和产品的直接供给能力，则它一方面会增加受供厂商对基本投入要素的需求，提高其原料的价格水平，降低利润；另一方面又会使相关厂商因价格提高而使其利润增加。同时，由于受供厂商提高了自身的购买力并扩大了生产规模，使供给超过了需求，那么其结果就很可能会使产出品价格下降，利润率降低，从而阻碍投资。如果整个价格水平在此过程中提高，那么这里就会出现价格上升与经济和投资停滞或减少的局面，这就是所谓的“滞胀”。只有当增长的货币供给从需求角度进入，也就是从消费或者直接投资的角度进入该经济系统，货币供给的增长才会提高利

润率而促进投资。

三、区域投资结构对水利投资规模的作用

区域投资结构是指一国的投资总量在各地区之间分配的数量比例,或者讲是各地区投资量之间的比例关系。对区域投资结构可以进行不同的分类,如可以按行政区划来划分,也可以按经济联系的强弱来划分,或者以经济发展水平的高低来进行分类等。这里以经济发展程度的不同为标准,来分析它们之间投资结构的形成及其变动特点。

(一)区域投资结构变化的一般过程

市场经济条件下,区域投资结构的形成及其变化过程也是由市场经济机制决定的,即各地区之间的投资比例是由各地区间的利润率结构所决定的,两者成正比关系。在这个过程中,人们往往会使高利润地区的投资过度,同时低利润地区却投资不足(我们可以把这里的高利润理解成水利投资后的高利用率,详见本章第一节)。但是,随着在高利润地区投资规模的过度,最终将会使高利润地区在市场需求和资源约束下的利润率下降,而投资不足地区的利润率则会不断上升,一旦后者的利润率超过了前者,区域间的投资结构就会发生转换。但由于区域间的经济联系与产业结构间的关系有所不同,因此在实践过程中,两种投资结构的形成及转换之间又有较大区别。

在经济发展过程中,若一个国家内部各地区之间的经济发展不平衡,那么在经济发展前期或者工业化过程中,投资的区域结构重心一般倾向于发达地区,然后再由这些地区逐步向落后地区转移。这种转移具有明显的阶段性和层次性,这是一个不可逾越的过程。

在经济发展的较低阶段,社会可供投资的资源少,因此水利等基础设施项目将优先投向人口密集、素质较高、市场条件较好的社会效益比较高的较发达地区,而落后地区则会由于种种条件的限制,不仅很难得到来自外地区的投资,而且本地区的积累也会外流。由于区域经济具有较强的规模效益,即随着区域经济规模的扩大、人们生活

水平的提高，社会对水利等基础设施的需求会以同样的速度扩大，同时水利基础设施的利用率也会处于不断提高的阶段。在此过程中，它们与落后地区或得到较少投资的地区之间的“利润率”差别不仅不会缩小，反而会扩大。结果，投资结构的重心会更加向较发达地区倾斜。

此时，虽然受供求等因素作用，发达地区的劳动力成本及原材料价格会因需求而扩大，也会因运输距离的延长而提高，但地区规模效益所产生的经济效应，同样会因基础设施的完善和规模效益的发挥等，而使该地区得到的效益抵消了成本的上升还有余。或者说，在规模经济效应的作用下，劳动生产率的提高快于成本的上升。这样，落后地区的资本以及劳动力，就会在利润率差别的利益驱动下，源源不断地流向较发达地区。

当然，区域投资的这种规模经济效益并不是无限的，到了一定阶段，它会在地租资源有限、劳动力成本上升等不利因素的制约下降低。落后地区则会在劳动力成本和廉价地租等因素作用下，逐渐在对投资的争夺中取得优势，并使区域投资结构重心发生变化，由此投资会由发达地区向落后地区转移。但该过程的自由发展所需时间通常很长，短则几十年，长则几百年。如美国经济重心由东部扩展到西部经历了两个多世纪，我国历史上经济发展重心由黄河流域转到长江流域则经历了三个多世纪。

（二）区域投资结构变化的特点

区域投资结构变化的这一过程由竞争性领域和基础设施领域两方面组成。首先从竞争性领域讲，转移的一开始往往是发达地区已逐渐失去竞争优势的劳动密集型、原材料引进或销售地外向型的产业。这是因为受劳动力、原材料即产品销售成本提高的影响，而在短期内又难以用新技术或大量资本来替代或抵消劳动、原材料及产品运输成本。所以相对于其他地区来讲，发达地区会逐渐失去其竞争优势，如不及时转移，已有资本会因损耗加剧而遭到严重损失。发达地区传统产业竞争优势的丧失，也就为落后地区经济的发展提供了机遇。随着这些产业的逐步转移,落后地区进行大规模的水利及相关产业的基础设施建设就正当“需求的旺季”。基础设施投资所产生的强烈规模经济效益的作用,会使投资结构重心向落后地区的转移持续较长一段时期。

就如同发达地区不可能无限期地保持其优势一样,欠发达地区吸收投资的现象也不可能无限期地延续,至于持续时间的长短,要取决于该地区吸纳新技术的速度,取决于该地区基础设施投资的规模和力度。由于劳动力和资本的流动性,同时技术的吸收总比创新快,因此落后地区的经济一旦启动,其增长速度就会快于发达地区,而且通常会呈现出层次性和跳跃式的发展态势。

现在我们反过来再一次考察发达地区。由于发达地区与落后地区之间存在着技术上的差距,这种差距是发达地区向落后地区进行技术辐射和转移投资的基础,因此在发达地区比较优势作用下被迫向落后地区转移资本和陈旧技术时,发达地区就会进行新的技术开发和创新,以克服自身因劳动成本提高等方面的不足。随着技术的进步,发达地区会进行产业的更新,而这种更新一旦开始,它就会重新开始新一轮的水利等基础设施需求。当然,这时的基础设施需求与上一次需求有很大不同,它是经济发展到更高层次上的另一种产业结构对基础设施的需求。这时,发达地区又会与落后地区重新争夺投资,如果发达地区的力量大于落后地区,那么投资的热点就会重新回到发达地区。

第四节　水利投资与经济增长

从长期的投资实践看,投资与经济增长之间存在着一种稳定的正比例关系。前者对后者的这种比例关系叫投资效果(或乘数)系数,即每单位投资增量能带来多少增量的国民收入或总产出;后者对前者的作用称为社会平均资本系数(简称资本系数),即为了得到单位国民收入需要多少投资量。所以,在投资效果系数不变时,较大的投资能带来较快的经济增长;而在资本系数不变时,较快的经济增长能导致较大的投资规模。下面我们首先介绍西方经济学对投资与经济增长关系的理论性认识,接着分析投资与经济增长的相互作用机理。

一、西方经济学对投资与经济增长的理论性解释

在西方经济学界关于投资与经济增长关系的理论中,代表性最广泛和影响最大的是投资乘数理论和需求加速原理。西方经济学不仅用这两个理论来解释投资与经济作用之间的关系,而且还把它作为解释经济周期的重要理论和工具。

(一)投资乘数理论

投资乘数理论的主要思想是:在未充分就业的情况下,一笔初始投资的发生,会成为投资需求对象的收入,后者在得到收入后,其中的一部分要用于消费。如果社会消费倾向或边际消费倾向是 0.7,即收入中的 70%用于消费支出,那么这部分消费支出又会形成消费品生产者的收入。如果后者也要拿出收入的 70%用于消费,这一支出又形成另一些部门或个人的收入。这个过程会不断地传递下去。从社会的角度看,这笔初始投资在不断地传递运动过程中,最终会带来超过初始投资量数倍的收入,用公式表示就是

$$k = \frac{\Delta Y}{\Delta I} = 1 + b + b^2 + \cdots + b^n = \frac{1 - b^n}{1 - b} \qquad (10\text{-}1)$$

当 $n \to \infty$ 时,有 $k = \mathrm{Lim}\frac{1 - b^n}{1 - b} = \frac{1}{1 - b}$,所以

$$k = \frac{\Delta Y}{\Delta I} = \frac{1}{1 - b} = \frac{1}{mps} \qquad (10\text{-}2)$$

式中:k 代表投资乘数;ΔY 表示(国民)收入的变动;ΔI 表示公共生产投资变动;mps 代表边际储蓄倾向;b 表示边际消费倾向。

可见,投资乘数的倍数为边际储蓄倾向的倒数。

(二)需求加速原理

需求加速原理的主要思想是:在需求增加中,为了满足该需求,

必须增加相应的供给能力,在原有生产能力饱和时,就必须进行追加投资,该投资所需的规模往往是增量需求价值的倍数。如为了满足社会对供水量的需求,在供水量生产能力饱和时,需要进行扩大供水量生产能力的投资,如果单位供水量生产能力的投资是用水量市场价格的四倍,那么该增量需求就会导致四倍于它的投资。现假设需求的增加主要是由收入的增加所引起,并且正常情况下二者相等。因此,收入的增加会对投资产生加速作用,这种关系可用下式表示

$$I = V\Delta Y \tag{10-3}$$

式中:I 表示需求引起的投资额;V 表示加速系数,也称资本产出系数;ΔY 表示收入变动。

需要注意的是,加速原理发挥作用的前提条件是已有生产能力满足不了增量需求的需要,也就是生产能力已得到了充分利用。如果还存在潜在的生产能力,那么这种导致投资的需求就不会发生,因为这种需求增量可以利用潜在生产能力来满足新增需要。所以为了弥补需求加速原理的缺陷,西方经济学中出现了伸缩性加速原理,又称资本存量调整原理。利用资本存量调整原理的投资加速函数是

$$I_t = \mu V\Delta Y_t \tag{10-4}$$

式中:μ 代表调整系数,它一般小于 1。

这两个理论大体上反映了正常情况下的投资与经济增长的定量化关系,同时也得到了比较广泛的应用。但是国内外大量的实践证明,较准确地估算水利投资对国民经济总产出的贡献,尚有大量的工作要做。为此,我们在下面要进一步探讨投资与经济增长的相互作用机制,以便得出更加准确的投资乘数。

二、投资对经济增长的作用机制及投资乘数系数

一般来讲,一定量投资的投资乘数系数与社会资源的总就业程度成反比。因为在资源利用不充分时,社会有大量可供利用的资源,投资需求一旦增加,这些资源便会很自然地转化成产出品增加社会福利,这时的投资乘数系数大于零。当资源就业较充分时,一个部门

投资的增加只有靠挤占其他部门的等量资源才能实现,这时投资的增加不仅不会带来实物产出的增长,反而会降低社会产出。因为它会导致资源结构的重新调整,而资源使用结构的调整是需要交易费用或造成部分损失的,同时,资源的转移在短期内也会使使用效率降低。另外,它所导致的资源竞争性需求,会使要素价格上升速度快于产品价格上升速度,侵蚀利润,降低社会投资与生产规模。所以,在这些因素的共同作用下,整个社会经济会在投资扩张中下降,即这时的投资乘数系数为零。这种情况说明,投资乘数系数与社会资源的就业程度成反比,并且围绕着零上下波动,其波动幅度在正负边际储蓄倾向的倒数之间。

投资乘数系数的这种特征也可以从总供求的相互作用中得到证明。一般而言,从总供求关系上看,水利项目的投资过程或建设期是一种单纯的需求,如果总供给和价格水平不变,则随着投资规模的扩大,总需求会大于总供给且二者的差值也会越来越大,假如资源就业不充分,那么它会推动经济增长。但如果投资完成,它就由原来的单纯需求转变为单纯供给,如果总需求不变,那么它就会使社会总供给大于总需求,而促使经济衰退。

如图 10-2(a)所示,S 代表社会在一定价格体系下的供给曲线,它表示了在生产资源利用率较低时的斜率也小,而随着生产资源利用率的提高,在直线 N 处达到最大值。D 为同样价格下的需求曲线。

假如社会需求的变化全部是由投资引起的,从图 10-2 中可见,等量增量投资对经济增长的贡献是不同的,它随着生产能力利用率的提高而下降。如果不考虑结构调整的作用,当生产能力达到饱和时,增量投资对经济增长的贡献可达到零,这时的投资乘数系数值为零。通常,由于在供给能力达到饱和时,投资增量会引起结构性调整,而结构性调整的速度总赶不上价值分配结构的变化,这种性质的投资增长将会引起经济秩序的紊乱而导致衰退。如在每次的经济周期达到高潮时,经济增长都会在投资扩张中衰退，所以这时的实际供给曲线不是垂直不变而是向左上方移动，投资乘数系数小于零。

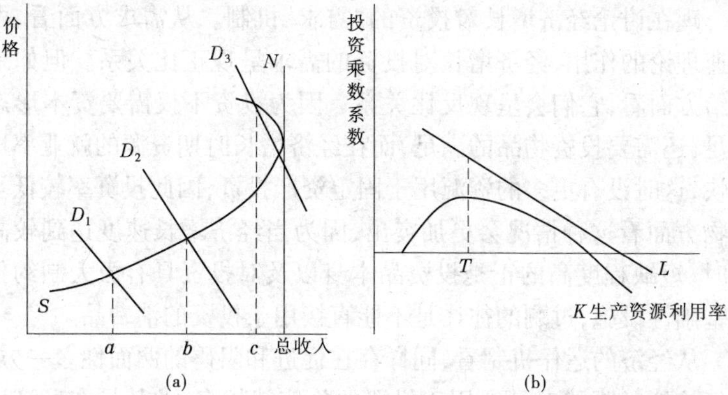

图 10-2　投资与经济的繁荣程度成反比

将一定增量投资在供给能力不同情况下对应的投资乘数系数值反映在图 10-2(b)中，可得到曲线 K。其中横轴表示生产资源利用率或供给能力利用率，纵轴表示一定增量投资对经济增长的投资乘数系数值。可以看出，当供给能力达到饱和时投资乘数正好是零，但实际过程中，由于经济结构的非均衡，供给能力达到饱和是不可能的，所以投资乘数为零时供给能力的利用率总达不到 100%。由此可以得到宏观投资乘数系数表达式为

$$K = \alpha\left(\frac{1}{1-mpc}\right) \tag{10-5}$$

其中 α 代表乘数因子，它不仅是上面所分析的各种影响投资乘数系数的函数，而且还是其他各种影响乘数系数因素的函数，因此可写为 $\alpha = f(Q, U, M, P_1, P_2)$，其中 Q 表示生产能力利用率，U 代表经济结构状况及其失衡性质，M 代表货币供给量，P_1 表示要素价格，P_2 表示产出品价格。

三、经济增长对投资的作用机制及资本系数

（一）一般作用

现在讨论经济增长对投资的“需求”机制。从需求方面看，由于加速理论的作用，经济增长对投资的需求呈现正比关系。但如果从供给方面看，它们会呈现反比关系。因为投资不仅需要资本形态的满足，还需要投资物品的满足，而在经济增长时期资源的就业率增长较快，这时没有更多的资源用于固定资产投资，因此投资率较低。从实物方面看这种情况会更加突出，因为当经济增长速度达到较高程度时，短缺程度高的正是投资品本身以及对投资具有极大制约作用的基础性设施，过剩的往往是不能直接用于投资的消费品。

从经济的运作机制看，同样存在促进和阻碍的两面性。一方面，当经济增长越快时社会用于投资的价值就越多，尤其是在经济达到高繁荣程度后的消费倾向下降时，社会可用于投资的价值增长快于经济增长本身。但是从另一方面看，经济增长越快，非资本性要素的就业程度也越高，从而它们的价格上升速度也就越快；相反，基础性投资在短期内赶不上经济增长速度，从而使投资的成本相对提高，降低了投资预期的效益和投资需求。

（二）资本系数随经济繁荣程度的变化

投资既来自于经济的需求，同时又依赖于经济的供给。但是，当存在较大供给能力时，社会却没有这方面的需要，因为经济增长所产生的增量需求可通过对生产潜力的利用来满足；当生产能力出现短缺需要扩大投资时，以及增量需求对投资具有加速作用时，社会又失去了这种供给能力（社会对投资的供给能力，即图 10-2(a)中社会最大生产能力 N 与现有生产能力利用率 S 之间的差额，即 $N-S$）。由于投资所需的资源需要较大的生产能力来满足，这时实际投资实现程度较低，它与生产能力利用率成反比。如图 10-2(b)中的 K 曲线所示，当经济繁荣程度较低时，一定量经济增长对投资的需求作用成正比，超过一定范围则成反比。当资源已充分就业，潜在生产能力

耗尽，一些部门投资的增加须靠大量减少其他部门的产品供应来满足时，社会总投资规模就会下降，这时的加速系数小于零。这说明，当投资的增加会引起资源使用结构的重大调整时，经济增长就会对投资产生一个负的加速作用，这时它会沿着图 10-2(b)中曲线 K 下降部分所指方向运动。但随着需求减少，生产部门的生产能力逐渐被闲置，在各种因素作用下，这种负加速作用会逐渐减弱，并最终回到原来出发的起点。

四、投资乘数系数与资本系数的关系

虽然加速作用和乘数作用都受市场机制利润率的支配，但由于各自发挥作用的条件不同，因而两者的运动方向不完全一致。如在生产能力利用率达到一定程度前，两者间的运动方向是相反的，即乘数作用是下降的，而加速作用是上升的。只有在生产能力利用率达到一定范围后，两者的变化方向才一致，即都是下降的。这种不同说明，在不同的条件下，一定量经济增长对投资的作用，与一定投资对经济增长的作用是不同的，因而在利用各自调节对方时，只有根据这种特点，才能取得好的效果。

第五节　水利投资的效应分析

前面几节从宏观经济角度分析了水利投入对整体经济的贡献，这里要把着眼点放在微观上，简要分析水利投资对社会的再分配效应以及对于资源配置效率的影响。

一、水利投资的归宿分析

与公共融资的归宿效应研究相比，对公共支出的归宿研究要落后得多。布朗和杰克逊指出，公共支出的受益如何在社会成员中分配一向很少受到注意。不过，这种局面已经开始改变，许多公共经济学家不仅已意识到研究这一问题的必要性，而且还做了许多尝试，提

出了多种分析方法。

(一)货币流量法

这一方法是把水利投资的公共支出看做流向个人或地区的货币流量,侧重于分析公共支出的直接受益者用货币计量的受益程度。比如,中央政府的转移支付对每个地方的投入力度使平均每个人的受益程度,或者使平均单位GDP的受益程度等。应该说这一方法仅仅提供了对于公共支出去向的初步统计和简单考察,它并不能说明边际投资对边际效益的贡献。当然,如果分析的是像转移支出这样的受益者就是最终归宿的情形,那么投入的代价(或成本)也可以说是衡量受益的不错指标。可是,在发生受益归宿转嫁的情况下,这种方法的局限性就显现了出来。比如,对于投资农牧业灌溉的水利工程,货币流量法只分析农牧民这一直接的受益者会因此而拥有更多的收入与财富,它并不进一步分析城市居民因农牧产品价格下降而可能得到的利益。还有,货币流量法只考察对于一个地区投入而产生的环境效益、防洪效益,而忽略另一个地区的环境改善与减灾损失。比如对北京以北的河北和内蒙古的水土保持投入,实际上更大的受益者应该是北京和天津。还如河北省防洪工程和供水工程的投入,其更大受益者也应当是北京与天津。

(二)决策出发点分析法

这一方法是研究投入决策是代表谁的利益做出的。与前述不同,该方法不再局限于仅仅考察支出的直接接受者,而是向前迈出了一步,评价角度考虑了再分配目标。不过,这一方法依然是在会计基础上进行,利用生产成本的大小估算投入的受益。因为不存在公共产品的市场定价,所以用成本估算就显得非常自然。

由于考虑了公共支出的目标,所以这一方法的突出特点是,对于没有直接受益者的一般性购买支出也按一定方法分摊给潜在的受益者。最基本的方法是按人头来平均分摊,或者按收入的比例分摊,或者按消费的数量来分摊。类似地,还可以借用洛伦茨曲线和基尼系数的变化来考察再分配效应。尽管这一方法在分析再分配效应方面应用较广，但它的局限性也显而易见，比如针对前述各种效益分摊的标准，有人更进一步提出了归宿分析法和受益归宿法。

（三）归宿分析法

归宿分析法作为一种分析方法，它的最主要特点是试图全面考察公共支出的影响，而不是仅仅在会计框架下考察它最初发生作用的地方。具体来说，该方法试图考察公共支出对于生产要素和产出品相对价格变化的全部影响。显然，若要真正估算出对社会各行业的全面影响，必须要进行一般均衡分析，这与第七章第四节的分析思路完全相同，具体的实践方法可参考本书第十二章。当然，有些经济学家也已经开展了这方面的尝试，如布朗和杰克逊就列举了"行业间生产要素的流动性、要素替代的容易程度、对商品需求的价格和收入弹性、生产的替代弹性、行业的相对要素强度、公共与个人生产的互补与替代性、消费倾向差异、居民要素的禀赋差异"等。

这种方法的问题除了难度大、成本高、许多参数无法精确估测外，最重要的问题还在于在没有市场价格情况下对效益的定量化表达。对于寻找可资利用的合适的市场价格构成了本书项目成本效益评价（见第十一章）的基本内容，而所谓的下面紧接着要介绍的收益归宿法的分析则是通过引入个人的福利效用函数，来直接处理个人真正的受益感受。

（四）受益归宿法

对个人得自公共投入受益的直接衡量应从个人的效用函数入手，这一思路自艾伦和迈圭尔的开创性分析后得到了许多发展。下面简要介绍其原理。设

$$U_i = U_i^P(X) + U_i^G(G) \tag{10-6}$$

式中：U_i 是个人 i 的效用函数；X 是私人产品向量；G 是公共产品向量。

考虑处于不同收入级别的个人 A 和 B，设一公共产品数量为 G_1，如果私人产品和公共产品的效用函数是分离函数，且 $\sum MRS_i = MC$，可推知

$$\frac{\partial U_A}{\partial G_1} = \frac{\partial U_B}{\partial G_1} = k \tag{10-7}$$

即个人A和B得自公共产品 G_1 的边际效用相等且为常数 k,这显然并不意味着两人在公共产品和私人产品之间的替代率也相同($MRS_A \neq MRS_B$),因为二人的收入不同。设 λ_i 为个人 i 收入的边际效用,则二人的边际替代率可写为

$$MRS_A = \frac{\partial U_A / \partial G_1}{\lambda_A} = \frac{k}{\lambda_A} \tag{10-8}$$

$$MRS_B = \frac{\partial U_B / \partial G_1}{\lambda_B} = \frac{k}{\lambda_B} \tag{10-9}$$

再设用于公共产品 G_1 生产的费用是 E,由于假定公共产品的生产是有效率的,故有

$$G_1 \cdot MRS_A + G_1 \cdot MRS_B = E \tag{10-10}$$

这里假设边际替代率等于个人支付的公共产品税价,则等式左边恰好等于个人A和B两人的总支付。将式(10-8)、式(10-9)代入式(10-10)得

$$\frac{kG_1}{\lambda_A} = \frac{kG_1}{\lambda_B} = E \tag{10-11}$$

这一等式说明,在有效生产 G_1 的总费用 E 既定情况下,公共产品的总受益($k \cdot G_1$)将按照与个人的边际效用 λ_i 成反比的方式配置,即收入的边际效用越高则得自公共产品的受益越小;收入的边际效用越低则得自公共产品的受益越大。按照通常的假设,收入的边际效用随收入增加而递减,上述结论就意味着公共支出的受益更加偏向于富人而不是穷人,而且递减速度越快,对富人偏爱的程度就越强。不过,进一步分析对于不同假设下的具体效用函数形式,利用上述原理会得出截然不同的结论[1]。

由此总结,受益归宿分析法可以给人提供一种分析问题的思路,

[1] 布朗和杰克逊的《公共部门经济学》(Public Sector Economics)对此有详细分析。

但是,应用时对具体的效用函数的形式表达须格外小心。

二、水利投资对私人行为的影响分析

水利投资项目对私人行为的影响分析思路,与地方公共产品理论、政府间转移支付理论以及公共融资的效率分析理论等基本相同,所以这里的分析是相当简化的。我们将水利的纯公共产品项目与混合产品项目分别加以分析。

(一)纯公共产品项目

由于纯公共产品项目的基本特点是市场本身不提供,所以它对个人行为的影响不是更多或更少地消费这类产出品,而是首先要比较这类非市场物品的受益与因此而减少的其他消费活动的受益,然后采取相应的行动。从个人来说,如果其受益小于机会成本,那么首先他可能在公共选择过程中发表意见;其次如果发表意见成本太高,他还可能选择退出自己不满意的财政管辖地盘,即"用脚投票";再次,如果前两种行动无效,他还可能采取更为激烈的反抗手段。

(二)混合性产品项目

对于收费性质的混合性产品,由于公共部门只是因为担心市场提供这类物品的数量会低于社会最优水平才决定介入,并非市场不能提供,所以对个人行为的影响与前面讨论税收效应分析的原则十分相似,侧重于考察个人因这种公共产品提供而改变的消费重新组合引起的效率损失。由于这类公共支出往往以提供财政补贴的方式进行,比如,固定数量补贴、以消费量的多少按比例补贴等。下面对后一种情况作简略分析。

如图 10-3 所示,横轴表示个人对混合公共产品的消费,纵轴表示个人对其他私人产品的消费。MN 线为个人得到补贴以前的预算线,E 为消费者均衡点,可知补贴前消费者对混合公共产品的最优消费是 OF_1。现引入根据消费混合公共产品数量而变化的补贴,这时因商品的相对价格发生变化,相当于降低了混合公共产品的价格,所以个人预算线向右旋转,如 MN'。新的消费均衡达到 E' 点,混合公共产品消费为 OF_2，得到的补贴数量相当于 $E'T$。由 E 到 E'，个人的满足度由 U_1 上升到 U_2。但如果我们以个人得到补贴后的效应水平的提高做为标准来衡量政策是否最优的话，可以证明，其他的补贴方式有可能达到更优，比如以同样的成本使个人达到更高的无差异曲线，或者以更低的成本使个人达到同样的无差异曲线。

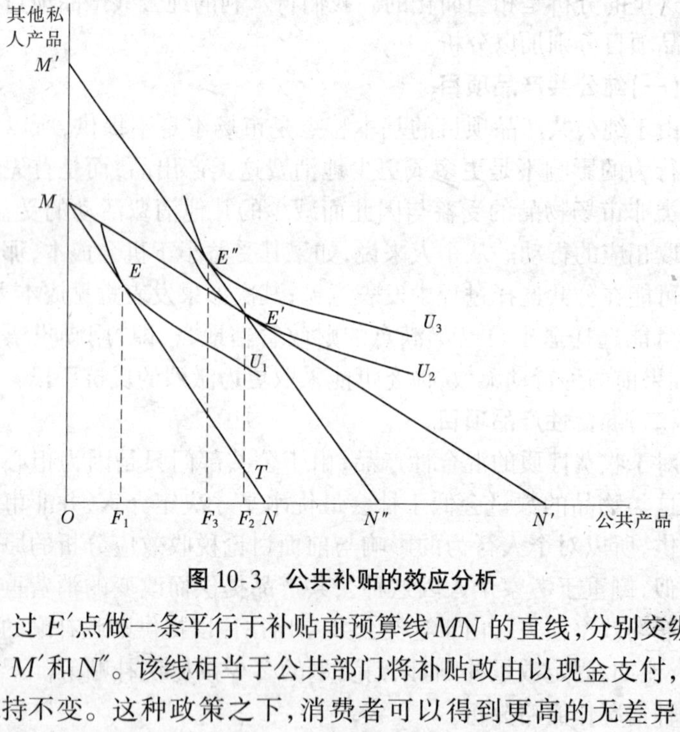

图 10-3 公共补贴的效应分析

过 E' 点做一条平行于补贴前预算线 MN 的直线，分别交纵、横轴于 M' 和 N''。该线相当于公共部门将补贴改由以现金支付，而成本保持不变。这种政策之下，消费者可以得到更高的无差异曲线 U_3，在 E'' 点实现均衡，混合公共产品消费量下降到 OF_3。这说明了随消费量而变化的补贴很有可能导致消费过度，造成效率损失。现在我们仍以补贴后个人效用水平 U_2 不变，做一条平行于 MN 的直线，与 U_2 相切，它必然位于 $M'N''$ 下方，这意味着公共部门可以用更少的成本使个人在接受补贴后达到同样的效用水平（做图从略）。

现在考虑一种更符合实际的情况，即个人在得到补贴的同时也需要集资(或纳税)。这时我们可以通过把图 10-3 中曲线重新解释来考察税收和补贴的综合影响。令 $M'N''$为税收和补贴前的预算线,MN 为税收后的预算线,MN'为再发放随消费量而变化的补贴后的预算线。可见,个人在税收与补贴之后的混合公共产品消费增加了,由 OF_3 提高到 OF_2;但福利水平却下降了,由 U_3 下降到 U_2。

最后应指出,尽管理论上的推导如此有力,但现实中往往还是以补贴混合公共产品的政策更为常见。之所以如此,主要还是因为再分配的公平目标在起作用,比如一个“铲除饥饿”的计划比简单的现金支付计划更容易得到支持。

第十一章　项目评价:成本效益分析

第一节　项目评价的基本框架

一、问题的提出

在第二章里,我们证明了竞争市场机制能够对资源进行有效的配置。这种状态下,市场的商品价格将以货币形态反映边际社会收益,而投入的要素价格也将反映边际社会成本。利润最大化自然会导致资源的有效配置(以此为着眼点做出的政策或项目评价,称财务评价)。但是,我们在第三章紧接着讨论了水利市场的失灵,也就是说,水利公共产品的存在,使得水利投资项目的成本和收益没有市场价格;或者外部性的存在,使得水利投资项目的价格偏离市场真实的边际成本和收益;或者规模收益递增的存在,使得将其产出按边际成本定价时,这些项目会表现出负利润;或者将代际因素考虑在内时,税收和资本市场造成的扭曲以及代际之间存在的外部性,使得社会的贴现率小于市场的贴现率。

当我们无法准确地依赖市场利润率和市场价格来反映某一规划中水利项目的净社会收益时,便有必要引入应用型福利经济学。福利经济学从成本费用和效益比较的角度,来提出配置资源效果的政策建议,它提出了一个判断政策或项目是否值得的价值标准:如果一个政策或项目在使一个人收益的同时,而又不损害任何其他人的利益,或者当所有人收益的总和超过其受损的总和时,则该政策或项目就属合理。有了这样的价值判断标准,就可以超越市场价格和利率机制带给我们的诸多局限与限制。比如,尽管没有市场价格作参照,人们同样可以判断出我国著名的南水北调工程是符合卡尔多补偿标准的,这是因为,如果我们把宝贵的水资源以及同样可带给人们效益的环境资源纳入到人们的福利效益函数之中,就会发现这一工程的效益或价值所在。当然,如果进一步加深对地下水的开发利用算是一种可替代方案的话,现在仍然用卡尔多原则分析:超采地下水本身的成本虽不高,但由此所引起的对区域环境的负效益(这可以说是水资源的一种机会成本)却不是上千亿元可以补偿的。对扭曲的成本费用和效益进行矫正,对市场没有的成本费用和效益进行创造,以便能够真实地反映规划项目的净社会效益,以此为着眼点对政策或项目的评价,称经济评价。

总之,与竞争性市场中的营利性规划项目相比,公益性的水利规划项目更注重其对净社会效益的测算,即经济评价,特别是对于公益性特别突出的防洪等项目,通常都不做财务经济评价。不过,这里需要强调的是,注重水利项目的国民经济评价,并不等于财务经济评价不重要,实际上情况恰恰相反,水利规划项目既注重经济评价也注重财务经济评价,这是因为水利项目的经济评价是决定该项目是否上马的主要科学依据之一,而财务经济评价是决定筹融资方案以及管理体制的主要科学依据之一,因此二者缺一不可。

二、水利投资项目评价的基本步骤

水利工程项目的经济评价,主要是根据国民经济的发展要求与社会公众需求,在工程技术可行的基础上,分析与计算项目的投入费用和产出效益,并对二者进行比较,最后给出是否可行的经济评价结果。如果对多个项目进行经济评价,则有时还要做出多项目经济评价的排队及其选择。水利投资项目经济评价是项目可行性研究报告和初步设计的重要内容。下面,我们将项目的经济评价分解为以下两个步骤。

(一)对项目的投入费用与效益进行估算

成本效益分析的主要问题涉及以货币形式测算的每一个计算期

间 t_i 的效益(B_t)和成本(C_t),以及选择正确的贴现率 r,以累计效益和成本的时间流。应强调,水利项目经济评价所采用的计算方法主要是动态经济评价,即在计算中要考虑社会或市场贴现率。当然,对于一些小型的、投资流程较短的水利项目,也可以采用静态分析方法。

项目的投入费用,即成本,包括:

(1)项目建设投入,主要包括水利永久性工程的投入、临时性工程的投入、水利工程的其他补偿性投入,以及技术、劳动和土地、水资源等要素投入等。项目建设费用的大部分要转换为固定资产,一部分在将来的运行管理过程中逐步摊消,还有一部分作为社会净资产回收。固定资产形成率大体上只有 80%~90%。

(2)更新改造投入。项目建成后固定资产就逐步消耗到产品和服务之中,有些固定资产需要几年更换一次,也有一些固定资产需要几十年更换一次,还有一些固定资产属于永久性的。由于水利事业的公益性程度(反过来也称为经济强度)不同,所以固定资产的更新改造资金来源也不尽相同,有些来自于运营管理中的折旧费提取(从资金流角度看,折旧费用提取属于收益部分,但如果用于更新改造的投入就属于成本了),有些则来自于政府的基本建设计划。

(3)年运行费用。年运行费用有时也称为年经营成本,指工程项目建成投产后,在正常运行期间每年需要支出的各种经常性费用。其中包括材料和燃料动力费、维修养护费、大修理费提取(它的运作特点与折旧费提取相同)、劳动投入费、行政管理费、年摊消费和借款利息、税金等。年运行费用是水利工程经济评价中的一个重要指标,在没有实际资料与经验做参考情况下,通常选用工程投资总量的1%~2%作为经济评价的参考。

(4)以上三项属于规划项目的直接成本费用。但是从社会和环境方面考察,规划项目还有可能引起社会与环境方面的恶化,比如污水排放以及修建大坝引起的我们已经认识到或目前还没有认识到的各种生物与非生物环境的改变等。规划项目的无形和间接成本都应当是我们考虑的因素。

而项目的产出效益由三部分组成:由市场价格反映的收费效益(也称财务效益)、不能由市场价格反映的社会直接净效益(也称国民经济宏观效益),以及社会的间接净效益。第二节对此有详细分析。

最后强调,就折旧和利息而言,必须提防重复计算。折旧和利息是否应计为成本,取决于计算资产成本时所采用的方法。原则上,可以采用两种方法。第一种方法是基于使用成本的概念,仅仅将每一时期与资本使用相关的经常性投入费用作为成本计入。根据这种方法,资产的最初投入费用不必作为成本减去。这时成本中应该包括折旧和利息。这时的折旧是指对资产磨损、报废或丢失所引起资产价值减少的补偿,而投入的利息是指为拥有某种资产价值所放弃的利息形式的机会成本。然而现实中,恰当的折旧和利息费用很难估算,所以第二种方法就是将资产的最初开支计做成本,这通常被称为现金流量。在原理上,两种计算方法是等效的,因为在资产上的最初支出应该等于折旧和利息的未来流出现值。

(二)关于决策的标准问题

经济评价与财务评价对项目费用和效益的衡量有很大不同(我们将在本章的后面逐步分析),正因为如此,才形成了两种评价方式的作用各有侧重,即经济评价是项目投资决策的主要依据,财务评价是项目筹融资方案以及运营管理机制决策的主要依据。本章第四节详细讨论决策标准和方式。

最后应指出,由于种种外部性的干扰和政策决策人员自身的影响,以成本效益分析技术为核心的经济评价方式同样也并不是一种完美无缺的分析技术。一方面,它受到成本和效益的度量精度、方法、社会贴现率选择,以及政府支出方案中资源配置和分配效果的内部相互作用的影响,所以根据成本效益方法而确定的方案,不一定是最佳选择,甚至有时会适得其反;另一方面,决策者在进行决策和成本效益分析时,往往会有着自己的利益追求,他们的偏好有可能影响决策和分析的结果。因此,成本效益分析技术的适用性同样是有限度的。

第二节　费用和效益评估：寻找影子价格

对政策或项目费用和效益的评估，需要考虑四种情况。这一节分析当市场价格能够代表边际社会价值时所遇到的特殊问题，以及当价格无法精确地反映边际社会价值时要做的寻找影子价格工作。下一节对部分无形价值以及间接的成本与效用进行货币化测算，即创造影子价格工作。

一、市场价格代表边际社会价值

在竞争性或完善的市场条件下，市场价格能够代表其边际社会价值，这时的成本费用和效益估算很简单，就是将价格代表价值直接参与后面第五节中的计算即可。但是，如果因规划项目太大从而影响了市场的投入和产出价格时，则即使价格能够反映边际社会价值，它们也并不能满足对效益和成本测算的需要。这时，由于市场价格只能反映最后一单位产品的价值，所以必须估算产品的后续边际价值。就项目的产出而言，必须估算需求曲线下面适当的面积。图 11-1(a)中，如果该项目的产出为 X_1X_2(即 ΔX)，这样随着 X 的价格由 P_1 减至 P_2(下降了 ΔP)，该产出的总效益为 X_1abX_2。如果假设该需求曲线为直线，那么 X_1abX_2 等于 $1/2\Delta X\cdot(P_1+P_2)=\Delta X\cdot P'$，其中 P' 为项目规划前后价格的平均数。换言之，如果需求弹性为常数，则 X_1abX_2 面积可以被近似表示为 $\eta X'\Delta P$。η 为 X_1 和 X_2 中点处的需求弹性，即 $\eta=(\Delta X\cdot P')/(\Delta P\cdot X')$。

同理，如果该项目迫使某一投入品 Y 的价格上升，则该项目投入品使用的机会成本必须以 Y 的边际成本曲线下面的部分计量。图 11-1(b)中，某规划使用 $Y_1Y_2=\Delta Y$ 单位的投入品 Y，将导致其价格由 ω_1 上升到 ω_2(即 $\Delta\omega$)。机会成本是 Y_1cdY_2 部分，或者近似表示为 $\omega'\Delta Y$，这里 ω'是投入品的平均价格。

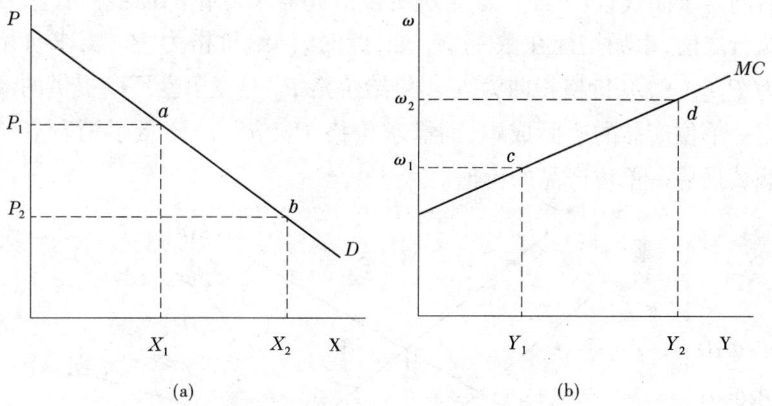

图 11-1 项目本身对市场价格的改变

二、市场价格扭曲了边际社会价值:寻找影子价格

当市场价格无法反映社会价值时,便有必要采用影子价格,这既包括对投入成本的估算,也包括对产出效益的估算。一个很简单的例子是提供农业灌溉的水利工程,如果按照市场价格估算,供给 $1m^3$ 水的价格通常只有 0.1 元左右,但是,如果把水利产品的外部经济效益和间接效益考虑进去,则通常可以达到 0.3~0.4 元。可见,能够客观反映项目全部社会效益的影子价格,可以较准确地分析水利工程的实际效益,以便为决策提供精确参考,而市场价格只是反映项目的财务效益,二者的差别主要反映了税收、社会对弱势群体的补助或者反映了社会的公共利益。为分析方便,下面要假设市场价格与影子价格的差别为税收率 t,即

$$P_S = P_m + t \tag{11-1}$$

式中:P_S 为影子价格,等于 $P(p+t)$;P_m 为市场价格,等于 $P(p)$;t 为社会效益,可以是正值,也可以是负值。

图 11-2 显示了项目中某一投入品 X 的竞争性市场供求关系。其中,S_m 和 S_S 分别表示扭曲前、后的供给曲线;$D(p+t)$表示扭曲

后的需求曲线；$D+\Delta G$ 为规划项目引起需求变化的曲线。在项目执行之前，市场均衡在数量 X_1 处，此时，供给价格为 P_1，需求价格为 $P_1(p+t)$，价格扭曲为 bc。供给价格 P_1 是竞争性厂商提供的最后一单位产品的边际成本，而需求价格 $P_1(p+t)$ 衡量了消费者所购买最后一单位产品的价值。

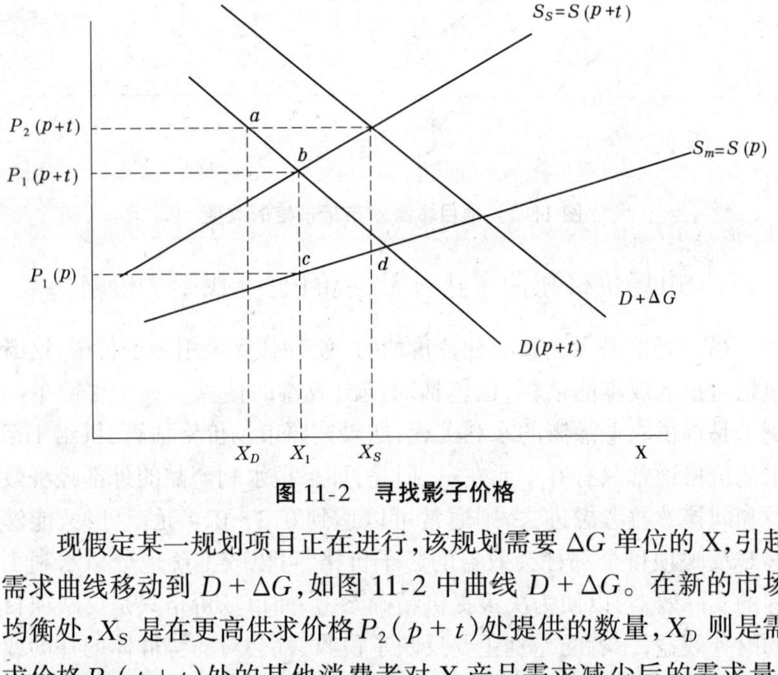

图 11-2　寻找影子价格

现假定某一规划项目正在进行，该规划需要 ΔG 单位的 X，引起需求曲线移动到 $D+\Delta G$，如图 11-2 中曲线 $D+\Delta G$。在新的市场均衡处，X_S 是在更高供求价格 $P_2(p+t)$ 处提供的数量，X_D 则是需求价格 $P_2(p+t)$ 处的其他消费者对 X 产品需求减少后的需求量。可见，该项目所需的 ΔG 单位的 X 有两个来源，一是供给增加了 X_1X_S，即 ΔX_S，二是需求减少了 X_DX_1，即 ΔX_D。购买 ΔG 数量的 X 产品，用于该项目的机会成本（影子价格）包括：提供增加的 ΔX_S 数量 X 的成本，图 11-2 中的 X_1cdX_S；消费者减少使用 ΔX_D 数量 X 引起的收益减少，图 11-2 中的 X_1abX_D。该项目购买 X 产品的总机会成本可表示为

$$\Delta G = X_1 cdX_S - X_1 abX_D \tag{11-2}$$

如果该项目规模足够小,以至于价格变化相对较小,对社会而言,额外的机会成本可近似地用矩形表示上述的梯形,简化为 $\Delta G = P_1(p)\Delta X_S - P_1(p+t)\Delta X_D$。对于该项目,X 的影子价格 P_G 可用每 G 单位的机会成本来表示,即上式两边除以 ΔG

$$P_G = P_1(p)[\Delta X_S / \Delta G] - P_1(p+t)[\Delta X_D / \Delta G] \tag{11-3}$$

由于 $\Delta X_S + \Delta X_D = \Delta G$,所以影子价格 P_G 是供给价格和需求价格的加权平均数,权数是在 ΔG 中供给的增加和需求减少各自所占的比例。我们注意到,如果供给完全无弹性,则 $\Delta X_D / \Delta G = 1, P_G = P_1(p+t)$;相反,如果需求完全无弹性,则 $\Delta X_S / \Delta G = 1, P_G = P_1(p)$。这些影子价格可用来评估规划中所用投入品的价值(应该注意,该方法对于产出品的价值估算同样适用),即投入 ΔG 数量的投入品成本计入项目成本中,为 $P_G \Delta G$。

在考虑需求弹性和供给弹性情况下,还可将需求弹性系数 η 和供给弹性系数 ε 表述到式(11-3)中。将式(11-3)影子价格公式重新表述为

$$P_G = pX_S' \frac{\mathrm{d}p}{\mathrm{d}D} - p(1+t)^2 X_D' \frac{\mathrm{d}p}{\mathrm{d}D} \tag{11-4}$$

其中,X_S'和 X_D'是供给与需求分别对 p 和 $p(1+t)$求导数。由于 $\mathrm{d}G = \mathrm{d}X_S - \mathrm{d}X_D = X_S'\mathrm{d}p - X_D'(1+t)\mathrm{d}p$,解 $\mathrm{d}p/\mathrm{d}G$,得

$$\frac{\mathrm{d}p}{\mathrm{d}G} = \frac{1}{X_S' - X_D'(1+t)} \tag{11-5}$$

将式(11-5)代入式(11-4),解出 P_G,得

$$P_G = \frac{pX_S' - p(1+t)^2 X_D'}{X_S' - X_D'(1+t)} \tag{11-6}$$

根据弹性系数的定义

$$\varepsilon = p\frac{X_S'}{X_S} \tag{11-7}$$

$$\eta = p\frac{X_D'(1+t)}{X_D} \tag{11-8}$$

代入式(11-6)得到用弹性系数表述的影子价格计算公式

$$P_G = p\frac{\varepsilon - p(1+t)(X_D/X_S)\eta}{\varepsilon - \eta(X_D/X_S)} \tag{11-9}$$

寻找影子价格的方法可以用于任何需求价格和供给价格发生扭曲的情况,包括由垄断、配额、管制等各种原因引起的扭曲。作为应用,下面着重介绍三种很重要的要素影子价格的测算方式,它们是劳动力、外汇和公共基金。

三、劳动力的影子价格

劳动力市场有时以需求与供给价格,即工资率之间存在扭曲为特征。例如,非自愿失业的存在就会引起需求价格和供给价格之间的差异。尤其是处于发展中阶段的市场,支付给城市工人的工资率也许要远远高于涌向城市寻找工作的农村劳动力所得到的工资率。某一项目所需的额外劳动力有四个方面的来源:先前以市场工资率受雇于别人的工人、自愿失业的工人、非自愿失业的工人,以及农村劳动力。影子工资率应该是根据这四个来源而确定的一个加权平均数,权数是每一来源所占的比例。

(1)就受雇于别处的工人而言,放弃先前就业的机会成本的工资率,是支付总量税之后的工资率。

(2)对于自愿失业的工人而言,机会成本是税后净工资额,因为这反映了他们为了使自身(即边际工人)加入到劳动力中所必须支付的金额。

(3)关于非自愿失业的劳动力供给价格是悬而未决的,因为不存在能反映他们为了工作而放弃休闲所愿意接受的最小金额的市场价格。一方面,这个价格应低于税后净工资,因为他们是非自愿失业,所以应该愿意接受那样的工资而为其工作;另一方面,这个工资应该大于零,因为他们对于闲暇时间赋予正值。

(4)处于发展中阶段的市场，由于失业问题的严重性，以及城乡二元结构使得农村劳动力严重过剩等特征，在项目评估中确定恰当的影子工资率的问题尤为突出。不过已有不少关于这方面的研究成果。通常，将劳动力市场描述为一个二元的细分市场，包括低工资的农村劳动力和高工资并伴随严重失业的城市部门。水利工程项目通常假设从农村抽取其所需劳动力，而农村劳动力的产出十分低下，有时甚至为零。一般文献中，测算影子价格的方法是假定所产生的新工作由来自农村的新移民来承担，而机会成本则是其在农村的所得，结果便是影子工资率明显低于城市市场工资，然而却对新工作的产生有一个明显的刺激作用。

对于计算农村劳动力的影子价格，有些学者提出了另一种计算模型，如哈伯格模型。该模型将许多发展中国家存在的城乡工资率之间的差别视为一种自然均衡的结果。其基本思想是：工人们只愿意定居在其预期收入最高的地方。在农村，由于充分就业的存在，预期收入恰好等于当地的工资率 m。在城市，预期收入为 $\pi\omega$，其中 π 是获取一份工作的概率。当出现均衡时，两类地区的预期收入相等，即 $m=\pi\omega$。现假定由于某项目规划欲增加新工作，如果 m 和 ω 给定，那么移民均衡条件取决于最初给定的 π 值，π 值越大(接近 1)，从农村移民到城市的劳动力就越多。为达这一点，$1/\pi$ 个工人将从农村移民到城市工作，这时，获取城市工作的机会成本便是移民工人所放弃农村的工资，即 m/π，影子价格等于市场工资。

四、外汇的影子价格

许多项目将使用可贸易的商品作为投入，或者生产可贸易的商品用于出售。由于关税、配额或其他类型的管制，外汇市场可能存在扭曲，所以在进行项目评估时，通常也需要构建一个外汇的影子价格。

最简单的例子是，在绝大多数国家的进口购买中，都存在一个共同的关税扭曲率。因此，对于进口商品来说，其国内价格便是 $e(1+t)$。

其中,e 是外汇的国内价格,t 是关税。若用图 11-1(a)表示购买进口商品的需求曲线,该曲线应该是外币含税价格的函数,向右下方倾斜,相当于图中的 D 曲线,因为随着汇率 e 和关税 t 的提升,居民对进口商品的需求将减少。反过来,出口销售决定外汇的供给,出口供给曲线表明出口商品的供给是现存汇率 e 的函数。因为外汇价格越高,从出口销售中获得的收益也就越高,越便于吸引更多的产品用于出口。所以,外汇的供给曲线随着出口销售的增加而上升,就像图 11-1 中的供给曲线一样,向右上方倾斜,相当于图中的 S 曲线。同前面讨论的影子价格计算方法一样,外汇的影子价格 P_f 可用下式表述

$$P_f = e\frac{\Delta E}{\Delta G} - e(1+t)\frac{\Delta M}{\Delta G} \tag{11-10}$$

式中:ΔG 是该项目对外汇的净需求;ΔE 是出口的变化;ΔM 是进口的变化。

ΔG 的数量应该包括该项目整体所用的外汇,即产出出口商品的价值少于投入进口商品价值的数量。该影子价格是外汇需求价格与供给价格的加权平均数,权数是增加产出出口商品价值与增加投入进口商品价值的各自所占比例。这里当然假设汇率 e 是随着外汇的供需平衡而变化的。如果汇率不变,该项目用汇的自由必然要受到对外贸易部门的管制,而且这些管制的机会成本一定要计入获得外汇的成本之中。

假设每种商品都有不同的扭曲,以上的分析很容易扩展到许多商品的进出口当中。例如,存在 n 种进口商品,记作 M_i,而每种商品的关税率是 t_i,这时外汇的影子价格表述为

$$P_f = e\frac{\Delta E}{\Delta G} - \sum_{t=1}^{n} e(1+t_i)\cdot\frac{\Delta M_i}{\Delta G} \tag{11-11}$$

依据上述对式(11-9)的分析,同样可以将弹性系数表述到式(11-11)中。总之,针对外汇扭曲的因素,将其剔除的方式可以用式(11-10)和式(11-11)测算,也可以直接引用不含关税等扭曲因素

的外汇牌价。

五、公共基金的影子价格

通过第六章的分析我们已经知道,水利公共项目通常无法自行解决资金,这种情况下,大多需要通过税收、公共集资或者发行公共债券以弥补该项目的成本。成本效益分析不仅要考虑所有投入品和产出品的影子价格,而且还必须包括其他追加的机会成本,即通过提供公共基金以弥补财政损失而产生的重复损失。扭曲公共基金机会成本的一个重要来源在于资本市场。某一项目的融资可能用了原打算私人投资的资金,所放弃的私人投资机会成本就是该项投资可能在私人部门引起的收益率。如果项目融资,比如公债,来自于对储蓄的挤出,则其影子价格就是储蓄率,当然这部分融资还可以看做来自于私人消费的资金。要注意,在资金的转换过程中,超过这个现值的部分就代表重复损失,应该被看做该项目的一项成本。

(一)玛格林算法

如果某一项目的建设所费资金全部来自于私人部门,这里设 θ 代表私人投资所占比例,而$(1-\theta)$则表示对私人消费的挤出。总体来讲,θ 代表了融资的结构和方式,如果该规划靠债券融资,则其中一些债券来源于私人放弃的投资,另外一些则属于对消费的放弃;如果该项目是靠税收来融资,我们可以设想比例 θ 会有所不同。对于放弃的消费来说,每放弃 1 美元消费的现值应为 1 美元,但是放弃投资的机会成本就不那么直接了。现假设私人投资的总回报率最大为 ρ,由于存在对所得(股息、资本收益、利息)的征税,人们可能期望边际私人投资的回报率(IRR)ρ 大于社会贴现率 γ。价值 1 美元的投资每年均产生一个 ρ 的产出集。如果这种产出被假设为用于消费,则由此产生的消费流现值可表述为

$$Q = \sum_{t=1}^{\rightarrow} \frac{\rho}{(1+\gamma)^t} \qquad (11\text{-}12)$$

所以综合起来考察,该规划每美元资本支出的机会成本可记为

α,表述如下

$$\alpha = (1 - \theta) + \theta \sum_{t=1}^{\rightarrow} \frac{\rho}{(1+\gamma)^t} \tag{11-13}$$

显然 $\alpha > 1$,所以即使是公共基金融资,其融资量也具有大于其实际资金数量的影子价格。

在实践中可能要产生比上述更为复杂的情况,比如,私人部门的投资回报率 ρ 可能不是用于消费而是再投资,那么,式(11-13)就会变为

$$Q = \prod_{t=1}^{\rightarrow} \frac{\rho}{(1+\gamma)^t} \tag{11-14}$$

这时,式(11-13)右边的第二项也要作相应的修改。再比如,如果私人部门的投资回报率 ρ 一部分用于消费,而另一部分用于再投资,那么式(11-13)就会是投资和消费的加权叠加,权数就是各自所占的比例。

当融资的一部分来自于公共基金,而另一部分来自于其他途径时,费尔德斯坦(1972)给出了一个通用的项目评估规则。现假设 B_t 和 C_t 分别为恰当的影子价格评估效益和成本,D_t 是该规划项目在 t 年的赤字。那么,如前所述将 γ 定为社会的贴现率,该项目现值即为

$$V = \sum_{t=0}^{t} \frac{B_t - C_t - (\alpha - 1)D_t}{(1+r)^t} \tag{11-15}$$

其中,α 为该项目中所有公共基金 D_t 的单位机会成本,而 $(\alpha - 1)D_t$ 是在没有发生扭曲的基金转移而产生机会成本之外,在弥补项目赤字的过程中产生的额外机会成本。由于后一种真实资源的转移 D_t 已经包括在成本项目 C_t 中了,所以应再加上 D_t。D_t 价值随期间不同而发生变化,当收入大于成本时,D_t 为负值,该项目对公共基金的贡献将减少 $-(\alpha - 1)D_t$ 的损失。此外,α 随着期间不同而发生改变也在情理之中。

(二)哈伯格算法

他的基本思想是,用于公共支出上的资金必须至少能够抵得上该资金用于私人部门所能得到的回报率。这个回报率是私人投资和私人储蓄回报率的加权平均,权数为私人用于投资和储蓄各自所占的比例。这时,该项目的现值为

$$V = \sum \frac{B_t - C_t}{(1+\gamma_\omega)^t} \tag{11-16}$$

其中,$\gamma_\omega = \theta\rho + (1+\theta)\gamma$。

对此,费尔德斯坦认为,通常在某项目的现值公式中运用加权平均贴现率是不恰当的,特别是在自筹资金而不需要任何公共资金的项目里表现得尤为突出。最好的方法是运用社会时间偏好率来对将来净效益流进行贴现。

第三节　费用和效益评估:创造影子价格

一、无形价值的评估:创造影子价格

水利公共生产项目所伴随的成本和效益经常带有无形或非货币的性质。例如,时间的节约、生命延长或改善生活质量、污染消除、改良土壤等;当然,从负的方面说,也有破坏或恶化环境、破坏鱼道等负作用。项目评估者的工作就是要尝试把这类成本效益货币化,使其具有货币价值。在给无形资产确定货币价值过程中所遵循的基本原则如下:某项无形资产的总效益是使用者愿意支付的最高金额;而总成本则是成本负担者愿意承担的最小金额。所用的基本方法通常是间接地参考来自别处的市场行为。

(一)时间节约价值的货币化

关于时间节约,水利事业不乏其例,比如著名的埃及阿斯旺大坝,由于大坝的修建,坝前水库面积延伸到了埃及的最南端,航运的实施使埃及的交通效益大为改观。本节将详细分析航运项目所带来

的时间节约价值的货币化原理。

时间节约价值衡量的原则如下:将旅行时间节约的价值,视为这种节约的受益者为了得到这种节约所愿意支付的货币数量。对厂商而言,节约的时间可以用于竞争性经济的生产之中,时间节约的价值就是因时间节约而进行生产所引起产出增加的价值,也可以表现为工资率增加的价值。在这里,可以运用的合适工资率应该是税前工资率,这是因为在竞争性经济中,税前工资率可以代表劳动的边际生产价值。当然,现实中总会发生一些不尽如人意之事,从而阻碍厂商充分利用其节约的时间用于生产,于是有一部分时间被用于休闲。另外,对个人而言,节约的时间可能全部在家中被消耗掉,而没有增加劳动时间。以闲暇代替劳动的时间价值通常是难以估计的,因为此种价值没有直接反映在市场价格上(科学家利用闲暇时间也许有了重大发现或发明,政治家利用闲暇时间使谈判有了重大转机,而一般的工作人员也许在开展健身、娱乐等活动)。所以,工资率只能够近似地,而不是完全准确地反映所节约工作时间的价值。

福斯特和贝斯里(1963)对英国伦敦维多利亚地铁线进行的著名成本效益分析,充分体现了时间价值在交通项目中是重要甚至是决定性因素的观念。他们将地铁项目的受益者分为三类:一类是发生转向的交通运输代表,由其他交通方式改乘地铁而不改变旅行次数的用户;二类是引发的交通运输,由采用地铁而增加次数的旅行;三类是不发生转变的交通运输,由于拥挤的减少而节约了运输时间。下面依次分析每一种情况。

通过图 11-3,可以使用一个常用的方法,来评估对转向(第一类)和引发(第二类)的交通所产生的直接效益。曲线 D_1 代表在地铁修建之前对某一特定类型交通旅行的需求曲线。每一次旅行的费用是 P_1,而由该交通方式决定的旅行次数为 X_1。地铁建成后,旅行的需求曲线上移到 D_2,由于时间的节约,人们会愿意支付一个较高的价格,两条需求曲线的垂直距离表示为节省时间人们愿意支付的货币数量。现假设费用降至 P_2,旅行次数增至 X_2。我们不妨将

OX_1 称为发生转向的交通，而 X_1X_2 称为引发的交通量。

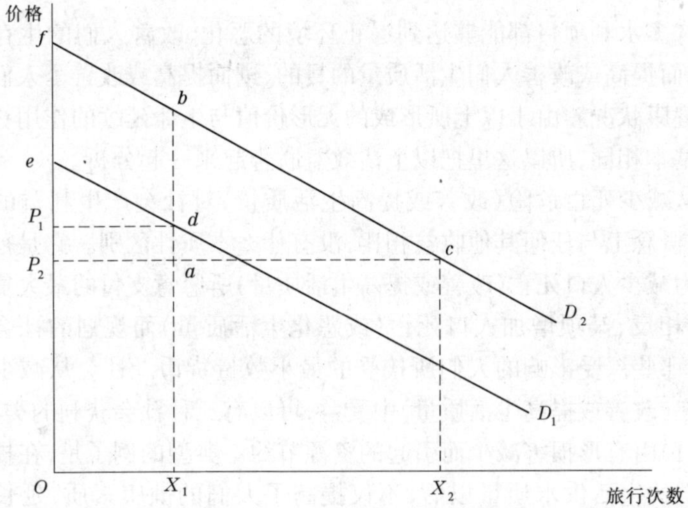

图 11-3　时间节约的价值分析

转向交通的总收益为面积 $efbd$，用公式表示为 $OX_1 \times bd$。引发交通的总收益为面积 X_1bcX_2，同样也可以用公式表示为 $1/2(P_1 + P_2 + bd) \cdot X_1X_2$。其中，$bd$ 表示每次旅行节约时间的价值。

除以上利得外，由于采用其他方式旅行的减少，对于转向交通，还存在其他方式旅行资源节约的收益。

对于没有转向地铁的交通，也会产生相同的收益。由于替代(其他运输)方式拥挤问题的减少，时间节约便产生了，而且在不发生转向交通营运成本中，也会产生一些节约，包括使用者成本和运营者成本。

为了测算以上所有的收益，项目评估者必须预测现存使用者交通方式的转变、新增交通数量，以及对于现实和潜在用户的时间节约与资源成本节约。此外，为了保证其货币价值计算的准确性，还需要区分所节约的工作时间和非工作时间。

(二)生命延长或减少死亡危险,改善或提高生活质量,以及优化环境

许多水利项目都能够达到遏止环境的恶化、改善人们的生存环境,从而提高或改善人们生活质量的目的,进而提高或改善了人们的身体健康状况。由于以上所形成的无形价值与生命延续的作用在原理上基本相同,所以这里把以上诸效益联合起来一起分析。

从减少死亡危险(改善或提高生活质量)对社会产生利益的测量,在概念上与任何其他收益相比,没有什么本质性区别。它是社会成员为减少人口死亡(改善或提高生活质量)所愿意支付的最大货币数量;相反,某项增加人口死亡(或恶化生活质量)而规划的社会成本,是那些深受影响的人们所接受的最小数量货币。社会从减少死亡概率(改善或提高生活质量)中受益,可以有三种社会获利的类型:

(1)由有形损害减少而引起的资源节约。典型的例子是,在提高了人们的生活供水质量以后,不仅提高了人们的健康素质,延长寿命,节省了人们的医疗费用,而且还节约了人们烧开水的能源与时间。为了给这种节约加上价值,人们必须预测该项目能够实现的未来资源成本在各方面的节约数量。

(2)人员生命延长对社会带来的效益。该类获利指的是一个人每多生存一年,为社会带来的年产出减去其消费部分的净值。这一净值当然有可能为负。如果某一项目提高了人们的生活质量,延长了人们的生命,则对社会的效益之一便是增加了有效净产出。由于年龄、能力和受教育程度的不同,必须事先预测哪种类型的人是受益人群。

(3)实施某一能减少人口死亡概率的项目,对社会带来的最大益处就是死亡概率降低后使社会为该群体支付的工作率也下降了。这正如米桑等学者(1970)认为的那样,当某一项目的使用者在自愿接受可能丧命的风险时,实际上已经通过适当的需求价格,即在需求曲线下适当的部分来测量使用者从某一项目的服务中得到了额外的收益,因此在他们愿意支付的价格中已体现了死亡风险的成本。因而,

这种成本不必再包含在对项目的评估中。但是,某一项目也可能会给非自愿受害者带来死亡风险,这种情况下,项目评估通常都需要考虑死亡风险增加的机会成本。

下面主要对第二项和第三项收益做出价值评估。关于第一项收益,作为间接效益放在下一节分析。

首先,按照马斯洛需求理论,我们把三种受益者分做三个层次。最低层次的需求是为解决生存问题而产生的温饱需求,也可称为就业需求;第二层次需求是为生活得更好而产生的保健需求,也可称为生命延长需求;第三层次属于最高需求,是减少死亡风险需求。可以认为,不同生活水平的个人,对三个层次的需求程度(或称比例)不同,生活水平越低,越偏重于对低层次的需求。比如,对于人均 GDP 还很低的国家或地区来说,大多数人的需求还只是解决温饱和就业问题;对人均 GDP 处于中等水平的国家或地区来说,大多数人的需求已经转换为改善和提高生活质量方面,转换为改善环境方面;对于人均 GDP 已经非常高的国家或地区来说,大多数人的需求实际上是为减少死亡风险而生活的问题。

因此,我们对减少死亡风险、提高生活质量、改善生活水平收益价值的评估,首先需要对人们的生活水平,更确切地说,要对各层次生活水平所占比例有一个准确的了解,以便用加权的方式计算出具体规划项目在这方面的总收益价值。其次,我们还要区分不同需求层次得到满足时的定量的价值。为简化分析,这里把不同需求的满足价值视为相等。因此,后面的价值量分析只以减少死亡风险为例。

依照前述的原理:死亡危险是所有个体为减少死亡风险而愿意付出的最小货币价值,换言之,死亡风险增加的成本是个人愿意担负风险所能承受的最小货币量。由于死亡是人生的极限,这个货币量看起来实在很大,甚至要接近于无限值,所以我们通常用估测不同人丧命的概率,也就是机会成本,来近似估算死亡的替代价值。其基本思路如下:如同在时间节约价值估算上一样,如果不存在直接的方法来评估项目的“死亡风险”效益,那么就必须依靠间接方式来得出结论。实际上，对于第一、二层次的需求，人们为了收入有可能表示愿意承担某种概率的“死亡风险”。一个典型的例子便是，针对具有不同死亡风险的工种提供不同的工资率（这一点同样适用于对保健有不同作用的工作环境，也就是提供不同工作环境的机会成本）。假定有两项工作，它们除死亡风险不同外，其他一切方面都相同，则在竞争性劳动力市场条件下，两工种之间的工资差别将代表对边际劳动力愿意承担更高死亡风险的补偿。这样，从原则上看，工资差别可以估测不同死亡风险的价值。但是，有两点必须要注意到：首先，工资差别通常并不是只反映死亡风险；其次，不同收入水平的人对风险承担的承受力不同，即使是同一收入水平级别的人，对风险的承受能力也不一定相同。

（三）农牧业灌溉效益评估

对农牧业灌溉供水的水利工程项目来说，如果供排系统较完善，则效益通常包括：①使用者收费的财务效益。②增产效益。尽管这一类效益是由供水工程直接导致的农牧业生产的增加，但有两点需要强调，一是农牧业增产还需消耗农牧业生产的其他费用，所以应作为间接效益分析，采用效益系数分摊法比较合适；二是农牧业生产本身同样具有较大的间接效益，所以在作为间接效益分析时应一并考虑。③环境改善效益。相当于前面分析的改善生活质量。④长期的灌溉和滤失通常都有改良土壤的作用，这种效益的价值化评估，我们可以用地租级差的价值来估算。⑤同向变化关系构成的间接效益。该效益放在后面一并分析。

二、间接成本效益的评估

由于水利属于国民经济的基础设施，所以水利公共工程项目通过间接方式影响其他经济部门的总收益或成本，应该说比较常见。概括起来说，间接成本效益的形成有两类，一类是通过相互替代性产品构成的间接成本效益；另一类是通过产品间同向变化关系构成的间接成本效益。

(一)替代性产品构成的间接成本效益估算

假定在某一相关市场上,由于存在外在性,某产品的价格低于边际社会成本(*MSC*)。在图 11-4 中,*MSC* 被假定为固定不变,在这个市场上的产出,可能是大家共同使用的当地地下水资源。起初的使用量为 X^0,此时的价格(即使用者成本为 P),低于 *MSC*。现在考虑引入某一项目,该项目向 X 提供替代服务,比如要引入某一河流中的外地水源。这时要对 X 的需求曲线由 D 移至 D',此时的服务使用减到了 X'。

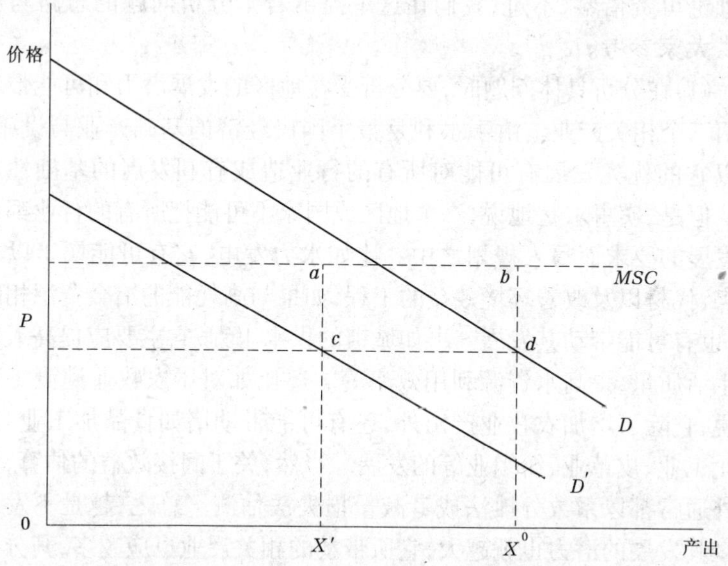

图 11-4 替代性产品之间的间接成本效益估算

该项目的成本效益应包括任何源自资源 X 分配中的社会净收益的变化。在这个例子中,由对 X 需求的减少而引起的社会成本减少为 $X'abX^0$,而总收益的减少仅为 $X'cdX^0$,从而由该项目导致的净社会利得为 *cabd*。这种间接收益或成本的计算,可以应用于所有在扭曲市场上的产出变化。但对于正常的竞争性市场,其产出变化是不能计算在内的。

(二)同向变化关系构成的间接成本效益估算

同向变化关系构成的间接成本效益，最典型的例子就是上面提到的农牧业灌溉工程对农业和牧业产生的增产效益。如果我们顺着冀朝鼎先生对中国水利工程描述的宏观经济效益的分析思路，那么，农牧业增产还可以带动其他产业的产生、发展及繁荣。同样的例子还有日本对于北海道的开发效应，以及美国田纳西河流域开发的例子等。对于类似这样的效益评价，目前还没有现成的理论可资借鉴，不过，我们在这里提出若干分析问题的思路与原则供大家参考。

(1)在分析具体问题时，要分析受益地区的发展潜力和可能带动的两三个相关产业。由于水利是整个国民经济的基础产业与设施，所以它的优先发展有可能对所有的行业造成有利发展的基础性态势。但是，实事求是地说，一个地区或国家不可能把所有的行业都作为发展的要求而写入规划之中。比如水力发电，它有可能属于以水代煤、代材以及改善环境效益的工程，如果与高耗能的冶金资源相配套，也有可能带动其发展。再如城镇的供水工程，它主要应提高人们的生活质量，提高水资源利用效率等。还比如对于农牧业灌溉工程来说，它除了增加农牧业产出外，还有可能带动诸如食品加工业、医药化工业、皮革业、纺织业等的发展。当然，关于间接效益的估算，国内外通常都以系数分摊法或者减量损失法估测。总之，越是不发达地区其发展的潜力也就越大，它所带动的相关产业也应越多，其分摊的系数也就越大。

(2)如果为了估算上的简便，我们也可以直接采用上一章介绍的投资乘数效应模型。当然我们已经知道，应用此法具有许多限制性条件，所以应当格外小心。

(3)考虑到水利的基础产业属性，我们还可以估测水利项目对国民经济的综合效益，比如对 GDP 的贡献、对经济稳定的贡献以及对就业的贡献等。另外，还可以考虑对边、穷、老区的特殊的效益等。

第四节 市场贴现率和社会贴现率

在讨论了对水利公共支出规划项目的成本和效益的测算原则与方法以后，接下来便需要考虑一个恰当的贴现率，从而可以把将来的成本与收益折合为现值。

同营利性投资只考虑用市场价格表示的成本效益相比，水利公共支出项目的成本效益估算需要考虑更广泛和更复杂的因素。同样的道理，营利性投资在考虑贴现未来的消费时，都假定资本市场是完全的，并且不含税的市场利率 r 是一个确切的定值，这个市场利率 r 就可以用来计算营利性投资效益成本的贴现率，即 $1/(1+r)$，俗称市场贴现率。水利公共投资需要考虑的贴现率与市场贴现率有所不同，它需要考虑更为复杂和更为广泛的因素来确定合适的社会利率，记为 r_S，从而用来计算水利公共投资效益成本的贴现率，即 $1/(1+r_S)$，这里称之为社会贴现率。

由于社会贴现率是经济评价中一个非常重要的参数，而经济评价又是项目是否决策的最主要依据之一。所以，选择适当的社会贴现率有助于合理分配社会资源，实现或更接近帕累托最优。如果社会贴现率选择过高，对长期效益好、社会效益显著的水利项目，就配置不到所需资金或配置不够足额资金。如果社会贴现率选择过低，则又会造成部分社会资源过多地投入到水利等公共基础设施领域，过多地积压资金或过早地投入水利等基础设施建设，使工程的效益不能理想地发挥。

下面详细分析两个问题，一是关于贴现率的应用；二是关于社会贴现率的选择。

一、贴现率的应用

假设经济中某人 A 面临着竞争性资本市场，每单位时期（通常假设是一年）的利率是 r。现假设是第 0 年，那么个人 A 决不会认为它所收到1元的价值与第一年收到1元的价值相同,因为现在以当前利率储蓄1元,在第一年就可以得到价值为$(1+r)$元的收入。个人A总会将现在的价值以$1:(1+r)$的比率向将来转换。正如我们在第二章第四节中描绘的那样,市场中的经济人会安排他的跨时期消费模式,以使第0年和第1年的边际替代率为$(1+r)$,即

$$P_1 = P_0 \cdot (1+r) \tag{11-17}$$

$$P_0 = P_1/(1+r) \tag{11-18}$$

式中:P_1、P_0分别表示第1年和第0年的价值;$(1+r)$为第1年和第2年的边际替代率。

式(11-17)把第0年的价值转换到第1年消费,称储蓄或投资,$(1+r)$称利率因子;式(11-18)把第1年的价值提前到第0年消费,称贴现或借贷,$1/(1+r)$称贴现因子。

相同的道理,我们还可以递推至第n年,如果n年内的利率全部都是r,则

$$P_n = P_0(1+r)^n$$

或 (11-19)

$$P_0 = P_n/(1+r)^n$$

如果利率随期间的不同而改变,且r_t表示期间t的利率,则式(11-19)可修正为

$$P_n = P_0\prod_{t=0}^{n}(1+r_t)$$

或 (11-20)

$$P_0 = P_n/\prod_{t=0}^{n}(1+r_t)$$

在第1年收益的1元,折现到第0年的价值被称为现值,第0年则称为基准年。运用现值的概念,我们可以根据以货币形态的计量标准加总发生在不同时期的效益成本流,则持续T年的规划现值为

$$B_{0T} = \sum_{t=0}^{T} B_t/(1+r)^t$$

和 (11-21)

$$C_{0T} = \sum_{t=0}^{T} C_t/(1+r)^t$$

式中：B_{0T} 和 C_{0T} 分别表示以第 0 年为基准年的持续 T 年规划中的加总效益和成本。

到目前为止，我们一直在应用市场利率 r，而且假设市场是完善的。但正如我们就要在下面看到的，水利公共项目的社会利率（社会贴现率）与市场利率有很大不同，而这并不影响对贴现率应用的基本原理。

二、资本市场的缺陷与社会贴现率选择

一些经济学家认为，公共投资需考虑的贴现率与市场利率之所以不同，主要是因为个人作为遗产的储蓄对其他人产生了外部效益，而私人储户在决定他们的储蓄时却从未考虑这个外部效益。储蓄的外部效益主要包括对当代的其他社会成员和所有后代人。由于一个人的储蓄意味着个人对社会的一部分贡献（也可以说是一部分收益）存储起来推迟消费，从而达到生产多而索取少，所以对当代人来说是一种收益，而对于后代人来说，同样意味着是一种天生的利益，不管是储蓄者本人的后代还是其他人的后代。

储蓄所导致的外部经济的存在，一方面使得私人储蓄低于社会的有效储蓄数量；另一方面意味着未来消费的贴现比率 r_S 会由于资本市场的外在性存在而低于市场利率 r。

实际上，水利公共投资在原理上与储蓄十分相似，即将社会的一部分财富作为国民经济的基础设施存储起来，以便以后返回给社会，它所表现出来的外部性就是既对当代人有利益，同时也使后代人受益。因此，水利公共投资一方面使得私人投资极为不足，另一方面意味着未来消费的贴现比率 r_S 会由于其市场不完善造成的外在性的存在而低于市场利率 r。

反过来说，如果市场是完善的，而且外部性可以忽略不计，那么市场上的均衡利率必定是确切而唯一的。此时的均衡点表现为社会的时间偏好率刚好等于社会使用资金的机会成本率。①所谓社会使用资金的机会成本率（R_{SOC}），指的是因资源由公共部门使用而可能

损失的若由私人部门进行投资而可能带来的收益率。从社会角度看,这种私人部门的收益率越高,则对于公共可投资金的需求就越小。这一规律可用图 11-5(a)中的 I 曲线反映。②所谓社会的时间偏好率(R_{STP}),指的是社会因为放弃现在消费进行投资而希望在未来得到的回报率。回报率越高,则社会倾向于更多地放弃现在的消费,提供更多的公共投资。这一规律可用图 11-5(b)中的 S 曲线反映。若市场是完善的,则会形成一个唯一的均衡利率 r_0,见图 11-5(a)中 S 曲线的影射线 S' 曲线与 I 曲线相交形成的均衡点。但若市场不完善,我们还用税收比做扭曲的原由,则在社会时间偏好率和社会使用资金的机会成本间存在一个"税收楔子",即($R_{SOC}-R_{STP}$),导致二者不相等。这就是社会贴现率与市场贴现率之间的差别。

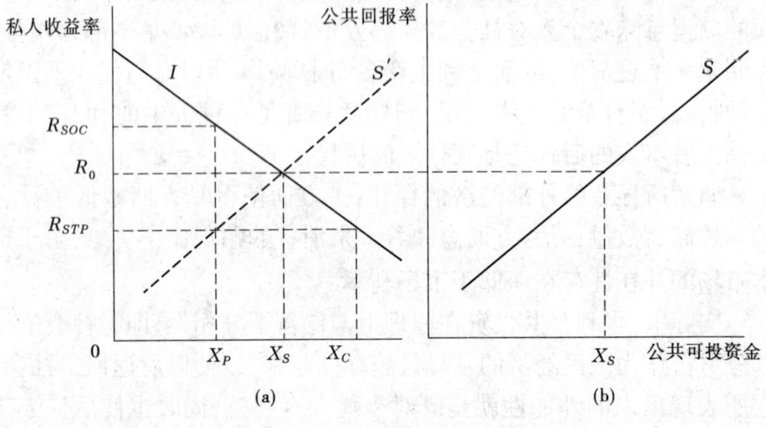

图 11-5 时间偏好率和机会成本率

第一,如果打算以使用资金的机会成本率(图 11-5 中的 I 曲线)作为社会贴现率,要避免简单地以私人部门投资的资本边际生产率作为标准,这样不但贴现率偏高(R_{SOC}),而且还会导致公共支出的项目偏少或规模偏小,$X_P<X_S$。分析其原因有三:首先,私人项目的风险往往大于公共项目,因为公共项目的成本是由众多的纳税人分

担，所以与低风险相对应，采用较低的贴现率为宜；其次，私人项目不考虑它所引起的外部性，而只按照自己的成本效益行事，出于社会成本和效益的考虑，以采用较低的贴现率为宜；最后，由私人部门转向公共部门的资源转移中，并非全部原来都用于投资，而是一定比例原来要用于消费的，对于后一来源的资金以采用较低的贴现率为宜。

第二，如果打算以社会的时间偏好率（图 11-5 中的 S 曲线）作为社会贴现率，这样不但贴现率偏低（R_{STP}），而且还会导致过分扩大公共支出规模的倾向，$X_P > X_S$。公共部门往往会认为私人部门短视，他们既不关心自己的长远利益，也不关注未来后代的利益，这正如罗森指出的那样：如果过多地预期后代人的受益程度，那么预期的盈利水平就偏高，而这会刺激现在的过多投资。

看来，利用上述二者的加权平均值计算贴现率较为合适，但是，要确定二者的权重和准确估算社会的时间偏好率，也是一件不容易做到的事情。不管怎样，讨论至此我们可以得到两点基本的结论：一是选择合适的贴现率十分必要；二是在较低的长期公债利率（r_P）与较高的私人投资利率（r_L）之间有一个较大的选择余地。不过，通过上面的分析，我们可以得到一个基本的选取原则，那就是投资见效期越长的项目，应该选取越低的贴现率，经济强度（r_W）越高❶（或者说公益性含量越低）的项目，同样应选取越低的贴现率。可以用图 11-6来说明选择社会贴现率的上述原则，也可以用下式表达，即

$$r_S = \alpha[r_L + r_W \cdot (r_P - r_L)] \tag{11-22}$$

式中：α 表示小于 1 的系数，主要取决于项目见效期的长短，项目见效期越短，该值越接近于 1。

最后还应强调一点，那就是为了简化分析，我们用资本的市场利率和社会利率代表了其他各种要素的利率进行现值转换，但是，现实中其他要素的现值转换率很可能与资本的现值转换率并不相同。比

❶ 经济强度 r_W 是指财务评价指标与经济评价指标的比率。该系数越接近 1 表示项目的经济强度越高；否则，越接近零表明该项目的经济强度越低。

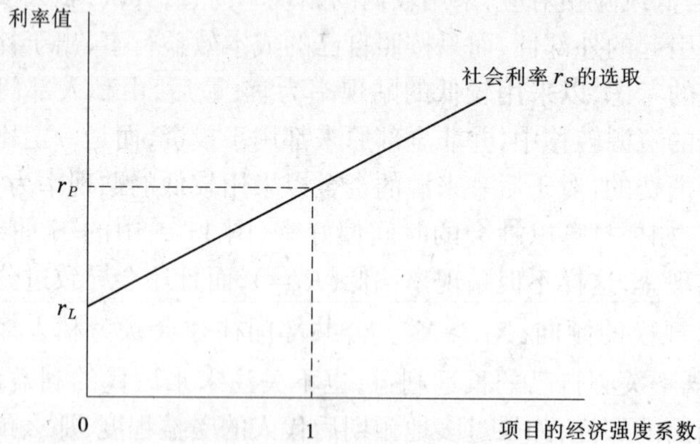

图 11-6 社会利率的选择

如劳动的年报酬增长率 r_ε 就与 r 以及 r_S 具有不同的变化规律,而自然资源特别是水资源的年价值增长率的变化与资本利率的年增长率变化更是不同。因此,我们在选取社会利率时,需要更加谨慎,必要时可以对每一种成本效益的要素选用单独的贴现率。还有,如果预测期的贴现率有变化,则还需要将其单独处理。

第五节 项目评价标准

在分析了各种收益和成本费用,以及选择了适当的贴现率以后,我们就需要采用恰当的项目经济评价标准和方式,对规划项目进行判断和取舍。在判断标准方面,水利公共项目与私人项目没有太大的区别。下面首先分析项目经济评价的各项指标,最后再对其优劣做出综合说明。

一、效益成本比

效益成本比率(Benefit－Cost Ratio,简称 BCR)是指工程在可规划期内所获效益与所支出费用之间的比值。该定义的表达式如下

$$\frac{B}{C}=\frac{\sum_{t=0}^{T}B_t/(1+r)^t}{\sum_{t=0}^{T}C_t/(1+r)^t} \tag{11-23}$$

设某项目规划的建设期为 m 年，各年年初投资为 K_t，第 a 年开始投产见效益，在投产期（$t_a \sim t_m$）内除了仍需一部分投资为 K_t 外，随着产出的逐年提高，年运行费 u_t 及年效益 B_t 也逐年提高。在生产期（$t_m \sim t_{n+m}$）内，工程一般已不再要求投资，只是在某一时期，如 t_d 和 t_b 尚需投入一定量的更新改造资金 K_t'，且在生产期末可以回收的净残值为 K_n'。为简化分析，在整个生产期内，各年的运行费及直接财务效益为常数，分别设为 u_0 和 b_0。另外，假设该工程项目的无形和间接效益为 B_t'，初始投资的净回收值为 K_m'，基准年设为 t_m，社会贴现率设为 $1/(1+r_S)$，则该规划项目折算到基准年的总投资成本费用和总运行费用分别为

$$K=\sum_{t=0}^{t_m}K_t(1+r_S)^{t_m-t}+K_t'(1+r_S)^{t_d-t_m}+K_t'(1+r_S)^{t_n-t_m}$$

$$U=\sum_{t=t_m}^{t_m-t_a}u_t(1+r_S)^t+\sum_{t=t_m}^{t_{n+m}}u_0/(1+r_S)^t$$

该规划项目折算到基准年的直接效益为

$$D=\sum_{t=t_m}^{t_m-t_a}B_t(1+r_S)^t+\sum_{t=t_m}^{t_{n+m}}B_0/(1+r_S)^t+K_m'+K_n'/(1+r_S)^{t_n}$$

则总效益成本比率为

$$\frac{B}{C}=\frac{D+\sum B_t'}{K+U} \tag{11-24}$$

二、净现值法

净现值（The Net Present Worth，简称 NPW）是指工程在可规划期内所获效益与所支出费用之间的差值。该定义的表达式如下

$$NPW = B - C \tag{11-25}$$

假定式(11-25)包含了所有的效益和成本,那么一个项目的净现值就是判断其价值的最合适杠杆。净现值以当前消费的形式衡量了由某一规划项目所引发的现在和将来所有资源配置变化的总价值。一方面,如果 $NPW<0$ 则应取消该项目,因为它会减少社会的经济福利。另一方面,如果 $NPW>0$,说明该项目能够增加社会福利,因此可执行这一社会盈利项目。但是,在应用现值标准时,我们同样应小心从事。因为经过思考与比较,人们经常会发现项目的可替代方案,而这又会带来更高的现值。比如,也许会存在关于项目规模大小的选择,这种情况下,应选择使现值最大化的规模。再如,何时执行该项目同样也存在若干选择,经过一段时间后,当使用者增加到一定数量时,对项目的执行也许更重要,这就是项目应选择在能够使现值最大化的时候开始。另外,还有可能出现替代项目或与之相排斥的项目,这时我们同样应该选择那些使现值最大化的项目。

当规划工程有若干个方案可供比较时,均可按上述方法分别求出各方案的 B、C 以及 B/C 值,然后绘在图 11-7 中。

图中点 4 表示本项目投资规模不大,效益尚未充分发挥出来,而工程基础性投资所占费用相对较大,因而当工程规模较小时,很有可能发生投入 C 大于产出 B 的情况,这是由所谓的自然垄断行业的规模收益递增所致。但这时的边际效益 ΔB 远远大于边际费用 ΔC,即 $\Delta B/\Delta C$ 远远大于 1,表示工程规模加大一些,其效益总是比工程费用增加得多一些,即 $\Delta B/\Delta C>1$。总的来说,随着工程规模的不断扩大,二者的差距会不断缩小,直到点 1,此时平均单位费用的效益达到最大,即 $B/C=\max$,但此时的边际效益费用比 $\Delta B/\Delta C$ 仍然大于 1。

随着工程规模的进一步扩大,$\Delta B/\Delta C$ 会不断减小,直到点 2,此时 $B-C=\max$,即 $\mathrm{d}B-\mathrm{d}C=0$ 或 $\Delta B/\Delta C=1$ 或 $\Delta B-\Delta C=0$,这时表示工程的净现值($B-C$)达到最大化。这种情况下如果再增大工程规模,由于边际效益费用比 $\Delta B/\Delta C<1$,说明工程规模超过点 2

以后已经开始趋向不利，但此时如再增加规模总效益还是在增加，不过效益增加不如费用增加得快。直到点 3，$B-C=0$，即工程的效益恰好等于费用。综上所述，在一般情况下，工程规模应该在点 1 和点 2 之间选择。如果资金比较紧张，则应在 $B/C=\max$（点 1）附近确定工程规模，这时应参照水利资源[1] 是否得到充分利用的原则，如有可能还应留有工程扩建的余地。如果资金没有问题，则应在 $B-C=\max$（点 2）附近确定工程规模，以获得最大的社会净效益。

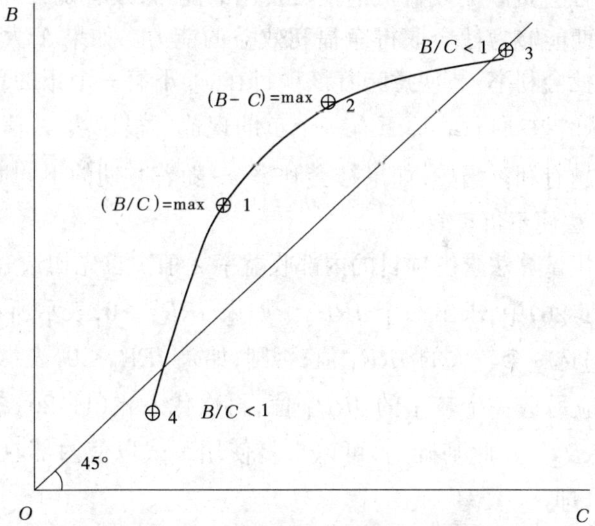

图 11-7　效益和费用之间的增长关系

三、内部收益报酬率

项目的内部报酬率（Internal Rate of Return，简称 IRR）被定义为使该项目的现值为零的贴现率（收益率）。以 λ 代表内部收益率，公式如下

[1] 水利资源包括自然水资源在内的有关水资源开发、利用和保护的可动用投入资源。

$$IRR = \sum_{t=0}^{T} \frac{B_t - C_t}{(1+\lambda)^t} = 0 \qquad (11\text{-}26)$$

利用式(11-26)可以解出 λ,由于该等式是一个 t 次多项式,所以应该有 t 个解。但实际上,λ 所具有的解的个数取决于整个规划期 $B_t - C_t$ 符号改变的次数❶。因为在绝大部分情况下,项目早期都会产生净成本,而后期都要产生净效益,所以实践中通常 $B_t - C_t$ 的符号只改变一次,λ 便只有一个唯一值。内部收益率表示了工程依靠本身对社会贡献的效益抵消投资费用的能力,或者说工程本身在整个生存期能够为社会取得净福利效益的能力。如果 λ 大于事先所设定的社会利率 r_S,便意味着该项目在 r_S 下有一个正的现值,否则,便意味着该项目在 r_S 下有一个负的现值。很显然,λ 值越大表明该工程越有利。当然,如果社会利率 r_S 随着时期的不同而不同,那么 IRR 法便不再有效。

通常用试算法求解项目的内部收益率 λ 值。首先初选一个 λ_0,代入式(11-26)中,求出一个 IRR_0。如果 $IRR_0>0$,表示所选的 λ_0 偏小,应另选一个较大的 IRR_1 值;否则,如果 $IRR_0<0$,表示所选的 λ_0 偏大,应另选一个较小的 IRR_1 值,再次代入式(11-26)中,求出第二个 IRR_2。在此基础上,可以重复使用下式以使内部收益率逐步逼近零,即

$$IRR_{n+1} = IRR_{n-1} + (IRR_n - IRR_{n-1}) \frac{|IRR_{n-1}|}{|IRR_{n-1}|+|IRR_n|} \qquad (11\text{-}27)$$

最后我们对效益成本比、净现值、内部收益率法做出综合评判。

首先,如果是对单个项目加以取舍判断,一般存在几种标准,有内部报酬率($IRR > r_S$)、效益成本比率($B/C>1$)、净现值($NPW>0$)等。其次,如果是在不同项目之间进行取舍,那么指标 IRR 和 B/C

❶ 关于多项式解个数的证明从略。

就不如 NPW 更适合了。因为前二者都是比率性指标，有可能存在比率较高但净现值却较低的情形。如图 11-8 所示，设图中曲线 A 和 B 分别表示两项目可能获得的 IRR 和 NPW 的组合。虽然在 $NPW=0$ 处 IRR_B 大于 IRR_A，似乎 B 项目要优于 A 项目。但是如果要选择合适的社会贴现率，比如 Or，那么这时 A 项目要优于 B 项目，因为这时的 $NPW_A > NPW_B$，并且 $IRR_A > IRR_B$。由于水利公共项目与私人项目的经济评价原理和标准一样，所以我们建议应该更关注项目的净现值指标，以保证社会福利的最大化。总之，在项目评估的净现值指标与其他指标发生冲突时，应遵循净现值指标优先的原则。

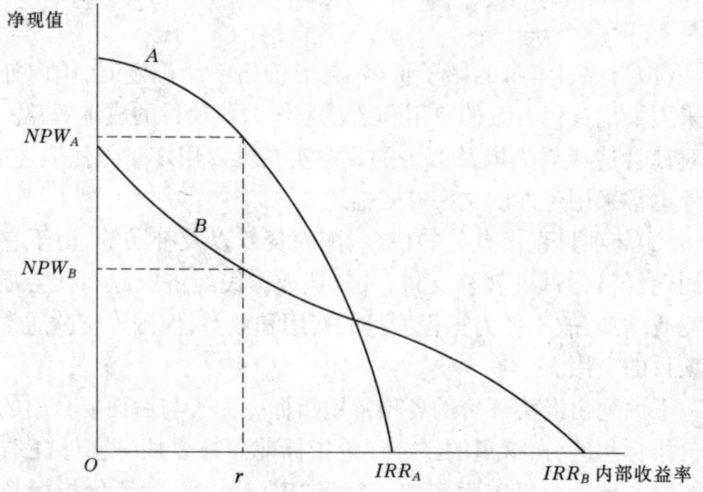

图 11-8　内部收益率与净现值的比较

四、经济评价与财务评价

在第一节，我们已经介绍了经济评价与财务评价各自不同的作用。由于水利的公共性，水利规划项目的经济评价在项目经济评价理论中占有重要的核心作用。我们已经知道，经济评价与财务评价的原理基本相同,它们的不同之处在于对评价各要素的选取。下面分述之。

(一)经济评价

经济评价中的费用是指项目在整个规划期需要投入的全部社会资源(也称水利资源),而效益是指项目在整个生存期对社会产生的全部贡献。因此,对项目的经济评价,实质上就是分析项目对社会产生的全部净效益或者全部净效益率,这是决定水利公共项目是否上马和何时上马的重要依据。所以,分析项目的费用和效益,不仅仅是对直接的、可用市场价格反映的费用和效益的估算,而且还要分析对社会来说项目的真实的、间接的以及无形的效益和费用(或损失)的估算。对此,本章第二节已做出了全面而详细的讨论,这里需要补充的是:

(1)当项目本身的影子价格、无形价格不易确定时,国内外都常常采用最优替代方案的费用和效益来作为该项目的成本效益。当项目对社会造成损失以及产生的效益实在难以用定量方法表述时,国内外也常采用定性的文字方式描述。

(2)与项目直接有关的税金、国内贷款以及补贴等,由于它们属于国内经济内部的转移支付,并未造成国民经济资源和社会福利的损耗或增加,故不作为工程项目的费用和效益,但国外贷款通常计入本项目的费用。

下面列出经济评价的各项常用指标。为了与后面要介绍的财务评价指标相区分,这里的经济评价指标前面都要加一字母“E”,而后面的财务评价指标前面都加一字母“F”。注意,各评价指标都是以建设期第一年为基准年计算的。

经济内部收益率(*EIRR*)公式如下

$$EIRR = \sum_{t=0}^{n} \frac{B_t - C_t}{(1 + er_S)^t} = 0 \qquad (11\text{-}28)$$

式中:er_S 表示经济内部收益率,er_S 大于 r_S 表明该项目可行。

经济净现值(*ENPW*)公式如下

$$ENPW = \sum_{t=0}^{n} \frac{B_t - C_t}{(1 + r_S)^t} \tag{11-29}$$

经济净现值率（$ENPWR$）公式如下

$$ENPWR = \frac{ENPW}{I_P} \tag{11-30}$$

式中：I_P 表示投入的成本费用的现值，相当于前述的 K 值。

经济效益费用比（$EBCR$）公式如下

$$EBCR = \sum_{t=0}^{n} \frac{B_t}{C_t}(1 + r_S)^t \tag{11-31}$$

（二）财务评价

水利项目的财务评价是指根据现行财税制度和市场价格，也可以根据通货膨胀、规划项目对市场造成冲击的预测（或规划）、财税制度和市场价格，来分析和测算项目的直接实际收入与直接实际支出，从而确定项目的盈利能力、贷款清偿能力等财务状况，以便确定项目的筹融资方案及建成后的管理体制和机制。

水利项目的财务支出包括固定资产投资、补偿费用投资、一部分更新改造投入、生产流动资金投资、年运行费用投入，有些工程还有税金、贷款利息，以及明确由项目承担的包括公债在内的政府投入的偿还资金等。要注意，由于我国《水利工程经济评价规范》规定使用现金流量法，所以由产品销售和服务收入投入的更新改造资金不算入财务支出。最后应强调，项目建设期的贷款利息通常按年计息，当工程竣工后，全部贷款利息计入固定资产价值。

水利项目的财务收益包括按市场价格计量的全部产品和服务的收入，以及投资建设后的净资产回收。

进行财务评价之前，首先应设计项目资金的筹措方案、建后管理体制和机制、财务管理体制等。财务评价所使用的基本报表有财务现金流量表、运行平衡表（亏损时的财政补偿以及有效益时的上缴财政情况）、借贷款偿还平衡表、固定资产折旧及更新平衡表等。下面列出财务评价的主要评价指标，注意，评价指标也都是以建设期第一年为基准年计算的。

(1)财务内部收益率(*FIRR*)公式如下

$$FIRR = \sum_{t=0}^{n} \frac{(CI - CO)_t}{(1 + fr)^t} = 0 \tag{11-32}$$

式中:*CI* 和 *CO* 分别表示现金流入量和现金流出量;*fr* 为财务内部收益率,大于市场利率 *r* 表明该项目可行。

(2)财务净现值(*FNPW*)和净现值率(*FNPWR*)公式如下

$$FNPW = \sum_{t=0}^{n} \frac{(CI - CO)_t}{(1 + r)^t} \tag{11-33}$$

$$FNPWR = FNPW / I_P \tag{11-34}$$

(3)贷款偿还期(P_d)。贷款偿还期是指偿还固定资产贷款本金和利息所需的时间,通常按年计。项目投产后可用做还贷的项目有利润、折旧、减免税金及其他收益。贷款偿还期一般从借贷开始年算起。其表达式为

$$I_d = \sum_{t=0}^{P_d} (R_P + D' + D'' + R_0 - R_r)_t \tag{11-35}$$

$$D' = D \times 75\% \times (0.8 \sim 0.5) \tag{11-36}$$

式中:I_d 表示固定资产投资中的贷款本金和利息;P_d 为贷款偿还期;R_P 为年利润;D'为可用于偿还贷款的折旧;*D* 为折旧费提取,先扣除 15%的能源交通重点建设资金和 10%的国家预算调节资金,然后在投产后的前三年提取 80%,第四年以后提取 50%用做偿还贷款资金;D''为减免税金;R_0 为其他收益;R_r 为还贷期间的企业留利。

(4)投资利润率(*IPR*)和利税率(*PTR*)公式如下

$$IPR = 年利润 / 总投资 \tag{11-37}$$

$$PTR = 年利税总额 / 总投资 \tag{11-38}$$

(5)投资回收期(P_t)公式如下

$$\sum_{t=0}^{P_t} \frac{(CI - CO)_t}{(1 + r)^t} = 0 \tag{11-39}$$

投资回收期也称还本年限,当项目财务现金流量表中净现值流量累计值等于零时,即可求出 P_t 值。它是反映项目投资回收能力的评价标准。

第六节　风险和不确定性分析

一个规划中的未来项目具有很多不确定性,特别是对于水利等经营期相当长的公共项目更是如此。人们可能要面临一些规划时不曾想到的不同的成本和效益流。比如,为农业服务的水利灌溉工程,如果未来的降水呈比较均衡趋势,或者某一年的降水量过于充分,那么该项目的效益就需要打一折扣;如果农业生产技术进行了改进,导致耕种对象和技术不同,从而对供水要求发生变化,那么这一项目的效益也将会随之变化;更有甚者,如果农民将原耕地挪做他用,则工程的效益将不复存在。实际上城镇供水工程也同样存在如此问题,比如项目规划时我们预测 50 年后该城镇的需水量能够达到一定数量,但是由于一些技术进步等意外因素,到 50 年后该城镇的需水量多于或少于当年的规划值是一件很可能发生的事情。当然,不确定性最为典型的例子也许还属水利防洪工程,因为洪水灾害最大的特征就是具有时间上的随机性,也就是说,年际间不同频率洪水的差别相当大。这就使得水利等公共项目的规划通常都存在着很大风险与不确定性。现实要求我们必须将这些风险与不确定性因素归入项目的评价之中,一并加以考虑。

通常我们可以区分开风险和不确定性。前一种情况中,不同结果发生的概率是已知的,而后一种情况中人们甚至连概率都无法预测。由于我们无法对后一种情况进行预测,所以迄今为止关于不确定性问题的讨论还只能采取两种策略:一是在先验性的考虑某些已有的概率情形中进行。比如,人们可能假设最坏的情况而去争取最好的结果,即所谓的最大最小化战略,或者,他也可能假设所有可能的结果都有均等发生的机会,而应用这些假设概率去求得最好的结果。二是人们可以把具有随机因素的事件通过一定时期的统计和统计学处理,从而赋予某些概率特征,然后再加以分析和概括。本节的讨论将主要集中于对概率的分析,并分为两个主题,即应用概率的概念去分析风险;应用数理统计学原理给出随机变量的各种频率(也称累计概率),在一个或多个因素发生随机变化时,从而给出定量分析的结果。

一、风险的概率分析

风险的存在为必须承担风险的个人施加了机会成本。项目评估中,我们首先讨论风险承担的成本,然后再为风险定价。原则上说,风险承担的成本与其他任何成本一样,它是为补偿负担风险的个人而必须支付给他的最小货币量。图 11-9 表明了个人的效用曲线 $U(Y)$随收入水平的提高而增加,假设收入的边际效用递减。

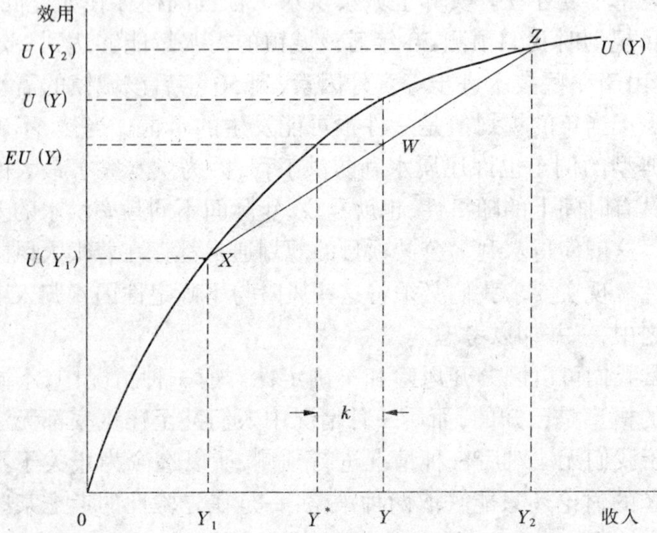

图 11-9　风险承担的成本分析

现设某人在其收入水平方面存在风险,收入为 Y_1 时的风险是

π_1,收入为 Y_2 时的风险是 π_2,如果 $\pi_1 + \pi_2 = 1$,则该人的预期收入被定义为

$$EV = \sum_i \pi_i Y_i = \pi_1 Y_1 + \pi_2 Y_2 \tag{11-40}$$

进一步,他的预期效用函数为

$$EU(Y) = \sum_i \pi_i U(Y_i) = \pi_1 U(Y_1) + \pi_2 U(Y_2) \tag{11-41}$$

由于理性个人行为的目的是追求预期效用的最大化,所以对于 π_1 和 π_2 的组合,结果是 Y_1 和 Y_2 预期效用的加权平均,图 11-9 中表示为连接 X 和 Z 点的直线,线段 WZ/XW 之比等于与该点相对应的概率之比 π_1/π_2。因此,具有预期结果 Y 的风险预期效用是 $EU(Y)$,注意,这个效用小于收入水平 Y 下得到的效用 $U(Y)$。对于多变量的情形,我们仍然可以用拉格朗日法来求解。

风险承担成本被定义为个人为了取得某种确切收入而愿意减少的预期收入。风险承担成本用 k 表示,即 $Y - Y^*$。

在成本效益分析中,风险承担成本有两种重要的应用。第一种是我们在第二节中讨论的关于公共基金的机会成本,第二种是在第三节中关于对无形效用价值的评估。我们已经知道,公共基金要么来自于所放弃的消费,要么来自于投资。取代私人投资的那部分机会成本,用资本利得 ρ 消费流的现值 $\rho/(1 + r_S)^t$ 表示。在私人放弃投资从而放弃消费利得 ρ 的同时,也放弃了未来消费的风险承担成本 k,因此私人的净损失应该修正为 $\rho - k$。

与风险相关的第二个问题是项目决策本身。由于某水利公共规划项目的成本和收益具有风险性,所以人们有理由预期,社会个体将不得不承担水利公共项目的风险成本,并从该项目的预期净产值中减去其风险成本,以便得到真实的社会福利变动。在不知道确切的风险成本 k 时,人们往往用低收益预期和高成本预期对净收益进行较为保守的测算。比如,我国对不确定性分析方法的介绍时,通常会将其称为敏感性分析,把投资增加 10%～20%,把效益减少 10%～20%,把建设期增加或推后 1～2 年等,详见文献[18]。当然,还有一

种方法是在贴现率上加一个风险津贴。以上计算方法使得将来得到的净收益的减少量比实际减少量通常要大，也就是说，这些计算方法比实际状况要保守一些。

测量风险承担成本是非常困难的，但幸运的是，有两个理由可以充分说明风险承担的社会成本有时可以被忽视。这两个理由就是风险分散和风险汇总。

风险分散发生在有许多个体分享某项目的收益和成本时。当水利公共项目是以一般公共融资的方式筹资时，风险就被分散到许多个体纳税人中去了。由于随着分担风险人数的增加，每个人所承担风险的成本在递减，当人数接近无限大时，总风险就接近于零。如果上述条件成立，则成本效益分析可以完全以预期的价值决策。如果社会拥有许多独立项目的组合，根据资产组合理论（请参阅证券投资理论，如文献[12]），每个项目的风险均倾向于互相抵消，这时风险承担成本也会很小，因此政府完全有道理用某项目的预期现值来近似地评价它对社会福利的贡献，而不必考虑它的风险因素。

二、频率曲线法概率分布分析

项目经济评估的概率分析是运用数理统计原理，研究一个或多个不确定随机因素发生变化情况下，对项目经济评价指标所产生影响的一种定量分析方法，其目的在于把没有概率的随机变量转化为有预测概率的定量分析。

频率曲线法分析的基本思路如下：依据长期统计资料，比如防洪项目中的天然来水量的随机变化数据，生成下列统计特征值，即平均径流量（亿 m^3）或平均流量（m^3/s）、变差系数 C_V、偏态系数 C_S 等。由此可以求出各种频率（累计概率）下的来水量或流量，见图 11-10。对来水量的统计单位（密度）以应用或要求的不同而不同，如对防洪统计通常以年为统计密度；供水统计的密度通常是月、旬等；水力发电的密度可以是年也可以是月、日等。

对供水以及水力发电来说，我们可以根据图 11-10 不同频率下

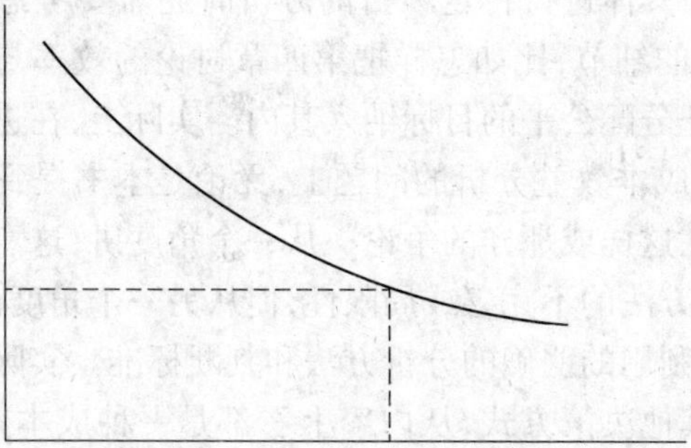

图 11-10　随机变量的概率统计

的来水量，求出其不同频率下的发电量以及供水量，从而可得出不同保证率（频率）下的效益。对防洪效益来说，纵坐标意味着不同来水量下的洪灾损失，而修建防洪设施的效益是对洪灾损失的减少，只要我们统计出几种典型频率下的洪灾损失，那么工程修建的平均效益就可以通过图 11-10 用式(11-42)估算出来。

$$B=\sum_{P=0}^{1}(P_{i+1}-P_i)(S_i+S_{i+1})/2$$
$$=\sum_{P=0}^{1}\Delta P\cdot\bar{S} \qquad (11\text{-}42)$$

式中：B 表示年平均损失；P 表示频率；S 表示不同频率下的经济损失。

例如，某河现状是能防御 200 年一遇的洪水，现规划一水利工程项目，能防御 4 000 年一遇洪水。已知 200 年一遇洪水的经济损失为 33 亿元，而 10 000 年一遇洪水的经济损失为 50 亿元。求规划项目的平均年效益。

求解过程见表 11-1。由公式(11-42) 求得规划项目的年平均效益是 1 971.25 万元。

以上依次介绍了水利公共项目成本效益分析的基本内容、特点和原理。当然,具体进行特定项目的分析时还需要考虑许多本章涉及或没有涉及的细节,比如怎样把第四章讨论的效率与公平的关系处理好,怎样把分配公平的目标纳入其内。实际上,在进行水利等公共支出项目的成本效益分析的问题上,无论是本书提到的还是没有提到的,都存在这样或那样的争论。从一个角度讲,这意味着公共项目的成本效益方法的不完善或局限性,但从另一个角度说,它的确提供了一种可资利用的明确的分析方法和判断标准。实际上正如罗森评论的:任何其他决策方式,从内容上看都是一种成本效益分析,只是其假设前提并没有明确说明而已。

表 11-1　洪灾损失计算表

工程情况	现状		规划项目效益	
洪水频率 *P* (多少年一遇)	0.005 (200 年)	0.000 1 (1 万年)	0.000 25 (4000 年)	0.000 1 (1 万年)
经济损失(亿元)	33	50	33	50
频率差	0.004 9		0.000 15	
平均经济损失(亿元)	41.5		41.5	
期间经济损失(万元)	2 033.5		62.25	
年平均损失(万元)	2 033.5		62.25	
年平均效益(万元)			1 971.25	

第十二章　投入产出的一般均衡分析

作为本书的总结和结尾,这一章将介绍应用一般均衡理论开展投入和产出分析及其应用的各个方面。

投入是指项目或事业需要的生产资料、资本或资本消耗(资本消耗也称折旧)、劳动的必要消耗和剩余消耗。通过投入,一定时期内可生产出社会需要的产品和服务,因此产出是指为社会提供消费资料和扩大再生产的产品数量及其分配使用方向。投入产出分析首先将各有关部门的投入和产出编制成一张棋盘式的表,利用经济学原理,根据投入产出表的平衡关系建立投入产出数学模型,然后利用这一模型以及矩阵和计算数学方法,来综合地分析地区经济有关部门在产品的生产和消耗之间的数量及依存关系。应用投入产出的分析技术,可以进行水利事业对各部门的综合平衡经济分析;对未来开展的预测分析(预测决策对社会经济所产生的影响和效应);编制与优化规划;对经济结构、经济规模、经济效益、经济政策、产品定价决策展开分析和模拟研究。另外,利用该模型我们还可以研究一些专门的社会问题,如水环境的污染与治理;人口和就业问题;水资源消耗与最优分配问题;地区之间(或部门内部)的平衡协调发展问题;企业经营状况、生产结构、定价策略分析等。

投入产出分析方法产生于20世纪30年代的美国,它的基本思想首先由美籍俄裔经济学家列昂惕夫提出。在1936～1953年期间,列昂惕夫先后发表了《美国经济体系中投入产出的数量关系》、《美国经济结构》等一系列专著,应用一般均衡理论提出了投入产出分析方法，并且利用美国公布的统计资料编制了美国经济1919年、1929年和1939年的投入产出表。

列昂惕夫的投入产出分析有其自己的历史渊源。早在18世纪中叶，古典政治经济学奠基人之一魁奈所提出的经济表，就已经包含了分析国民经济各部门投入产出关系的思想。19世纪，法国著名的经济学家瓦尔拉斯在他的一般均衡理论模型中，也已经把各部门的投入和产出联系起来考察，在他的模型中已经采用了各种产品之间的直接消耗系数。俄国经济学家德米特里耶夫在他的著作《经济笔记》中指出，单位产品的劳动消耗包括直接劳动消耗和间接劳动消耗两部分。列昂惕夫在前人工作基础上正式提出了投入产出分析方法，把研究课题中涉及的主要有关部门的投入和产出放在一张表格中，把简明有用的矩阵代数与实际编制的投入产出表数据直接联系起来，创造性地建立了可应用于不同领域不同目标的投入产出数学模型。

由于投入产出分析的科学性、实用性和先进性，自20世纪50年代起，世界各国纷纷投入大量人力和物力研究投入产出分析方法，编制和应用国家、地区、地区之间以及大型企业的投入产出表。目前，世界上绝大多数国家都开展了投入产出的分析研究工作，并且许多国家都发展了这一成果，从而使投入产出分析技术的内容越来越丰富和深入。在我国，投入产出分析的应用时间虽然不是很长，但已经在国家、地区、部门和企业等方面得到了长足发展，许多省、部门和大型企业都编制了实物型和价值型的投入产出表，促进了我国经济管理现代化水平的明显提高。特别是，我国在开展南水北调的前期研究工作中，河北省应用投入产出分析模型研究了该工程的筹融资方案，并全面分析了该工程筹融资和不同方案的水价制订对省内社会经济的影响，为决策提供了科学依据，取得了比较满意的效果。

第一节　投入产出表

一、投入产出关系的有关基本概念和理论基础

(一)社会总产品和国民收入

社会总产品是指一定时期内全部产业部门所产出产品的总和。社会总产品乘以价格就可表现为货币形式,即社会总产值。社会总产值由生产资料转移价值 X 和产出品的附加价值 D 两部分构成。从社会总价值的使用方面理解,它由生产资料(也称中间产品 X)和消费资料(也称最终产品 Y)两部分构成。在社会总产品中扣除中间产品转移价值后余下的附加价值部分就是国民收入,它包括资本投入或折旧 K、劳动投入或报酬 L 以及剩余价值或社会纯收入 M 等三部分,是产业产出部门劳动者和资本新创造的价值。根据对国民收入的定义,其统计方法通常有两种:第一种方法是依据它的形成过程,在生产过程中扣除生产资料物耗来计算,即

$$国民收入 = 社会总产值 - 生产资料物质消耗$$

第二种方法是根据国民收入的初次分配,将产业部门的增加价值加总,来倒算国民收入。关于国民收入的分配,它首先在生产企业中分配,必要产品价值表现为生产者的劳动报酬、资本报酬、折旧转移;剩余价值 M 表现为社会的纯收入,包括税(费)金、利润和企业留成等。

(二)投入产出分析的理论基础

投入产出分析的理论基础是一般均衡理论。列昂惕夫曾说过:投入产出分析是用新古典学派的全部均衡理论,对各种错综复杂的经济活动之间在数量上的相互依赖关系进行经验研究。投入产出分析是均衡理论的具体应用与延伸,是均衡理论的一个简化方案。

二、投入产出表

列昂惕夫解释说:一个表扼要地概括了经济系统中所有有关部门的各种投入来源和所有各类产出的去向,那么这个表就叫做投入产出表。根据上面对投入产出关系基本概念与理论的介绍,为使读者能够较容易地熟悉该表的结构及数量依存关系,下面首先以一个地区的三部门为实际案例,给出其简要的投入产出平衡数据分析,见表 12-1。

表 12-1 某地区三部门间投入产出平衡数据 (单位:亿元)

产出及流向 / 要素投入		各部门中间物资需求				最终产值		产出总额
		工业	农业、水利	交通	合计	…	小计	
各部门中间物资投入	工业	6	2	4	12		8	20
	农业、水利	2	1	1	4		6	10
	交通	4	2	3	9		1	10
	合计	12	5	8	25		15	40
附加投入		8	5	2	15			
投入总额		20	10	10	40			

表 12-1 代表了某地区由三部门构成的价值型投入产出数据。横向(行)表示各部门产出品及其流向,如农业和水利部门的产出总值为 10 亿元,其中工业消耗了 2 亿元、自身消耗了 1 亿元、交通消耗了 1 亿元,生产性消耗总计为 4 亿元,它最终为社会提供了价值为 6 亿元的财富,可用于出口、库存、公共投入(或公共消费)等。纵向(列)表示各部门的投入构成,如农业和水利部门的投入总值需要 10 亿元,其中需要工业为其投入 2 亿元、自身投入 1 亿元、交通为其投入 2 亿元,总共需要生产性物质投入为 5 亿元,外加资本、劳动及其他资源投入 5 亿元,所以农业及水利部门需要的社会总投入为 10 亿元。由一般均衡理论可知,每个部门的总投入和总产出相等。

一般地，我们可以将表 12-1 表达成一般的结构形式，如表 12-2 所示。下面详细介绍投入产出表一般表达形式的结构。

表 12-2 中以粗线条将投入产出表划分为四个部分，称为Ⅰ、Ⅱ、Ⅲ、Ⅳ象限。左上部为Ⅰ象限，它表达了各产业部门生产之间对中间产品的分配与消耗，这是一个方形矩阵；右上部为Ⅱ象限，表达了各部门为社会提供的纯产品价值，这一部分对最终产品的分解可以视分析目标的不同而异，比如分析两大部内的比例结构，可以将其分解为生产性积累和非生产性积累，要分析公共支出可按公共支出的结构来划分，为了其他目标也可以分解为出口、库存、公共投入等；左下部为Ⅲ象限，表示各部门除物质消耗以外的资本与劳动消耗，同时它也显示了国民经济收入的初次分配；右下方为Ⅳ象限，从理论上讲，这部分应主要反映国民收入的再分配及最终使用情况，但因为这部分的经济内容特别复杂，人们对它的研究和利用还比较少，因此在编制投入产出表时常常将它省略。

表 12-2　投入产出表的一般形式

产出及流向 / 要素投入		各部门中间产品需求				最终产出		产出总额
		部门 1	…	部门 n	合计	…	小计	
部门中间产品投入	部门 1	x_{11}	…	x_{1n}	$\sum_j x_{1j}$		y_1	x_1
	…	…	Ⅰ	…	…		Ⅱ	
	部门 n	x_{n1}	…	x_{nn}	$\sum_j x_{nj}$		y_n	x_n
	合计	$\sum_i x_{i1}$	…	$\sum_i x_{in}$	$\sum_i \sum_j x_{ij}$		$\sum_i y_i$	$\sum_i x_i$
新创造价值 D	资本、折旧	k_1		k_n	$\sum_j k_j$			
	劳动报酬	L_1	Ⅲ	L_n	$\sum_j L_j$			
	社会收入	M_1		M_n	$\sum_j M_j$		Ⅳ	
	小计							
投入总额		x_1		x_n	$\sum_j x_j$			

（一）关于“部门”的划分与定义

首先，投入产出表中所说的“部门”，并不是通常意义上的由企业归口行业组成的经济产业部门，而是指产品性质、用途和消耗结构都基本相同的同质品。比如，我们要研究水资源投入产出模型就需要以各类行业的耗水量和排放污水量为主要分部门参考。其次，由于投入产出分析的价值在于应用，所以对于不同用途的投入产出分析，要依据分析的目的来决定“部门”的定义、划分和取舍。比如有的主要是为了经济结构分析，有的是为了预测分析、计划分析，也有的是为了政策研究、项目经济评价等。

上面从价值量纲的角度介绍了投入产出表的基本结构，当然，我们还可以把对“部门”的定义和划分改做实物量，比如包括各种生产资料和消费资料的煤、钢铁、粮食、供排水等。把许多物资有机地联系起来构成一张产品和分配的平衡表，就称为实物型投入产出表。由于实物的量纲不统一，所以实物型投入产出表要去掉第Ⅲ象限，它只由两部分组成，第Ⅰ部分为部门之间的产品流量纵横关系，第Ⅱ部分为最终产品，用做库存、出口、实物消费等。不过在资料充足的情况下，我们也可以把实物型投入产出表进行扩充，比如我们可以在表的下方补充各种产品需要的劳动力数量、资金占用额等。

由于实物型投入产出表和价值型投入产出表所表现的数据内容不同，它们各具特点，主要表现在：①价值型投入产出表采用单一的货币单位，而实物型投入产出表采用各不相同的实物量单位。②实物型投入产出表所对应的投入产出关系式只有产出方程组，没有投入方程组。这是因为实物型投入产出表可以按行，对每个数值再外加一个系数，相加来得到各产品的总产出，但按列却无此必要。③价值型投入产出表可以包含国民经济的所有部门，而实物型投入产出表一般只能包括几十到几百种主要产品。这里所谓的主要产品，一般是指对分析目标相对重要性而言的。④一般来说，编制实物型投入产出表比编制价值型投入产出表容易。这一方面是由于价值型投入产出表的编制需要处理复杂的价格关系和分解同一部门不同用途的总价值,而实物型投入产出表却无这些困难。比如价值型投入产出表在选择产品的价格时,是采用出厂价还是销售价,是采用现行市场价格还是影子价格,同时在利用报告期的价值型投入产出表进行规划和经济分析时,由于计划期各类产品的比价经常发生变化,有时对计算结果影响很大。另一方面,编制实物型投入产出表时我们可以利用各部门、各企业现有的生产与消耗定额或实际统计资料,而在编制价值型投入产出表时就没有类似的资料可供利用。⑤利用价值型投入产出表可以对国民经济的一些重大比例关系进行综合性分析,而实物型投入产出表却很难进行这方面的综合分析。⑥在制定和检查国民经济各部门、企业的计划情况时,实物型投入产出表更接近实际需要。这是因为价值型投入产出表有一个用价格或汇率来折算的中间过程,而由于市场和汇率机制的不完善,容易使间接计算出来的价值失真。

(二)基本平衡方程式

由Ⅰ象限和Ⅱ象限组成的横向长方形表,表达了各部门总产品的分配方向及数量,表中横向第 i 部门作为生产者,在他们生产的总产品中有一部分作为中间品,供各部门作为生产物质原料消耗了,另一部分则作为最终产品用做了社会积累、出口、公共消费等,这一平衡关系可表示为

$$\sum_{i=1}^{n} x_{ij} + y_j = x_j \quad (j = 1,2,\cdots,n)$$

或

$$\begin{cases} x_{11} + x_{12} + \cdots + x_{1n} + y_1 = x_1 \\ x_{21} + x_{22} + \cdots + x_{2n} + y_2 = x_2 \\ \cdots\cdots \\ x_{n1} + x_{n2} + \cdots + x_{nn} + y_n = x_n \end{cases} \tag{12-1}$$

称式(12-1)为产出方程组。

Ⅰ象限和Ⅲ象限两部分联系在一起,构成一张纵向长方形表。该表反映了各部门总产品的投入结构,纵列第 j 列作为消费者,他们

消耗了各部门投入给本部门的生产资料，同时也消耗了本部门的资本和劳动，从而形成第 j 部门的总投入。这一平衡关系表示为

$$\sum_{j=1}^{n} x_{ij} + k_j + L_j + p_j = x_j \quad (j = 1,2,\cdots,n)$$

或

$$\begin{cases} x_{11} + x_{21} + \cdots + x_{n1} + k_1 + L_1 + p_1 = x_1 \\ x_{12} + x_{22} + \cdots + x_{n2} + k_2 + L_2 + p_2 = x_2 \\ \cdots\cdots \\ x_{1n} + x_{2n} + \cdots + x_{nn} + k_n + L_n + p_n = x_n \end{cases} \qquad (12\text{-}2)$$

称式(12-2)为投入方程组或生产方程组。

除了以上两个行与列的基本平衡关系式外，在价值型投入产出表中还有以下几个平衡关系式。

(1)由一般均衡理论可知，纵列各部门的生产总量分别等于横向同一部门的分配使用量，即

$$\sum_{i=1}^{n} x_{im} + k_m + L_m + p_m = \sum_{j=1}^{n} x_{mj} + y_m \quad (m = 1,2,\cdots,n)$$

(2)从整个国民经济看，社会产品生产总量应等于可分配使用的总量，即

$$\sum_{i=1}^{n}\sum_{j=1}^{n} x_{ij} + \sum_{j=1}^{n}(k_j + u_j + p_j) = \sum_{i=1}^{n}\sum_{j=1}^{n} x_{ij} + \sum_{i=1}^{n} y_i$$

(3)同时，最终产品总量等于新创造价值，即

$$\sum_{j=1}^{n}(k_j + u_j + p_j) = \sum_{i=1}^{n} y_i$$

第二节　投入产出模型

根据投入产出表的平衡关系建立的数学模型称为投入产出模型，包括产出(行)模型、投入(列)模型以及价格模型。

一、投入产出行模型

(一)直接消耗系数

在产出方程组式(12-1)中,我们是以流量的形式表示各部门之间的投入产出关系的。下面引入直接消耗系数,令

$$a_{ij} = x_{ij}/x_j \quad (i,j = 1,2,\cdots,n)$$

容易看出,a_{ij} 的经济意义为第 j 部门生产单位产品直接消耗第 i 部门的产品数量,a_{ij} 反映了国民经济之间的生产技术联系,称为直接消耗系数,有时也称为技术系数或投入系数。很显然,$0 < a_{ij} < 1$。

将方程组(12-1)用矩阵形式表示

$$AX + Y = X \tag{12-3}$$

其中:$X = (x_1, x_2, \cdots, x_n)$;$Y = (y_1, y_2, \cdots, y_n)^{\mathrm{T}}$;$A = (a_{ij})_{n\times n}$,为直接消耗系数表(或矩阵),比如表 12-1 中的直接消耗系数可表示为

$$A = \begin{bmatrix} 0.3 & 0.2 & 0.4 \\ 0.1 & 0.1 & 0.1 \\ 0.2 & 0.2 & 0.3 \end{bmatrix}$$

它是计算完全消耗系数和建立数学模型的基础。由式(12-3)可得

$$Y = (I - A)X \tag{12-4}$$

如果从最终产品出发,反求对各部门产品需求的话,式(12-4)可表示为 $X = (I - A)^{-1} Y$,我们把

$$B = (I - A)^{-1} \tag{12-5}$$

称为列昂惕夫逆矩阵❶,叫投入产出行模型。

(二)完全消耗系数

以上介绍了直接消耗系数矩阵,它表明在某部门单位产品的生产过程中对各部门产品的直接消耗量。但是在实际生产过程中,各部门之间的消耗关系往往相当复杂,除了直接消耗各部门的产品外,还要通过中间需求消耗某些产品,这种消耗称为间接消耗。

---

❶ 因 $(I - A)^{-1}$ 为非异矩阵,故逆矩阵存在。这里略去对它的证明。

例如,水利项目建设中要消耗电力,这属于直接消耗。进一步分析,水利建设还要消耗钢铁、水泥等,而钢铁生产还消耗了生铁、煤、耐火材料、冶金等。依此类推,我们把钢铁对电力的消耗称为水利项目对电力的第一次间接消耗,把生产生铁对电力的消耗称为水利项目对电力的第二次消耗,而把开采铁矿石、生产焦碳等称为水利项目对电力的第三次消耗。这个过程还可以无限制地推下去,从而得出多层次的间接消耗。因此,只有直接消耗不足以充分反映部门之间的完全联系(特别是对实物型投入产出分析),只有将直接消耗和间接消耗一起考虑,才能充分地反映出部门之间的完全联系。我们将直接消耗和间接消耗的总和称为完全消耗,其完全消耗系数矩阵记作 C,表达式为

$$c_{ij} = a_{ij} + \sum_{k=1}^{n} c_{ik} a_{kj}$$

或用矩阵方式表示为

$$C = A + CA \qquad (12\text{-}6)$$

式中:c_{ij} 为完全消耗系数,表示第 j 种产品对第 i 种产品的完全消耗量,没有消耗的用 0 表示;A 表示直接消耗系数矩阵;$C \times A$ 表示所有的间接消耗。

现在将式(12-6)做如下简化

$$C - CA = A$$

$$C(I - A) = A + I - I = I - (I - A)$$

$$C = (I - A)^{-1} - I \qquad (12\text{-}7)$$

式(12-7)是利用直接消耗 A 求解完全消耗系数的一种简便的替代方法。

(三)完全需求系数

从以上的讨论我们可以得出,直接消耗系数是对总产品而言的,而完全消耗系数是对最终产品而言的。由于完全消耗系数 C 度量了生产第 j 部门单位最终产品对于第 i 部门产品的完全消耗量,考

虑到列昂惕夫逆阵 $B=C+I$[1]，因此逆矩阵 $B=(b_{ij})_{n\times n}$ 的元素表示生产第 j 部门单位最终产品对于第 i 部门产品的需求量，包括直接需求也包括间接需求，称 b_{ij} 为完全需求系数或总产品定额。这就是列昂惕夫逆矩阵的经济含义。

（四）实物型完全消耗系数

由实物型投入产出表的产出方程组，我们同样可以得到实物型模型需要的完全消耗系数矩阵 $C=(I-A)^{-1}-I$。由于实物型投入产出表所表示的完全消耗系数是以实物单位计算的，所以它的经济学意义更为明确和清晰。但是由于实物型投入产出表没有包含所有的生产领域，因此实物型投入产出表完全消耗系数的完全性是相对的，这就需要研究投入产出表规模的大小对完全消耗系数数值大小的影响。下面两条原则对建立实物型投入产出表非常有用，我们在这里略去证明过程。

(1)一般说来，实物型投入产出表所包含的产品种类愈多，包含的生产领域愈全面，则计算出来的完全消耗系数就可能愈大，完全性愈好。

(2)如果新增加进实物型投入产出表的那些新产品，在生产过程中并不消耗原来的产品，或者原来的产品在生产过程中并不消耗该新增加的产品，那么完全消耗系数不会增加。

二、投入产出列模型

将直接消耗系数代入方程组(12-2)，并改写成矩阵形式为

$$\tilde{A}X+K+L+P=X$$

其中 $\tilde{A}=\mathrm{diag}(\sum_{i=1}^{n}a_{i1},\sum_{i=1}^{n}a_{i2},\cdots,\sum_{i=1}^{n}a_{in})$

$K=(k_1,k_2,\cdots,k_n)^{\mathrm{T}}$

$L=(l_1,l_2,\cdots,l_n)^{\mathrm{T}}$

---

[1] 把式(12-7)代入式(12-5)即可得到此式。

$$P = (p_1, p_2, \cdots, p_n)^{\mathrm{T}}$$

从而
$$K + L + P = (I - \widetilde{A})X \tag{12-8}$$

那么它的逆矩阵为❶

$$X = (I - \widetilde{A})^{-1}(K + L + P) \tag{12-9}$$

这里称式(12-9)为投入产出列模型。式(12-8)说明,如果已知各部门的总产出向量为 X,则可由此式推算出对各部门新创造价值的需求($K + L + P$);反过来,如果已知各部门的新创造价值,则由式(12-9)可推算出各部门的总产值向量 X。同行模型一样,列模型也能用于计划或规划的平衡计算。

三、价格测算模型

建立实物型投入产出表与价值型投入产出表关系的模型称为价格模型,包括价格形成模型和价格影响模型两种。

(一)价格形成模型

沿用前面的记号,以 x_{ij}、y_i、x_i、a_{ij} 分别表示以实物计量单位表示的部门间流量、最终产品、总产出和直接消耗系数,以 K、L、M 表示以货币单位计量的资本报酬、劳动报酬和社会纯收入,并以 p_j 表示第 j 类产品的单价,则投入产出表的价格模型可用表 12-3 的形式表达。

利用表 12-3 纵列平衡关系可以建立以下方程组。

$$\begin{cases} p_1 x_{11} + \cdots + p_n x_{n1} + k_1 + l_1 + m_1 = p_1 x_1 \\ \cdots\cdots \\ p_1 x_{1n} + \cdots + p_n x_{nn} + k_n + l_n + m_n = p_n x_n \end{cases} \tag{12-10}$$

上式两边同除以总产出 x_i,则有

$$\begin{cases} p_1 a_{11} + \cdots + p_n a_{n1} + a_{k1} + a_{l1} + a_{m1} = p_1 \\ \cdots\cdots \\ p_1 a_{1n} + \cdots + p_n a_{nn} + a_{kn} + a_{ln} + a_{mn} = p_n \end{cases} \tag{12-11}$$

---

❶ 关于逆矩阵存在的证明从略。

或 $$\sum_{i=1}^{n} p_i a_{ij} + (a_{kj} + a_{lj} + a_{mj}) = p_j \quad (j = 1,2,\cdots,n)$$

式中：$a_{kj} = k_j / x_j$，$a_{lj} = l_j / x_j$，$a_{mj} = m_j / x_j$ 分别称为折旧系数、劳动报酬系数和社会纯收入系数。

表 12-3　投入产出表的价格模型表达

产出 投入	各部门中间需求				最终产值	总产出
各部门中间产品消耗	$p_1 x_{11}$	$p_1 x_{12}$	…	$p_1 x_{1n}$	$p_1 y_1$	$p_1 x_1$
	$p_2 x_{21}$	$p_2 x_{22}$	…	$p_2 x_{2n}$	$p_2 y_2$	$p_2 x_2$
	…	…	…	…	…	…
	$p_n x_{n1}$	$p_n x_{n2}$	…	$p_n x_{nn}$	$p_n y_n$	$p_n x_n$
资本或折旧	k_1	k_2	…	k_n		
劳动投入	l_1	l_2	…	l_n		
社会纯收入	p_1	p_2	…	p_n		
总产出	$p_1 x_1$	$p_2 x_2$	…	$p_n x_n$		

将式(12-11)改写成矩阵形式

$$A^{\mathrm{T}} P + (K + L + M) = P \qquad (12\text{-}12)$$

式中：$P = (p_1, p_2, \cdots, p_n)^{\mathrm{T}}$；$K = (k_1, k_2, \cdots, k_n)$；$L = (l_1, l_2, \cdots, l_n)$；$M = (m_1, m_2, \cdots, m_n)$；$A^{\mathrm{T}}$ 为直接消耗系数矩阵的转置。

由式(12-12)很容易推导出

$$P = [(I - A)^{-1}]^{\mathrm{T}}(K + L + M) \qquad (12\text{-}13)$$

称式(12-12)或式(12-13)为价格模型。进一步分析，如果折旧系数、劳动系数和社会纯收入系数发生了变动，其增量分别用 ΔK、ΔL、ΔM 表示，则相应的各产品价格增量就是

$$\Delta P = [(I - A)^{-1}]^{\mathrm{T}}(\Delta K + \Delta L + \Delta M) \qquad (12\text{-}14)$$

称式(12-14)为价格变动模型。这里假设 A 没有发生变化。

(二)价格影响模型

所谓价格影响模型，研究的是一种或几种产品价格变动时对其

他部门产品价格的影响。

下面研究一个部门价格变动的模型。假设第 j 部门的产品价格由 p_j 变化到 $p_j+\Delta p_j$，相应该部门的产值就由 x_jp_j 变化为 $x_j(p_j+\Delta p_j)$，由于其他部门都要直接或间接地消耗第 j 部门的价格变动了的产品，所以其他部门产品的价格由原来的 p_i 变化为 $p_i+\Delta p_i$，按现行价格计算出来的总产值就由原来的 x_ip_i 变化为 $x_i(p_i+\Delta p_i)$。于是由价格模型式(12-11)变化为

$$\begin{aligned} p_j+\Delta p_j &= \sum_{i=1}^{n}(p_i+\Delta p_i)a_{ij}+(a_{kj}+a_{lj}+a_{mj}) \\ &= \sum_{i=1}^{n}p_ia_{ij}+(a_{kj}+a_{lj}+a_{mj})+\sum_{i=1}^{n}\Delta p_ja_{ij} \\ &= p_j+\sum_{i=1}^{n}\Delta p_ia_{ij} \end{aligned}$$

从而得 $\Delta p_j=\sum\limits_{i=1}^{n}\Delta p_ia_{ij}$。

改写成方程组形式为

$$\begin{cases} \Delta p_1a_{11}+\Delta p_2a_{21}+\cdots+\Delta p_na_{n1}=\Delta p_1 \\ \cdots\cdots \\ \Delta p_1a_{1n}+\Delta p_2a_{2n}+\cdots+\Delta p_na_{nn}=\Delta p_n \end{cases} \tag{12-15}$$

一般地，第 k 部门产品价格变动 ΔP_k，对其余 $n-1$ 个部门价格的影响模型为

$$\begin{bmatrix} \Delta p_1 \\ \vdots \\ \Delta p_{k-1} \\ \Delta p_{k+1} \\ \vdots \\ \Delta p_n \end{bmatrix}=(I-A_{n-1}^{\mathrm{T}})^{-1}\begin{bmatrix} a_{k11} \\ \vdots \\ a_{k,k-1} \\ a_{k,k+1} \\ \vdots \\ a_{kn} \end{bmatrix}\Delta p_k \tag{12-16}$$

式中：A_{n-1}^{T} 是 A_n^{T} 中划去第 k 行第 k 列后余下的 $n-1$ 阶子矩阵。

另外,式(12-16)对列昂惕夫逆矩阵同样适用。

对于两个或两个以上部门产品价格变动的影响模型,这里不做推导,但我们可以将以上步骤分两次来应用。

第三节 投入产出分析的主要应用

一、模型的假设

应用投入产出分析技术解决现实中的经济问题,总是要在一定的假设条件下进行,这些假设条件既是必要的,也是有效的。首先,投入产出模型作为对现实经济现象的抽象,不管模型的规模有多大,都不可能也没有必要把现实经济活动中所有的因素都包罗进来,也就是说,工作中只能选择那些在经济分析目标中居主导地位的因素,研究那些有决定影响的因素。其次,我们所研究的经济活动总是在一刻不停地运动变化着,而任何一个模型都只能描绘某一时刻或某一时段的经济状态。实际上,我们在编表和应用中无法得到整齐划一同一时刻的各种数据。所以,对于投入产出模型的分析,我们总是假定它有一定时期的有效期,总是假定它代表着一定时期的经济状况。

(一)关于产品同质性的假设

为便于分析和计算,我们总是以产品的物质消耗构成,或者以产品的应用关联度作为最主要的分类标准,这显然与现行的管理体制有矛盾。因为没有任何一个企业只生产绝对单一的产品,这就使我们不得不选用一个企业的主导产品作为其代表。比如生产系列产品的化工企业,由于各种产品对水资源的消耗系数并不都相同,所以就需要我们在整理分析数据时采用普通的权重技术,或者选择忽略部分消耗水较少产品的技术。另外,不同的水利项目对不同材料的消耗系数也不尽相同,比如万元投资水电站对钢材料的消耗,与万元投资灌溉渠道对钢材料的消耗就完全不同。这些现实中提出的问题,都要求我们在编制投入产出表时给予不同程度的假设或忽略。

(二)关于直接消耗系数稳定性的假设

在静态投入产出分析中,都假设直接消耗系数不变,而在动态的投入产出分析中,假设直接消耗系数随时间的变化也是有条件的。假设直接消耗系数不变,是指一定时期内各部门对各种物质资料以及资本、劳动等投入要素的单位消耗不变,它意味着各部门生产技术、生产条件都相同,或者认为它们有相同的消耗系数,或者用整个行业的平均消耗系数作为直接消耗系数。实际上,现实中由于新材料的使用、生产过程的自动化、技术进步、相对价格变动和新工业的出现等原因,不可避免地会使直接消耗系数发生变化。比如我国在制定五年或更长时期的规划时,通常都将提高生产率、降低单位产品对各种物质资源的消耗,特别是降低单位产值水资源消耗作为规划指标。这就使得我们在编制投入产出表以及在进行投入产出分析时,要注重投入产出数学模型的应用条件,特别是在消耗系数发生变化时,要及时调整相应的消耗系数才能够使数学模型比较符合实际,达到指导生产与决策的目的。

(三)关于比例性的假设

前面的分析中,我们都是假设各部门投入和产出的数据是成比例的,也就是说,任何部门所消耗的各种投入要素跟这个部门的总产出成正比例关系。所以,我们一直都是用线性方程组来表达它们的相互关系。这一假设暗含着在做投入产出分析时不考虑其他的随机因素。由于事实上各个经济因素之间的关系非常复杂,而且有些情况下是非线性关系,并且随机因素也是不断存在,有时还起着决定性作用,所以我们在做投入产出分析时,要注意调整各投入要素及其与产出的关系类型。本章第五节给出了一个非线性投入产出的两部门代数模型,以启发读者在分析问题时用另一种思路。

(四)关于价格的假设

为了统一分析价值型投入产出表和实物型投入产出表,我们还假设了产品价格的变化不会引起各部门之间联系的变化,并且假定由于价格与价值背离不会引起部门间的再分配。这一假设对于用货币形式反映部门间的实物联系很方便。

除了以上这些假设外,在用数学模型进行投入产出分析中,我们还必须把自然条件的限制、政策性因素的作用、心理方面的影响、市场不完善的阻碍等因素排除在外,使得投入产出模型能够更集中地反映经济问题的主要方面,解决关键问题。但是,我们应该注意各种假设对模型模拟现实的限制,以便在条件发生变化,特别是原来不构成主要因素的某些条件转变成主要因素时,我们要及时调整模型的表达式和系数,以便不至于造成对现实世界的背离或提出错误的指导策略。

正如我们在本章前面所提到的那样,投入产出分析的应用领域非常广泛。不过,我们这里要集中分析两个方面的应用,即项目经济效益评价和水资源投入产出模型。

二、投入产出用于评价项目的经济效益

关于项目评价的经济效益分析,我们已经在第十一章做出了较为详细的所费与所得方面的讨论,这里要从投入产出的角度分析项目的经济效益。

投入产出表中能够反映经济效益的参数很多,在此举出几种主要的指标。

(1)把国民收入与物质消耗相比较,会看到耗费一定量物质能得到多少新创造价值,对于具体部门或项目来说,可以得到单位消耗能带来的社会净产值,可以估算对 GDP 的贡献。如果用直接消耗系数计算,得到的是直接经济效益指标;若用完全消耗系数计算,就可以得到全部的完全效益指标。比如第 j 部门的单位物耗所能提供的国民收入可用如下公式表达

$$\frac{l_j + m_j}{\sum_{i=1}^{n} x_{ij} + k_j} \quad 或 \quad \frac{l_j + m_j + k_j}{\sum_{i=1}^{n} x_{ij}} \tag{12-17}$$

前者针对营利性企业而提出，把资本投入和折旧看做成本对社会的物质消耗，而后者针对国民经济基础设施和非生产性支出而提出，把资本投入和折旧看做用社会纯收入对公共项目的支出。

容易看出，这一指标的值越大，说明其效益越好。但是我们应该注意到，由于市场经济的不完善和各产业之间生产率的不平衡，所以应用这一指标应该注意其相对比较，而不是只看它的绝对量。最后还应指出，物质消耗与国民收入对比的方法同样适用于物质消耗与最终产品的比较，它可以用来衡量整个国民经济和各部门单位物耗所创造的最终产品。

(2)把社会总产出与社会总成本作对比，可以看到每单位的物质消耗和劳动消耗所能创造出来的物质成果，这种分析同样适用于具体部门或项目。比如第 j 部门的社会总产出与社会总成本对比的计算公式如下

$$\frac{x_j}{\sum_{i=1}^{n} x_{ij} + k_j + l_j} \text{ 或 } \frac{x_j + k_j}{\sum_{i=1}^{n} x_{ij} + l_j} \tag{12-18}$$

两种表示方法的意义同上，这一指标同样能够反映总投入对社会净价值的贡献率。

(3)可以计算总产出与劳动报酬的比值，用以说明单位劳动报酬所能提供的总产出。比如第 j 部门的单位劳动报酬与其总产出的比值表达式为

$$x_j / l_j \text{或} l_j / x_j \tag{12-19}$$

前者表示单位劳动报酬所能带来的总产出，后者表示总投入所能带来的就业人数。依次类推，我们还可以计算出单位劳动报酬带来的净产值、利税等。其计算公式如下

$$\frac{m_j + l_j}{l_j} \text{和} \frac{m_j}{l_j} \tag{12-20}$$

同样地，我们也可以计算出单位物耗所能带来的消费品总量，计

算公式如下

$$\frac{\omega_j}{\sum_{i=1}^{n} x_{ij} + k_j} \quad 或 \quad \frac{\omega_j}{\sum_{i=1}^{n} x_{ij}} \tag{12-21}$$

式中：ω_j 表示第 j 种产品的最终产出中用于基础设施建设和非生产性消费的系数。

三、水资源投入产出模型

作为投入产出分析在水利项目方面的综合应用，我们在这里给出一个水资源投入产出综合分析模型，以说明利用投入产出技术综合研究水资源合理开发、分配和利用的问题。

（一）水资源投入产出表

水资源投入产出表的基本结构见表 12-4，该表的主要特点是将水资源生产部门单独列了出来，从而使各部门的用水和分配情况、供水过程的消耗和排污水处理等得到了全面反映。进一步，我们还可以把水资源生产部门细分为各供水企业，比如河水、地下水、处理后的重复利用水供水供应企业等。这里为简化分析，我们把水资源生产部门作为一个生产部门来对待。表 12-4 中符号的含义说明如下：x_{ij} 表示各主要耗水生产部门间的流量；n 表示其数目；T_j 表示水生产部门消耗第 i 部门中间产品的数量；E_j 表示污水处理部门消耗第 i 部门中间产品的数量；y_j 表示第 j 生产部门为社会提供的净产出；x_j 表示 j 个生产部门的总产品数量；Z、ω 分别表示水生产部门为社会提供的净产出和总产出；R、Q 分别表示污水处理部门为社会提供的净产出和总产出。其余符号意义同前。

表 12-4 的水平方向说明的是某时期各生产部门在生产过程中所消耗第 i 部门的产出，或者说对第 i 部门产出的使用情况，在生产过程中所耗用的水量，以及所排放出的污水量。具体来说，我们可以概括出三类平衡方程式，以构成水资源的投入产出模型。

表 12-4　水资源投入产出表

投入＼产出		生产部门 1	生产部门 i	生产部门 n	生产部门 合计	水生产厂	污水处理	最终产出	产出总额
生产部门	1	x_{11}		x_{1n}		T_1	E_1	y_1	x_1
	j		x_{ij}			T_j	E_j	y_j	x_j
	n	x_{n1}		x_{nn}		T_n	E_n	y_n	x_n
	合计								
水生产厂		G_1	G_i	G_n		H		Z	ω
污水处理		P_1	P_i	P_n				R	Q
新创价值	折旧	k_1		k_n		$\overline{K}$	K'		
	劳动	l_1		l_n		$\overline{L}$	L'		
	社会	m_1		m_n		$\overline{M}$	M'		
	小计								
投入总额		x_1		x_n		ω	S'		

(二)水资源投入产出模型及消耗系数

1. 各生产部门的产出与流向

$$\sum_{i=1}^{n} x_{ij} + T_j + E_j + y_j = x_j \quad (j = 1,2,\cdots,n)$$

我们在这一方程中引入生产部门直接消耗系数 a_{ij}，水资源部门消耗系数 t_j，以及污水处理部门消耗系数 e_j。

$$a_{ij} = x_{ij}/x_j;\ t_j = T_j/\omega;\ e_j = E_j/S'$$

其中，a_{ij} 表示第 j 部门生产单位产品直接消耗第 i 部门的产品数量；t_j 表示第 j 部门生产单位产品直接消耗的水数量；e_j 表示要消除一个单位的污水所消耗第 j 部门生产的产出品数量。由以上三个直接消耗系数，可以得到如下的方程组：

$$\sum_{i=1}^{n} a_{ij}x_j + t_j\omega + e_jS' + y_j = x_j \quad (j = 1,2,\cdots,n)$$

改写成矩阵形式为

$$AX + T\omega + ES' + Y = X \tag{12-22}$$

2. 水资源使用

计算公式如下

$$\sum_{i=1}^{n} G_i + H + Z = \omega \tag{12-23}$$

等式左边第一项表示各生产部门对水的直接消耗数量;第二项表示水资源生产部门本身对水资源的直接消耗数量,第一、二项之和表示生产领域消耗水资源的数量;第三项表示公共消费领域对水资源的消耗量。故等式左边就表示某时期生产领域与公共消费领域对水资源的总消耗量。

现在我们引入各生产部门对水的直接消耗系数 g_i 和水资源生产本身对水的直接消耗系数h。这里

$$g_i = G_i / x_i \quad (i = 1,2,\cdots,n)$$

式中:g_i 表示 i 生产部门生产单位产品对水资源的消耗量。

$$h = H/\omega$$

式中:h 表示水资源生产部门本身在提供单位水资源量时消耗的水量。

在引入这两类系数后,方程(12-23)可改写为

$$\sum_{i=1}^{n} g_ix_i + h\omega + Z = \omega \tag{12-24}$$

3. 污水的产生

计算公式如下

$$\sum_{i=1}^{n} P_i + R = Q$$

等式左边第一项表示各生产部门产生的污水总量;第二项为公共消费领域产生的污水量。

这里，我们没有对污水进行进一步分类，对污水进一步分类的意义在于处理不同类型的污水需要不同的工艺和消耗。现在引入各生产部门污水的直接生产系数 p_i，即

$$p_i = P_i / x_i$$

p_i 表示第 i 个生产部门生产单位产品产生的污水，于是有如下的方程

$$\sum_{i=1}^{n} p_i x_i + R = Q \tag{12-25}$$

设 α 为污水的消除比例，即 $\alpha = S'/Q$，显然 $0 \leqslant \alpha \leqslant 1$，将 $S' = \alpha Q$ 代入式(12-22)，可得水平方向的三组方程

$$\begin{cases} AX + T\omega + E\alpha Q + Y = X \\ \sum_{i=1}^{n} g_i x_i + h\omega + Z = \omega \\ \sum_{i=1}^{n} p_i x_i + R = Q \end{cases} \tag{12-26}$$

这就是水资源投入产出的数学模型。

(三)完全消耗系数

我们已经知道，完全消耗系数是直接消耗系数与间接消耗系数之和。下面分析各生产部门对水的完全消耗系数。

各生产部门对水的直接消耗系数是 g_j，而对水的间接消耗系数可分为两部分：

第一，各生产部门消耗了原材料等，在这些原材料的生产过程中要消耗水，即

$$\sum_{k=1}^{n} \bar{g}_k a_{kj}$$

这里的 $\bar{g}_k$ 为第 k 种产品对水的完全消耗系数；而 a_{kj} 为第 j 种产品对第 k 种产品的直接消耗系数。

第二，各生产部门在生产过程中排出了污水，而污水处理过程中消耗了其他产品，如电力、化工品等，在它们的生产过程中也消耗了

水,这些水构成了各部门产品对水的间接消耗,表达式如下

$$\sum_{i=1}^{n}\bar{g}_k e_k \alpha p_j$$

其中 $e_k \alpha p_j$ 即为第 j 部门生产单位产品所排出的污水,在消除过程中所消耗的第 k 部门产品的数量;$\bar{g}_k$ 意义同前。

由此,我们可以得出各生产部门对水的完全消耗系数,即

$$\bar{g}_j = g_j + \sum_{k=1}^{n}\bar{g}_k a_{kj} + \sum_{k=1}^{n}\bar{g}_k e_k \alpha p_j \quad (j = 1,2,\cdots,n)$$

改写成矩阵形式

$$\bar{G} = G + \bar{G}A + \bar{G}E\alpha P \tag{12-27}$$

第四节　动态投入产出模型

前面我们所讨论的都是以静态方式描述的投入产出模型,它只反映了一定时期或时刻的再生产过程。比如,它只是按是否投入本期的生产,将产出划分为中间产品和最终产品。然而现实中,中间产品的再投入生产通常都有一个时间的滞后因素,比如三峡项目从投入到产出的时间差为十几年,而南水北调项目的时间总差可达到半个世纪。另外,我们在前面对最终产品的假设总是作为社会消费而出现,但现实中最终产品的相当一部分要作为公共投入来建设国民经济的基础设施,特别是,水利项目建设和更新改造的绝大部分都来自于所谓的“最终产品”。因此,这一节要对静态的投入产出分析模型做出扩展,要引入时间因素研究若干时期的再生产过程,并要分析各个时期再生产过程的相互联系,其中主要研究投资同生产发展的相互关系。

一、简单的动态模型结构

首先我们将最终产品划分为两大类,即最终消费品和公共生产投资品。其中生产性投资还可进一步划分为固定资产投资和流动资

产投资，也可按交通、水利、市政等部门划分。按照这一思路，我们将投入产出表改造成如表 12-5 的形式。

表 12-5　水资源投入产出表

<table>
<tr><td colspan="2" rowspan="2">产出
投入</td><td colspan="3">中间产品</td><td colspan="4">最终产品</td><td rowspan="2">产出总额</td></tr>
<tr><td>1</td><td>i</td><td>n</td><td>1</td><td>i</td><td>n</td><td>最终消费</td></tr>
<tr><td rowspan="3">物质消耗</td><td>1</td><td>x_{11}</td><td></td><td>x_{1n}</td><td>I_{11}</td><td></td><td>I_{1n}</td><td>y_1'</td><td>x_1</td></tr>
<tr><td>j</td><td></td><td>x_{ij}</td><td></td><td></td><td>I_{ij}</td><td></td><td></td><td></td></tr>
<tr><td>n</td><td>x_{n1}</td><td></td><td>x_{nn}</td><td>I_{n1}</td><td></td><td>I_{nn}</td><td>y_n'</td><td>x_n</td></tr>
<tr><td rowspan="4">新创价值</td><td>折旧</td><td>k_1</td><td></td><td>k_n</td><td colspan="5" rowspan="5"></td></tr>
<tr><td>劳动</td><td>l_1</td><td></td><td>l_n</td></tr>
<tr><td>社会</td><td>m_1</td><td></td><td>m_n</td></tr>
<tr><td>小计</td><td></td><td></td><td></td></tr>
<tr><td colspan="2">投入总额</td><td>x_1</td><td></td><td>x_n</td></tr>
</table>

依据投入产出表的平衡方程，第 j 部门的产出可表达为

$$\sum_{i=1}^{n} a_{ij}x_j + \sum_{i=1}^{n} I_{ij} + y_j' = x_j \quad (j = 1,2,\cdots,n)$$

这里的 I_{ij} 表示第 i 部门产出利用第 j 部门生产性投资的数量，即第 i 部门产品用来增加第 j 部门生产基金的数量。

在动态模型中，各年度变量是时间的函数，因此上述方程可写为

$$\sum_{i=1}^{n} a_{ij}x_j(t) + \sum_{i=1}^{n} I_{ij}(t) + y_j'(t) = x_j(t) \quad (j = 1,2,\cdots,n) \tag{12-28}$$

现在引入投资系数 b_{ij}，其定义为

$$b_{ij} = I_{ij} / \Delta x_j \quad (i, j = 1,2,\cdots,n)$$

b_{ij} 表示第 j 部门新增单位产品所耗用的第 i 部门产品中作为生产资本的数量。由于 $I_{ij}(t) = b_{ij}\Delta x_j(t)$，以及 $\Delta x_j(t) \approx \mathrm{d}x_j(t)/\mathrm{d}t$，因此

式(12-28)可改写为

$$x_j(t) - \sum_{i=1}^{n} a_{ij}x_j(t) - \sum_{i=1}^{n} b_{ij}\frac{\mathrm{d}x_j(t)}{\mathrm{d}t} = y_j' \quad (j = 1,2,\cdots,n)$$

或写成下面的矩阵形式

$$X(t) - AX(t) - B\frac{\mathrm{d}X(t)}{\mathrm{d}t} = Y'(t) \qquad (12\text{-}29)$$

二、动态模型的求解

(一)求解齐次线性常微分方程

式(12-29)是由列昂惕夫于1953年提出的动态模型。在数学形式上,它是一个一阶非齐次线性常微分方程组,因此其求解有些麻烦。现在我们做如下变换,以简化对式(12-29)的求解。设方程组右边的纯消费项 $Y'(t)$为已知,并把它归并到最终产品的 n 个部门之中,这样,我们就可以得到如下的一阶齐次线性常微分方程组

$$X(t) - AX(t) - B\frac{\mathrm{d}X(t)}{\mathrm{d}t} = 0 \qquad (12\text{-}30)$$

现在我们首先对式(12-30)求解,然后再对式(12-29)求解。

由式(12-30)有

$$B\frac{\mathrm{d}X(t)}{\mathrm{d}t} = (I - A)X(t)$$

或记为

$$B\frac{\mathrm{d}X(t)}{\mathrm{d}t} = A^{*}X(t) \qquad (12\text{-}31)$$

其中 $A^{*} = I - A$,称 $\det(B\lambda - A^{*}) = 0$ 为特征方程,它的解称为特征值。设方程式(12-31)的特征值为 $\lambda_1,\lambda_2,\cdots,\lambda_s$ 且各不相同,权重数分别为 $\sigma_1,\sigma_2,\cdots,\sigma_s$,显然$\sum\sigma_i = n$。对每一个 λ_i,设

$$X(t) = \begin{bmatrix} p_{1i}(t) \\ p_{2i}(t) \\ \cdots \\ p_{ni}(t) \end{bmatrix} \mathrm{e}^{\lambda_i t} \quad (i = 1,2,\cdots,s) \qquad (12\text{-}32)$$

其中 $p_{1i}(t),p_{2i}(t),\cdots,p_{ni}(t)$为待定的次数为 σ_i-1 的多项式,将它代入式(12-33),可得到关于 $p_{1i}(t),p_{2i}(t),\cdots,p_{ni}(t)$的系数的方程组,就可确定这些多项式。其中关于 $p_{1i}(t),\cdots,p_{ni}(t)$的系数的方程组有 σ_i 组线性无关解,于是就可得到 σ_i 个线性无关解。所有这些线性无关解组成方程式(12-30)的 n 个线性无关解,记为 $x^{(1)}(t),x^{(2)}(t),\cdots,x^{(n)}(t)$,从而式(12-30)的通解为

$$X(t)=\sum_{i=1}^{n}c_ix^{(i)}(t)$$

式中:$c_1,c_2,\cdots,c_n$ 为常数。

(二)求解非齐次线性常微分方程

现在来求一阶非齐次常系数线性方程组(12-29)的解。它的通解应该等于相应齐次方程组(12-30)的解加上一个特解。而这一特解的求得取决于 $Y'(t)$的具体形式,这里讨论几种特例:

(1)若各部门的最终净产值在各年度都相等,则 $y_i'(t)=g_i$,其特解可取 $x_i(t)=(I-A)^{-1}g_i$。

(2)若各部门的最终净产值为时间 t 的多项式,则 $y_i'(t)=g_i+g_it+\cdots+g_it^u$,其特解可取 $x_i(t)=\sum_{j=1}^{u}\omega_{ij}t^j$,其中 ω 为待定常数。

(3)若各部门的最终净产值为时间 t 的指数多项式,则 $y_i'(t)=g_i e^{\mu_1 t}+g_i e^{\mu_2 t}+\cdots+g_i e^{\mu_u t}$,其特解可取 $x_i(t)=\sum_{j=1}^{u}\omega_{ij}e^{\mu_j t}$,其中 ω 为待定常数。

(三)用差分方法求解微分方程

上面讨论的动态投入产出模型是以微分方程组形式表达的,它们是把经济过程当做连续的时间进程来对待。然而,在经济的实际运作过程中,人们不需要把握任意瞬间的状态变化,从统计资料的获得看,人们也不可能得到每一瞬间的数据。因此,从经济决策的实际出发,没有必要也不可能利用微分方程去作各种分析和计算。事实上,经济学总是以划分时间段的方式来处理这类随时间变化的动态

过程，用离散的差分方程就是一种明智的选择。最简单的差分方程表达式就是将微分式改写成差分式，我们将式(12-31)改写成差分方程如下，即

$$X(t) - AX(t) - B[X(t+1) - X(t)] = Y'(t) \tag{12-33}$$

用差分方程法求解微分方程有两种方式，一是正向递推；二是逆向递推。限于篇幅，这里省去对差分解法和动态逆矩阵的介绍，需要了解这方面内容的读者可参阅有关《计算数学》和《投入产出》方面的专著。

三、考虑投资时滞和多次性投资的动态模型

对于水利项目而言，利用社会最终产品投资，属于流动资金积累的通常都在下一年度见效，而属于固定资产积累的部分往往要经历一个很长的周期，而且投资不是一次性完成，而是逐步或多次投资构成的。这里研究一个多年时滞和多次投资的动态模型，以弥补简单模型的不足。

实际上，为动态模型方程组加上多年时滞和多次投资两个要素也很简单，只要我们知道了如下三个参数，就可将式(12-29)改写成多年时滞和多次投资动态模型。这三个参数包括：

(1)各部门单位产值的投资额 I_j'。I_j' 表示为了使第 j 部门增加单位产值(或单位产量)所需要的投资额，它既包括固定资产投资也包括流动资产投资。

(2)投资额的年度分配系数 $c_j(s)$。它表示第 j 部门投资额中提前 s 年前投入的数额占全部投资额的比重。所以

$$\sum_{s=1}^{n} c_j(s) = 1$$

式中：n 表示投资年限。

(3)投资额的部门产品构成系数 d_{ij}。d_{ij} 表示在第 j 部门投资额中第 i 部门产品所占的比重。

现在我们构建多年时滞和多次投资的动态投入产出模型

$$x_j(t)-\sum_{i=1}^{n}a_{ij}(t)x_j(t)-\sum_{i=1}^{n}d_{ij}(s)c_j(s)I_j\frac{\mathrm{d}x_j(t)}{\mathrm{d}t}=y_j \quad (12\text{-}34)$$

第五节　投入产出的非线性代数模型

鉴于投入产出分析的线性特征,我们在这里提供一个关于两部门一般均衡模型的代数法非线性分析方法。用计算数学中的离散变量替代微分变化,经过少量计算就可以对模型进行非线性代数计算。

该模型是由米茨考斯基在哈伯格早期的公共融资效应分析基础上的修正与推广。该模型分析一个固定供给要素条件下的最简单情况,且只有一种包括所有消费者和政府的总体需求函数。假设水利公共项目支出花费税收收入的方式与一般消费者支出方式相同。这就如同税收收入一次性转移给消费者,或者税收收入简单地等同于一次总付税收。一般系统方程包括供给方程、需求方程、市场有效利用方程、定价方程。这是一种比较静态分析,而且所有的等式是以微分变动的形式而不是以绝对值方式给出的。

一、供给方程

基本的供给关系是生产函数,对产出 X,生产函数可表达为

$$X=f(L_X,K_X) \quad (12\text{-}35)$$

对这个等式全微分

$$\mathrm{d}X=f_L\mathrm{d}L_X+f_K\mathrm{d}K_X \quad (12\text{-}36)$$

式中:f_L 和 f_K 分别是劳动和资本的边际产量,即 $\partial f/\partial L_X$ 和 $\partial f/\partial K_X$。

在竞争性市场条件下,要素报酬等于边际产品现值(即 $\omega_X=P_Xf_L$),用这个关系式除以 X,把式(12-36)转化为:

$$\hat{X}=\theta_{LX}\hat{L}+\theta_{KX}\hat{K} \quad (12\text{-}37)$$

式中:"^"代表变化率,如 $\hat{X} = \mathrm{d}X/X, \hat{L} = \mathrm{d}L/L, \hat{K} = \mathrm{d}K/K$ 等;θ_{LX} 是 X 生产成本中劳动的份额($\theta_{\mathrm{LX}} = \omega_{\mathrm{X}} L_{\mathrm{X}} / P_{\mathrm{X}} X$),由于假设生产函数是线性齐次的,产品的价值刚好等于对要素的支付,所以 $\theta_{\mathrm{LX}} + \theta_{\mathrm{KX}} = 1$[1]。对行业 Y 可以得到一个相似的等式(略)。

其他我们所关心的供给关系是替代弹性 σ_{X} 和 σ_{Y},σ_{X} 的值可以这样定义

$$\sigma_{\mathrm{X}} = \frac{\mathrm{d}(K_{\mathrm{X}}/L_{\mathrm{X}})/(K_{\mathrm{X}}/L_{\mathrm{X}})}{\mathrm{d}(r_{\mathrm{X}}/\omega_{\mathrm{X}})/(r_{\mathrm{X}}/\omega_{\mathrm{X}})} \tag{12-38}$$

式中:r_{X} 和 ω_{X} 分别是行业 X 中资本和劳动的毛收益。对式(12-38)中分子和分母求导,等式变为

$$\hat{K}_{\mathrm{X}} - \hat{L}_{\mathrm{X}} = -\sigma_{\mathrm{X}}(\hat{r}_{\mathrm{X}} - \hat{\omega}_{\mathrm{X}}) \tag{12-39}$$

相似地,σ_{Y} 的表达式为

$$\hat{K}_{\mathrm{Y}} - \hat{L}_{\mathrm{Y}} = -\sigma_{\mathrm{Y}}(\hat{r}_{\mathrm{Y}} - \hat{\omega}_{\mathrm{Y}}) \tag{12-40}$$

二、需求方程

用下列形式表示 X 行业的基本需求方程

$$X = X(I, P_{\mathrm{X}}, P_{\mathrm{Y}}) \tag{12-41}$$

式中:I 表示收入。

因为需求函数对所有价格和收入是零阶齐次的,所以只有相对价格才是重要的。由于收入变化可以不必考虑(因为政府花费税收收入的方式与消费者的支出方式相同),所以需求函数通常可以简化为

$$X = X(P_{\mathrm{X}}/P_{\mathrm{Y}}) \tag{12-42}$$

对式(12-42)微分,并除以 X 把它转化为变化率的形式,以变动比率的形式表示 X 的需求函数,即

---

[1] 也就是 $P_{\mathrm{X}}X = \omega_{\mathrm{X}}L_{\mathrm{X}} + r_{\mathrm{X}}K_{\mathrm{X}}$,用 $P_{\mathrm{X}}X$ 来除此式,得到 $\theta_{\mathrm{LX}} + \theta_{\mathrm{KX}} = 1$。

$$\hat{X} = E(\hat{P}_X, \hat{P}_Y) \tag{12-43}$$

式中：E 是近似以 X 需求的补偿相对价格弹性，所谓“近似”是不考虑收入效应的情况下忽略了由于税收引起的超额负担。

三、市场有效利用方程

模型假设所有要素都得到充分利用，以至于两个行业中每一个要素都必须用完。K 和 L 的有效利用条件是

$$K_X + K_Y = \overline{K} \tag{12-44}$$

$$L_X + L_Y = \overline{L} \tag{12-45}$$

式中：$\overline{K}$ 和 $\overline{L}$ 分别表示各要素的总供给。

对这些有效利用条件进行全微分，得到

$$\mathrm{d}K_X = -\mathrm{d}K_Y \tag{12-46}$$

$$\mathrm{d}L_X = -\mathrm{d}L_Y \tag{12-47}$$

X的要素利用条件已经隐含在该分析中，因为在式(12-37)、式(12-43)中表示的供给和需求的关系式中所用 X 的数量相同。

四、定价方程

R_X 的等价方程式根据投入和产出价值相等的条件求出，即

$$P_X X = \omega_X L_X + r_X K_X \tag{12-48}$$

对这个方程式求全微分：

$$P_X \mathrm{d}X + X\mathrm{d}P_X = \omega_X \mathrm{d}L_X + r_X \mathrm{d}K_X + L_X \mathrm{d}\omega_X + K_X \mathrm{d}r_X \tag{12-49}$$

然而，如果我们对生产函数方程(12-35)求全微分，并将两边同乘以 P_X，得到

$$P_X \mathrm{d}X = P_X f_L \mathrm{d}L_X + P_X f_K \mathrm{d}K_X \tag{12-50}$$

按照利润最大化边际生产力条件，可得

$$P_X \mathrm{d}X = \omega_X \mathrm{d}L_X + r_X \mathrm{d}K_X \tag{12-51}$$

现用式(12-48)－式(12-51)得

$$XdP_X = L_X d\omega_X + K_X dr_X \tag{12-52}$$

或者，以比例变化重写方程(12-52)，即

$$\hat{P}_X = \theta_{LX}\hat{\omega}_X + \theta_{KX}\hat{r}_X \tag{12-53}$$

式中：$\hat{r}_X$ 和 $\hat{\omega}_X$ 是行业 X 中的毛要素报酬的变化。

假定对 X 行业的资本按从价税率 T_{KX} 课税。于是该经济中的资本净收益 r 与 r_X 的关系是

$$r = r_Y = r_X(1 - T_{KX}) \tag{12-54}$$

如果对式(12-54)微分，并假定 $dT_{KX} = T_{KX}$，以至于开始时这种税为零，得到

$$\hat{r} = \hat{r}_X - T_{KX} \tag{12-55}$$

在对 L_X 或行业 X 不征税情况下，定价方程式为

$$\hat{P}_X = \theta_{LX}\hat{\omega} + \theta_{KX}(\hat{r} + T_{KX}) \tag{12-56}$$

同样地，就 $\hat{P}_Y$ 而言，若假定对行业 Y 不征税，则

$$\hat{P}_Y = \theta_{LY}\hat{\omega} + \theta_{KY}\hat{r} \tag{12-57}$$

至此，已有 8 个方程式，即式(12-37)、式(12-39)、式(12-40)、式(12-43)、式(12-46)、式(12-47)、式(12-56)、式(12-57)，而未知数是 9 个，即 X、$\hat{P}_X$、$\hat{P}_Y$、$\hat{\omega}$、$\hat{r}$、$\hat{K}_X$、$\hat{L}_X$、$\hat{K}_Y$、$\hat{L}_Y$，因而这个方程组还不能求解。但是，由于该方程组是对相对价格求解，故可以去掉一个未知数。从技术上说，该方程组是零阶齐次的，因而把所有价格(P_X、P_Y、ω、r)都增加一倍对资源配置绝对不会有影响。因此，价格水平可以任意选择，最简单的方法是确定任意价格为 1。假定 $\omega = 1$，则 $\hat{\omega} = 0$。实际上相当于取消了 ω，这样就剩下了 8 个未知数和 8 个方程。由于所有方程都是线性的，可利用矩阵代数方法求得该模型外生变量(θ_S'、E、σ_X、σ_Y、T_{KX})表示的每一个未知数。

为了说明该解的性质，我们列出 $\hat{r}$ 的解如下

$$\hat{r} = \frac{E\theta_{KX}(K_X/K_Y - L_X/L_Y) - \sigma_X(\sigma_{LX}K_X/K_Y + \theta_{KX}L_X/L_Y)}{E(\theta_{KY} - \theta_{KX})(K_X/K_Y - L_X/L_Y) + \sigma_Y + \sigma_X(\theta_{LX}K_X/K_Y + \theta_{KX}L_X/L_Y)}T_{KX}$$

由式(12-58)可以改写为

$$\hat{r} = \frac{\theta_{KX}A + B}{D}T_{KX} \tag{12-58}$$

由式(12-58)可以分析资本变化对经济产生的效应。

首先要注意,D 总是正值(因为 E 总是负值,此外,在没有税收情况下,$\theta_{KY} - \theta_{KX}$总是与 $K_X/K_Y - L_X/L_Y$ 的符号相反),如果 $K_X/L_X < K_Y/L_Y$(X 是劳动密集型),则分子的第一项是负。若 X 是资本密集型行业,要素从 X 行业移出将有害于资本。需要指出,E 的绝对值越大,X 的需求弹性越大,产出效应越大。这说明,弹性越大产出效应越大,征税所导致的从 X 转移到 Y 的资源越多。

式(12-58)的第二项 B 总是负,因为 $\sigma_X > 0$,它对应于要素替代弹性。X 的替代弹性越大,对 r 的降低效应越大。此时资本不能把税负转移出去。

如果 $\hat{r} = 0$,征税时整个经济的租金工资比率不变。税收负担按照要素对 GDP 的贡献比例,落在每一个要素收入上。这意味着,资本成功地把一部分负担转嫁给劳动力。如果 $\hat{r} < 0$,资本承担的税负比例大于它对 GDP 的贡献比例。

根据上述分析,按税率 T_{LX}对 X 行业的劳动力课征对$\hat{r}$ 的影响可以表述如下

$$\hat{r} = \frac{\theta_{LX}A - B}{D}T_{LX} \tag{12-59}$$

式中 A、B、D 项定义同前。

这里税收落在资本上的比例明确地低于 X 是劳动密集型行业情况下的比例($\hat{r} > 0$)。

若按相同的税率($T_{XL} = T_{KL}$)把这两个部分要素合并在一起,其结果等同于对 X 课征商品税。由式(12-58)、式(12-59)可得

$$\hat{r} = \frac{A}{D}T_X \tag{12-60}$$

当没有发生要素替代效应,而且 X 是资本密集型行业($A > 0$)时,资

本承担的税负比例大于它对 GDP 的贡献比例。

此外,我们还可以解出商品价格的变动率($\hat{P}_X$、$\hat{P}_Y$)以及资源配置的变动率。在第七章第五节中,我们给出了估计 T_{KX}额外负担的方法,这种额外负担与行业 X 中资本的变动直接有关。可以从上面的方程组中解出 $\hat{K}_X$

$$\hat{K}_X = \frac{\sigma_X[E(\theta_{KY} - \theta_{KX})L_X/L_Y - \sigma_Y\theta_{LX}] + [E\theta_{KX}(\sigma_Y + \sigma_X + L_X/L_Y)]}{D} \tag{12-61}$$

式中 D 的定义与式(12-58)相同。

最后,在我们考虑了两部门公共融资效应分析模型的最简单情形之后,还可以允许要素供给发生一些变化,或者允许需求的类型不止一种,使分析进一步复杂化。上述的分析奠定了新古典一般均衡效应分析的方法论基础。

参考文献

[1] 施熙灿,蒋水心,赵宝璋.水利工程经济[M].第2版.北京:中国水利水电出版社,2004.
[2] 姚建.环境经济学[M].成都:西南财经大学出版社,2001.
[3] 陈通.微观经济学[M].天津:天津大学出版社,1999.
[4] [澳]黄有光.福祉经济学[M].张清津译.大连:东北财经大学出版社,2005.
[5] 沈大军,梁瑞驹,王浩,等.水价理论与实践[M].北京:科学出版社,1999.
[6] [美]H.克雷格·彼德森,W.克里斯·刘易斯.管理经济学[M].吴德庆译.北京:中国人民大学出版社,1998.
[7] [英]拉本德拉·贾.现代公共经济学[M].王浦劬,方敏,等译.北京:中国青年出版社,2004.
[8] 许志方,沈佩君.水利工程经济学[M].北京:水利电力出版社,1987.
[9] D. Pearce. Cost-Benefit Analysis[M]. Macmillan,1983.
[10] 杜建明.水利工程企业化管理原理[M].北京:中国水利水电出版社,2005.
[11] [美]亨利·马尔科姆·斯坦纳.工程经济学原理[M].第2版.北京:经济科学出版社,2000.
[12] 杨文进.投资经济学[M].第2版.北京:中国财政经济出版社,2004.
[13] 刘宇飞.当代西方财政学[M].北京:北京大学出版社,2000.
[14] [美]R. W.鲍德威,D. E.威迪逊.公共部门经济学[M].第2版.北京:中国人民大学出版社,2000.
[15] [美]麦卡利.大坝经济学[M].北京:中国发展出版社,2001.
[16] 冀朝鼎.中国历史上的基本经济区与水利事业的发展[M].朱诗鳌译.北京:中国社会科学出版社,1992.
[17] 何其祥.投入产出分析[M].北京:科学出版社,1999.
[18] 中华人民共和国水利部.水利建设项目经济评价规范(SL72—94)[S].北京:中国水利水电出版社,1994.
[19] 中国水利经济研究会.水利建设项目后评价理论与方法[M].北京:中国

水利水电出版社,2004.
[20] [美]道格拉斯·詹姆斯,罗伯特·李.水资源规划经济学[M].常锡厚,赵保璋,谢安周,等译.北京:水利电力出版社,1984.